三维数字化设计与制造职业教育系列教材

Creo 6.0 数字化建模基础教程

杨恩源　廖　爽　杨泽曦　编著

机械工业出版社

本书以作者多年从事计算机辅助设计教学方法和经验为基础，内容简洁，易学易懂，实用性强。本书侧重介绍 Creo 6.0 的基础知识、常用的绘图和建模工具，全书共分 9 章。

第 1 章内容包括 Creo 6.0 概述、启动界面、零件设计操作界面、基本文件操作、视图操作和模型树等；第 2 章介绍了基准平面、基准点、基准轴、基准曲线和基准坐标系；第 3 章介绍了草绘环境、几何基准、草绘工具、草图编辑、约束、尺寸标注与修改等知识；第 4 章介绍了拉伸、旋转、外部草绘与内部草绘等知识；第 5 章详细介绍了孔、倒圆角、倒角、拔模、壳和筋等工程特征的创建方法；第 6 章详细介绍了复制和粘贴、缩放模型、阵列、镜像、修剪、合并、延伸、偏移、相交、投影、加厚和实体化等知识；第 7 章详细介绍了扫描、螺旋扫描的创建方法；第 8 章详细介绍了扫描混合、混合与旋转混合的创建方法和操作注意事项；第 9 章详细介绍了环形折弯、骨架折弯的创建方法。

本书适合 Creo 6.0 的初、中级用户，包括从事产品开发设计的专业人员、计算机辅助设计爱好者，也可作为大中专院校以及培训机构相关课程的教学参考用书。

为便于学习与教学，本书配有相关资源，选择本书作为学习与教学的读者可登录机械工业出版社教育服务网（www.cmpedu.com），注册后免费下载。

图书在版编目（CIP）数据

Creo 6.0 数字化建模基础教程/杨恩源，廖爽，杨泽曦编著.—北京：机械工业出版社，2020.12

三维数字化设计与制造职业教育系列教材

ISBN 978-7-111-66883-1

Ⅰ.①C… Ⅱ.①杨… ②廖… ③杨… Ⅲ.①计算机辅助设计-应用软件-职业教育-教材 Ⅳ.①TP391.72

中国版本图书馆 CIP 数据核字（2020）第 219746 号

机械工业出版社（北京市百万庄大街 22 号　邮政编码 100037）
策划编辑：汪光灿　责任编辑：汪光灿　赵文婕
责任校对：李　杉　封面设计：张　静
责任印制：李　昂
河北鹏盛贤印刷有限公司印刷
2021 年 1 月第 1 版第 1 次印刷
184mm×260mm · 16.5 印张 · 409 千字
0001—1900 册
标准书号：ISBN 978-7-111-66883-1
定价：46.00 元

电话服务　网络服务
客服电话：010-88361066　机 工 官 网：www.cmpbook.com
010-88379833　机 工 官 博：weibo.com/cmp1952
010-68326294　金 书 网：www.golden-book.com
封底无防伪标均为盗版　机工教育服务网：www.cmpedu.com

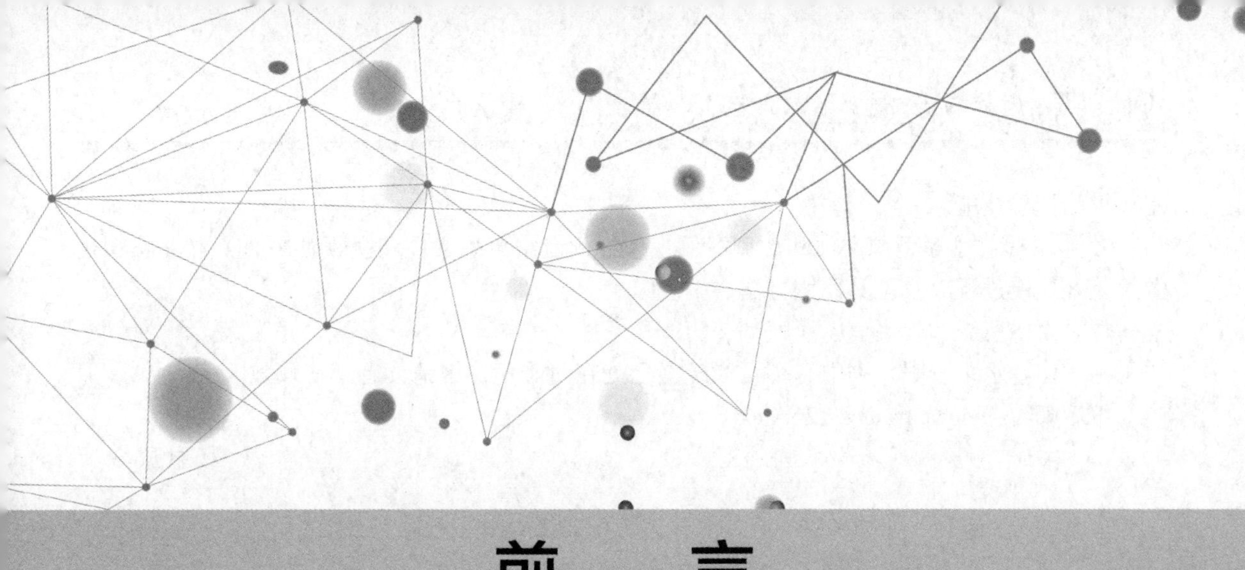

前　言

Creo 6.0 是美国 PTC 公司开发的计算机辅助设计软件，可以用来绘图，创建模型，也可以用来进行仿真实验，它广泛应用于产品设计、工业设计和机械设计等领域。

本书介绍了 Creo 6.0 的基本功能，并结合典型案例详细介绍了软件的基本操作方法和常用工具的使用技巧，有助于读者快速提高应用此软件进行产品设计的能力。

本书注重基础，强调应用，在编排上尽量做到循序渐进、有条不紊地介绍软件的主要绘图工具，并且尽量以操作步骤的形式体现出来。本书适合 Creo 6.0 的初、中级用户，包括从事产品开发设计的专业人员、计算机辅助设计爱好者，也可作为大中专院校以及培训机构相关课程的教学参考用书。

全书共分 9 章，每章内容如下：

第 1 章为 Creo 6.0 概述、启动界面、零件设计操作界面、基本文件操作、视图操作和模型树等知识。

第 2 章介绍了基准平面、基准点、基准轴、基准曲线和基准坐标系。

第 3 章介绍了草绘环境、几何基准、草绘工具、草图编辑、约束、尺寸标注与修改等。

第 4 章介绍了拉伸、旋转、外部草绘与内部草绘等。

第 5 章详细介绍了孔、倒圆角、倒角、拔模、壳和筋等工程特征的创建方法。

第 6 章详细介绍了复制和粘贴、缩放模型、阵列、镜像、修剪、合并、延伸、偏移、相交、投影、加厚和实体化等。

第 7 章详细介绍了扫描、螺旋扫描的创建方法。

第 8 章详细介绍了扫描混合、混合与旋转混合的创建方法和操作注意事项。

第 9 章详细介绍了环形折弯、骨架折弯的创建方法。

本书具有以下特色：

1. 本书定位初学者，采用流程方式引导读者快速掌握 Creo 6.0 的草图绘制和模型创建方法和技巧。

2. 本书结构严谨，重点突出，工具介绍详尽，范例针对性强。

3. 本书重点突出，具有很强的操作性、技巧性和实用性。

4. 本书在内容编排上直观明了，浅显易懂，可使读者短时间内掌握 Creo 6.0 的草图绘

制和模型创建技能。

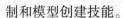

5. 本书提供了模型源文件和典型案例视频，读者结合源文件和视频可快速了解 Creo 6.0 的绘图和建模过程以及工具使用方法。

本书由杨恩源、廖爽、杨泽曦编著。

由于作者水平有限，书中有不足和疏漏之处在所难免，敬请读者不吝赐教。

编者邮箱：enyuanyang@126.com。

杨恩源

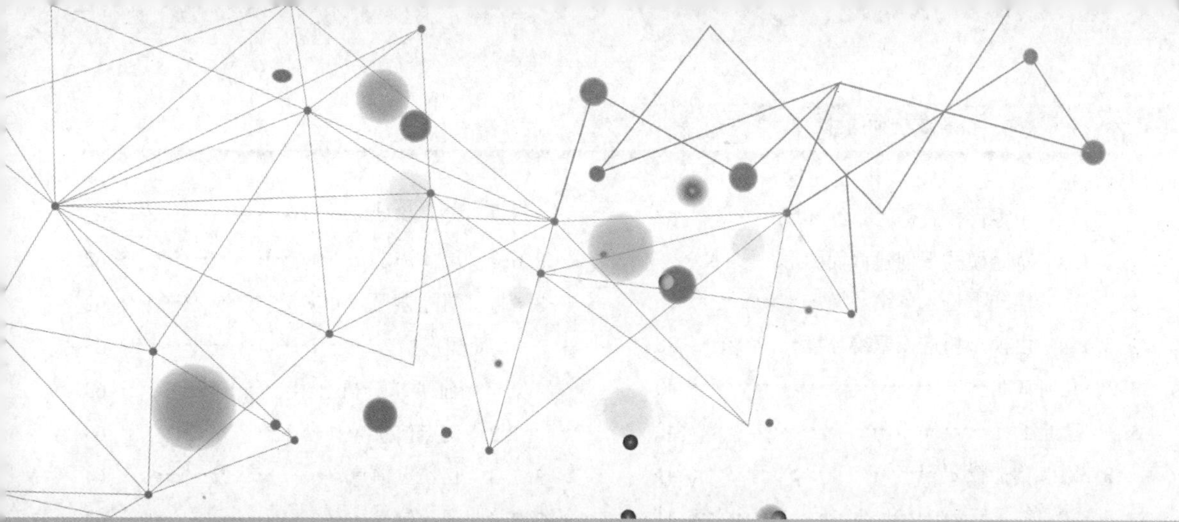

目　录

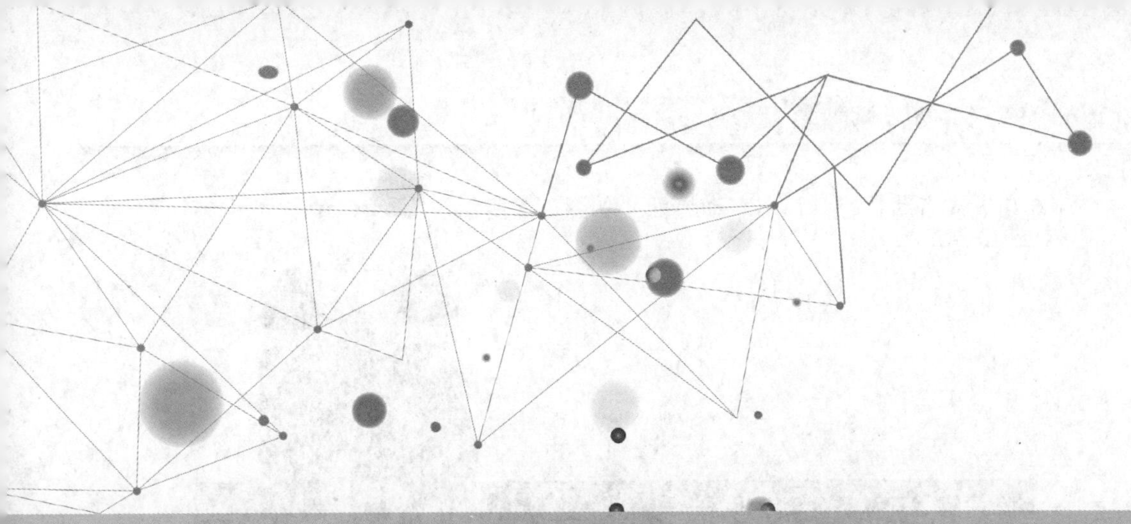

第1章　概　　述

1.1　了解 Creo 6.0

Creo 6.0 是美国参数技术公司（Parametric Technology Corporation，PTC）推出的计算机辅助设计软件，具有基于特征、全参数化、全相关和单一数据库等特点。

参数化就是将产品所有尺寸定义为参数形式。设计者通过定义各参数之间的相互关系，使各特征之间相互关联，当修改某一单独特征的参数值时，会牵动其他与之存在关联关系的特征随之发生变化，从而保持产品总体的设计意图。

Creo 6.0 是基于特征的建模软件，它利用逐次构建的特征，并按一定关系组合生成产品模型。特征是构成一个零件或装配体的基本单元，从几何形状上看，它包含作为一般三维模型基础的点、线、面和体，改变与特征相关的形状或位置参数，就可以改变模型的形状或位置关系。

用 Creo 6.0 创建三维模型时，首先要创建或选择建构模型的基准特征，如基准坐标系、基准面、基准轴和基准点等。然后创建出特征的基本形，并在基本形上通过添加或移除特征的方式实现模型的创建。使用添加或移除特征的方法创建三维模型符合设计者的思维过程，即设计过程与加工过程基本一致。

Creo 6.0 创建的三维模型是一种全参数化的三维数字模型，即特征截面几何的全参数化、零件模型形状的全参数化和装配组件关联的全参数化。特征截面几何的全参数化是指 Creo 自动为每个特征的二维截面的每个尺寸赋予参数并排序，通过对参数的调整即可改变几何的形状和大小。零件模型形状的全参数化是指 Creo 自动给零件各特征间的相对位置尺寸、外形尺寸赋予参数并排序，通过对参数的调整即可改变特征间的相对位置关系，以及特征的几何形状和大小。装配组件关联的全参数化是指 Creo 为参与装配的每个零件进行数据关联并约束排序，通过对参数的调整即可改变零件之间的位置和约束关系。

Creo 6.0 集成了多个产品设计中的应用程序，功能覆盖了整个产品开发领域。其中 Creo Parametric 是创建三维数字模型的主要工具。该应用程序包括草绘、零件、装配、绘图和格式等常用模块。

1.2　Creo 6.0 启动界面

双击桌面上的 Creo Parametric 6.0 的快捷方式图标，屏幕随即显示图 1-1 所示的启动画面，Creo 6.0 进入启动状态，弹出启动界面，如图 1-2 所示。

图 1-1　Creo Parametric 6.0 启动画面

快速访问工具栏

标题栏

功能区

导航区

绘图区

状态栏

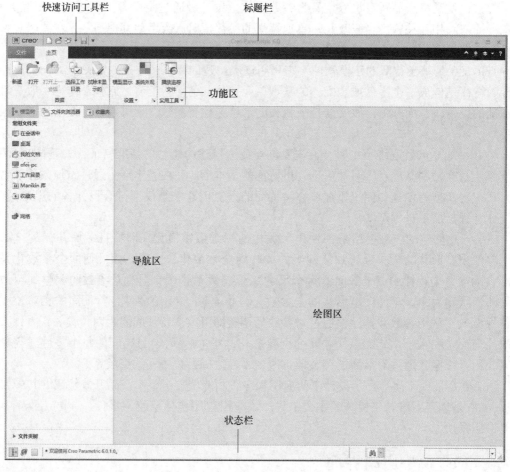

图 1-2　Creo Parametric 6.0 启动界面

Creo 6.0 启动界面包括快速访问工具栏、标题栏、功能区、导航区、绘图区和状态栏。

1.3　零件设计操作界面

Creo 6.0 中最常用的是零件模块。新建一个文件或打开一个已存在的有效零件文件，便可以看到一个完整的零件设计操作界面。Creo 6.0 的零件设计操作界面由标题栏、快速访问工具栏、功能区、导航区、绘图区、图形工具栏、状态栏等组成，如图 1-3 所示。

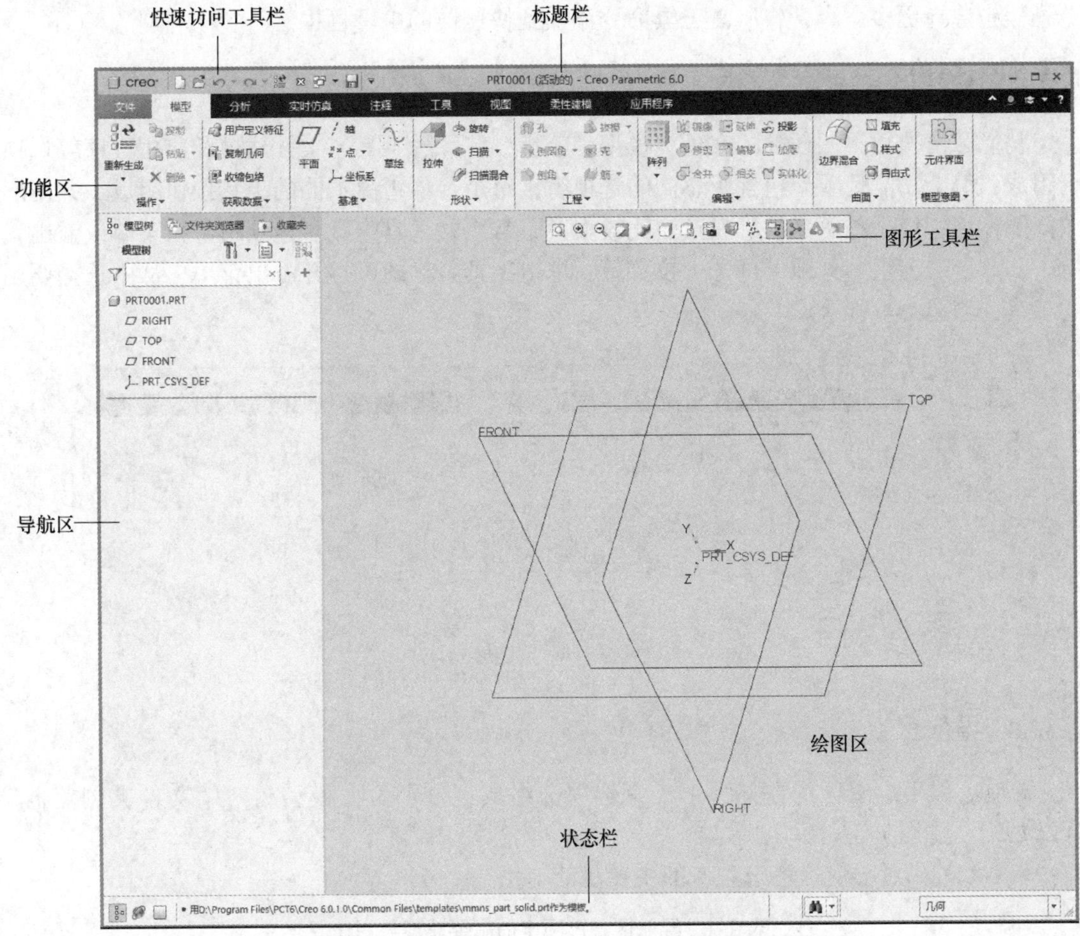

图 1-3　Creo Parametric 6.0 零件设计操作界面

1.3.1　标题栏

标题栏显示当前正在编辑的文件名称和软件名称。用户同时打开多个模型文件时，只有一个文件窗口是活动的，在该活动窗口的标题栏中，系统会在显示的文件名之后标识出“(活动的)”字样；标题栏右侧是最小化、最大化、向下还原和关闭等按钮；标题栏右侧下方是最小化功能区、命令搜索、Creo Parametric Learning Connector 和使用 Creo Parametric 获取帮助等按钮，如图 1-3 所示。

1.3.2 快速访问工具栏

标题栏的左侧是快速访问工具栏，包括“新建”“打开”“保存”“撤销”“重做”“重新生成”“窗口”“关闭”等工具按钮。用户可以自定义快速访问工具栏，其方法是单击快速访问工具栏右侧的箭头，从弹出的下拉菜中选择要添加的工具命令到快速访问工具栏，或从工具栏中移除工具命令，如图 1-3 所示。

如果要为快速访问工具栏添加更多的工具命令，则应单击自定义快速访问工具栏，在菜单列表中选择更多命令，将所需工具命令添加到快速访问工具栏中。

1.3.3 功能区

功能区由执行不同任务的文件、模型、分析、注释、工具、柔性建模和应用程序等选项卡组成，每个功能选项卡包含了不同的选项组，每个选项组由不同的工具按钮组成，并用形象简图标记，使用频率高的工具按钮比较大，不常用的工具隐藏于选项组下拉菜单或溢出菜单中，单击选项组名称即可打开下拉菜单，单击工具名称即可打开溢出菜单，从中选择要用的工具，如图 1-4 所示。

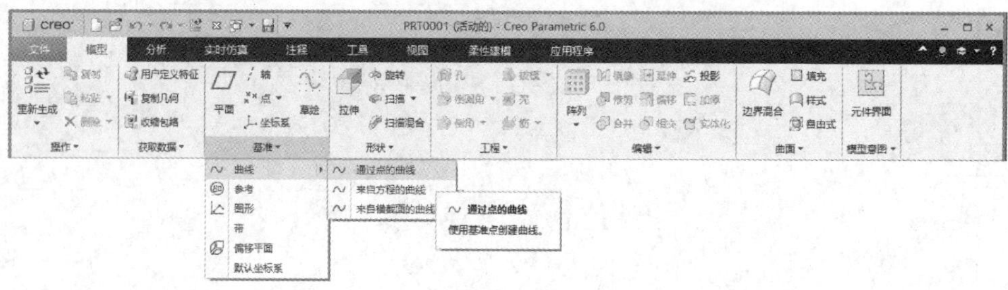

图 1-4 功能区

1.3.4 导航区

导航区位于绘图区的左侧，由三个选项卡组成，分别为“模型树”“文件夹浏览器”“收藏夹”，如图 1-5 所示。

表 1-1 列出了导航区各选项卡的主要功能与用途。

表 1-1 导航区各选项卡的主要功能与用途

导航区各选项卡	主要功能和用途
模型树（层树）	模型的所有特征以树或层的形式按建模的先后次序和附属关系自上而下排列，当需要重新编辑某个特征时，单击将其选中，再右击即可打开快捷菜单选择相关命令并编辑
文件夹浏览器	用来查找和访问计算机中的文件夹或文件，以及网络上的资源，单击某个选项时，该选项的内容就会以浏览器的形式出现在绘图区中
收藏夹	用来保存常用文件夹和在线资源网络链接地址

单击状态栏左下角的“显示导航区”按钮可隐藏导航区，从而获得更大的绘图区或浏览器窗口，再次单击“显示导航区”按钮，可重新展开导航区。

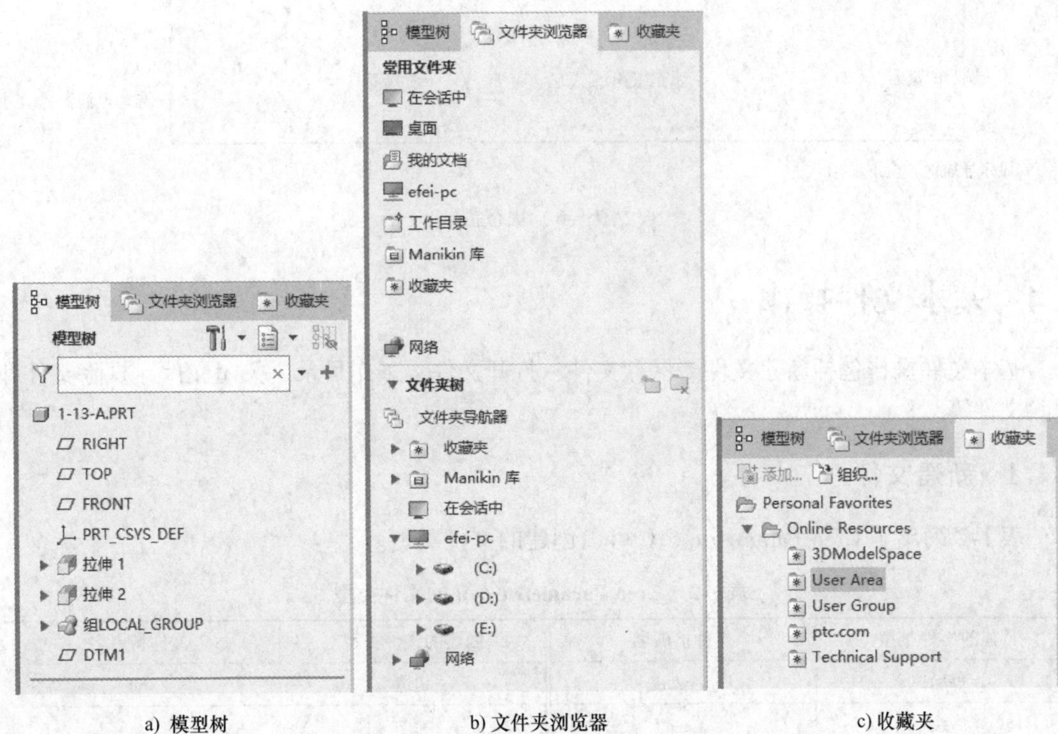

a) 模型树　　b) 文件夹浏览器　　c) 收藏夹

图 1-5　导航区各选项卡

用户可以自定义导航区，其方法是单击“文件”选项卡，选择“文件”下拉菜单中的“选项”命令，弹出“Creo Parametric 选项”对话框，选择左侧列表中的“窗口设置”命令，在右侧“导航”选项卡上“设置”选项组中设置导航区的放置位置、导航窗口宽度占主窗口的百分比，还可以根据需要在导航区中增设显示历史记录选项组。另外，将鼠标指针置于导航区右边框线，弹出拖动按钮，按住鼠标左键亦可调整导航区的宽度。

1.3.5　绘图区与 Creo 浏览器

默认状态下绘图区位于导航区的右侧，也称图形窗口或模型窗口，所有设计工作在该区域进行。在没有打开具体文件或查询相关对象的信息时，绘图区为 Creo 浏览器窗口。绘图区与 Creo 浏览器窗口可以通过单击状态栏中的“显示浏览器”按钮进行切换。

1.3.6　状态栏

状态栏位于绘图区下方，从左至右依次为“显示导航区”“显示浏览器”“全屏显示”按钮，以及操作提示信息区、查找工具、选择的项目数提示和选择过滤器等，如图 1-6 所示。

状态栏的操作提示信息有助于用户按正确步骤进行绘图和操作。通过选择过滤器，用户可以设置过滤条件，以提高选择对象的准确性和速度。

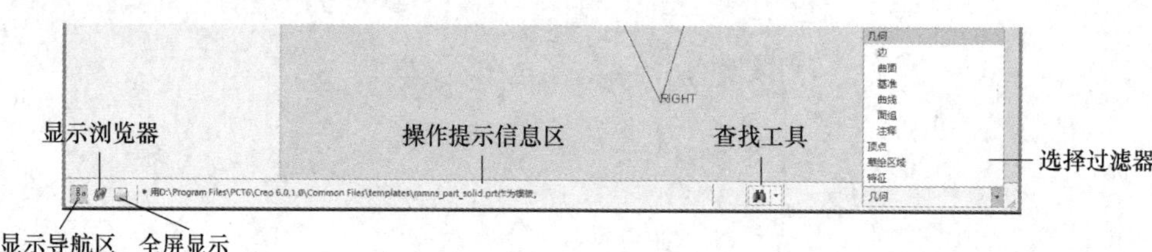

图 1-6　状态栏

1.4　基本文件操作

基本文件操作包括新建文件、保存文件、打开文件、工作目录、关闭文件、拭除文件和删除文件等。

1.4.1　新建文件

表 1-2 列出了 Creo Parametric 6.0 可以创建的文件类型。

表 1-2　Creo Parametric 6.0 的文件类型

创建的文件类型	文件扩展名	创建的文件类型	文件扩展名
布局	. cem	制造	. mfg
草绘	. sec	绘图	. drw
零件	. prt	格式	. frm
装配	. asm	记事本	. lay

下面以创建一个扩展名为 . prt 的模型文件为例，介绍新建文件过程。

01 双击桌面上的 Creo Parametric 6.0 快捷方式图标，选择工作目录命令，弹出“选择工作目录”对话框，选择或创建工作文件夹，单击“确定”按钮。

02 单击快速访问工具栏中的“新建”按钮，或者在功能区中选择“文件”→“新建”命令，弹出“新建”对话框，默认状态下类型为零件，子类型为实体，输入要创建文件的文件名或接受默认文件名，取消勾选“使用默认模板”复选框，单击“确定”按钮，如图 1-7 所示。

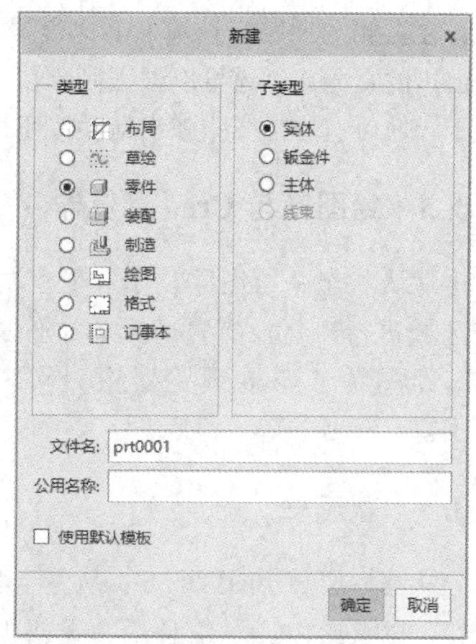

图 1-7　“新建”对话框

03 弹出“新文件选项”对话框，从“模板”下拉列表框中选择“mmns_part_solid”或“solid _part_mmks”公制单位模板，取消勾选“复制关联绘图”复选框，单击“确定”按钮，如图 1-8 所示。

04 进入零件设计操作界面，系统已经建立好三个基准平面和一个坐标系，即 RIGHT、

TOP、FRONT 和 PRT_CSYS_DEF，如图 1-3 所示。

1.4.2 打开文件

以打开一个扩展名为 . prt 的模型文件为例，介绍打开文件过程。

单击快速访问工具栏中的“打开”按钮或在功能区选择“文件”→“打开”命令，弹出“文件打开”对话框，单击选择要打开的模型文件，用户可以单击“预览”按钮预览模型（可通过鼠标调整预览窗口大小，模型视角和大小），单击“打开”按钮，如图 1-9 所示。

如果单击“文件打开”对话框中左侧“常用文件夹”中的“在会话中”按钮，则那些存在于系统进程（内存）中的文件便可显示在对话框中，如果要打开其中的某个文件，选择后单击“打开”按钮即可。

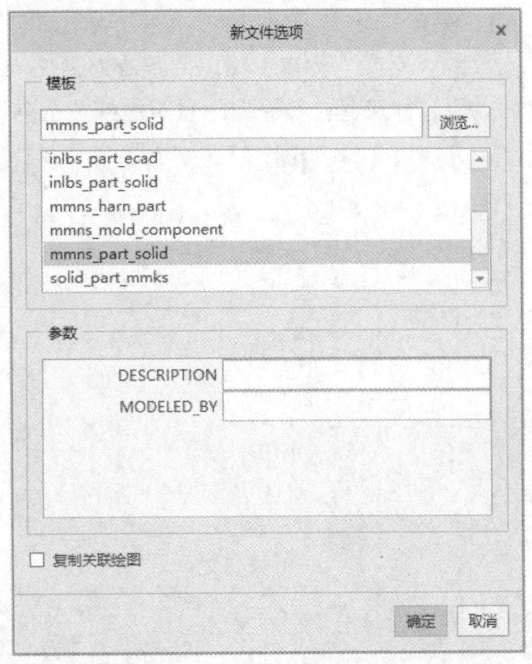

图 1-8 “新文件选项”对话框

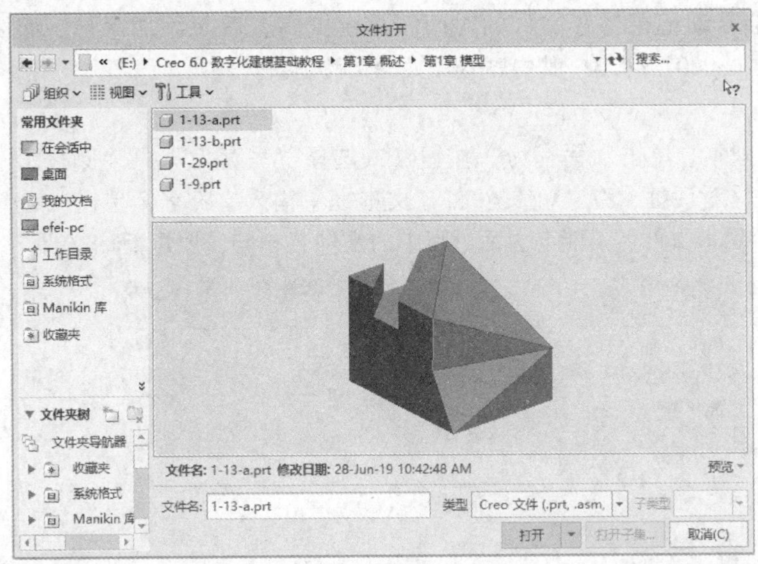

图 1-9 “文件打开”对话框

1.4.3 保存文件

以保存一个扩展名为 . prt 的模型文件为例，介绍保存文件过程。

保存文件可分为保存和另存为两种形式。保存文件是保存当前正在编辑的文件；另存为是保存模型的副本，包括三种形式，即保存副本、保存备份和镜像零件。

1. 保存

单击“保存”按钮，弹出“保存对象”对话框，如图1-10所示，单击“确定”按钮，文件以原名称保存在其原先的目录中或在当前设定的工作目录中。

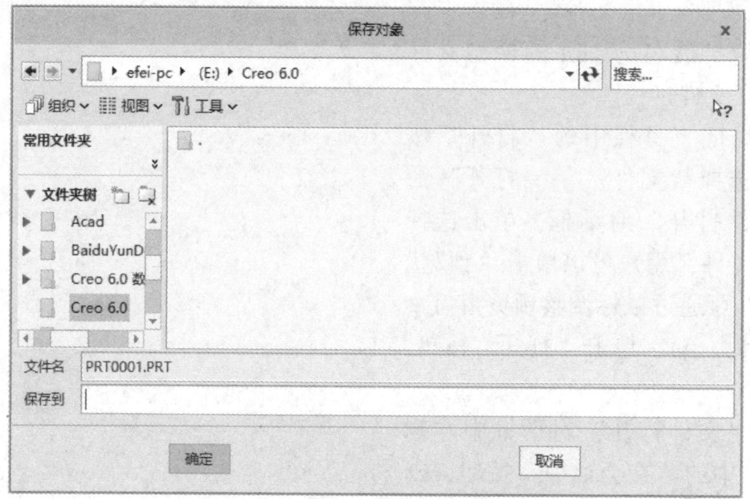

图1-10 “保存对象”对话框

当再次单击“保存”按钮时，“保存对象”对话框不再打开。默认状态下，每执行一次“保存”命令，就会生成一个新版文件，而不会覆盖之前的旧版文件（旧版文件也称为过程文件）。系统会自动记录保存文件的时间，并在扩展名后面添加序号，如 prt0001. prt. 1、prt0001. prt. 2、prt0001. prt. 3…其中序号最大的文件是新文件。

2. 另存为

（1）保存副本　单击“另存为”按钮（或选择“另存为”→“保存副本”命令）弹出“保存副本”对话框，在“新文件名”文本框中输入文件名，单击“确定”按钮，如图1-11所示。副本文件名不能与会话进程中的文件名相同，要以新的文件名保存在相同的

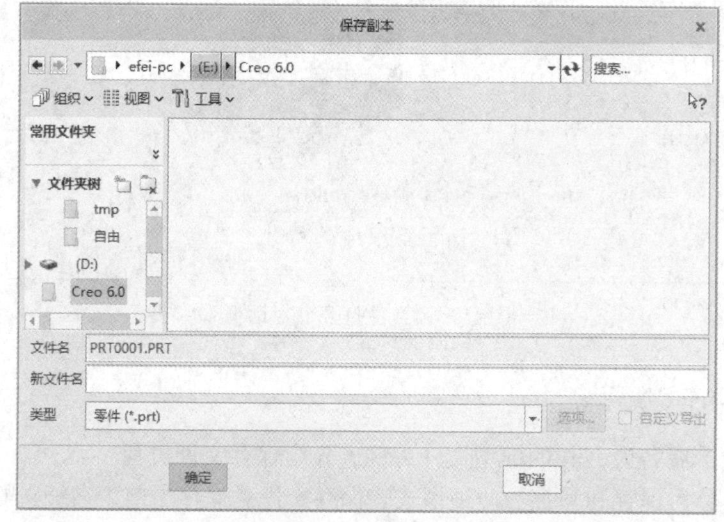

图1-11 “保存副本”对话框

或不同的目录之下。

默认的文件保存类型为 *.prt，也可以为新文件指定系统所认可的文件类型，如图 1-12 所示。

(2) 保存备份　选择“另存为”→“保存备份”命令，弹出“备份”对话框，单击“确定”按钮。保存的备份文件以原文件名保存在当前或指定目录下进行数据备份，而内存和活动窗口都不加载该备份文件。

(3) 镜像零件　选择“另存为”→“镜像零件”命令，弹出“镜像零件”对话框，在“文件名”文本框中输入文件名，单击“确定”按钮。为当前模型创建镜像新零件时，可选中“仅几何”（仅对来自源模型的几何创建镜像合并）单选按钮，也可以选中“具有特征的几何”（对来自源模型的几何和所有特征数据创建镜像合并）单选按钮，前者可勾选“相关性控制”选项区域中的复选框（修改原始模型时，镜像的合并几何将随之更新），勾选“预览”复选框可以预览镜像零件，如图 1-13 所示。

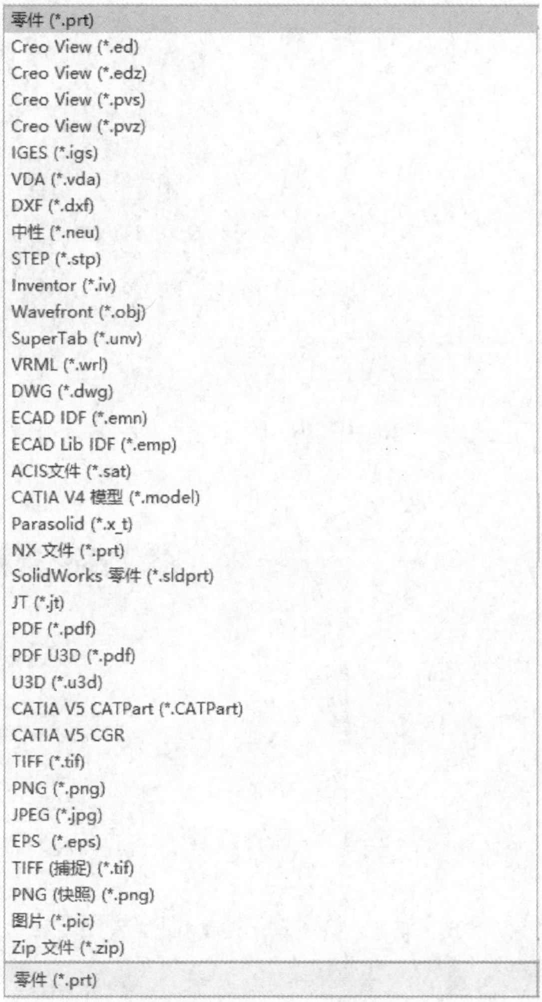

零件 (*.prt)
Creo View (*.ed)
Creo View (*.edz)
Creo View (*.pvs)
Creo View (*.pvz)
IGES (*.igs)
VDA (*.vda)
DXF (*.dxf)
中性 (*.neu)
STEP (*.stp)
Inventor (*.iv)
Wavefront (*.obj)
SuperTab (*.unv)
VRML (*.wrl)
DWG (*.dwg)
ECAD IDF (*.emn)
ECAD Lib IDF (*.emp)
ACIS文件 (*.sat)
CATIA V4 模型 (*.model)
Parasolid (*.x_t)
NX 文件 (*.prt)
SolidWorks 零件 (*.sldprt)
JT (*.jt)
PDF (*.pdf)
PDF U3D (*.pdf)
U3D (*.u3d)
CATIA V5 CATPart (*.CATPart)
CATIA V5 CGR
TIFF (*.tif)
PNG (*.png)
JPEG (*.jpg)
EPS (*.eps)
TIFF (捕捉) (*.tif)
PNG (快照) (*.png)
图片 (*.pic)
Zip 文件 (*.zip)
零件 (*.prt)

图 1-12　文件类型

1.4.4　拭除

拭除是指将当前会话进程中在活动窗口或不在窗口中显示的文件从内存中清除，保存在磁盘中的文件不受影响。

拭除操作可以在启动界面或零件设计操作界面进行。单击启动界面中的“拭除未显示的”按钮或在零件设计操作界面中选择“文件”→“管理会话”→“拭除当前”或“拭除未显示的”命令，即可将内存中的文件清除，如图 1-14 所示。

假设刚刚新建一个名为 PRT0001 的零件，若要将其从当前活动窗口中拭除，则可选择“文件”→“管理会话”→“拭除当前”命令，弹出“拭除确认”对话框，单击“是”按钮，便可将当前活动窗口中的对象从会话进程中拭除，即从内存中清除，如图 1-15 所示。

若选择“文件”→“管理会话”→“拭除未显示的”命令，则弹出“拭除未显示的”对话框，单击“确认”按钮，便可将在该对话框中列出的未在窗口中显示的所有对象从会话进程中拭除，即从内存中清除，但不拭除当前显示的对象及显示对象所参照的全部对象，如图 1-16 所示。

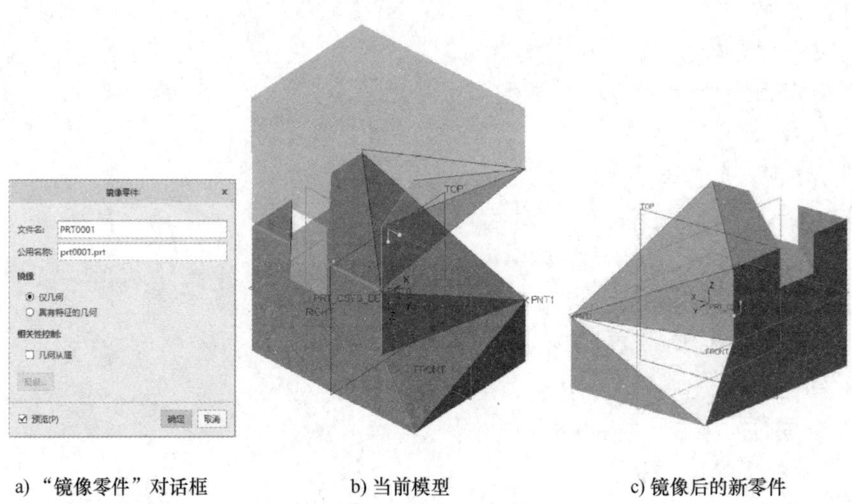

a) “镜像零件”对话框　　b) 当前模型　　c) 镜像后的新零件

图 1-13　镜像零件

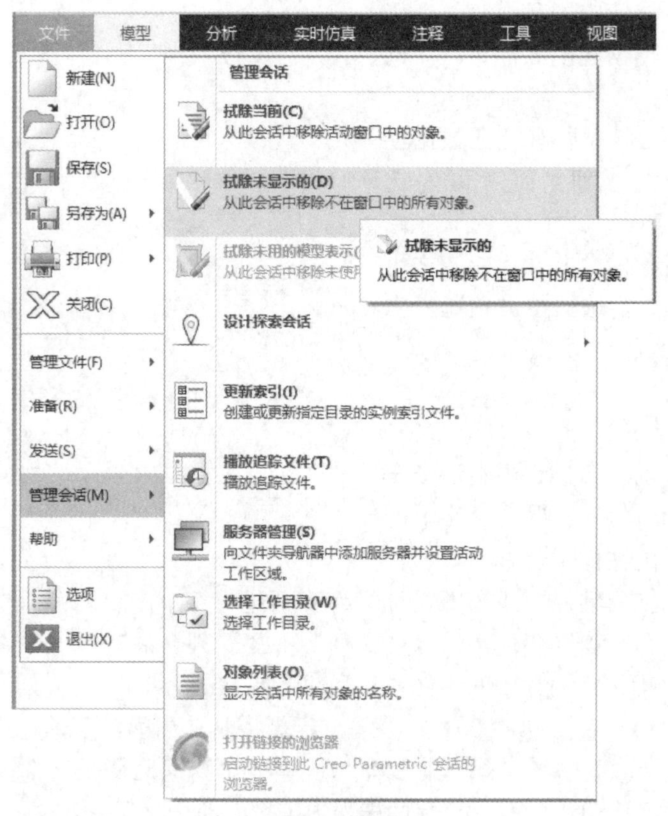

图 1-14　拭除文件

1.4.5　删除文件

Creo 6.0 中的删除文件与拭除文件是两个截然不同的概念。删除文件是指将选定的文件从磁盘中永久清除。删除文件的方式主要有两种：一种是删除文件的旧版本，即删除指定文件除最新版本以外的所有版本；另一种则是从磁盘删除指定文件的所有版本。

图 1-15 “拭除确认”对话框

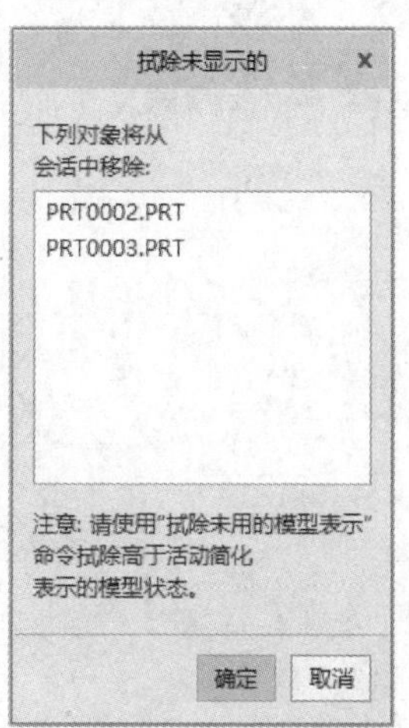

图 1-16 “拭除未显示的”对话框

删除旧版本时，选择“文件”→“管理文件”→“删除旧版本”命令，弹出“删除旧版本”对话框，单击“是”按钮，便可将文件的旧版本清除，如图 1-17 所示；删除所有版本时，选择“文件”→“管理文件”→“删除所有版本”命令，弹出“删除所有确认”对话框，单击“是”按钮，便可将文件的所有版本清除，如图 1-18 所示。

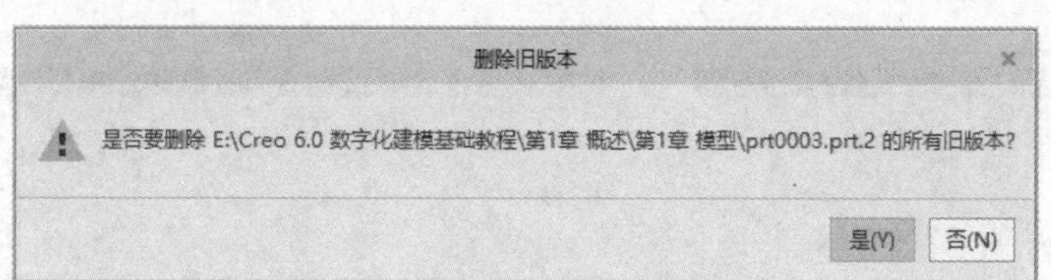

图 1-17 “删除旧版本”对话框

1.4.6 激活窗口

在操作 Creo 6.0 时仅有一个窗口为活动窗口，即激活状态。若需激活其他窗口，则可单击快速访问工具栏中的“窗口”按钮，从弹出的列表中选择要激活的文件，或者单击功能区的“视图”选项卡上“窗口”选项组中的“窗口”按钮，从弹出的列表中选择要激活的文件，该文件窗口随即弹出，并呈激活状态，如图 1-19 所示。

由于处于激活的，即“活动的”文件位于界面的最顶层，因此可在层叠排列的文件中选择要激活的文件，使其位于最顶层，或者从 Windows 操作系统界面底部的文件选项栏中选择要激活的文件，使其处于最顶层。

1.4.7 关闭文件与退出系统

单击快速访问工具栏中的“关闭”按钮，或者单击功能区的“视图”选项卡上“窗口”选项组中的“关闭”按钮，即可关闭当前文件的窗口。

选择“文件”→“退出”命令，或者单击标题栏右侧的“关闭”按钮，即可退出 Creo Parametric 6.0 系统。

a）“删除所有版本”命令

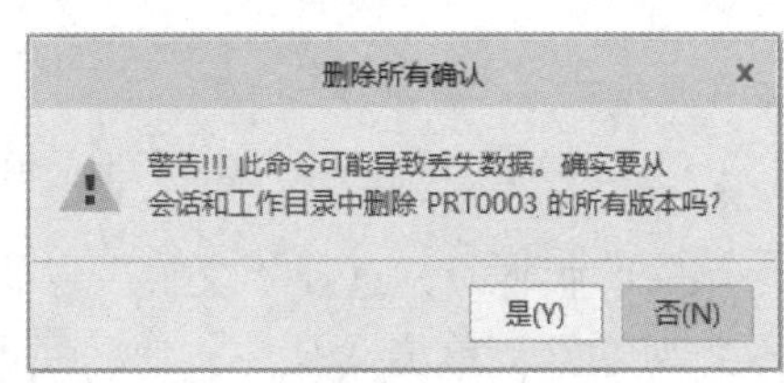

b）“删除所有确认”对话框

图 1-18　删除所有版本

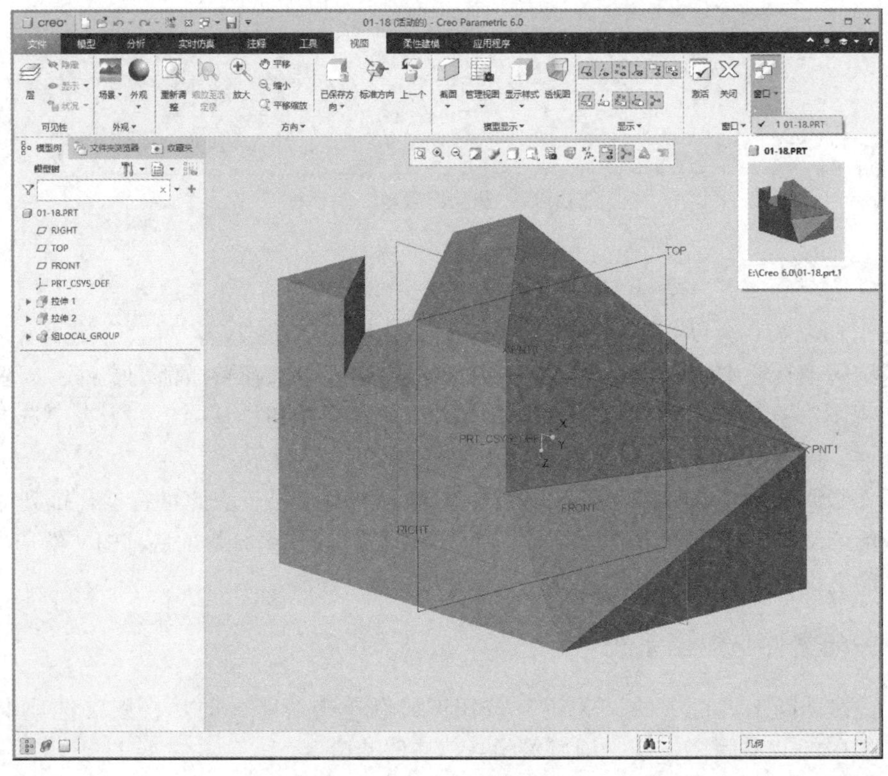

图 1-19　激活窗口

若想在退出系统时，让系统询问是否要保存对象，需要将系统配置文件 Config. pro 的配置选项 prompt_on_exit 的值设置为 yes。

1.5 视图操作

使用零件模式下功能区“视图”选项卡提供的工具，并结合鼠标按键可实现模型的大小、方向、显示、样式和外观等视图操作。“视图”选项卡如图 1-20 所示。

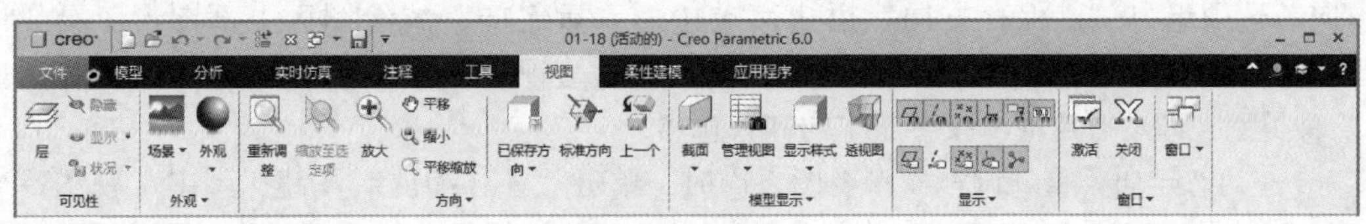

图 1-20 “视图”选项卡

1.5.1 视图方向工具

“视图”选项卡上的“方向”选项组和绘图区上部的图形工具栏集中了常用的视图操作工具。

1. 重新调整、放大与缩小

“重新调整”“放大”“缩小”工具按钮位于“方向”选项组和绘图区上部图形工具栏的左侧。

需要查看整个模型视图时，单击“重新调整”按钮，系统会自动将模型视图以约占窗口 80% 的区域自动重新调整显示，使视图与屏幕相适应。

在进行放大操作时，单击“放大”按钮，将鼠标指针置于要放大区域的一角，单击并拖动鼠标将视图置于选框区域内，再单击，即可将选框区域内的视图放大。

在进行缩小操作时，无须选框，直接连续单击“缩小”按钮直至视图缩小到满足要求为止。

2. 平移

单击“方向”选项组中的“平移”按钮，鼠标指针呈现手形标识，将手形标识置于绘图区，按住鼠标左键并拖动鼠标，即可在任意方向平移模型视图，单击鼠标中键结束平移。

3. 上一个

单击“方向”选项组中的“上一个”按钮，可将当前模型视图恢复至前一个视角方位显示的状态，即恢复先前显示的模型视图。

4. 标准方向

单击“方向”选项组中的“标准方向”按钮，可将当前模型视图视角方位与缩放比例恢复至系统预定义的标准方位。该命令工具的快捷键为 <Ctrl + D>。

5. 已保存方向

系统预设了常用的模型视图方向，单击“视图”选项卡中或绘图区上部图形工具栏中的“已保存方向”按钮，弹出模型视图方向溢出菜单，单击所需视图方向的名称，模型视图即可转换到该视角方向，比例也随即恢复至系统预定义的大小，即约占窗口80%。系统预设的模型视图方向如图1-21所示。

6. 平移缩放

“方向”选项组中的“平移缩放”命令用于重新调整模型视图的方向，也可以通过选择“方向”选项组中“已保存方向”溢出菜单中的“重定向”或绘图区上部图形工具栏中“已保存方向”溢出菜单中的“重定向”命令进行模型视图方向的调整。调整模型视图方向有三种类型，即动态定向、按参考定向和首选项。

（1）动态定向　重新调整模型视图方向时，单击“平移缩放”按钮，弹出“视图”对话框，默认状态的“类型”为“动态定向”，拖动滑块或输入数值动态平移、缩放或旋转模型视图方向，在“视图名称”文本框中输入已重新调整方向的视图名称，单击“保存”按钮，“确定”按钮，如图1-22所示。

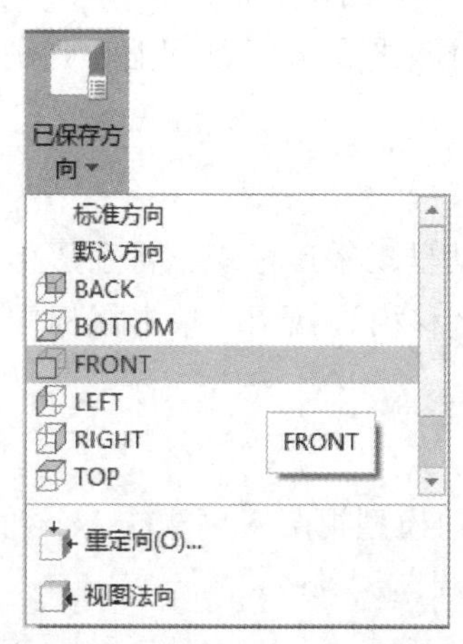

图1-21　系统预设的模型视图方向

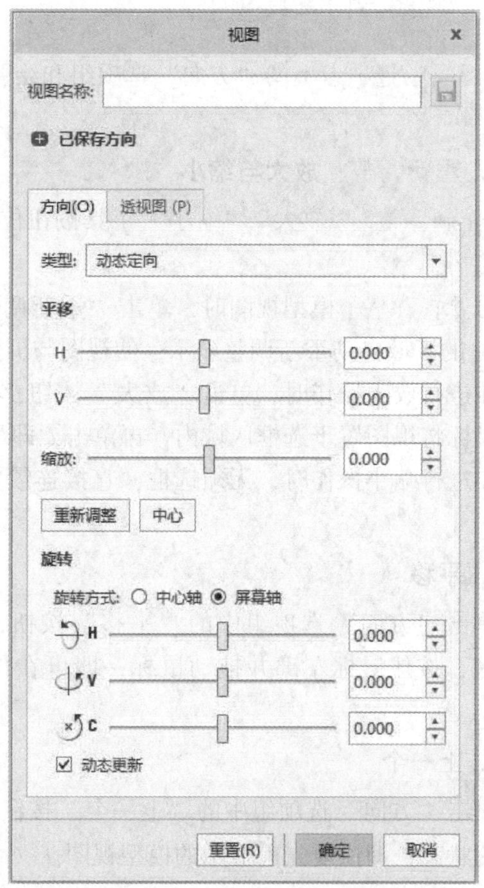

图1-22　“视图”对话框

其中“平移”选项区域用于调整沿水平和竖直两个方向移动当前模型视图的显示位置；“缩放”用来设置当前模型视图的显示比例；“旋转”选项区域用于调整模型视图相对于旋转中心或界面中心三轴线的旋转角度，选中“中心轴”单选按钮时按中心轴旋转，选中“屏幕轴”单选按钮时则按屏幕轴旋转。如果在该对话框中单击“重新调整”按钮，则模型视图恢复到调整前的方向；如果在该对话框中单击“中心”按钮，则可以拾取新的屏幕中心。

已保存的模型视图方向在“已保存方向”溢出菜单中列出，同时在绘图区上部图形工具栏的“已保存方向”下拉菜单中列出，如图1-23所示。

（2）按参考定向　按参考定向指的是通过指定两个有效的参照方位来定义模型视图的方向，如图1-24所示。

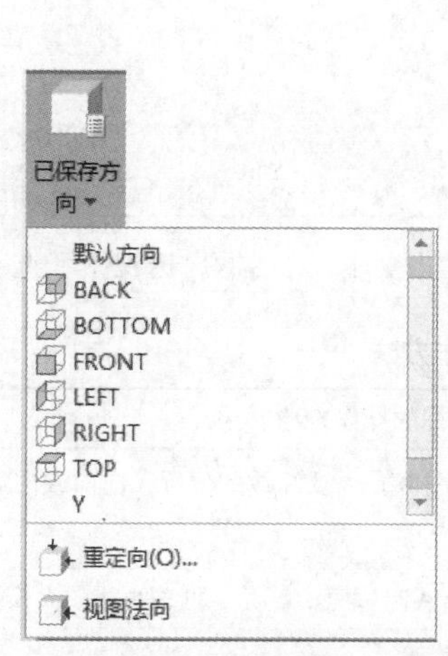

图1-23　重定向的模型视图方向

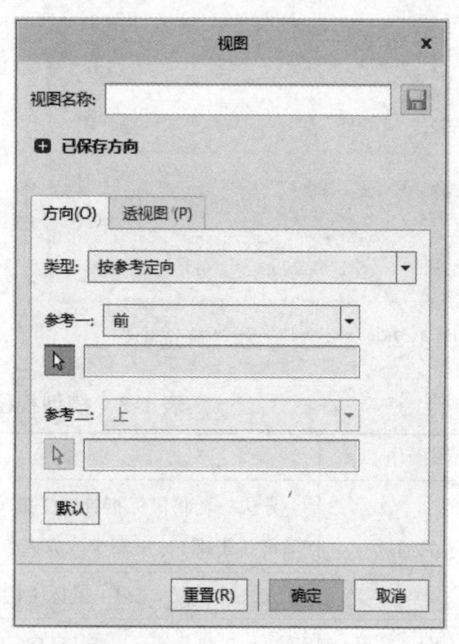

图1-24　“类型”为“按参考定向”

（3）首选项　首选项指的是自行设置旋转中心和默认方向。根据模型视图显示的需要，在“视图”对话框的“旋转中心”选项区域中选择其中的一个选项来重新设置旋转中心。“默认方向”选项区域中提供了等轴测、斜轴测和用户定义三种设置选项，如图1-25所示。

（4）透视图　在“视图”对话框中选择“透视图”选项卡，可对透视图进行参数设置，如图1-26所示。

通过“透视图”选项卡，可将模型视图设置为透视图，并可调整焦距、目视距离，进行图像缩放等。

1.5.2　模型视图的鼠标操作

在Creo 6.0中，使用三键鼠标可以快速进行模型视图缩放、旋转和平移等常规操作。模型视图的鼠标操作方法见表1-3。

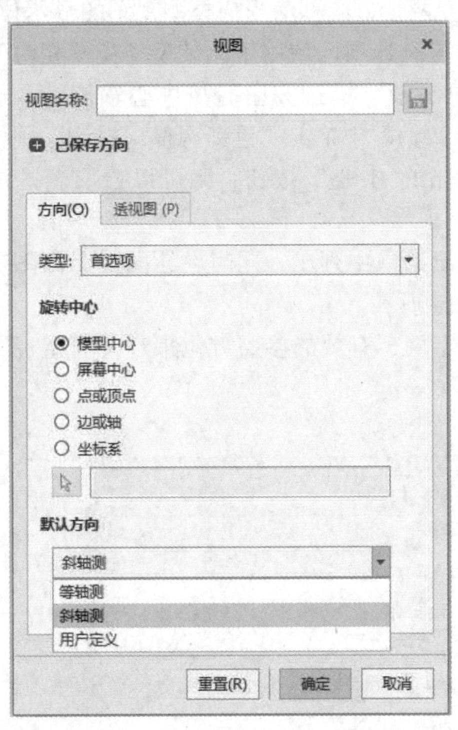

图 1-25 “类型”为“首选项”

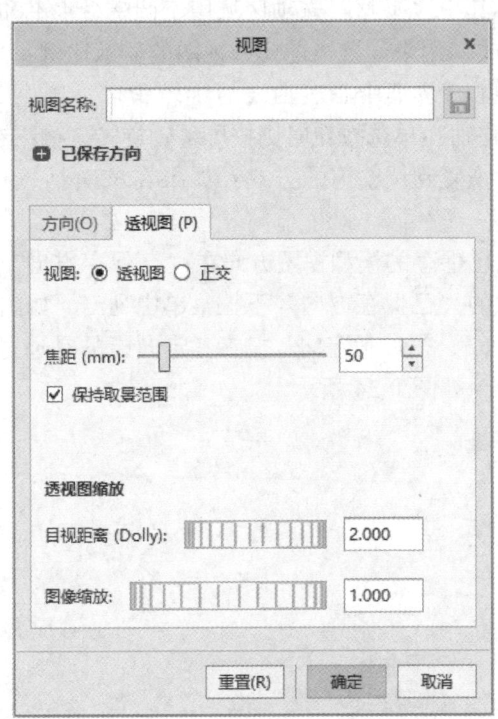

图 1-26 “视图”对话框“透视图”选项卡

表 1-3 模型视图的鼠标操作方法

模型视图操作	三键滚轮鼠标的操作方法
模型视图的缩放	方法一：将鼠标指针置于模型视图（或绘图区）需要缩放的位置，向前或向后滚动鼠标滚轮（中键），可缩小或放大模型视图
	方法二：按 < Ctrl + 鼠标中键 > 的同时向前或向后拖动鼠标，可缩小或放大模型视图
模型视图的旋转	按住鼠标中键并移动鼠标，可以随意旋转模型
模型视图的平移	按 < Shift + 鼠标中键 > 的同时移动鼠标，可以随意平移模型视图

位于绘图区上部的图形工具栏左侧的“旋转中心”按钮被激活时，模型视图的旋转以模型的默认旋转中心为基准；若没有激活“旋转中心”按钮，则以绘图区中按住鼠标中键时鼠标指针所在的位置为旋转基准。

1.5.3 模型显示样式

Creo 6.0 预设了模型视图显示样式，默认样式为“着色”，还可以选择“带反射着色”“带边着色”“消隐”“隐藏线”“线框”等显示样式，如图 1-27 所示。

选择显示样式时，单击“模型显示”选项组中的“显示样式”按钮或绘图区上方图形工具栏中的“显示样式”按钮，从溢出菜单中选择所需要的模型显示样式。

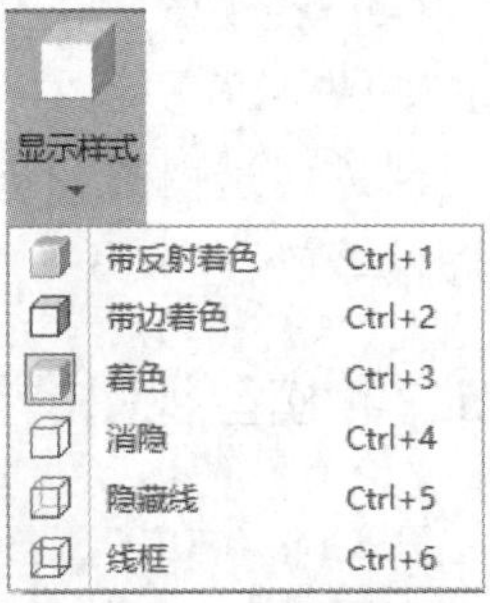

显示样式
带反射着色 Ctrl+1
带边着色 Ctrl+2
着色 Ctrl+3
消隐 Ctrl+4
隐藏线 Ctrl+5
线框 Ctrl+6

图 1-27 模型显示样式

1.5.4　图像

使用图像工具，可以将图像文件导入到指定的基准面、实体平面或几何平面，以便更好地参照图像进行设计。

导入图像时，单击“视图”选项卡上“模型显示”选项组下拉菜单中的“图像”按钮，弹出“图像”选项组，单击“图像”选项组中的“导入”按钮，选择放置图像的基准面(TOP、FRONT或RIGHT)、实体平面或几何平面，弹出“打开”对话框，选择要导入的图像文件，单击“打开”按钮，在对话框调整图像的透明度、方向和比例等，单击“确定”按钮，即可导入图像。在“图像”选项组中还可以进行隐藏或移除图像等操作，如图1-28所示。

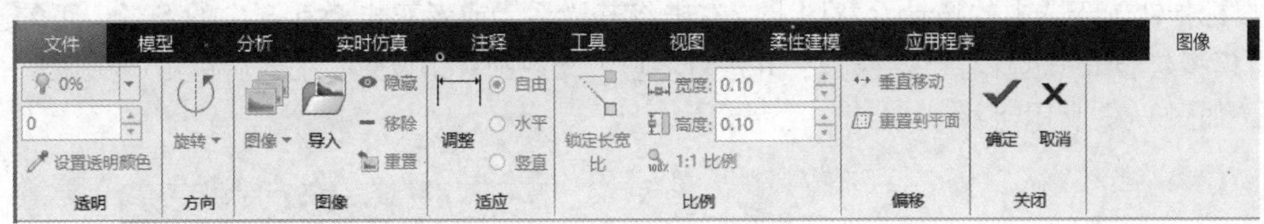

图1-28　“图像”选项组

另外，可将鼠标指针置于图像的白色圆形或方形标识上，根据标识示意的方向，按住鼠标左键可调整图像大小或旋转图像；当鼠标指针置于图像标识以外的区域，按住鼠标左键可任意平移图像；需要改变图像旋转中心时，将鼠标指针置于黑色圆形标识上，按住鼠标左键即可移动图像旋转中心，如图1-29所示。

1.5.5　可视镜像

“可视镜像”命令为用户提供了一个仅用于观察当前模型视图镜像的图像，该镜像图像不能保存。执行“可视镜像”命令时，单击功能区的“视图”选项卡上“模型显示”组中的“可视镜像”按钮，在绘图区选择镜像基准平面，便可获得可视镜像效果，如图1-30所示。再次单击“可视镜像”按钮，则关闭“可视镜像”命令。

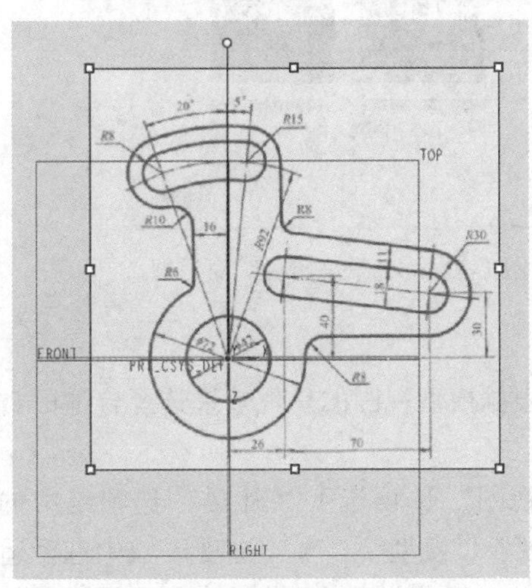

图1-29　图像调整

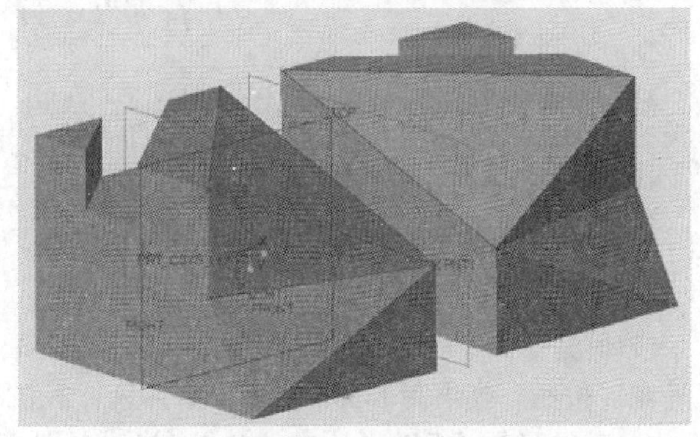

图1-30　模型视图的“可视镜像”命令效果

1.5.6 场景与外观

为了更好地呈现模型视图的效果，Creo 6.0 在“视图”选项卡中设置了“外观”选项组，其包括展示模型视图的“场景”工具按钮和常用材质及其颜色的“外观”工具按钮。

1. 场景

场景工具预设了场景库，用户可以根据需要选择场景，也可以为场景添加背景。

添加场景时，单击功能区的“视图”选项卡上“外观”选项组中的“场景”按钮，弹出场景效果下拉菜单，选择适用的场景即可，如图 1-31 所示。

如果要编辑场景，单击下拉菜单中的“编辑场景”按钮，弹出“场景编辑器”对话框，将鼠标指针置于选中的场景示意图上，右击将其激活，或者双击激活选中的场景，可勾选“将模型与场景一起保存”复选框，并进行环境、光源和背景设置，完成后单击“关闭”按钮，如图 1-32 所示。

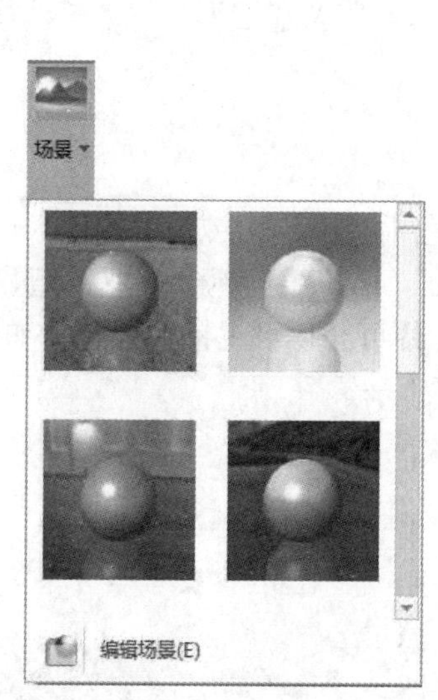

图 1-31　场景效果示意图下拉菜单

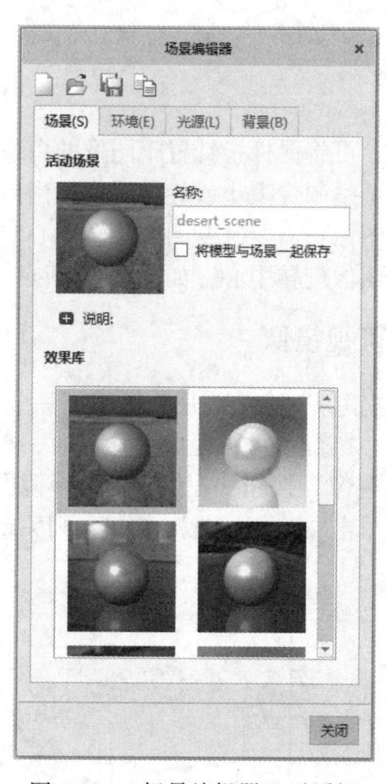

图 1-32　“场景编辑器”对话框

2. 外观

Creo 6.0 预设了常用材质和颜色外观库，用户可根据模型视图的呈现效果选择合适的材质和颜色。

为模型视图添加材质和颜色时，单击功能区“视图”选项卡上“外观”选项组中的“外观”按钮，弹出图 1-33a 所示菜单，从“我的外观”“模型”“库”选项区域中选择适用的材质或颜色，系统弹出“选择”对话框，如图 1-33b 所示。将笔形指针置于要赋予材质和颜色的模型表面上并单击，然后单击“选择”对话框中的“确定”按钮，即可将材质和颜色赋予模型，如图 1-33c 所示。

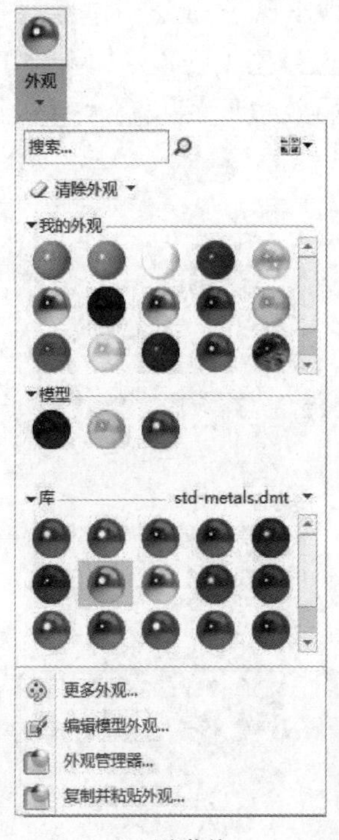

a) 下拉菜单

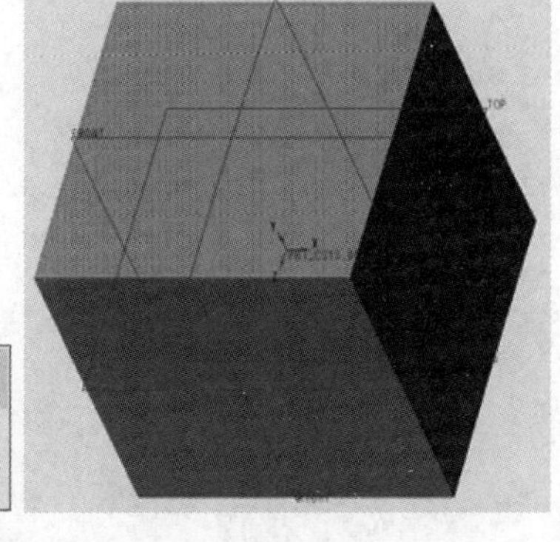

b) "选择"对话框　　c) 效果

图 1-33　将材质和颜色赋予模型

系统将常用的材质和颜色保存在库文件夹中，用户在图 1-34 所示的材质和颜色列表中可以选择适用的材质和颜色。

如果要将材质和颜色赋予模型的所有表面，则要选择模型树列表中当前模型的名称。

模型可以被赋予一种材质和颜色，也可以为模型的不同表面赋予不同的材质和颜色。使用过的不同的材质和颜色会保存在"我的外观"选项区域和"模型"选项区域中，供进一步编辑和选用。

3. 模型外观编辑

为了更加逼真地展示模型视图效果，在图 1-33a 所示菜单下方列出了更详尽的外观编辑命令，包括"更多外观"（外观编辑器）、"编辑模型外观"（模型外观编辑器）、"外观管理器"和"复制并粘贴外观"命令。

选择"更多外观"命令，弹出"外观编辑器"对话框，在其中可编辑不同材质的外观属性（颜色、强度、环境、突出显示颜色、光亮度、突出显

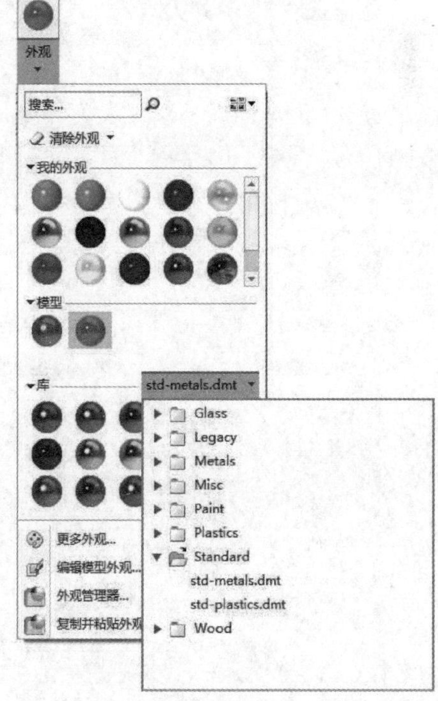

图 1-34　材质和颜色列表

示、反射和透明度等）和贴图设置（纹理、凹凸和贴花），如图1-35所示。

在模型已经赋予了外观的前提下，选择“编辑模型外观”命令，弹出“模型外观编辑器”对话框，在其中可编辑已赋予模型的外观属性（颜色、强度、环境、突出显示颜色、光亮度、突出显示、反射和透明度等）和贴图设置（纹理、凹凸和贴花），如图1-36所示。

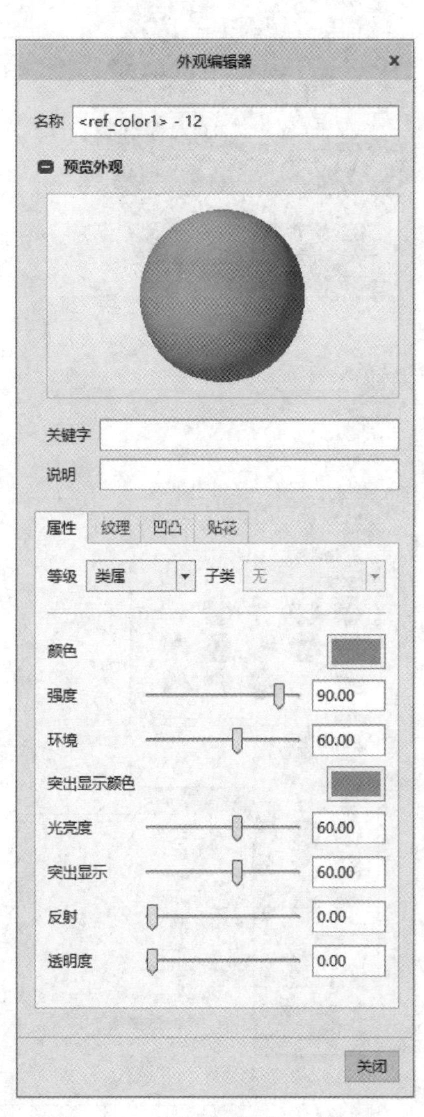

图1-35 “外观编辑器”对话框

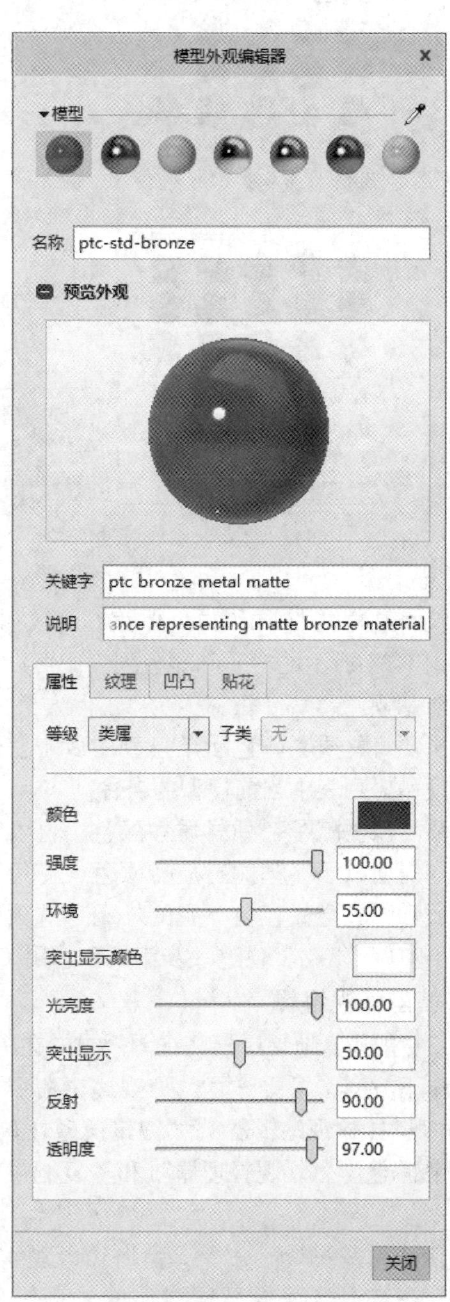

图1-36 “模型外观编辑器”对话框

为了便于编辑和管理不同材质的外观属性和贴图设置，“外观管理器”对话框中汇集了“我的外观”“模型”“库”等命令菜单，如图 1-37 所示。

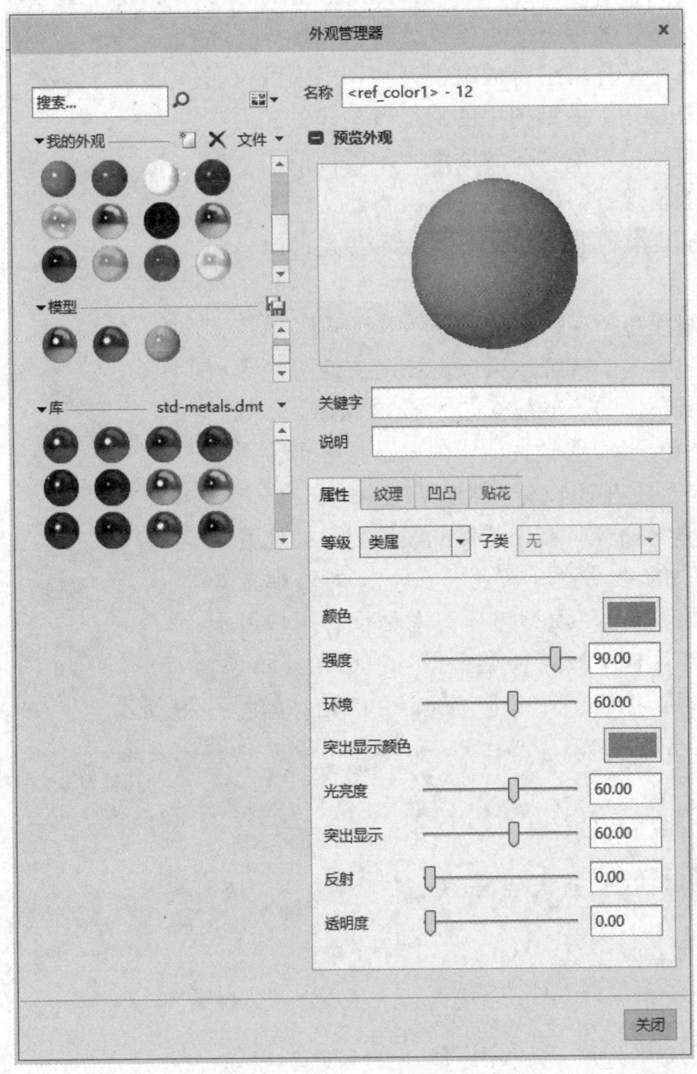

图 1-37　“外观管理器”对话框

另外，利用“复制并粘贴外观”命令可将已经应用到当前模型某表面的外观复制粘贴到该模型的其他表面上。

在进行复制粘贴操作时，选择“复制并粘贴外观”命令，用吸管形的鼠标指针在绘图区选择要复制外观的表面，当吸管形指针变为笔刷形时，用笔刷形指针选择要粘贴的外观，完成后在界面右上角弹出“选择”对话框，单击“确定”按钮，即可将外观应用到该表面。

如果要清除模型上被赋予的外观时，可选择图 1-33a 所示菜单中的“清除外观”或“清除所有外观”命令。

1.6 模型树

模型树是零件文件中所有特征的列表，其中包括基准平面和基准坐标系等。模型树顶部是零件文件的名称，在名称下显示各特征类型的标识、名称和序号等。若干个特征可组合成组模型树，组模型树名称为组 LOCAL_GROUP。模型树中的特征按构建的先后次序排列显示，根特征位于模型树的顶部，附属特征位于模型树的下部。一般情况下，模型树只列出当前文件中的相关特征，而不列出构成特征的图元，如边、曲面、曲线等。

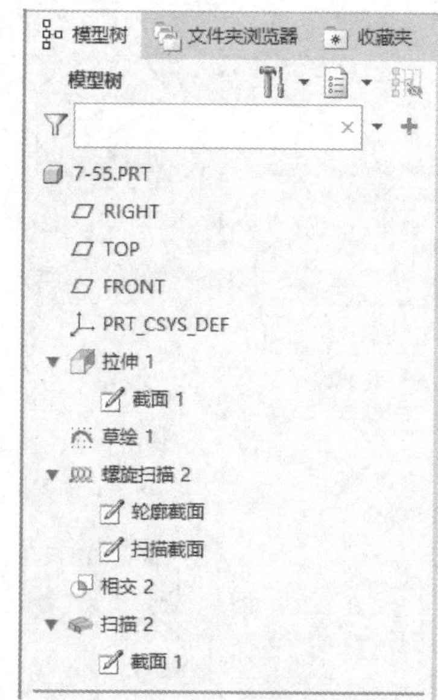

图 1-38 模型树

单击特征或组模型树名称左侧的箭头，便可显示该特征或组模型树所包含的子特征，再单击该箭头便可隐藏该特征或组模型树所包含的子特征，如图 1-38 所示。

单击模型树中的“显示”按钮，弹出下拉菜单，选择“全部展开”命令，便可显示该零件模型树中的所有分支；若选择“全部折叠”命令，则该零件的模型树又被隐藏。

单击模型树中的“设置”按钮，在下拉列表中选择“树过滤器”选项，弹出“模型树项”对话框，用户可根据设计需要在该对话框中按特征类型设置模型树显示项，完成后单击“应用”按钮，并单击“确定”按钮，如图 1-39 所示。

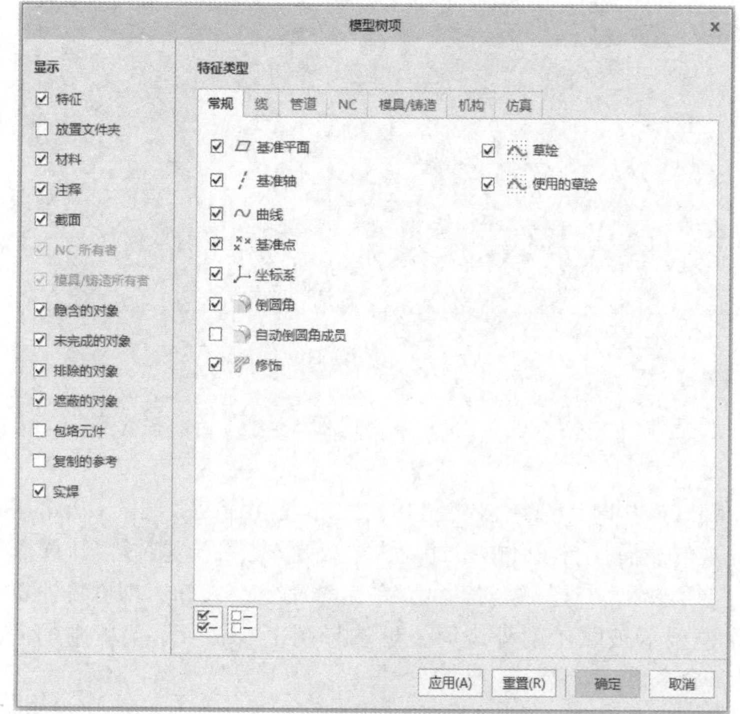

图 1-39 “模型树项”对话框

将鼠标指针置于模型树的某特征或其子特征上，并单击或右击，弹出快捷菜单，选择相关命令便可编辑尺寸、编辑定义、编辑参考，进行隐藏、重命名、隐含和阵列等操作，如图 1-40 所示。

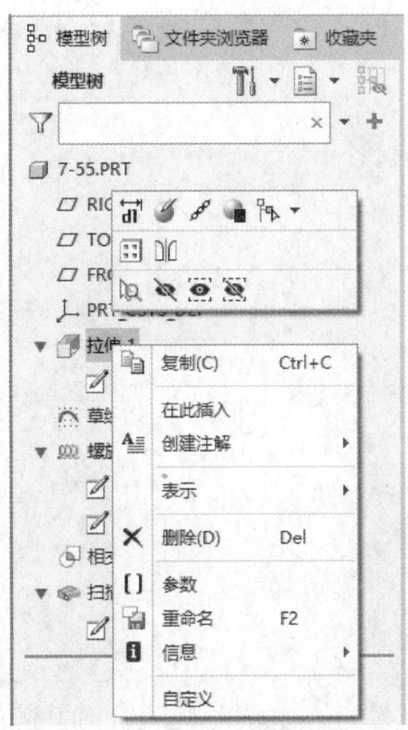

图 1-40　特征编辑选项快捷菜单

1.7　层树

在使用 Creo 6.0 进行模型创建的过程中，为了便于管理，系统会自动识别不同类型的特征、图元和尺寸等，将它们分别放入按序号、名称排序的图层中，如图 1-41 所示。

单击“视图”选项卡上“可见性”选项组中的“层”按钮，导航区中模型树列表变换为层树列表。单击层左侧的箭头，便显示该层包含的特征。将鼠标指针置于某特定层或某层的特定特征，右击，弹出“层编辑”对话框，用户可对图层或图层包含的特征进行隐藏、复制、重命名和删除等编辑操作。单击的同时按 <Ctrl> 键可对多个层或多个特征进行编辑操作。层编辑操作结束后单击选项卡中的层，或单击导航区中的“显示”按钮，在弹出的菜单中选择模型树，层树列表又转换为模型树列表。

如果将配置文件选项 floating_layer_tree 的值设置为 yes（其默认值为 no），在单击“视图”选项卡上“可见性”选项组中的“层”按钮时，层树会以对话框形式弹出，而模型树仍然显示在导航区。

创建新层时，单击“层”按钮在弹出的菜单中选择“新建层”命令，弹出“层属性”对话框。在“名称”文本框中输入新的层名称或接受默认的层名称，“层标识”文本框中可以不填内容。从模型或层树中选择要放入新层的特征，这些特征便以列表的形式出现在

“层属性”对话框的“内容”选项卡中，单击“包括”或“排除”按钮，再选择“内容”选项卡中的特征，便可从该层中添加或排除特征。添加的特征后带“+”标识，排除的特征后带“-”标识，单击“确定”按钮完成操作，如图1-42所示。

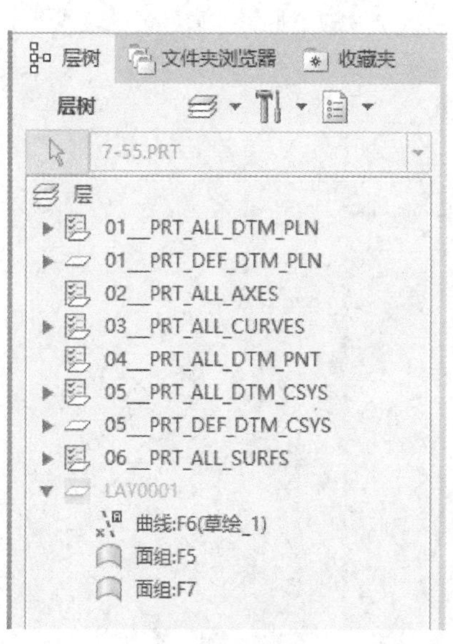

图1-41　层树

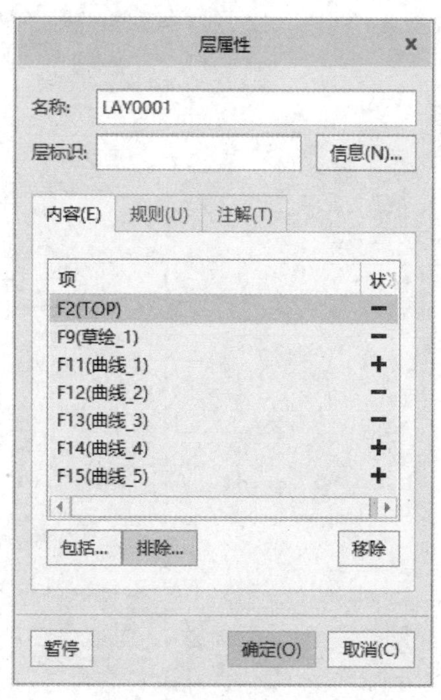

图1-42　“层属性”对话框

新层按字母、数字顺序排列在层树列表中，用户也可以在“层编辑”对话框中重新命名。

1.8　选项与配置

Creo 6.0默认操作界面的选项和配置基本能满足普通用户的需求，Creo 6.0也允许用户根据自己的设计习惯和爱好对操作界面和配置进行重新定义。选项和配置内容包括功能区、工具栏、窗口、系统颜色、模型显示和图元显示等。用户还可以通过配置编辑器对更具体的Creo Parametric选项进行编辑，并保存在config.pro配置文件中，当启动Creo 6.0时，系统会自动运行config.pro程序，开启用户自定义的操作界面和各种配置。

重新定义Creo Parametric操作界面选项和配置时，选择“文件”→“选项”命令，弹出“Creo Parametric选项”对话框，用户可对有关项目进行设置，完成后单击“导出配置”按钮，弹出“另存为”对话框，选择config.pro保存路径，单击“确定”按钮，即可完成重新定义。“Creo Parametric选项”对话框如图1-43所示。

在“Creo Parametric选项”对话框中，常常被许多用户自定义的操作界面选项和配置主要有映射键（快捷键）定制、系统颜色设置、模型显示设置、图元显示设置和Config.pro配置编辑。

图 1-43 “Creo Parametric 选项” 对话框

1.8.1 映射键（快捷键）定制

用户可以根据自己的操作习惯自定义映射键（快捷键），即把绘图过程中的相关步骤整合在一起，通过快捷键完成操作，提高绘图速度和效率。

定制映射键的步骤如下：

01 在 Creo 6.0 启动界面或零件设计操作界面中，选择“文件”→“选项”命令，弹出“Creo Parametric 选项”对话框。选择“环境”选项，单击“映射键设置”按钮，弹出“映射键”对话框，如图 1-44 所示。

02 单击“映射键”对话框中的“新建”按钮，弹出“录制映射键”对话框。在“键盘快捷方式”下拉列表框中输入映射键字符（如 n），在“名称”文本框中输入映射键名称（如新建零件）在“说明”文本框中输入映射键说明（如新建→零件→不使用默认模板→mmns_part_solid→确定），如图 1-45 所示。

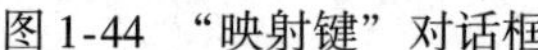
图 1-44 “映射键”对话框

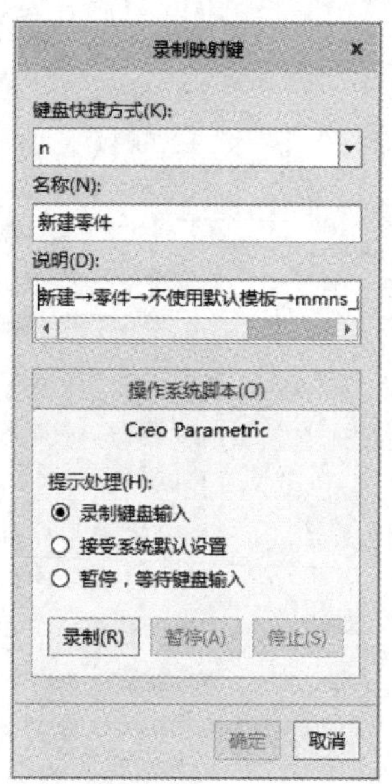

图 1-45 “录制映射键”对话框

03 单击“录制映射键”对话框中的“录制”按钮，按“说明”文本框中的步骤操作（新建→零件→不使用默认模板→mmns_part_solid→确定），完成后单击“停止”按钮，单击“确定”按钮，单击“映射键”对话框中的“保存更改项”或“保存全部”按钮，如图 1-46 所示，弹出“保存”对话框，指定 config. pro 文件保存位置单击“确定”按钮，关闭“映射键”对话框，即完成映射键创建，如图 1-47 所示。当新建零件文件时，只需在启动界面按 <n> 键，即可进入零件设计操作界面。

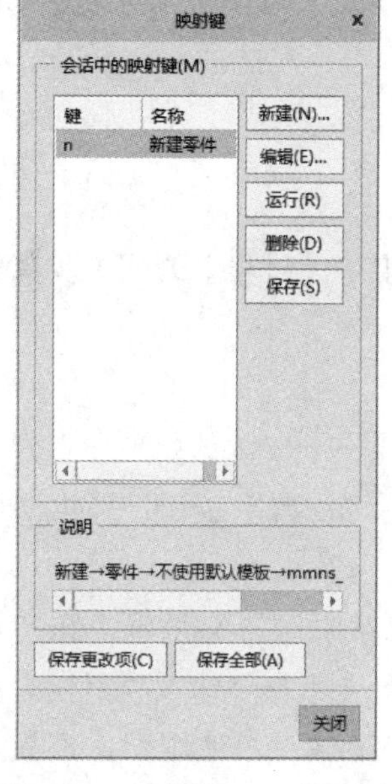

图 1-46 “映射键”生成对话框

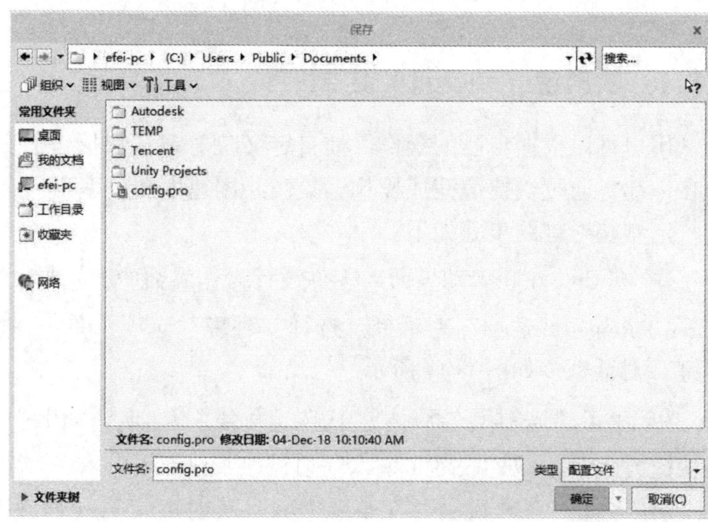

图 1-47 “保存”对话框

1.8.2 系统外观设置

用户可根据自己的设计需要和使用习惯，对 Creo 6.0 的系统外观进行设置。系统外观包括主题、界面和系统颜色等，Creo 6.0 对颜色进行了预设，包括主题、界面和系统颜色。

各种设计模式下的图形、基准、几何、草绘器、模型等的颜色也可以重新设置。设置时，选择“Creo Parametric 选项”对话框“系统外观”选项，单击右侧列表选项（如图形、基准或几何等），弹出“颜色设置”对话框，按文字提示选择颜色表示，弹出“颜色设置”对话框，从中选择重新定义的颜色，单击“确定”按钮，即可完成色彩设置。

1.8.3 模型显示设置

模型显示是对模型显示方式的设置，包括模型方向、重定向模型时的模型显示、着色模型显示以及实时渲染时的设置等。

设置时，选择“Creo Parametric 选项”对话框的“模型显示”选项，根据需要在右侧显示列表中勾选需要设置的复选框，单击“应用”按钮，单击“确定”按钮。

Creo 6.0 系统的默认模型方向为斜轴测，用户可以选择等轴测或自定义模型方向。

1.8.4 图元显示设置

用户可根据设计需要进行图元显示方式设置，包括几何、基准、尺寸和装配显示等。

图元显示设置时，选择“Creo Parametric 选项”对话框的“图元显示”选项，根据需要在右侧显示列表中勾选所需要设置的复选框，单击“应用”按钮，单击“确定”按钮。

其中基准显示设置有助于更准确地识别图元，提高绘图效率。

1.8.5 窗口设置

用户可根据自己的设计需要和使用习惯，对 Creo 6.0 操作界面布局进行设置。

选择“Creo Parametric 选项”对话框的“窗口设置”选项，根据右侧列表提示进行设置，单击“确定”按钮，即可完成窗口设置，如图 1-48 所示。

1.8.6 Config. pro 配置编辑

Config. pro 是 Creo Parametric 的系统配置文件，用户可根据自己的设计需求，通过配置编辑器进行查看、管理和设置。

为了便于查找和编辑，选项列表可选择按字母顺序、设置或类别排序。如图 1-49 所示，表中第一列为名称，第二列为值，第三列为状况，第四列为说明。其中第二列（“值”列）是编辑对象，单击选项所对应的值，可根据设计需要选择所需要的值或变更有关字符。

由于选项比较多，为了快速找到要编辑的选项，可单击“查找”按钮在弹出的“查找选项”对话框中输入关键字（名称），选择查找范围，单击“立即查找”按钮，变更设置值，单击“添加/更改”按钮，单击“关闭”按钮，系统会弹出一个消息对话框，如果将设置仅应用到当前会话，则单击“否”按钮；如果要保持设置到 Config. pro 配置文件中，则单击“是”按钮，系统弹出“另存为”对话框，指定路径、文件名后单击“确定”按钮，用户自定义设置将自动保存到配置文件目录，如图 1-50 所示。

图 1-48 “Creo Parametric 选项”对话框中的“窗口设置”界面

图 1-49 “Creo Parametric 选项”对话框中的“配置编辑器”界面

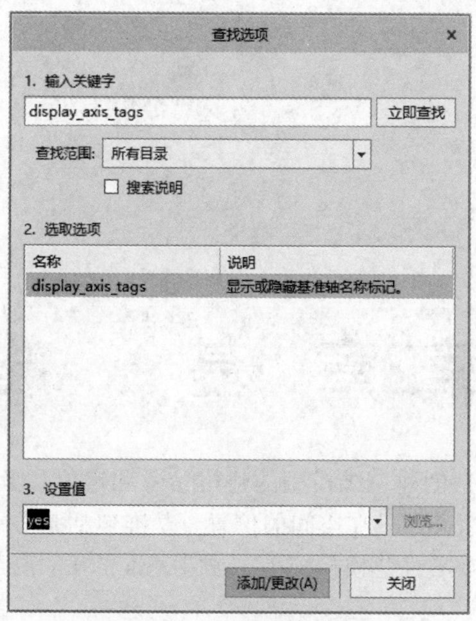

图 1-50 “查找选项”对话框

单击“Creo Parametric 选项”对话框的“导入/导出”按钮，可将已配置好的 Config. pro 文件导入到当前系统中，或者将最近配置的 Config. pro 文件导出到特定文件目录下。

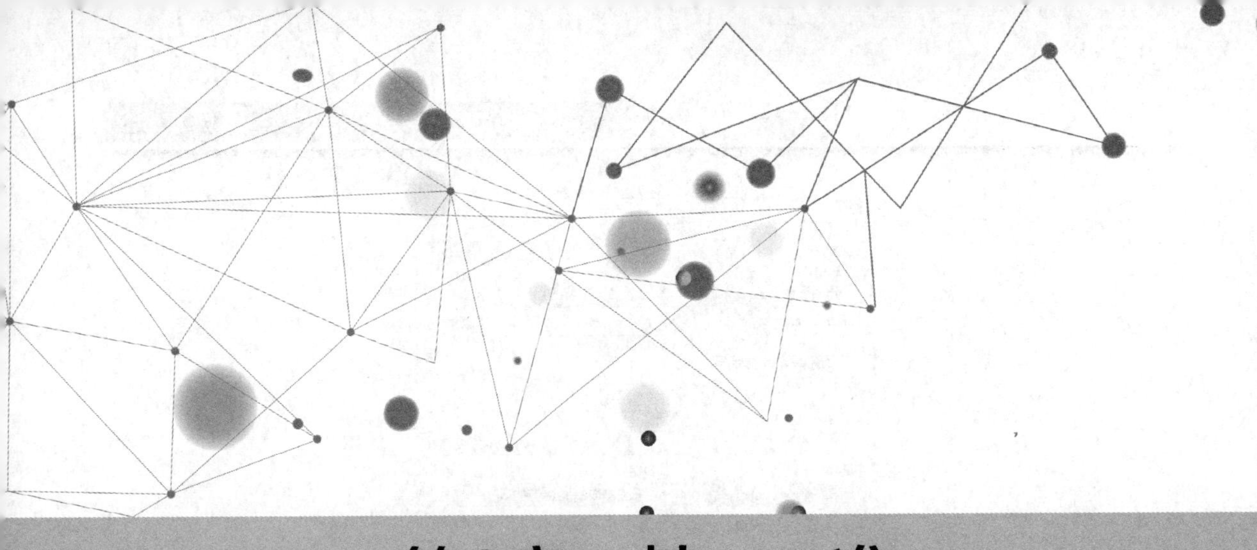

第2章　基　　准

在 Creo 6.0 中，基准是创建三维模型的建模参考和定位参考，草绘、实体、曲面操作中都需要一个或多个基准来确定其在空间的位置。基准包括基准平面、基准轴、基准曲线、基准点和基准坐标系等。在零件建模模式下，创建基准的工具按钮位于功能区“模型”选项卡的“基准”选项组中。

2.1　基准平面

基准平面是建模过程中使用最为频繁的基准，所有创建三维模型的二维图形元素，即点、线和面都是通过在基准平面上的草绘完成的。基准平面还可以作为镜像、阵列、标注尺寸和装配等编辑操作的参考。默认状态下系统预先定义了三个正交基准面（FRONT、TOP 和 RIGHT）和一个基准坐标系（PRT_CSYS_DEF）。根据模型的需求还可以创建用户基准平面（DTM1、DTM2…）和基准坐标系（CS0、CS1…）。

基准平面理论上是一个无限大的面，但为便于观察可以设定其大小，以适合所创建的模型。基准平面有正、负（正反）两个方向。

1. 基准平面的用途

1）基准平面作为草绘平面，可在基准平面上绘制模型的二维截面。

2）标注模型相对基准面的位置尺寸。

3）确定模型相对基准面的方位。

4）作为模型剖切截面。

5）作为装配基准。

2. 创建基准平面

1）由点、线、面创建基准平面。

2）由基准坐标系创建基准平面。

3）由偏移创建基准平面。

创建基准平面时，单击“模型”选项卡上“基准”选项组中的“平面”（创建基准平面）按钮，弹出“基准平面”对话框，对话框中的“放置”选项卡处于激活状态，在绘图区选择模型中的点、线（轮廓线或中心线）或面作为参考，或按 <Ctrl> 键添加参考，调整参考为穿过、垂直、偏移或平行，根据需要输入偏移值；选择“显示”选项卡，进行法向设置（基准平面方向）和基准平面轮廓的调整，如图 2-1 所示。

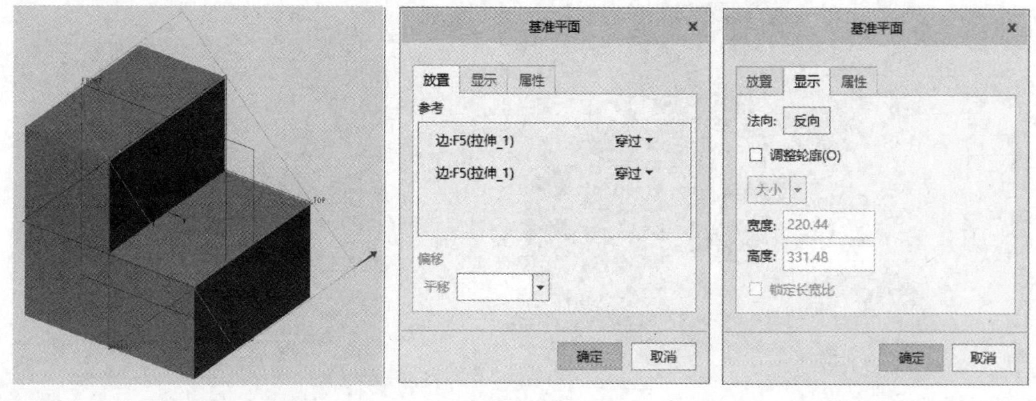

a) 绘图区 b)“放置”选项卡 c)“显示”选项卡

图 2-1 创建基准平面

2.2 基准点、偏移坐标系基准点和域基准点

2.2.1 基准点

基准点是创建三维数字模型的最基本元素，由点创建线、面，最终发展为体，即三维数字模型。基准点可作为模型的参考基准，也可通过基准点创建空间曲线。根据模型的需求可以随时向模型添加点（PNT1、PNT2…）。

Creo 6.0 提供了三种类型基准点的创建工具，其中一般基准点和偏移坐标系基准点在模型创建中较为常用。

1. 基准点的用途

1）作为基准面、基准轴和曲线的创建参考。

2）定义线段的起始点和终止点。

3）确定几何的空间位置。

4）标注几何的尺寸。

5）定义曲线的走向。

2. 创建基准点

创建基准点时，单击“模型”选项卡上“基准”选项组中的“点”（创建基准点）按钮，弹出“基准点”对话框，对话框中的“放置”选项卡处于激活状态，在绘图区选择基准面或模型中的点、线、面作为参考，选择“参考”为“在其上”或“偏移”，根据需要输入偏移参考，对于曲线上的基准点要输入偏移比率或实际值，如图 2-2 所示。

2.2.2 偏移坐标系基准点

偏移坐标系基准点是相对于参考坐标系（默认坐标系或指定坐标系）偏移 X、Y、Z 值的基准点。

创建偏移坐标系基准点时，单击“模型”选项卡上“基准”选项组中的“点”按钮右

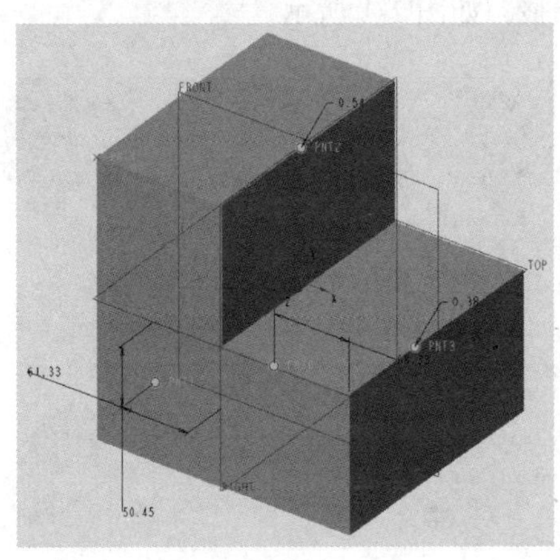

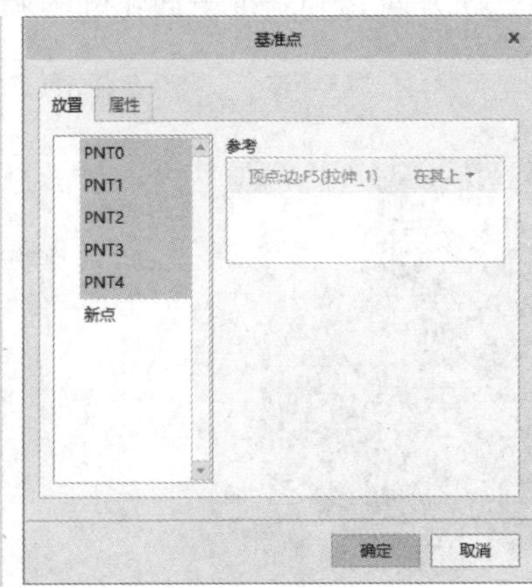

a) 绘图区　　b) “基准点”对话框

图 2-2　创建基准点

侧的箭头，从溢出菜单中选择“偏移坐标系”（创建偏移坐标系基准点）命令，弹出“基准点”对话框，对话框中的“放置”选项卡处于激活状态，在绘图区选择参考坐标系，选择“类型”为“笛卡儿”或“柱坐标”或“球坐标”，在“名称”下的空白处单击，生成PNT0，并激活 X 轴、Y 轴、Z 轴，分别输入相对于参考坐标系偏移 X、Y、Z 值。若要添加其他点，则单击下一行，输入该点的坐标值，或者单击“更新值”按钮，添加点的坐标值，或者将这些点保存到一个扩展名为 .pts 的文件中，以便后期使用时导入。通过勾选“使用非参数阵列”复选框，这些点的尺寸可在参数阵列和非参数阵列之间进行转换，如图 2-3 所示。

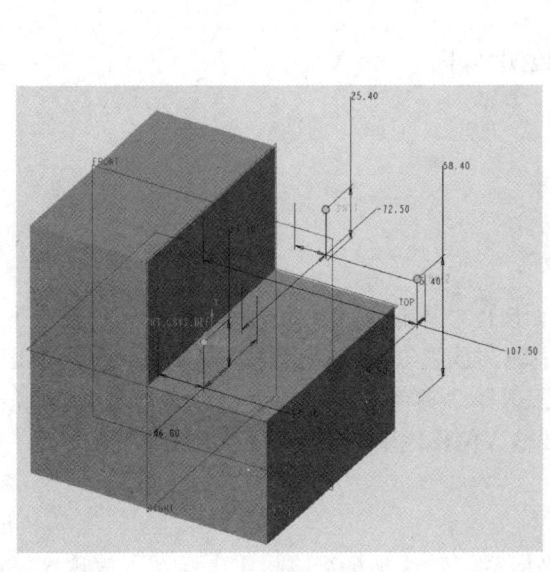

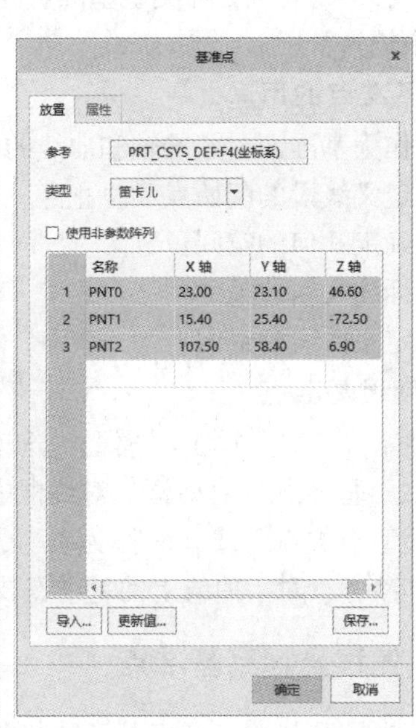

a) 绘图区　　b) “基准点”对话框

图 2-3　创建偏移坐标系基准点

2.2.3　域基准点

域基准点是创建在模型的表面、边或线上的点。由于域基准点属于整个域，因此它不需要标注位置尺寸。域基准点的默认名称为 FPNT0、FPNT1…

通过域基准点可创建基准轴、曲线等。

创建域基准点时，单击“模型”选项卡上“基准”选项组中的“点”按钮右侧的箭头，从溢出菜单中选择“域”（创建域基准点）命令，弹出“基准点”对话框，对话框中的“放置”选项卡处于激活状态。在绘图区选定的域中单击创建域基准点，完成后单击“确定”按钮，如图 2-4 所示。

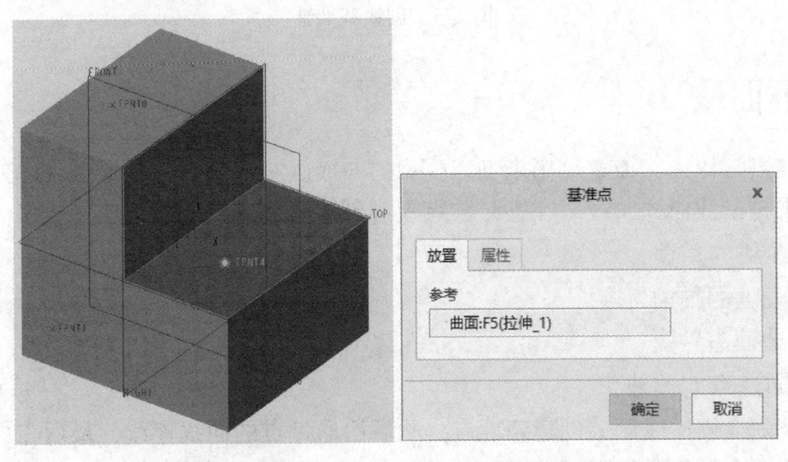

a) 绘图区　　b) “基准点”对话框

图 2-4　创建域基准点

2.3　基准轴

基准轴可作为创建三维数字模型的参考基准。根据模型的需求可以随时向模型添加基准轴（A1、A2…）。由基准轴可以创建基准平面、放置其他几何和创建径向阵列或轴阵列等。基准轴与中心轴的不同之处在于基准轴是独立的元素，它能被重新编辑操作。

1. 基准轴的用途

1）基准面的创建参考。

2）圆柱体、回转体和孔等特征的旋转中心线。

3）确定几何的空间位置。

4）标注几何的尺寸。

2. 创建基准轴

基准轴可通过两个基准点创建，也可以通过基准平面或模型表面的交线、轮廓线创建。

创建基准轴时，单击“模型”选项卡上“基准”选项组中的“轴”（创建基准轴）按钮，弹出“基准轴”对话框，对话框中的“放置”选项卡处于激活状态，在绘图区选择基准面或模型中的点、线、面作为参考，选择“参考”为“穿过”或“法向”，根据需要输入偏移参考；选择“显示”选项卡，调整轴的长度或确定参考，如图 2-5 所示。

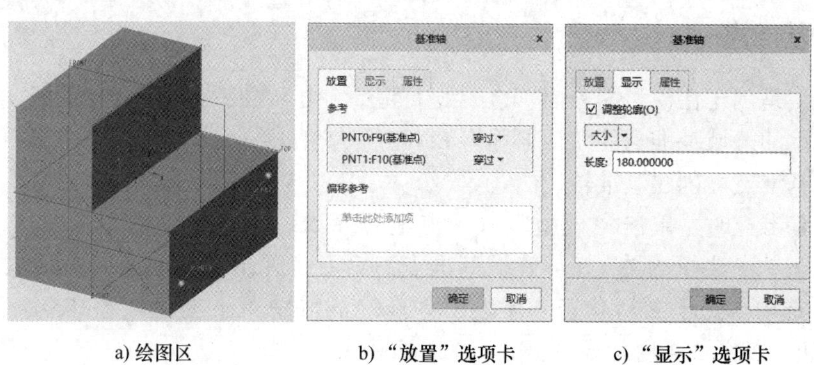

a) 绘图区　　b) “放置”选项卡　　c) “显示”选项卡

图2-5　创建基准轴

2.4　基准曲线

基准曲线经常作为扫描轨迹用来创建模型的曲面。基准曲线包括通过点的曲线、来自方程的曲线和来自横截面的曲线。在三维数字模型创建中通过点的曲线应用较多。

1. 基准曲线的用途

1）作为曲面的扫描轨迹。

2）作为曲面边界线。

2. 创建通过点的曲线

首先在空间或模型表面上创建基准点，然后用通过点的曲线连线，最后在放置、末端条件和选项等选项中进行曲线形式的设置。

创建基准曲线时，根据设计需要，在空间或模型表面创建若干基准点，在“模型”选项卡上，将鼠标指针置于“基准”组中“曲线”按钮右侧的箭头处，从溢出菜单中选择“通过点的曲线”命令，弹出通过点操控面板，在绘图区依次选择基准点，并通过“放置”“末端条件”“选项”等命令设置曲线。基准曲线可以是样条曲线，也可以是直线。样条曲线可设置“末端条件”为“自由”“相切”“曲率连续”“垂直”，如图2-6所示。

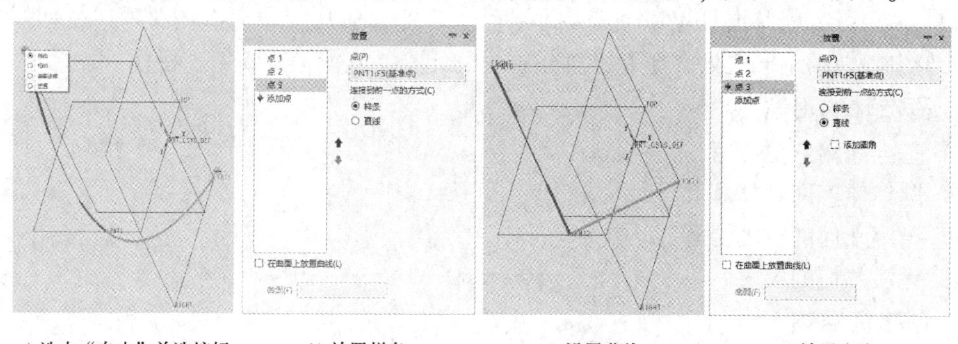

a) 选中“自由”单选按钮　　b) 放置样条　　c) 设置曲线　　d) 放置直线

图2-6　创建基准曲线

2.5　基准坐标系

基准坐标系分为笛卡儿坐标系（参数X、Y、Z）、柱坐标系（参数r、θ、z）和球坐标系（参数 r、θ、φ）三种类型，如图所示 2-7 所示。

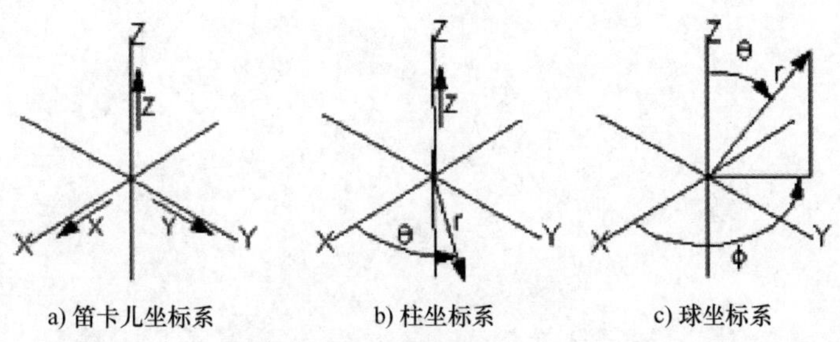

a) 笛卡儿坐标系　　b) 柱坐标系　　c) 球坐标系

图 2-7　基准坐标系类型

基准坐标系（CS0、CS1…）可以添加到模型空间或模型上，一个基准坐标系需要六个参考量，其中三个相对独立的参考量用于原点的定位，另外三个参考量用于坐标系的定向。

1. 基准坐标系的用途

1）定义几何的空间位置。

2）作为模型上几何的定位参考。

3）在装配中建立坐标系约束条件。

4）辅助计算零件的质量、质心和体积等属性。

5）辅助建立有限元分析时的约束条件。

6）作为模型加工时设定程序的原点。

7）辅助建立其他基准。

2. 创建基准坐标系

创建基准坐标系时，单击“模型”选项卡上“基准”选项组中的“坐标系”（创建坐标系）按钮，弹出“坐标系”对话框，对话框中的“原点”选项卡处于激活状态在绘图区的基准面或模型上选择要添加基准坐标系的位置，选择坐标系类型（线性、径向或直径），确定偏移参考，并输入偏移数值；选择“方向”选项卡，选中“参考选择”单选按钮，勾选“添加绕第一个轴的旋转”复选框，单击“确定”按钮，如图 2-8 所示。

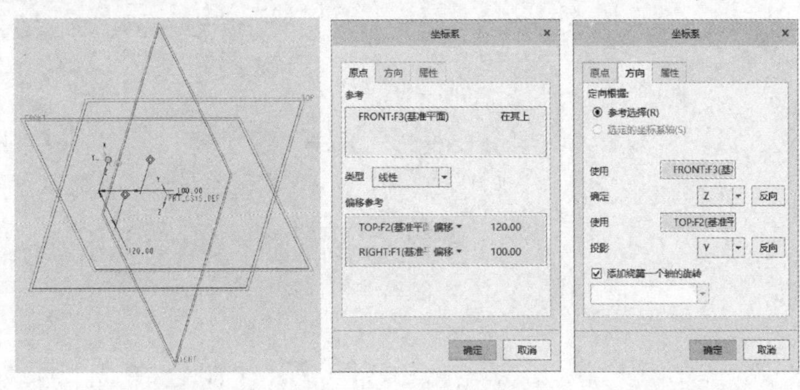

a) 绘图区　　b)“原点”选项卡　　c)“方向”选项卡

图 2-8　创建基准坐标系

定位新的坐标系时，不管选择的参考是坐标系还是点、边或平面，至少应选择两个参考对象。

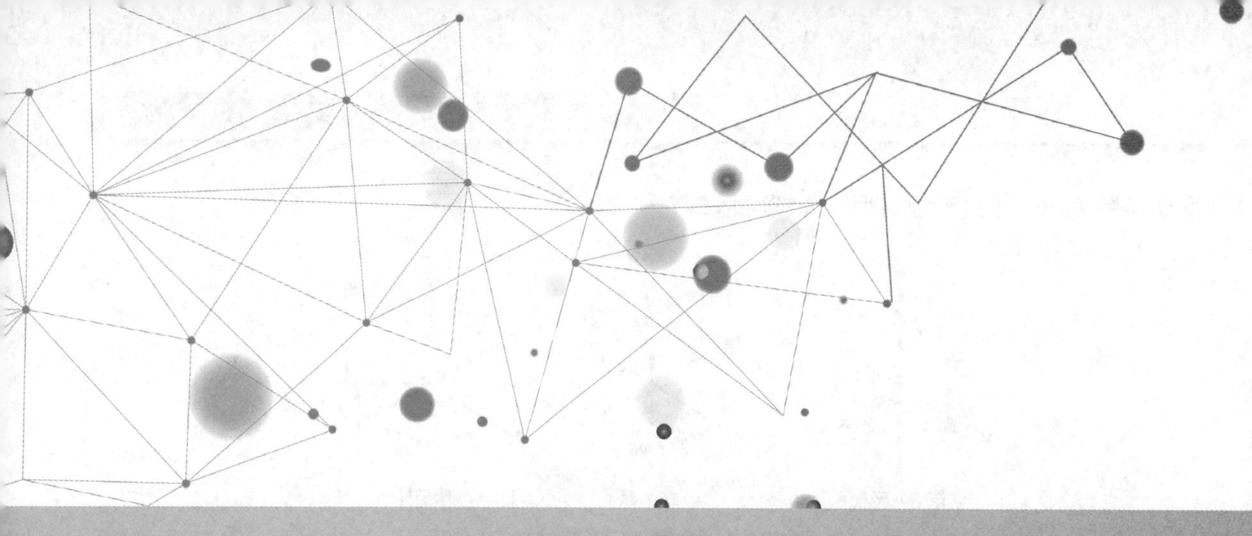

第3章 草 绘

3.1 草绘环境

Creo 6.0 提供了功能强大的截面图形绘制环境。三维数字模型是在截面图形的基础上利用拉伸、旋转、扫描或混合等操作创建的。根据三维模型的形状特征，在草绘环境中快捷且准确地使用工具按钮绘制截面图形、标注尺寸、添加适当的几何约束，是创建三维数字模型，提高绘图效率和质量的关键。

在 Creo 6.0 中，有多种方法进入草绘环境。

3.1.1 由草绘模式进入草绘环境

新建文件时，选择草绘模式可直接进入绘制二维截面图形的草绘环境，如图 3-1 所示。

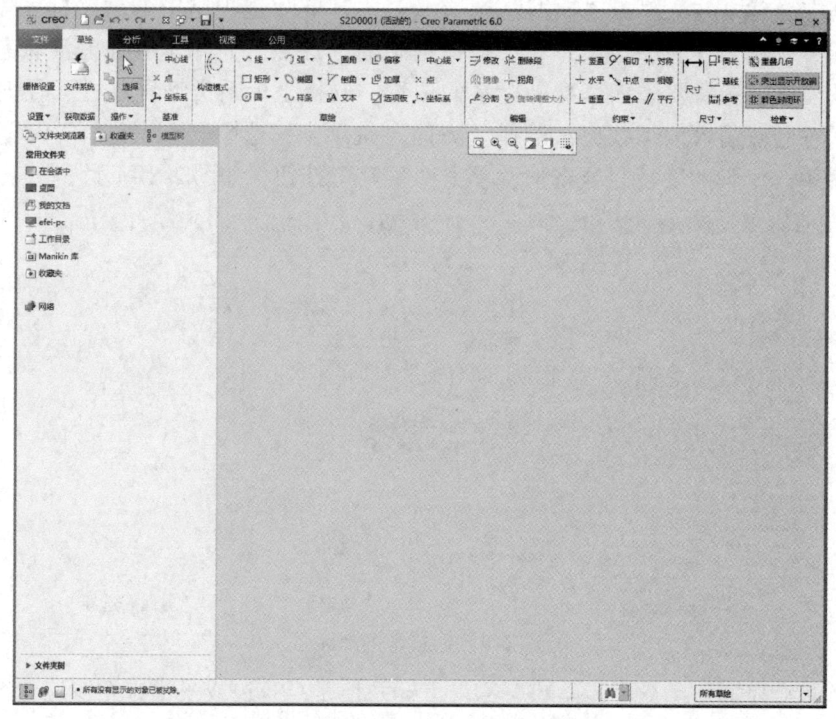

图 3-1 草绘模式下的草绘环境

在草绘环境中，用户可利用“草绘”选项卡提供的工具按钮或右击弹出的快捷工具栏绘制二维截面图形。此类文件的扩展名为＊. SEC。在创建三维模型时可随时载入，并且能重复使用。

3.1.2 由零件模式进入草绘环境

零件模式是三维数字模型的创建模式，也是用户常用的模式，因此在新建文件时系统默认为零件模式。

1. “模型”选项卡→“基准”选项组→“草绘”按钮

单击“模型”选项卡上“基准”选项组中的“草绘”按钮，弹出“草绘”对话框，选择草绘平面，设置草绘视图方向，完成后单击“草绘”按钮，进入草绘环境，即截面图形绘制环境，如图3-2所示。

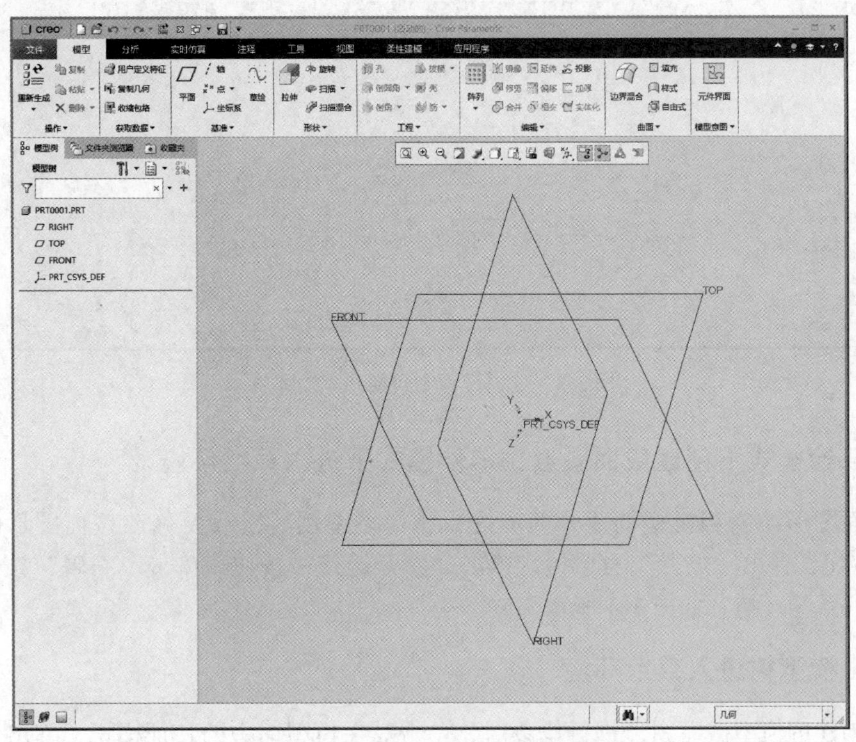

图3-2 零件模式下的草绘环境

2. “模型”选项卡→“形状”选项组→“草绘”按钮

单击“模型”选项卡上“形状”选项组中的“拉伸”“旋转”或“扫描”等按钮，在相关对话框中选择最右端的基准，在“基准”下拉菜单选择“草绘”命令，弹出“草绘”对话框，选择草绘平面，设置草绘视图方向，完成后单击“草绘”按钮，进入草绘环境，如图3-2所示。

3. 内部草绘

通过拉伸、旋转或扫描等命令创建模型的过程中，需要对截面图形进行修改或更新时，右击，在弹出的快捷工具栏中单击“编辑内部草绘”按钮，进入草绘环境，如图3-3所示。

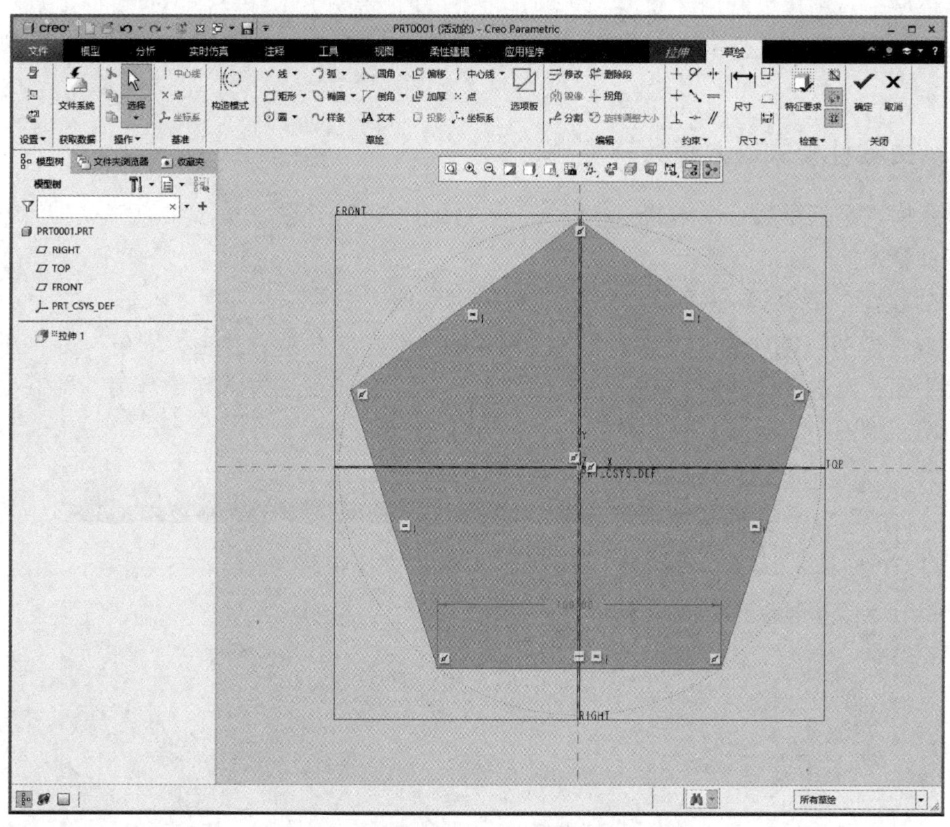

图 3-3　建模过程中转换到草绘环境

3.1.3　草绘模式下创建截面图形，零件模式下进入草绘环境

当截面图形绘制和模型创建分两步进行，在模型创建阶段要修改截面图形时，单击“放置”按钮，弹出“放置”对话框，单击“断开链接”按钮，单击“编辑”按钮，进入截面图形的草绘环境，如图 3-4 所示。

3.1.4　由模型树进入草绘环境

对已创建的模型截面图形进行修改时，单击其在模型树中的特征标识，弹出快捷工具栏，单击“编辑定义”按钮，弹出“拉伸”“旋转”或“扫描”等对话框，单击“放置”按钮，单击“编辑”按钮，进入图 3-4 所示的截面图形的草绘环境。

草绘环境可以根据用户的设计需要进行设置。选择“文件”→“选项”命令，弹出“Creo Parametric 选项”对话框，选择“草绘器”选项，对“对象显示设置”“草绘器约束假设”“精度和敏感度”“拖动截面时的尺寸行为”等选项区域中的参数进行设置。对于普通用户，为了提高绘图准确性和效率，可根据绘图精度设置尺寸的小数位数，勾选“锁定已修改的尺寸”复选框，勾选“草绘平面与屏幕平行”复选框，其他选项可默认，如图 3-5 所示。

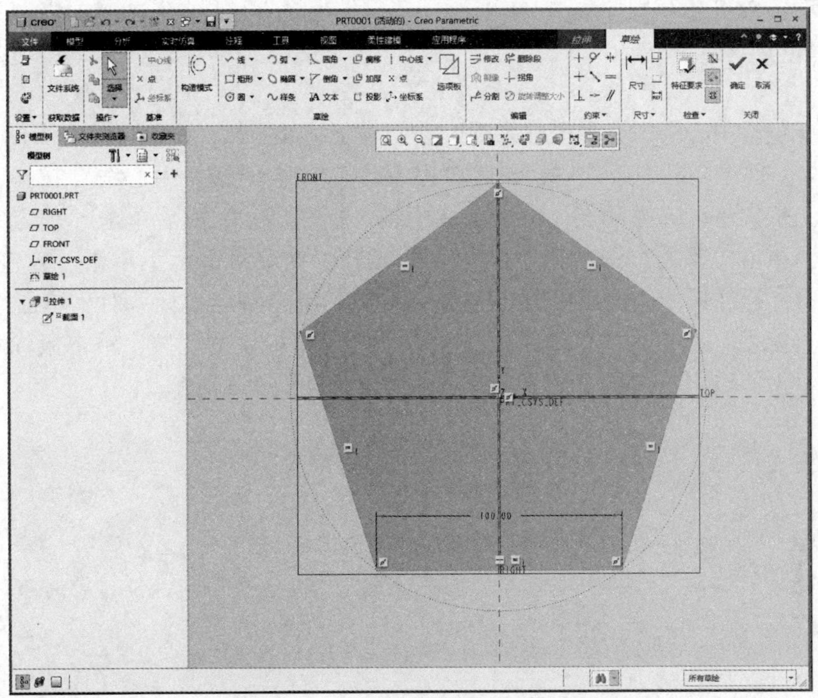

图 3-4 截面图形的草绘环境

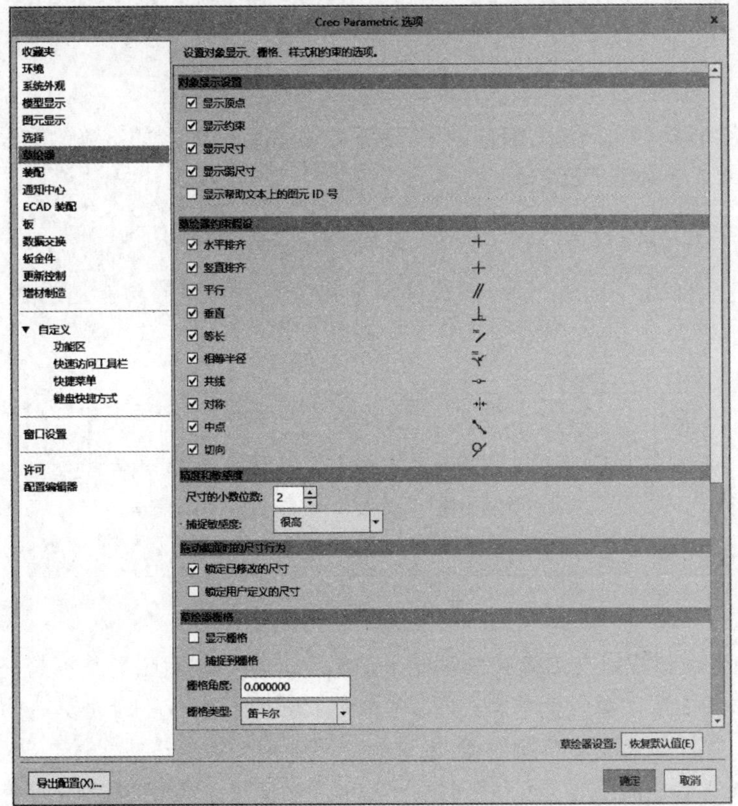

图 3-5 “Creo Parametric 选项”对话框的“草绘器”界面

3.2 几何基准

几何基准包括中心线、点和坐标系等，它们属于基准图元，是创建截面图形和三维模型的基准或参考，创建基准中心线时，单击“基准”选项组中的“中心线”按钮，在绘图区的草绘平面上依次单击选择两点，单击鼠标中键，标注尺寸完成后单击“确定”按钮；创建基准点时，单击“基准”选项组中的“点”按钮，在草绘平面上单击，确定点的位置，单击鼠标中键，标注尺寸完成后单击“确定”按钮；创建基准坐标系时，单击“基准”选项组中的“坐标系”按钮，在草绘平面上单击，确定坐标系的位置，单击鼠标中键，标注尺寸完成后单击“确定”按钮，即可创建几何基准，如图 3-6 所示。

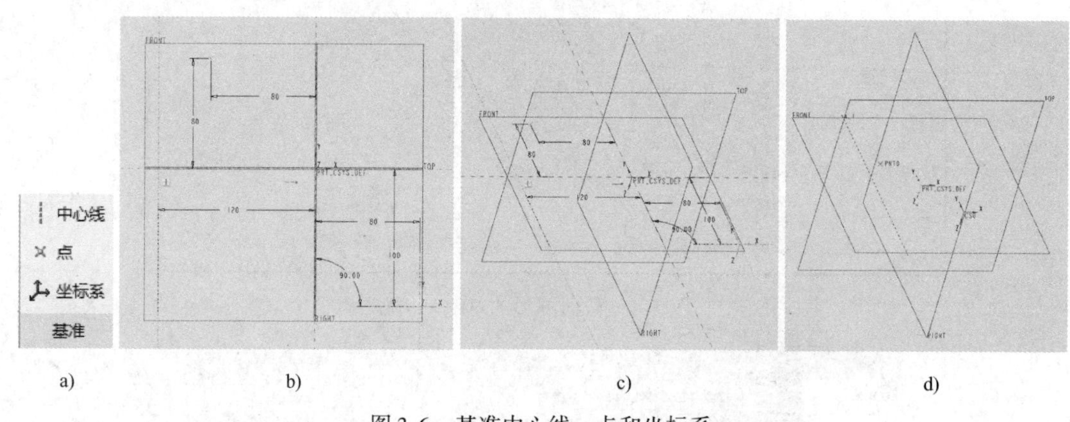

图 3-6　基准中心线、点和坐标系

截面图形绘制过程中，合理地使用几何基准能提高截面图形的准确性和绘图效率。

3.3 草绘工具

草绘工具包括直线、矩形、圆、圆弧和样条曲线等，它们的功能是绘制二维截面图形，如图 3-7 所示。

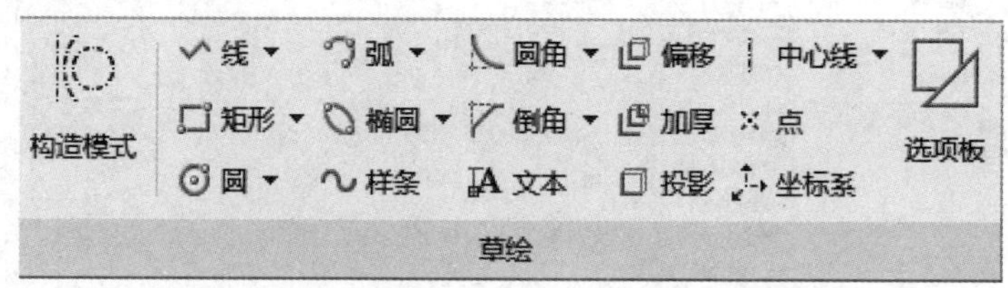

图 3-7　“草绘”选项组中的工具按钮

Creo 6.0 的建模过程是在形体特征基础上进行的。草绘截面图形并不是一次画的越多越好，也不是形体特征数目越少就越好，Creo 6.0 是把模型分解成一个个具有明确几何意义的基本形体特征，并依此来决定草绘的截面。

采用 Creo 6.0 创建的模型是一系列数据文件，它记录了模型创建的所有步骤，每一次重新生成模型都要按建模步骤进行一系列计算。后期可以通过参数的重新定义进行模型修改，由重新生成实现更新。如果前期截面或特征创建不合理，就有可能导致重新生成失败，无法生成新的数字模型。

3.3.1 构造模式

为了保证截面形状和位置尺寸的准确性，在绘制截面前可选择构造模式，绘制构造线作为截面的参照线或辅助线。构造线可以是直线、矩形、圆、弧、椭圆和样条曲线，也可以对其进行倒角和倒圆操作。

构造模式下绘制的图线以点线的形式呈现，是一种虚拟图线，不具有几何意义。构造线与几何线之间可以转换，转换时将鼠标指针置于构造线或几何线上，右击，在弹出的快捷工具栏中单击“几何”或“构造”按钮，如图3-8所示。

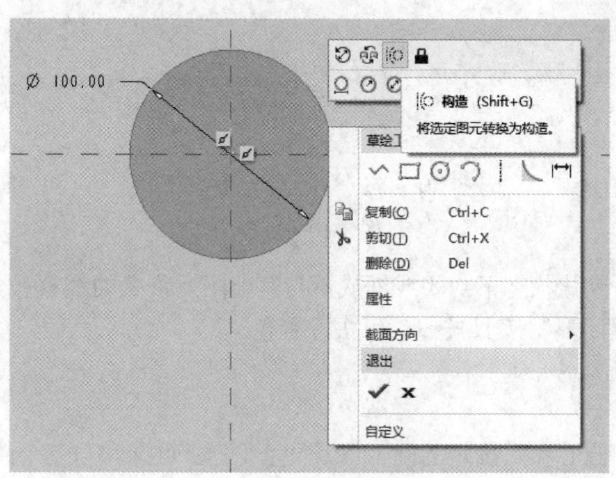

图3-8 构造线

合理使用构造模式可以提高绘图效率和截面质量。

3.3.2 线

线工具用来创建截面中两点的线链或两个图元的切线，如图3-9所示。

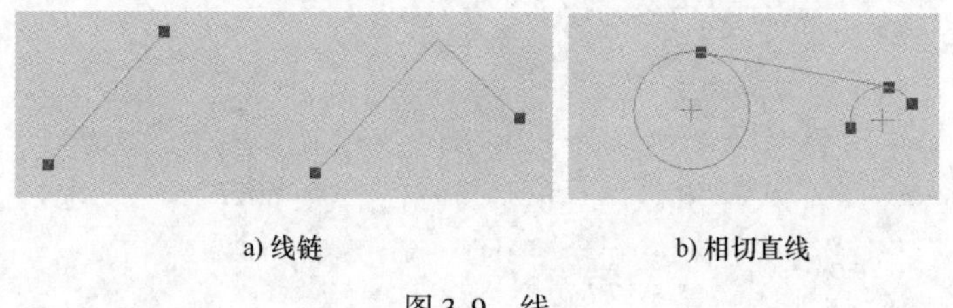

a) 线链 b) 相切直线

图3-9 线

创建直线时，单击“草绘”选项组中的“线”按钮，在绘图区将鼠标指针移至线的第一端点，单击确认，再移动鼠标指针至线的另一端点，单击确认，单击鼠标中键结束线链创建；也可以继续移动鼠标指针选择下一点，单击确认，直至完成线链。

创建两图元切线时，选择“线”溢出菜单中的“直线相切”命令，在绘图区将鼠标指针移至第一个相切图元，单击确认，再移动鼠标指针至第二个相切图元，单击确认，即可创建与两图元相切的直线，单击鼠标中键完成创建。

3.3.3 矩形

矩形工具用来创建拐角矩形、斜矩形、中心矩形和平行四边形。

创建矩形时，单击“草绘”选项组中的“矩形”按钮，在绘图区将鼠标指针移至矩形的第一角点，单击确认，再移动鼠标指针至另一角点，单击确认，单击鼠标中键完成拐角矩形创建。

单击“矩形”溢出菜单中的“斜矩形”“中心矩形”“平行四边形”按钮，即可实现相应矩形的创建，如图3-10所示。

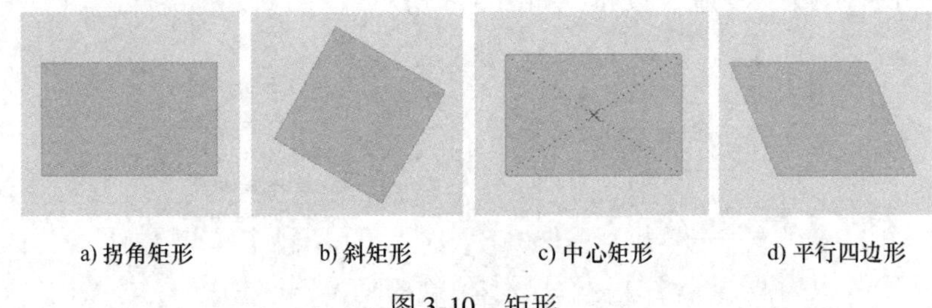

a) 拐角矩形　b) 斜矩形　c) 中心矩形　d) 平行四边形

图3-10　矩形

为了便于识别，默认状态下封闭线框或不与其他图元重叠的线框被着色，单击“检查”选项组中的“着色封闭环”工具按钮，可去除着色。

3.3.4 圆

圆工具用来创建圆心和点确定的圆，以及同心圆、3点圆和与三个图元相切的圆。

创建圆时，单击“草绘”选项组中的“圆”按钮，在绘图区将鼠标指针移至圆心，单击确认，再移动鼠标指针至圆上的一点，单击确认，单击鼠标中键完成圆创建。

选择“圆”溢出菜单中的“同心圆”“3点圆”“3相切圆”等命令，即可实现相应圆的创建，如图3-11所示。

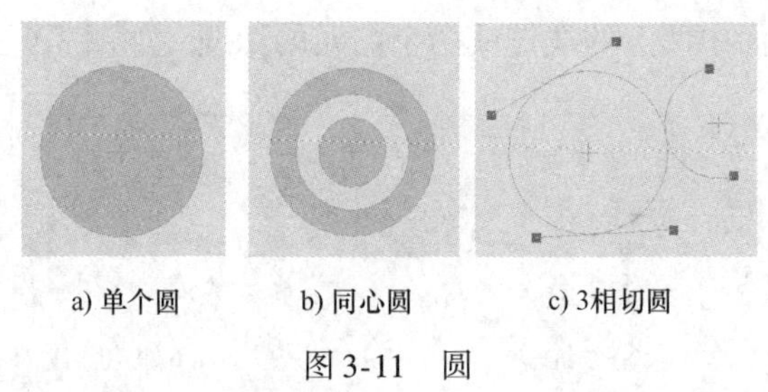

a) 单个圆　b) 同心圆　c) 3相切圆

图3-11　圆

创建同心圆时，先创建由圆心和点确定的圆，再单击同心圆，用鼠标指针选择圆上一点，移动鼠标指针到目标位置，单击确认，单击鼠标中键完成同心圆创建；也可以继续移动鼠标指针选择下一点，单击确认，完成多个同心圆的创建，如图3-11b所示。

创建3点圆时，单击“3点圆”按钮，移动鼠标指针到绘图区指定位置，单击确认圆上第一点，再移动鼠标指针到圆上第二点，单击确认，最后移动鼠标指针到圆上第三点，单击确认，单击鼠标中键完成三点圆创建。

创建与三个图元相切的圆时，先单击“3 相切圆”按钮，将鼠标指针移至第一个相切图元，单击确认，再选择第二个相切图元，单击确认，最后选择第三个相切图元，单击确认，单击鼠标中键完成 3 相切圆创建，如图 3-11c 所示。

3.3.5　弧

弧工具用来创建 3 点弧、端点与图元相切弧、由圆心和端点定义的弧、与三个图元相切的弧、同心弧和锥形弧等，如图 3-12 所示。

创建 3 点弧时，单击“草绘”选项组中的“弧”按钮，在绘图区将鼠标指针移至弧的第一端点，单击确认，再移动鼠标指针到弧上的第二端点，单击确认，最后移动鼠标指针至弧上第三点，单击确认，单击鼠标中键完成 3 点弧创建。创建弧的过程中，通过拖动可实现弧与其他图元相切或弧的圆心与其他图元重合。

选择“弧”溢出菜单中的“圆心和端点”“3 相切”“同心”“圆锥”等命令，即可实现相应弧的创建。

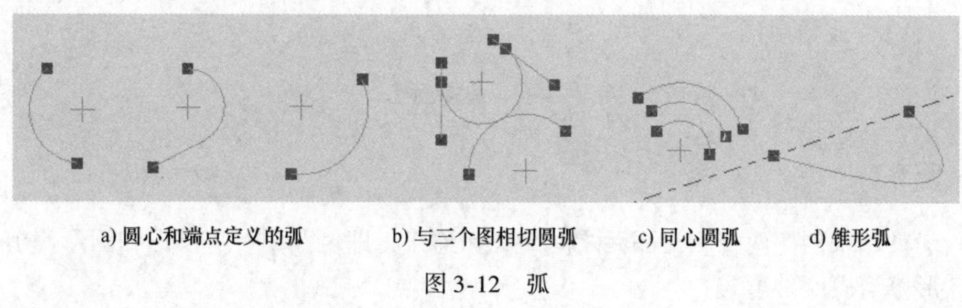

a) 圆心和端点定义的弧　　b) 与三个图相切圆弧　　c) 同心圆弧　　d) 锥形弧

图 3-12　弧

创建圆心和端点确定的弧时，单击“圆心和端点”按钮，将鼠标指针移至圆心位置，单击确认，移动鼠标指针到弧的起点，单击确认，再移动指针到弧的端点，单击确认，单击鼠标中键完成圆心和端点弧的创建。

创建与 3 个图元相切的弧时，单击“3 相切”按钮，在绘图区分别单击其中两个图元，移动弧与另一图元相切，单击确认，单击鼠标中键完成与三个图元相切弧创建。

创建同心弧时，先创建一个弧，再单击“同心弧”按钮，用鼠标指针选择弧上一点，单击确认，移动鼠标指针到新创建弧的起点，单击确认，拖动弧端点到目标位置，单击确认，单击中键完成同心弧创建。

创建圆锥弧时，单击“圆锥”按钮，单击确认两点，移动鼠标指针到指定位置，单击确认，单击中键完成圆锥弧创建。

3.3.6　椭圆

椭圆工具通过定义轴端点椭圆或椭圆中心和轴端点创建椭圆。

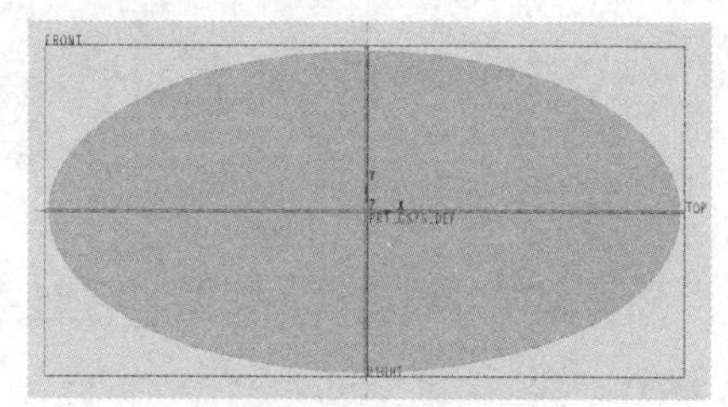

图 3-13　椭圆

创建椭圆（轴端点椭圆）时，单击“草绘”选项组中的“椭圆”按钮，在绘图区分别单击椭圆第一轴的两个端点，移动鼠标指针到椭圆第二轴端点，单击确认，单击鼠标中键完成椭圆创建，如图 3-13

所示。

创建通过中心和轴端点确定的椭圆时，选择“椭圆”溢出菜单中的“中心和轴椭圆”命令，在绘图区单击确认椭圆中心点，移动鼠标指针到椭圆第一轴端点，单击确认，移动鼠标指针到椭圆第二轴端点，单击确认，单击鼠标中键完成椭圆创建。

3.3.7 样条曲线

样条工具是通过定义点来创建曲线的。

创建样条曲线时，单击“草绘”选项组中的“样条”按钮，在绘图区单击确认曲线第一端点，移动鼠标指针，依次单击确认曲线上的其他点，单击鼠标中键完成样条曲线创建。通过编辑曲线上点的位置可改变曲线的形状，如图3-14所示。

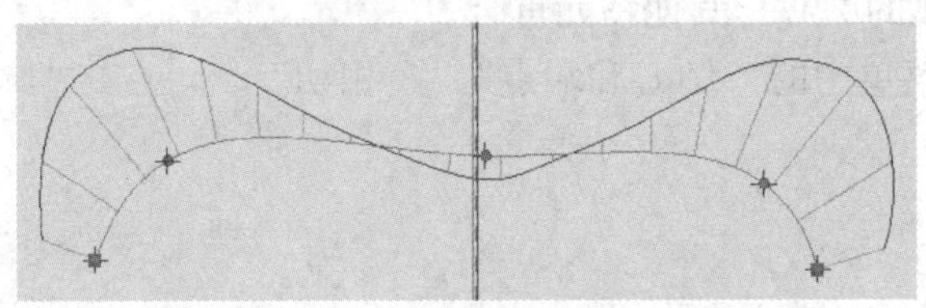

图3-14 样条曲线

3.3.8 圆角

圆角工具用来创建两个相交图元之间的圆弧连接，即倒圆角，有圆形和圆形修剪、椭圆形和椭圆形修剪等四种形式。

创建圆角时，单击“草绘”选项组中的“圆角”（圆形）按钮，在绘图区单击第一图元，再单击第二图元，单击鼠标中键完成圆角创建，即可在两图元间创建圆角连接，圆角有构造线，如图3-15所示。

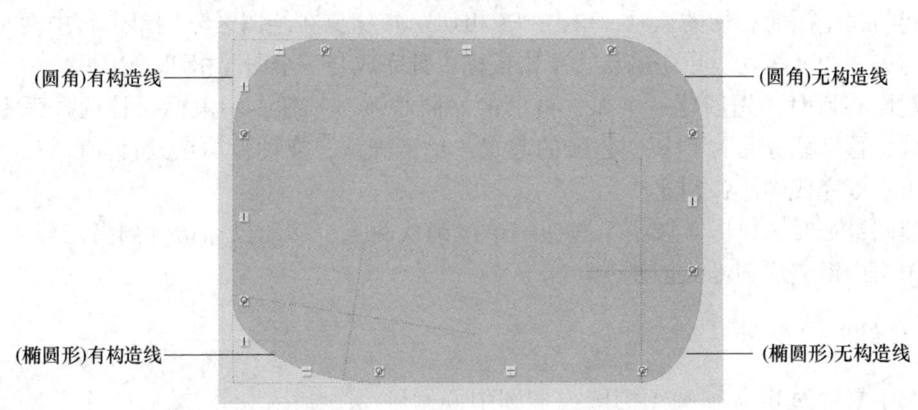

图3-15 圆角

连接两图元圆弧的大小与选择图元的位置有关，离两图元交点或延长线的交点越近，圆角越小。

创建圆形修剪时，单击“圆角”按钮右侧的下向箭头，在溢出菜单中单击“圆形修剪”按钮，在绘图区单击第一图元，再单击第二图元，单击鼠标中键完成圆形修剪，即可在两图元间创建圆角连接，圆角无构造线，如图 3-15 所示。

创建椭圆弧连接时，单击“椭圆形”按钮，在绘图区单击第一图元，再单击第二图元，单击鼠标中键完成圆弧连接，即可在两图元间创建椭圆弧连接，椭圆弧有构造线，如图 3-15 所示。

创建椭圆形修剪时，单击“椭圆形修剪”按钮，在绘图区单击第一图元，再单击第二图元，单击鼠标中键完成椭圆形修剪，即可在两图元间创建椭圆弧连接，椭圆弧无构造线，如图 3-15 所示。

3.3.9 倒角

倒角工具用来创建两个相交图元之间的直线连接，即倒角，有倒角和倒角修剪两种形式。

创建倒角时，单击“草绘”选项组中的“倒角”按钮，在绘图区单击第一图元，再单击第二图元，单击鼠标中键完成倒角，即可在两图元间创建直线连接，倒角有构造线，如图 3-16 所示。

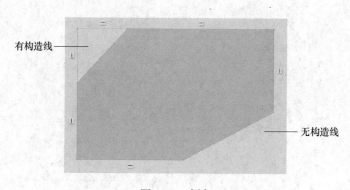

图 3-16 倒角

连接两图元的倒角的大小和角度与所选图元的位置有关，离两图元交点或延长线的交点越近，倒角越小。

创建倒角修剪时，选择“倒角”溢出菜单中的“倒角修剪”命令，在绘图区单击第一图元，再单击第二图元，单击鼠标中键完成倒角修剪，即可在两图元间创建直线连接，倒角无构造线，如图 3-16 所示。

3.3.10 文本

文本工具是用来创建文字或符号的。

创建文本时，单击“草绘”选项组中的“文本”按钮，在绘图区单击文本起始点，再根据文本大小和方位单击确认第二点，两点之间生成一条构造线，同时弹出“文本”对话框，输入文字或符号，选择字体，确定字体位置，设置字体长宽比、斜角和间距，单击“确定”按钮，如图 3-17 所示单击鼠标中键完成文字或符号创建。

创建三维字体时，字体笔画必须为封闭线框（封闭线框被着色）才能在零件模式中进行拉伸或投影操作。中文可拉伸字体可选择 font3d、chfntf、chfnth 和 chfntk 等。大部分英文字体可拉伸。有些字体，特别是笔画比较多的中文字体的线框可能发生相交、重叠或

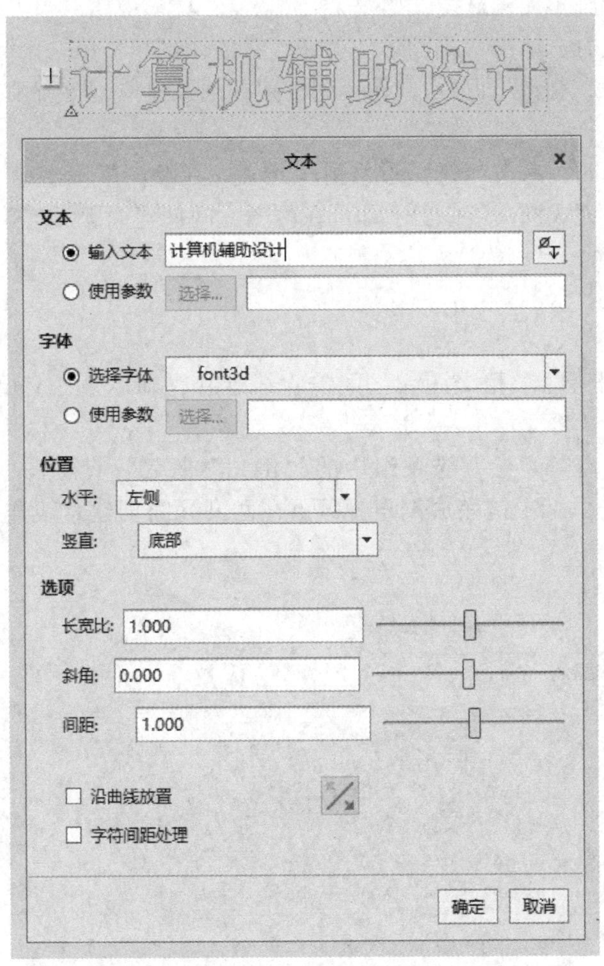

图 3-17 “文本”对话框

没封闭等现象，用户要对笔画进行投影复制，把所有笔画修改为封闭线框，再进行三维创建，如图 3-18 所示。

图 3-18 三维字体创建

如果要求文字沿曲线放置时，要先绘制曲线（可以是构造线），再输入文字，并勾选“沿曲线放置”复选框，在绘图区单击曲线，即可将文字放置到曲线上，如图 3-19 所示。

3.3.11 偏移

偏移工具用来对所选图元或实体上的边，按一定距离进行偏移放置（偏移复制），偏移值可以为正值，也可以为负值。

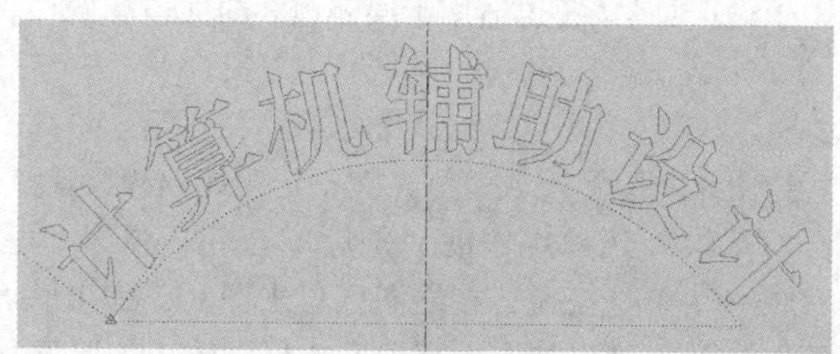

图 3-19 沿曲线放置文字

创建偏移时，单击“草绘”选项组中的“偏移”按钮，弹出“类型”对话框，选中“单一”单选按钮，在绘图区单击偏移图元，弹出偏移值输入文本框和偏移箭头，输入偏移值（沿箭头方向偏移为正值，反之为负值），单击“接受值”按钮，单击“类型”对话框中的“关闭”按钮，如图 3-20 所示。

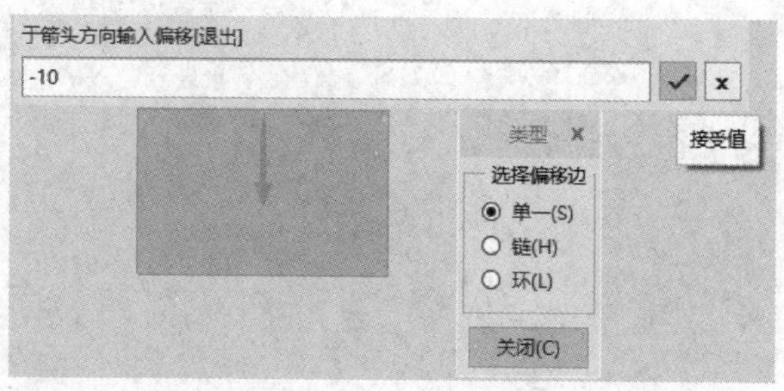

图 3-20 单一偏移

多个图元一起偏移时，设置偏移类型为“链”，在绘图区单击第一个图元，再单击第二个图元，弹出“菜单管理器”对话框，选择“接受”或“上一个”或“下一个”选项，直至选中要偏移的链，弹出偏移值输入文本框和偏移箭头，输入偏移值（沿箭头方向偏移为正值，反之为负值），单击“接受值”按钮，单击“类型”对话框中的“关闭”按钮，完成链偏移，如图 3-21 所示。

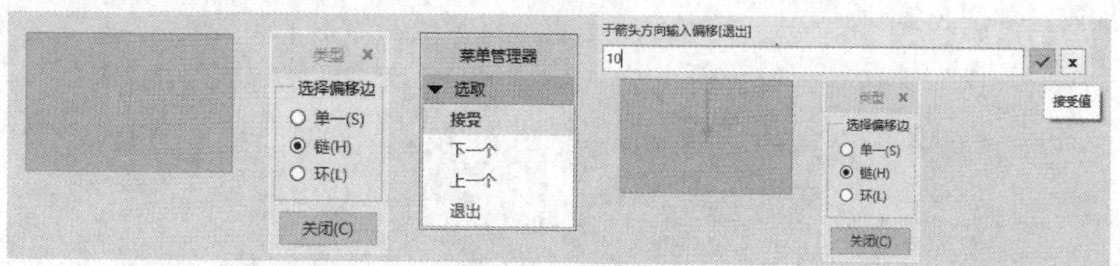

图 3-21 链偏移

创建环偏移时，设置偏移类型为“环”，在绘图区单击环的其中一个图元，弹出偏移值输入文本框和偏移箭头，输入偏移值（沿箭头方向偏移为正值，反之为负值），单击“接受值”按钮，单击“类型”对话框中的“关闭”按钮，完成环偏移，如图 3-22 所示。

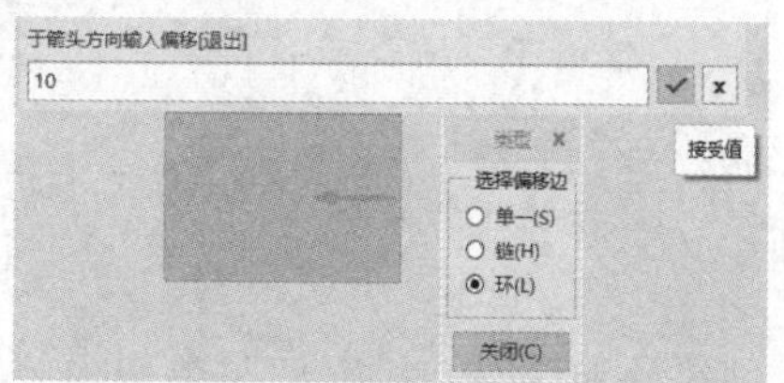

图 3-22 环偏移

“草绘”选项组中的偏移工具按钮也适用于实体边和曲面边的偏移。

3.3.12 加厚

加厚工具用来对所选图元向两侧（或一侧）按一定距离偏移放置（偏移复制）。

创建加厚时，单击“草绘”选项组中的“加厚”按钮，弹出加厚“类型”选择对话框，在对话框中选中“单一”单选按钮，在绘图区单击图元，弹出厚度输入文本框，输入厚度值，单击“接受值”按钮，弹出加厚偏移值文本框，输入加厚偏移值（沿箭头方向加厚为正值，反之为负值），单击“接受值”按钮，单击加厚“类型”对话框中的“关闭”按钮，完成单一加厚，如图3-23所示。

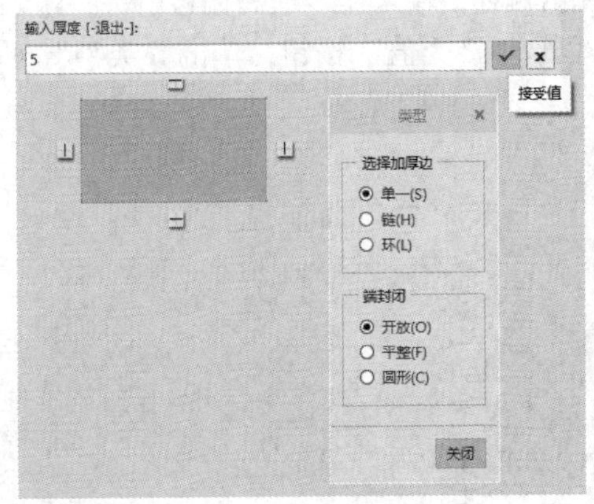

a) 输入厚度

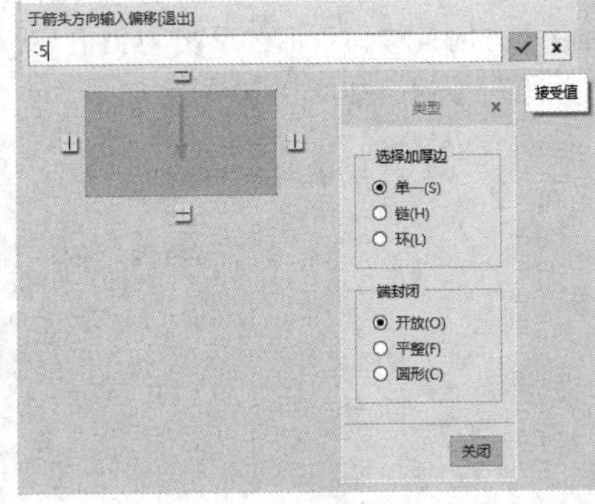

b) 输入偏移值

图3-23　单一加厚

多个图元一起加厚时，设置加厚类型为“链”，在绘图区单击第一个图元，再单击第二个图元，弹出“菜单管理器”对话框，选择“接受”选项，弹出厚度输入文本框，输入厚度，单击“接受值”按钮，弹出加厚偏移值文本框，输入加厚偏移值（沿箭头方向加厚为正值，反之为负值），单击“接受值”按钮，单击加厚“类型”对话框中的“关闭”按钮，结束链加厚，如图3-24所示。

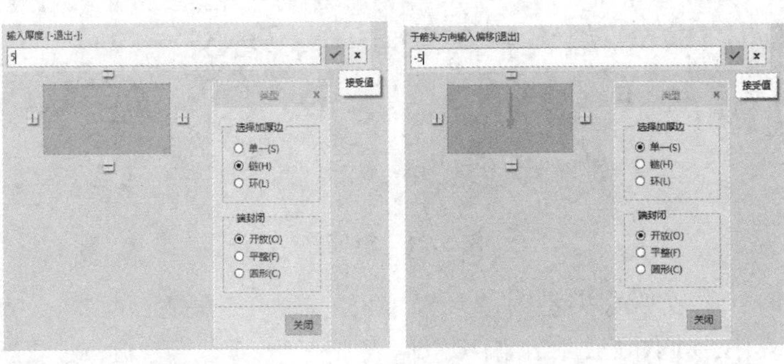

a) 输入厚度　　b) 输入偏移值

图3-24　链加厚

创建环加厚时，设置加厚类型为“环”，在绘图区单击环的其中一个图元，弹出厚度输入文本框，输入厚度，单击“接受值”按钮，输入厚度偏移值（沿箭头方向偏移为正值，反之为负值)，单击“接受值”按钮，单击加厚“类型”对话框中的“关闭”按钮，完成环加厚，如图 3-25 所示。

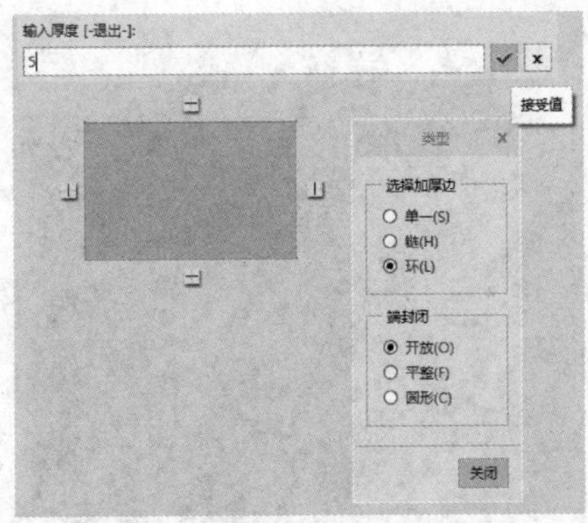

a) 输入厚度

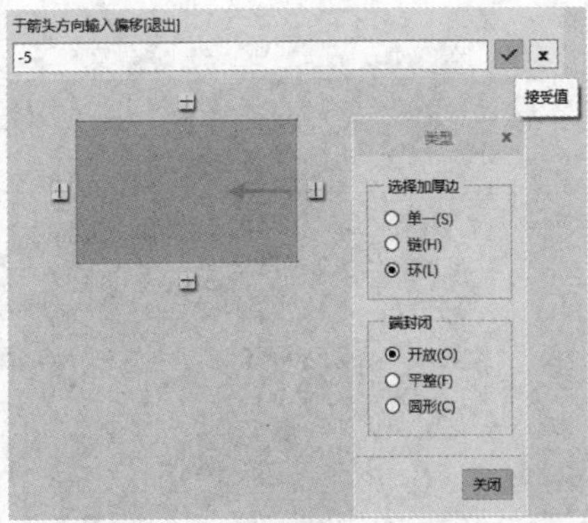

b) 输入偏移值

图 3-25 环加厚

根据设计要求，可在“类型”对话框的“端封闭”选项区域中选中“开放”“平整”“圆形”单选按钮。

3.3.13 投影

投影工具用来将选定的草绘曲线或模型的边投影到目标平面上以创建图元，主要应用于三维建模过程中。在草绘模式下，投影还可以通过选取现有零件轴来创建与该轴自动对齐的中心线。

创建图元投影时，单击“草绘”选项组中的“投影”按钮，弹出投影“类型”选择对话框，选择投影类型，在绘图区单击投影面和要投影的图元，即可完成图元投影。其中“单一”类型指的是单个图元的投影，“链”类型可对多个图元同时进行投影，“环”类型可对多个图元构成的封闭线框进行投影。类型为“环”的封闭线框在基准面上的投影如图 3-26 所示。

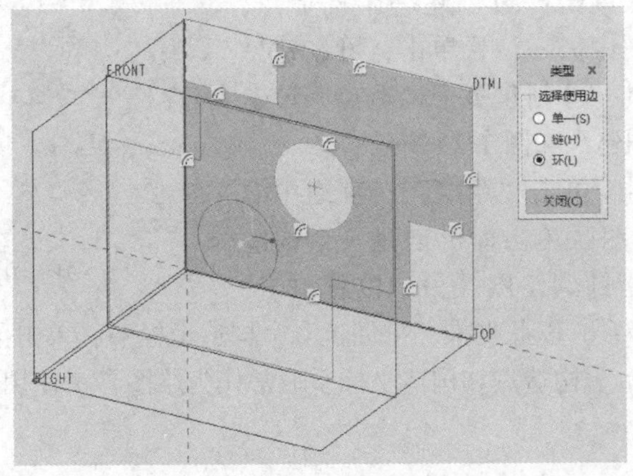

图 3-26 曲线投影到基准面

图元可以投影到曲面上，也可以投影到实体表面上。类型为“环”的封闭线框在曲面和实体表面上的投影如图 3-27 所示。

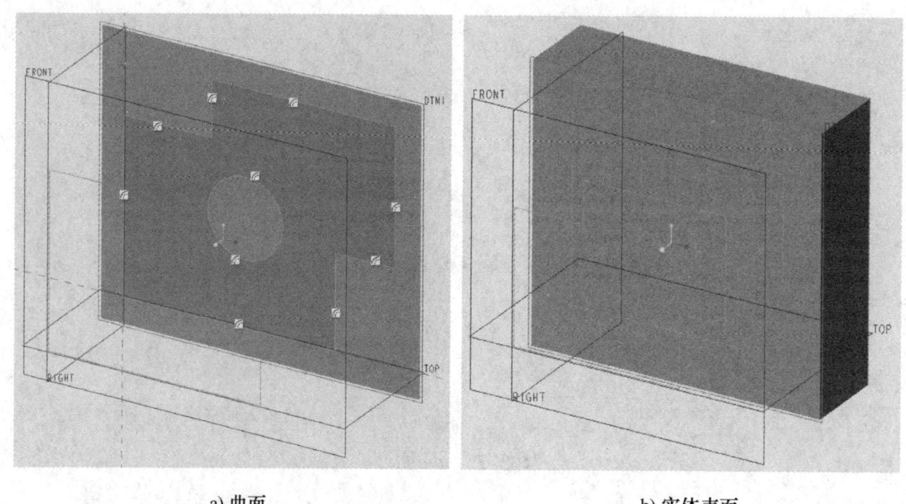

a) 曲面　　b) 实体表面

图 3-27　曲线投影到曲面或实体表面

3.3.14　构造中心线、点和坐标系

“草绘”选项组中的“中心线”“点”“坐标系”工具按钮是辅助绘制图形的构造图元，它们只存在于草绘模式中，当退出草绘模式时会自动消失。

创建构造中心线时，选择“草绘”选项组中的“中心线”命令，在绘图区分别单击确认两个点，即可创建一条构造中心线，它可作为回转曲面或回转体的回转中心线。

创建与两图元相切的构造中心线时，选择“中心线”溢出菜单中的“中心线相切”命令，在绘图区单击第一个图元上的切点，再单击第二个图元上的切点，即可创建与两个图元相切的构造中心线，单击鼠标中键完成构造中心线创建，如图 3-28 所示。

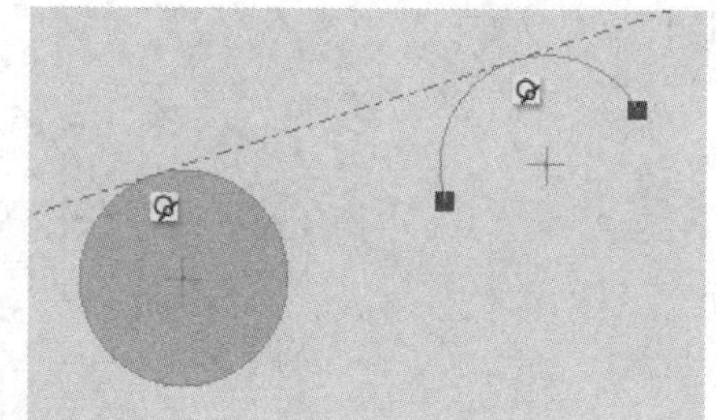

图 3-28　与两个图元相切的构造中心线

创建构造点时，单击“草绘”选项组中的“点”按钮，在绘图区单击即可创建一个构造点，再移动鼠标指针到绘图区另一位置单击，可创建另一个构造点，以此类推，可创建多个构造点，单击鼠标中键完成构造点创建，如图 3-29 所示。

创建构造坐标系时，单击“草绘”选项组中的“坐标系”按钮，在绘图区单击即可创建一个构造坐标系，再移动鼠标指针到绘图区另一位置单击，可创建另一个构造坐标系，以此类推，可创建多个构造坐标系，单击鼠标中键完成构造坐标系创建，如图 3-29 所示。构造点和构造坐标系通常作为绘图参考使用。

3.3.15　选项板

选项板工具预定义了常用的截面图形和曲线，在截面绘制过程中可随时将相同或相似图形导入到绘图区，导入的图形大小、位置（平移或旋转）可以再编辑。默认状态下的选项板预定义了四种图形类型，即多边形、轮廓、形状和星形等，并以扩展名为 .sec 的文件格式保存在软件中，路径为 C:\ Program Files \ PTC \ Creo 6.0.1.0 \ Common Files \ text \ sketcher_palette，四个文件的名称分别为 polygons、profiles、shapes 和 stars，如图 3-30 所示。

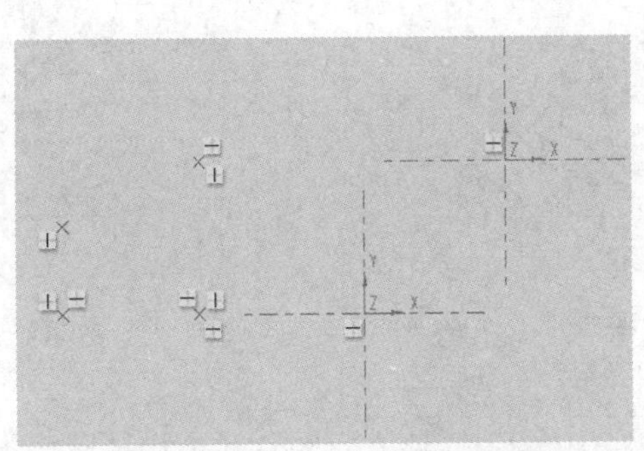

图 3-29 构造点和构造坐标系

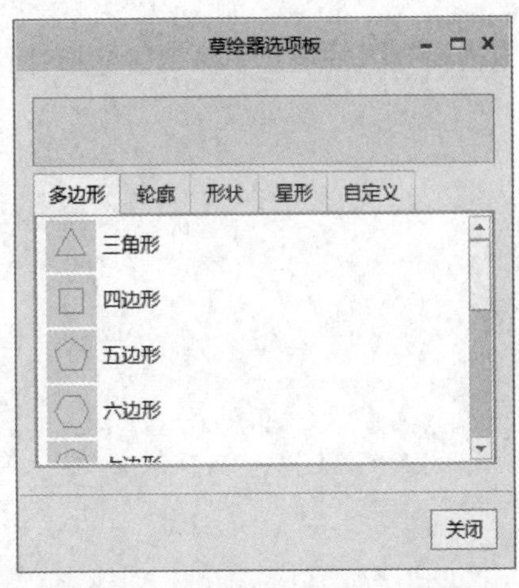

图 3-30 “草绘器选项板”对话框

用户可以根据自己的设计需要添加截面或曲线图形，或者增设自定义截面图形文件夹。添加截面或曲线图形时，只要将绘制好的 *.sec 文件保存到相关的图形类型文件夹中即可。

增设自定义截面或曲线图形文件夹时，选择合适的位置创建文件夹（如果在 sketcher_palette 文件夹中增设文件夹，则自定义截面或曲线图形文件不能直接存入，绘制后复制、粘贴到该文件夹），并命名，绘制 *.sec 文件，存入其中，选择“文件”→“选项”→“配置编辑器”→“查找”命令，弹出“查找选项”对话框，在“输入关键字”文本框中输入“sketcher”，单击“立即查找”按钮，选择“sketcher_palette_path”选项，在“设置值”文本框中输入增设的文件夹路径，单击“添加/更改”按钮后关闭对话框（或导出 config 文件），如图 3-31 所示。

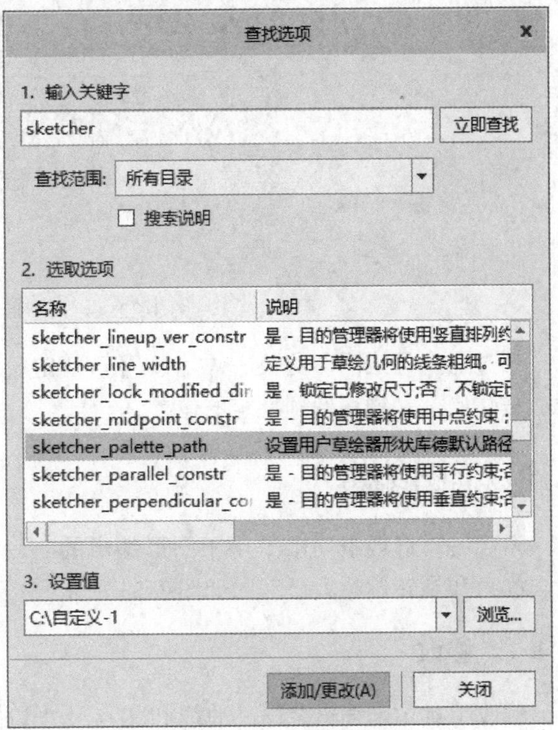

图 3-31 “查找选项”对话框

利用选项板导入图形时，单击“草绘”选项组中的“选项板”按钮，弹出“草绘器选项板”对话框，单击选项板中要导入的截面图形或曲线，按住鼠标左键拖入绘图区，放置到合适的位置，关闭“草绘器选项板”对话框，将鼠标指针置于导入图形中心点（带有交叉线的圆形标识），按住鼠标左键进一步移动到准确位置，移动鼠标指针到导入图形点画线框右上角或右下角的标识上，按住左键可调整图形放置角度和大小；也可以通过数值输入文本框调整图形位置和比例系数，单击“接受”按钮或单击鼠标中键结束导入，如图3-32所示。

双击要导入的图形，移动鼠标指针到绘图区，在合适的位置单击，也可导入图形。

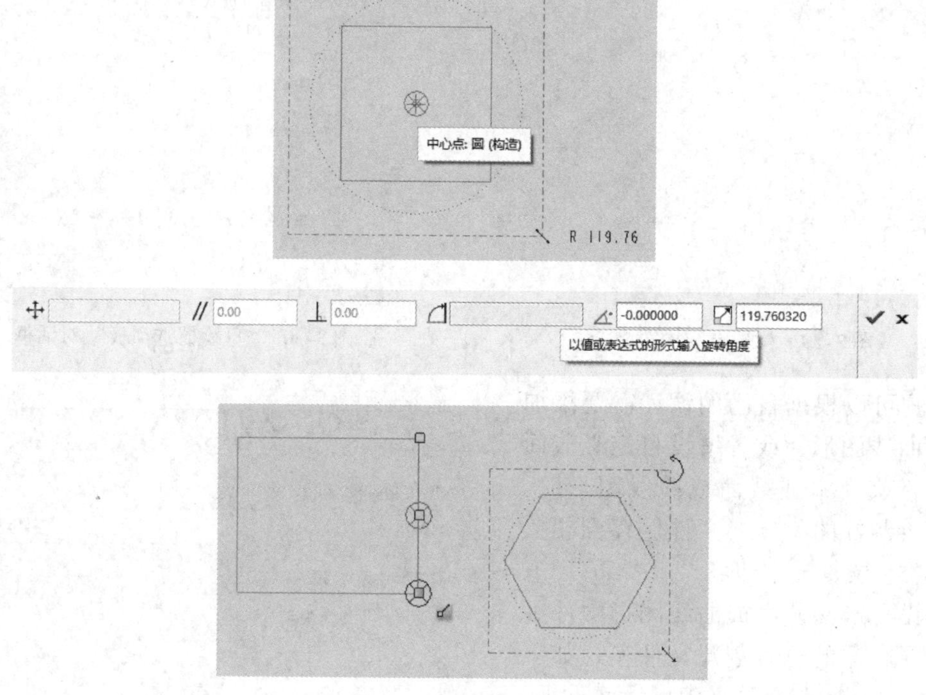

图3-32　导入图形大小和位置

通过点选导入图形的放置中心，可重新定义图形位置，还可以将鼠标指针至于图形中心，按住鼠标左键移动到特定的位置。

3.4　草图编辑

草绘编辑选项组列出了用于图形编辑的工具按钮，包括尺寸修改、镜像、分割、删除段、拐角和旋转调整大小等，如图3-33所示。

3.4.1　修改

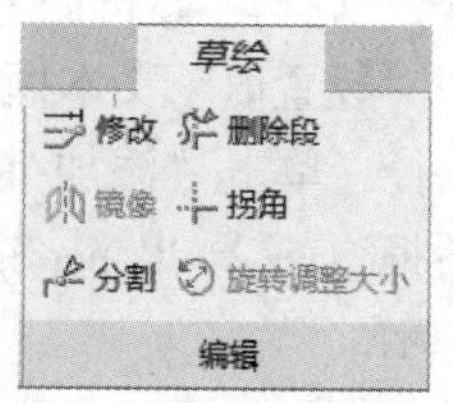

图3-33　编辑工具

修改工具用来编辑截面、曲线和文本尺寸和位置。使用修改工具可大幅提高绘图的效率。

编辑截面、曲线和文本尺寸时，框选截面、曲线或文本（包括尺寸），单击“编辑”选项组中的“修改”按钮，弹出“修改尺寸”对话框，所有尺寸以sd0、sd1、sd2…的次序排列其中，在“sd0”文本框中输入新的尺寸，按<Enter>键，在“sd1”文本框中输入新尺寸，依次类推，修改所有尺寸，或者将鼠标指针置于尺寸文本框右侧的滚轮图标，按住左键的同时向左或右移动指针进行尺寸修改，完成后单击“确定”按钮，如图3-34和图3-35所示。

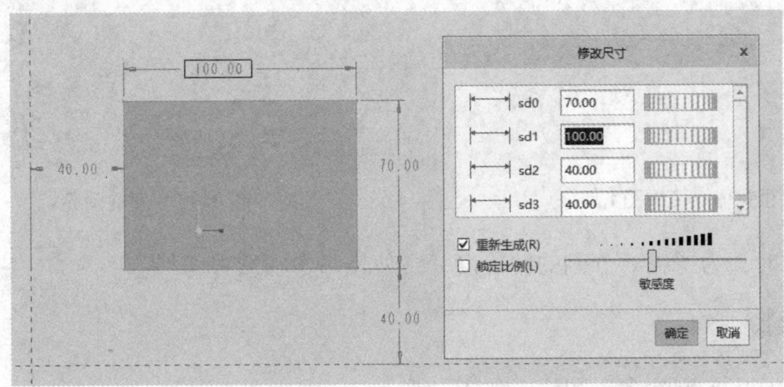

图3-34　截面尺寸编辑

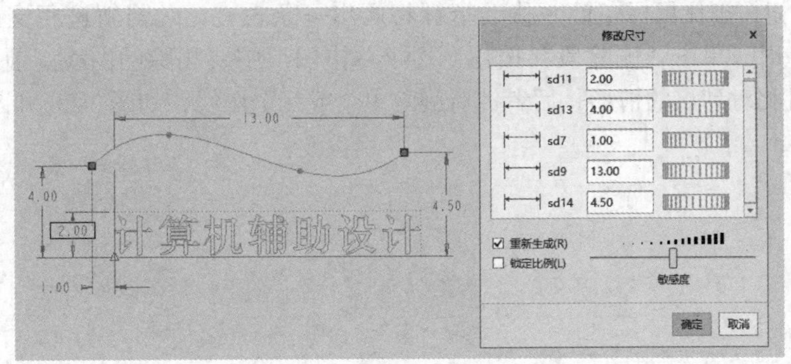

图3-35　曲线与文本尺寸编辑

用户可根据修改需要勾选对话框中的“重新生成”和“锁定比例”复选框。按住鼠标左键的同时向左或向右拖动尺寸“敏感度”滑块，可调整滚轮修改尺寸的精度。

3.4.2　镜像

镜像工具用来创建关于中心线对称的草绘图元，中心线是其必要条件。

镜像操作时，绘制镜像中心线（构造中心线或几何中心线）→点选或框选要镜像的对象→点击编辑选项组中的镜像→点击中心线→按鼠标中键结束创建，如图3-36所示。

创建镜像时约束也会被镜像，而尺寸、文本、中心线和参考图元不能被镜像。修改原图元的尺寸时，镜像图元的尺寸也随之改变，反之亦然。

3.4.3　分割

分割工具用来将一个图元分割成若干个图元。

分割操作时，点击编辑选项组中的分割→依次点击被分割图元的分割点位置→按鼠标中键结束分割，如图3-37所示，将一个图元的圆分割为四个图元的圆。

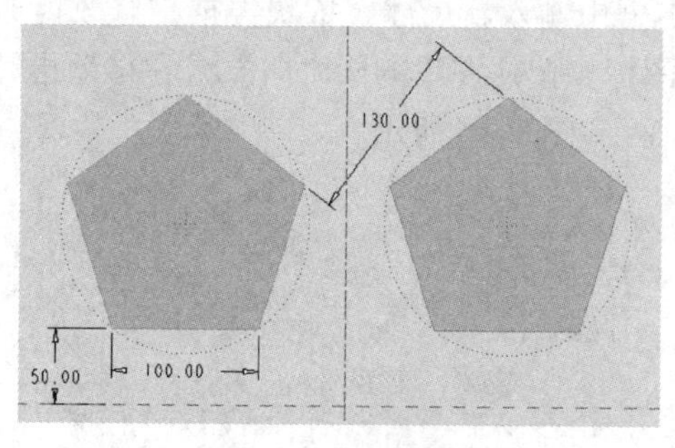

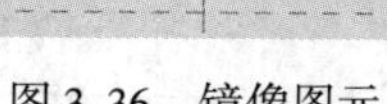

图3-36　镜像图元

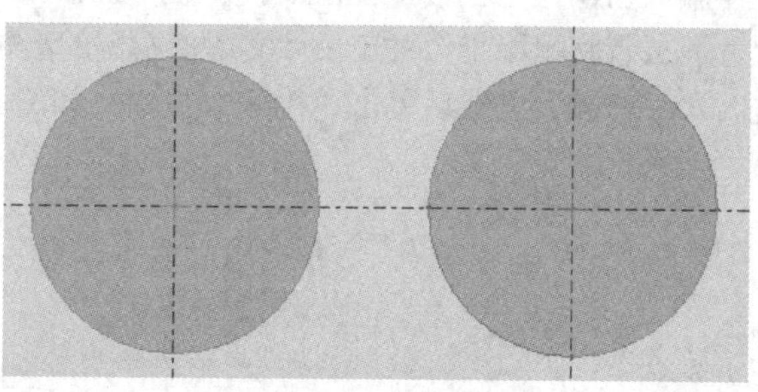

图3-37　分割图元

分割图元时，为了提高分割的精确度，常使用参考点或参考线。

3.4.4　删除段

删除段工具用来删除多余图线，整理图形。

删除段有画线删除和选择删除两种操作方法。画线删除时，单击“编辑”选项组中的“删除段”按钮，按住鼠标左键并移动指针将画出一条轨迹，凡与轨迹相交的图线均被删除。选择删除时，单击“删除段”按钮，逐个单击图形中要删除的图线。前者适用于要删除图线较多且相对列出的情形，后者针对删除单个或几个图线，如图3-38和图3-39所示。

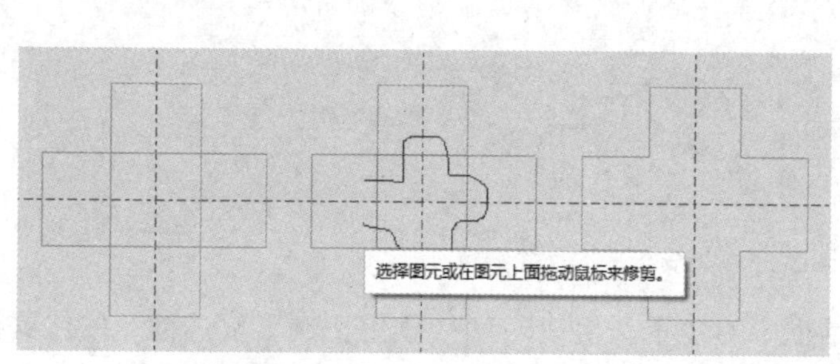

图3-38　画线删除段

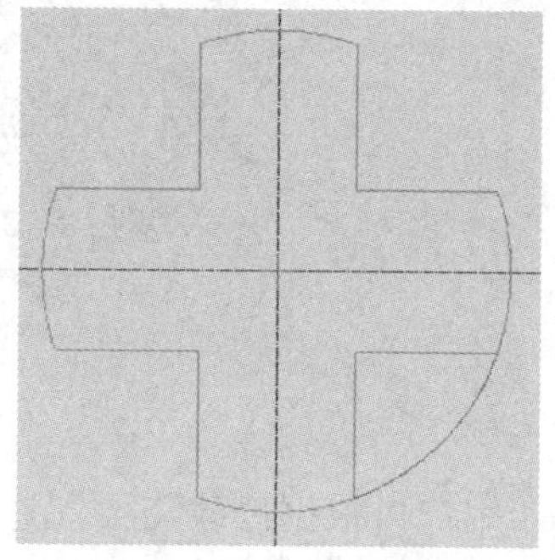

图3-39　点选删除段

除了删除段，还可以使用以下方法操作删除图元：

1）单击或框选图元，按<Delete>键。

2）单击或框选图元，右击，在弹出的快捷菜单中选择“删除”命令。

3）单击或框选图元，选择“操作”选项组下拉菜单中的“删除”命令。

3.4.5　拐角

拐角工具用来修剪两个相交图元多余线段或连接两个未相交图元，进行图形整理。

修剪相交图元多余线段时，单击“编辑”选项组中的“拐角”按钮，在绘图区单击图元1要保留的线段，再单击图元2要保留的线段，单击鼠标中键完成修剪，如图3-40所示。

连接两个未相交图元时，单击“拐角”按钮，在绘图区依次选择要相交的两个图元，两个图元便按照一定的约束连接起来，单击鼠标中键完成连接，如图3-41所示。

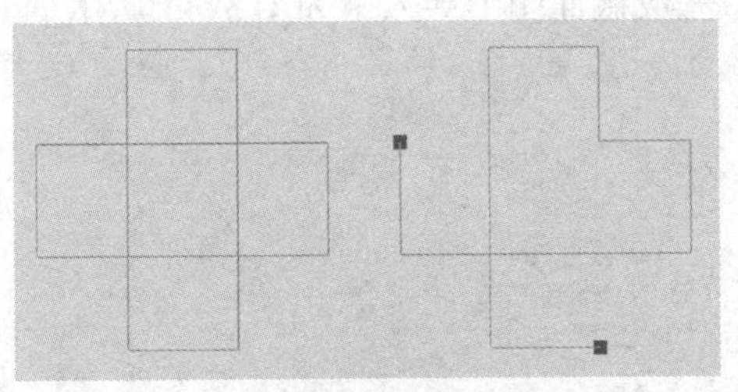

图 3-40 修剪相交图元

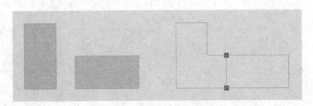

图 3-41 连接图元

3.4.6 旋转调整大小

旋转调整大小工具用来移动、旋转和缩放图元。

旋转、调整图元大小操作时，单击“旋转调整大小”按钮，在绘图区单击或框选图元，单击“编辑”选项组中的“旋转调整大小”按钮，弹出“旋转调整大小”对话框，将鼠标指针置于图元中心标识，按住鼠标左键的同时拖动图元，可进行任意方向移动（或在参数文本框中输入水平和垂直移动数值）；将鼠标指针置于图元右上角的旋转标识，按住鼠标左键的同时围绕图元中心拖动图元，可进行任意角度旋转（或在参数文本框中输入旋转角度）；将鼠标指针置于图元右下角的缩放标识，按住鼠标左键的同时拖动图元，可进行任意比例缩放（或在参数文本框中输入缩放比例因子），单击鼠标中键（或单击“确定”按钮）结束旋转调整大小，如图 3-42 所示。

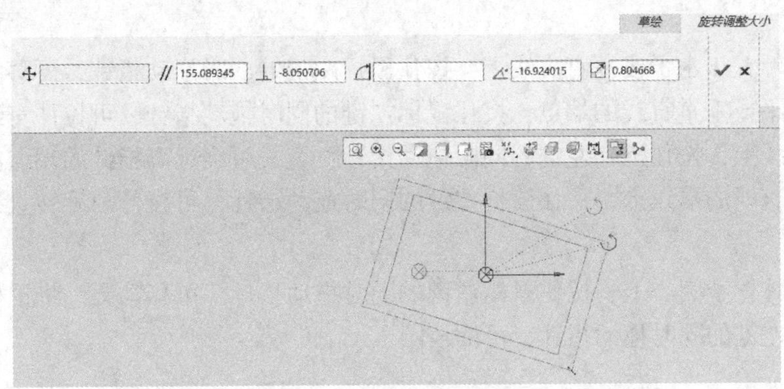

图 3-42 旋转、调整图元大小

3.4.7 截面图形文件保存与导入

在草绘过程中，可随时保存或导入截面文件。

保存截面图形文件时，单击快速访问工具栏中的“保存”按钮，弹出“保存对象”对话框，选择保存路径，单击“确定”按钮，截面图形就会以 *. sec 的扩展名保存在指定的文件夹中，文件名为默认，不能修改。

导入截面图形文件时，在草绘模式下，单击“获取数据”选项组中的“文件系统”按钮，弹出“打开”对话框，选中要导入的截面图形文件，单击“打开”按钮，将鼠标指针置于导入图形的位置，并单击确认，弹出“导入截面”对话框，调整导入截面位置、角度和缩放比例，单击鼠标中键（或单击“确定”按钮）完成截面图形导入，如图3-43所示。

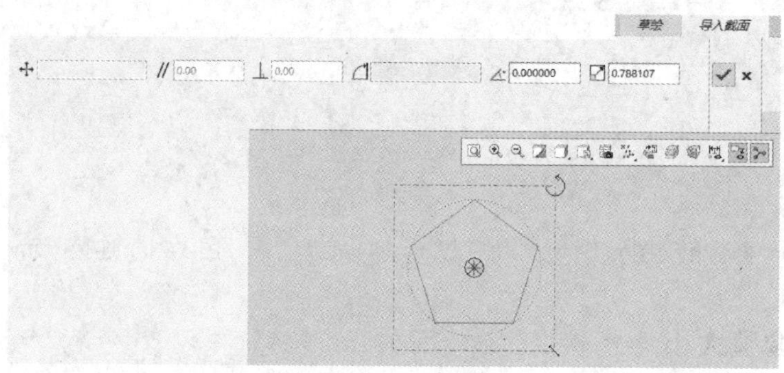

图3-43　导入截面

Creo 6.0中除了导入*.sec文件外，还可以导入*.drw、*.dwg、*.dxf、*.iges、*.igs和*.ai等类型的外部图形文件。

3.4.8　图元动态拖动

图元动态拖动可大幅提高图形编辑速度。草绘过程中，将鼠标指针置于图元上，按住鼠标左键的同时拖动图元，即可实现图形的编辑。图元动态拖动编辑主要应用在截面图形绘制的初期，当截面图形编辑完成后应慎用，因为图元动态拖动编辑易导致设定好的尺寸和约束关系发生变化。

1. 直线

将鼠标指针置于水平或垂直直线上，按住鼠标左键的同时拖动指针，可移动直线。将鼠标指针置于水平或垂直直线的端点，按住鼠标左键的同时拖动指针，可拉伸直线。将鼠标指针置于倾斜直线上，按住鼠标左键的同时拖动指针，直线可绕远离指针的端点旋转。将鼠标指针置于倾斜直线的端点上，按住鼠标左键的同时拖动指针，可拉伸和旋转直线。

2. 圆

将鼠标指针置于圆心上，按住鼠标左键的同时拖动指针，可移动圆。将鼠标指针置于圆上，按住鼠标左键的同时拖动指针，可缩放圆。

3. 圆弧

将鼠标指针置于圆弧的圆心上，按住鼠标左键的同时拖动指针，可移动圆弧。将鼠标指针置于小于半个圆（或大于半个圆）的圆弧端点上，按住鼠标左键的同时拖动指针，圆弧和圆心可绕远离指针的端点旋转，弧长发生变化，而弧的半径不变。将鼠标指针置于圆弧上，按住鼠标左键的同时拖动指针，圆弧的半径和圆心位置发生变化，而弧的两个端点位置不变。

4. 矩形

将鼠标指针置于矩形角点上，按住鼠标左键的同时拖动指针，可缩放矩形。将鼠标指针置于矩形的边上，按住鼠标左键的同时拖动指针，可改变拖动方向的矩形大小。单击或框选矩形的两个相交边，将鼠标指针置于矩形的交点上，按住鼠标左键的同时拖动光标，可移动矩形。

5. 几何点、构造点和坐标系

将鼠标指针置于几何点（PNT）、几何坐标系（CS）、构造点或构造坐标系上，按住鼠标左键的同时拖动光标，可移动位置。在草绘模式中，几何点和几何坐标系标识的颜色与构造点和构造坐标系不同，以示区别。当退出草绘模式进入零件模式时，构造点和构造坐标系消失（不再显示标识），几何点和几何坐标系显示标识。

3.4.9　剪切、复制和粘贴

剪切<Ctrl + X>、复制<Ctrl + C>和粘贴<Ctrl + V>工具按钮在“操作”选项组中。草绘过程中，可以通过剪切、复制和粘贴来修改和整理截面图形。执行剪切或复制操作时，草绘图元被置于剪切板中，通过粘贴可将草绘图元粘贴到活动截面中的指定位置，可重复粘贴。

剪切、复制和粘贴时，单击或框选图元，单击“操作”选项组中的“剪切”或“复制”按钮，单击“粘贴”按钮，将鼠标指针置于截面图形的指定安放位置，单击确认，弹出“粘贴”对话框，调整图元位置、角度和缩放比例，单击鼠标中键（或单击“确定”按钮）完成图元粘贴，如图3-44所示。

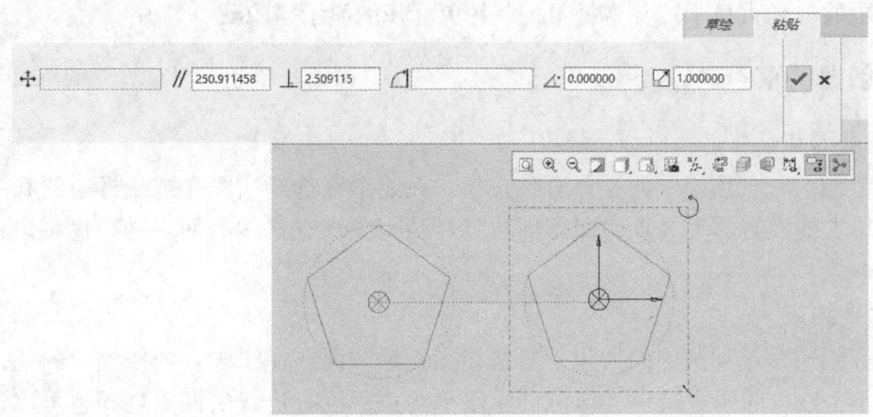

图3-44　粘贴图元

3.4.10　撤销和重做

撤销指的是取消上一个步骤的操作，重做是恢复最近取消的操作。“撤销”和“重做”工具按钮位于快速访问工具栏。草绘过程中，连续单击“撤销”按钮，可恢复到最初的空白界面；连续单击“重做”按钮又可以把撤销的步骤全部恢复。

3.5　约束

“约束”选项组列出了图元约束工具，包括竖直、水平和垂直等，如图3-45所示。

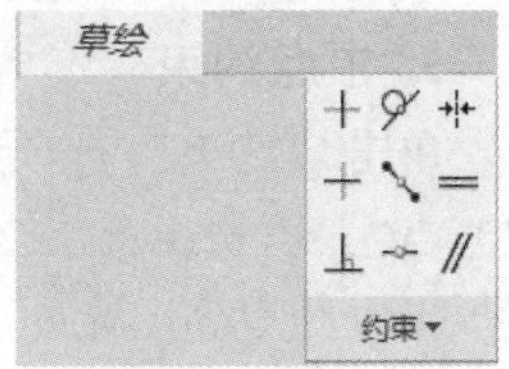

图3-45　约束工具

草绘过程中合理使用约束可简化绘图过程，提高截面图形的准确性。

3.5.1 自动约束

草绘模式下，在某个约束的识别范围内移动鼠标指针时，系统将自动为图元提供约束，并在图元旁边显示约束标识。充分利用绘图过程中的自动捕捉约束，提高绘图速度。操作鼠标控制图元约束的方法见表3-1。

表3-1 操作鼠标控制图元约束的方法

序号	鼠标操作	操作用途及结果
1	单击	接受约束，完成对图元的草绘
2	右击	锁定约束，继续进行草绘
3	右击两次	禁止所提供的约束，继续进行草绘
4	右击三次	启用所提供的约束，继续进行草绘
5	按<Shift>键	禁止提供约束
6	按<Tab>键	在多个约束之间进行切换

默认情况下，约束标识自动显示。单击图形工具栏的“草绘显示过滤器”按钮，通过下拉菜单中的“约束显示”复选框可控制约束标识的显示与隐藏。

3.5.2 创建约束

1. 竖直约束

单击“约束”选项组中的“竖直”按钮，在绘图区选择线段（或线框中的某一线段），或者依次单击线段的两个端点，即可创建竖直约束。没有连线的两点之间也可以进行竖直约束。

2. 水平约束

单击“约束”选项组中的“水平”按钮，在绘图区选择线段（或线框中的某一线段），或者依次单击线段的两个端点，即可创建水平约束。没有连线的两点之间也可以进行水平约束。

3. 垂直约束

单击“约束”选项组中的“垂直”按钮，在绘图区选择第一线段（或第一线段上的一个端点），再选择第二线段（或第二线段上的一个端点），即可创建两线段的垂直约束。

4. 相切约束

单击“约束”选项组中的“相切”按钮，在绘图区选择第一图元，再选择第二图元，即可创建两图元的相切约束。

5. 中点约束

单击“约束”选项组中的“中点”按钮，在绘图区选择第一图元的端点（圆弧或圆的中心点），再选择第二个图元（线段或圆弧），即可创建两图元的中点约束。几何点和构造点也可以约束到图元的中点处。

6. 重合约束

（1）点与线重合　单击“约束”选项组中的“重合”按钮，在绘图区选择一个点，再选择一条线段，即创建点和线重合。

(2) 点和点重合 单击“约束”选项组中的“重合”按钮，在绘图区选择第一个点(直线端点、几何点、构造点、圆弧中心或圆心)，再选择第二个点，即创建两点重合。

(3) 线和线重合（共线） 单击“约束”选项组中的“重合”按钮，在绘图区选择第一线段，再选择第二线段，即创建线和线的重合，或者线与延长线重合。

7. 对称约束

创建中心线，单击“约束”选项组中的“对称”按钮，在绘图区选择中心线，再选择点（几何点、构造点、线段的端点或圆和圆弧的中心点)，即实现图元的对称。选择中心线和图元的顺序不影响对称约束的创建。

8. 相等约束

单击“约束”选项组中的“相等”按钮，在绘图区选择第一线段，再选择第二线段，即可创建两线段长度相等约束；单击“相等”按钮，在绘图区选择第一圆弧、圆或椭圆，再选择第二圆弧、圆或椭圆，即可创建半径相等约束。

9. 平行约束

单击“约束”选项组中的“平行”按钮，在绘图区依次选择需要平行约束的若干线段，即可创建平行约束。

3.6 尺寸标注与修改

“尺寸”选项组列出了尺寸标注工具，包括尺寸、周长、基线和参考等，如图 3-46 所示。

绘制截面图形过程中，系统会自动生成尺寸，这些尺寸为弱尺寸，往往不能满足设计要求，需要对重要的尺寸和约束进行加强，使其成为强尺寸，防止被自动删除。弱尺寸和相关的约束与强尺寸发生冲突时会自动被系统删除，而强尺寸是不能被系统自动删除的。

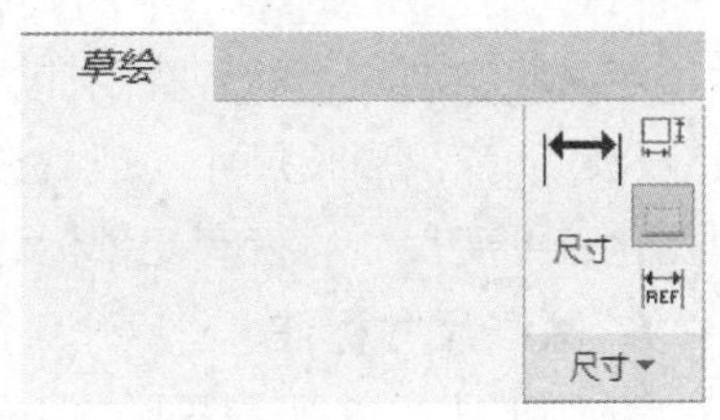

图 3-46 尺寸工具

用户在绘图过程中，应及时对影响截面大小和形状的弱尺寸进行更新，使其成为强尺寸，防止尺寸在后续的图形编辑过程中消失。

为了减少截面图形修改和整理的工作量，应对最先绘制的图元进行尺寸标注，必要时锁定尺寸，以防绘制过程中图形形状发生变化。

3.6.1 常规尺寸标注

使用尺寸工具可以创建线性、半径、直径和角度尺寸等。

1. 线性尺寸标注

线性尺寸主要包括线长、两条平行线之间的距离、点和线之间的距离、两点间距离和两条弧线之间的距离。

标注线性尺寸时，单击“尺寸”选项组中的“尺寸”按钮，在绘图区选择要标注的图元，移动鼠标指针到尺寸放置位置后单击鼠标中键放置尺寸，输入尺寸值，单击鼠标中键完成尺寸标注。

2. 半径和直径尺寸标注

半径和直径的尺寸标注针对的是圆或圆弧。

标注半径和直径尺寸时，单击“尺寸”选项组中的“尺寸”按钮，在绘图区选择要标注的图元，移动鼠标指针到尺寸放置位置后单击鼠标中键放置尺寸，输入尺寸值，单击鼠标中键完成线性尺寸标注。

3. 角度尺寸标注

角度指的是两个线段之间的夹角。

标注角度尺寸时，单击“尺寸”选项组中的“尺寸”按钮，在绘图区依次单击第一和第二线段，移动鼠标指针到尺寸放置位置后单击鼠标中键放置尺寸，输入尺寸值，单击鼠标中键完成角度尺寸标注。

4. 弧长尺寸标注

弧长尺寸标注时，单击“尺寸”选项组中的“尺寸”按钮，在绘图区依次单击弧的两个端点，再选择弧，移动鼠标指针到尺寸放置位置后单击鼠标中键放置尺寸，输入尺寸值，单击鼠标中键完成弧长尺寸标注。

5. 周长尺寸标注

标注图元中链或环的周长尺寸时，需要选择一个尺寸作为变量尺寸，系统可通过调整该尺寸来获得所需周长。当修改周长尺寸时，系统会相应地修改此变量尺寸，而用户则无法直接修改变量尺寸。变量尺寸是从动尺寸，如果删除变量尺寸，则系统会自动删除周长尺寸。

下面以五边形为例，介绍创建截面图形周长尺寸的操作过程。

单击“尺寸”选项组中的“周长”按钮，弹出“选择”对话框，按 <Ctrl> 键的同时在绘图区选择要标注的所有图元，单击“确定”按钮。在绘图区选择图形中的一个尺寸为可变尺寸，弹出周长尺寸（或修改周长尺寸），单击鼠标中键完成周长创建，可变尺寸值随即变化。可变尺寸后带有变量标记，周长尺寸后带有周长标记，如图 3-47 所示。

6. 基线尺寸标注

下面以图 3-48 所示图形为例，介绍创建基线尺寸的操作过程。

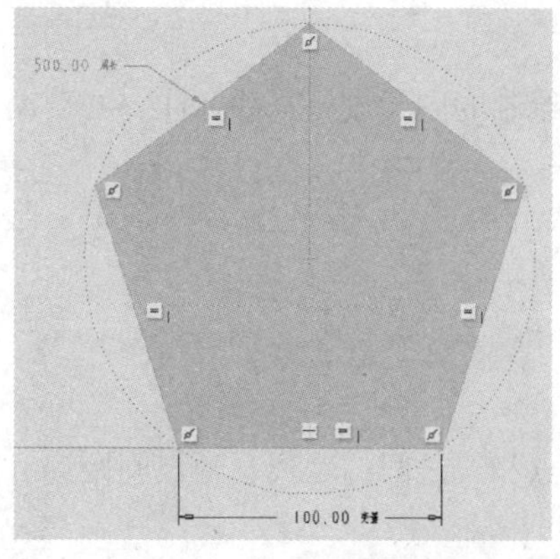

图 3-47　标注周长尺寸

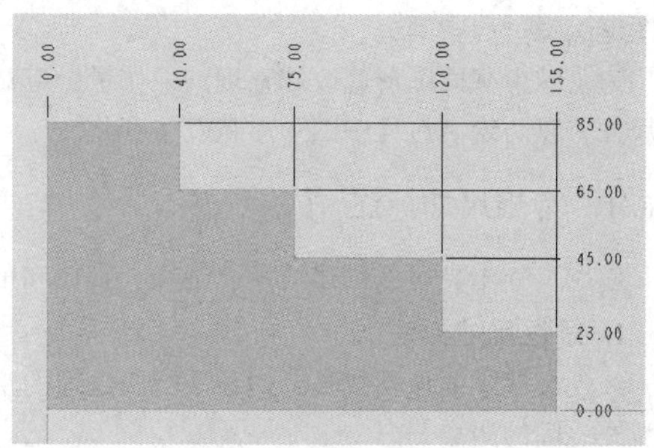

图 3-48　标注基线尺寸

单击“尺寸”选项组中的“基线”按钮，在绘图区选择图形中要作为基线的图元（对于指定圆弧或圆的中心及几何端点作为基线标注的几何时，系统会弹出“尺寸定向”对话框，根据标注需要选择竖直或水平），单击尺寸，单击选择基线尺寸，选择要标注的图元，移动鼠标指针到尺寸放置位置后单击鼠标中键放置尺寸，弹出基线尺寸（或修改基线尺寸），单击鼠标中键结束第一个基线尺寸创建。单击选择基线尺寸，选择要标注的第二个图元，移动鼠标指针到尺寸放置位置后单击鼠标中键放置尺寸，弹出基线尺寸（或修改基线尺寸），单击鼠标中键结束第二个基线尺寸创建，以此类推，完成所有基线尺寸标注。

7. 参考尺寸标注

创建参考尺寸时，单击“尺寸”选项组中的“参考”按钮，在绘图区选择图元，移动鼠标指针到尺寸放置位置后单击鼠标中键，单击鼠标中键完成参考尺寸标注。参考尺寸后面带有“参考”二字。

3.6.2 尺寸值修改

截面图形绘制过程中需要经常对尺寸进行修改。

1. 直接修改

移动鼠标指针到要修改的尺寸，双击，更新尺寸文本框内的尺寸，单击鼠标中键（或按<Enter>键）结束尺寸修改，弱尺寸转换为强尺寸。弱尺寸与强尺寸的颜色不同，弱尺寸为浅蓝色，强尺寸为紫色。

移动鼠标指针到要修改的尺寸，单击（或右击），弹出尺寸工具栏，单击“强”按钮，更新尺寸文本框内的尺寸，单击鼠标中键（或按<Enter>键）完成尺寸修改，弱尺寸变为强尺寸。

2. 通过修改尺寸对话框修改尺寸

移动鼠标指针到要修改的尺寸，单击（或右击），弹出尺寸工具栏，单击“修改”按钮，弹出“修改尺寸”对话框，更新尺寸文本框内的尺寸，单击“确定”按钮（或单击鼠标中键）完成尺寸修改。

要修改截面图形中的多个尺寸时，按<Ctrl>键的同时依次选择要修改的尺寸，弹出尺寸工具栏，单击“修改”按钮弹出“修改尺寸”对话框，依次更新尺寸文本框内的尺寸，单击“确定”按钮（或单击鼠标中键）完成尺寸修改。

要修改截面图形中全部尺寸时，框选全部尺寸，单击“编辑”选项组中的“修改”按钮，弹出“修改尺寸”对话框，依次更新尺寸文本框内的尺寸，单击“确定”按钮（或单击鼠标中键）完成尺寸修改。

3. 尺寸转换

弱尺寸要转换为强尺寸时，移动鼠标指针到要转换的尺寸上单击（或右击），从弹出的文字工具栏中单击“强尺寸”按钮，可重新标注尺寸。

强尺寸要转换为参考尺寸时，移动鼠标指针到要转换的尺寸上单击（或右击），从弹出的文字工具栏中单击“参考尺寸”按钮即可。

弱尺寸要转换为强尺寸或强尺寸要转换为参考尺寸时，也可以单击“操作”选项组下

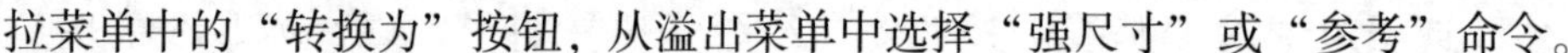

拉菜单中的“转换为”按钮，从溢出菜单中选择“强尺寸”或“参考”命令。

3.6.3 尺寸移动

要改变截面图形尺寸放置的位置时，移动鼠标指针到尺寸上，单击并拖动鼠标指针到指定位置后，松开鼠标左键即可。

3.6.4 尺寸锁定

截面图形绘制过程中，强尺寸值有可能发生变化，特别是动态操控编辑截面图形时。因此，为了防止尺寸变化，可以选择一些对截面图形影响较大的尺寸进行锁定。当弱尺寸被锁定后，会自动转换为强尺寸。

要锁定截面图形尺寸时，移动鼠标指针到尺寸上，单击弹出文字工具栏，单击“切换锁定”按钮，可重新标注尺寸，单击鼠标中键（或按 <Enter> 键）结束尺寸锁定。要锁定多个尺寸时，按 <Ctrl> 键的同时依次选择要锁定的尺寸，弹出文字工具栏，单击“切换锁定”按钮，即可锁定所选尺寸。

如果要解锁尺寸，移动鼠标指针到尺寸上，单击，弹出文字工具栏，单击“切换锁定”按钮，即可解锁尺寸。解锁多个尺寸时，按 <Ctrl> 键的同时依次选择要解锁的尺寸，弹出文字工具栏，单击“切换锁定”按钮，即可解锁所选尺寸。

3.6.5 消除强尺寸冲突

在已经标注的截面图形中标注新尺寸（多余尺寸）或约束时，会与现有的强尺寸发生冲突，系统会弹出“解决草绘”对话框，以列表的形式显示发生冲突的尺寸。图 3-49 所示为已经标注尺寸的截面图形，图 3-50 所示为发生冲突时的情形。

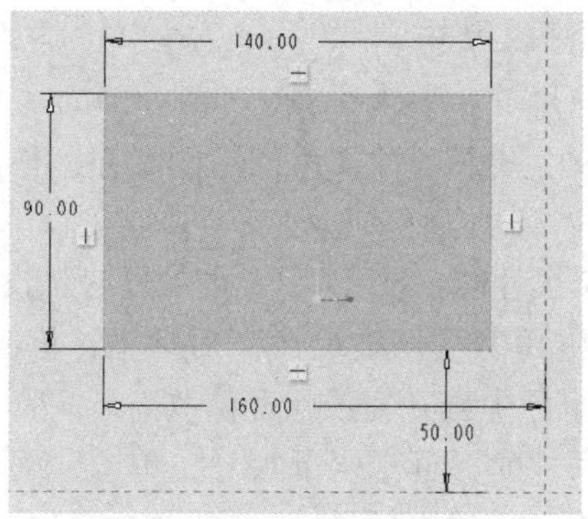

图 3-49　截面图形的标注尺寸

在绘图区单击冲突尺寸，并删除，即可标注新的尺寸，或者单击“解决草绘”对话框中的“尺寸 > 参考”按钮，将冲突尺寸改为参考尺寸，再标注新尺寸，如图 3-51 所示。

用户也可以单击“解决草绘”对话框中的“撤销”按钮，放弃标注。当标注尺寸冲突时，单击“解释”按钮，“解决草绘”对话框的信息栏中会对冲突尺寸做一个简要说明。

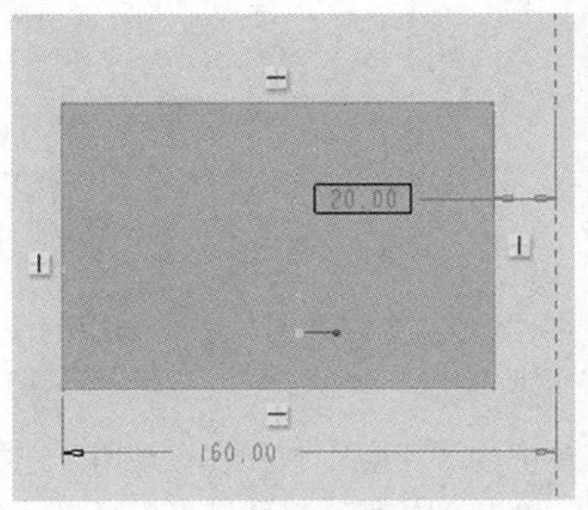

a) 绘图区中的图形尺寸

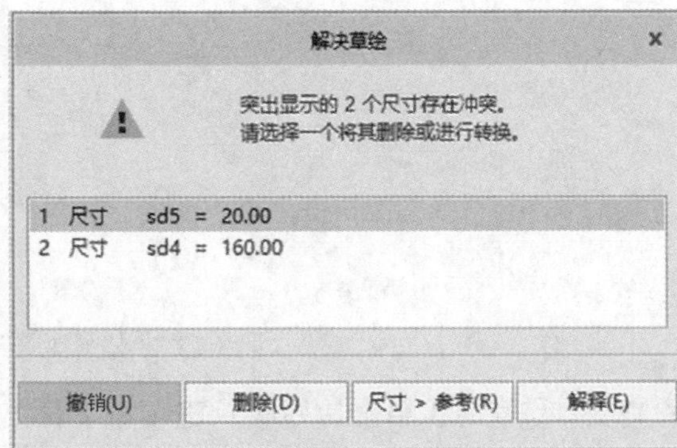

b) “解决草绘”对话框

图 3-50 尺寸冲突

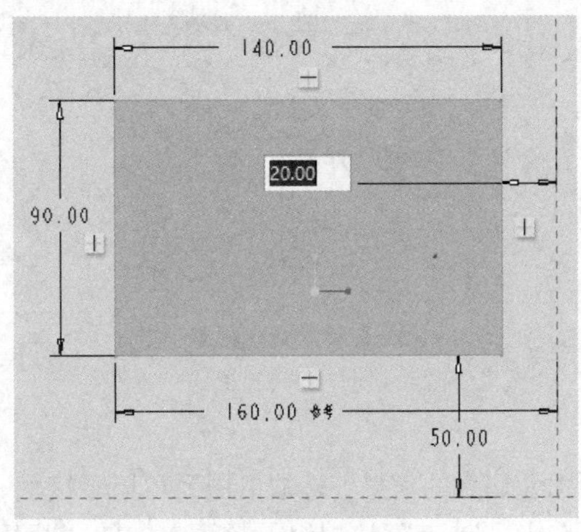

图 3-51 标注新尺寸

3.7 截面图形检查

在 Creo 6.0 中，可以通过检查选项组提供的工具对绘制的截面图形进行检查。

3.7.1 特征要求分析

特征要求工具用于零件模式下，对生成三维模型的截面图形进行检查。

特征检查时，单击“检查”选项组中的“特征要求”按钮，弹出“特征要求”对话框。如果截面图形满足特征要求，则对话框显示满足信息；如果截面不满足特征要求时，则对话框显示不满足信息，用户需要修改截面图形，如图 3-52 所示。

“特征要求”对话框中的状况分别表示为满足要求、不满足要求和修改提示。

3.7.2 交点信息

交点信息指的是相交两图元交点的信息。如果用户所选的图元不相交，则系统会用外推法找到图元交点。如果外推法也找不到交点（如两图元平行），则系统会显示一条信息。

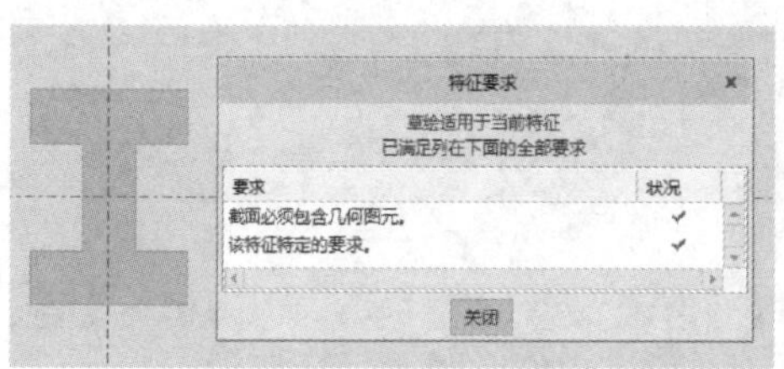

a) 满足要求

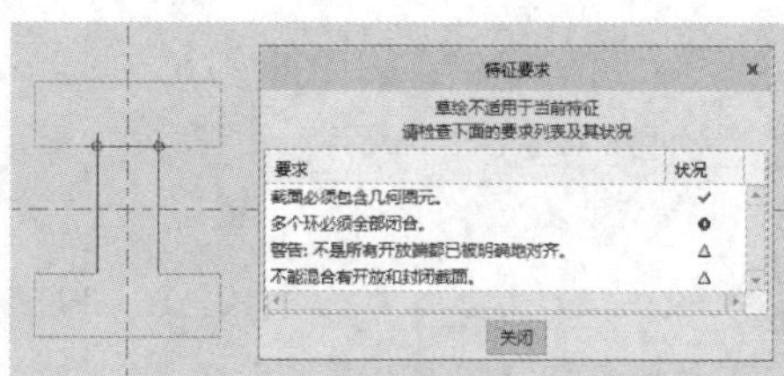

b) 不满足要求

图 3-52 “特征要求”对话框

检查交点信息时，单击“检查”选项组下拉菜单中的“交点”按钮，在绘图区选择两个图元，弹出交点坐标信息的“信息窗口”对话框，单击“关闭”按钮结束信息显示，如图 3-53 所示。

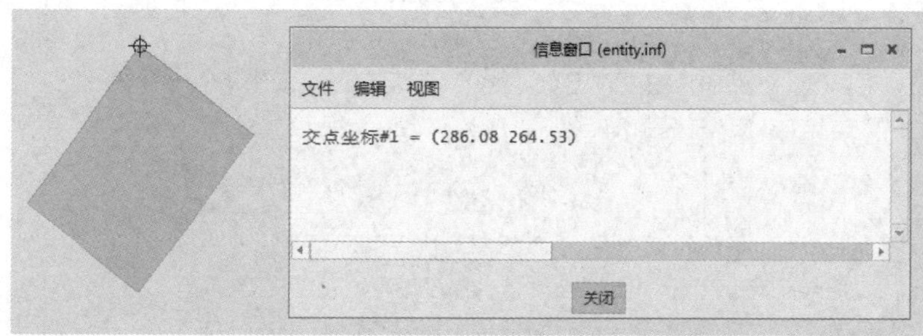

图 3-53 交点信息

3.7.3 相切点信息

相切点信息指的是两图元切点的信息，选取的图元可以不接触。

检查相切点信息时，单击“检查”选项组下拉菜单中的“相切点”按钮，在绘图区选择两个图元，弹出包含相切点、相切角度和曲率信息的“信息窗口”对话框，单击“关闭”按钮结束信息显示，如图 3-54 所示。

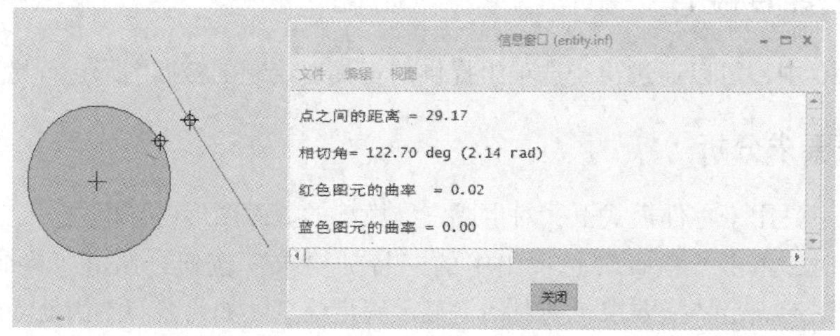

图 3-54 相切点信息

3.7.4 图元信息

图元信息包括标识、类型及各种参数。

检查图元信息时，单击“检查”选项组下拉菜单中的“图元”按钮，在绘图区选择图元，弹出包含图元各种信息的“信息窗口”对话框，单击“关闭”按钮结束信息显示，如

图 3-55 所示。用户可对“信息窗口”对话框中所列图元的信息进行编辑、排序和保存。

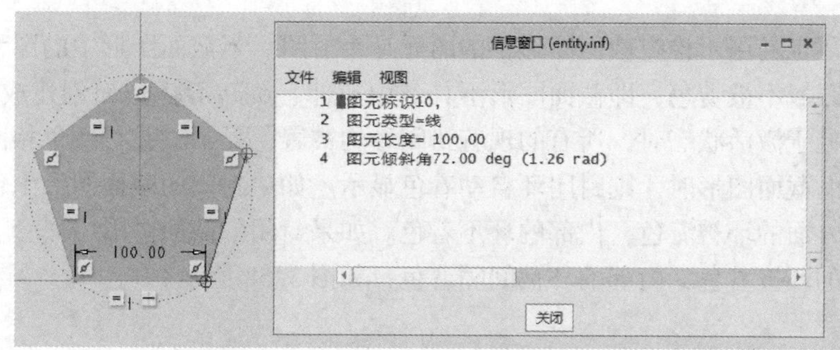

图 3-55　图元信息

3.7.5　重叠几何

重叠几何工具用于检查截面图形中的图元是否与其他图元发生重叠。为了便于修改，重叠图元的颜色与不重叠图元的颜色不同。

检查重叠几何时，单击“检查”选项组中的“重叠几何”按钮，重叠图元的颜色发生变化，修改重叠图元，单击鼠标中键结束重叠检查，如图 3-56 所示。将鼠标指针置于突出显示开放端上，单击即可取消重叠检查。

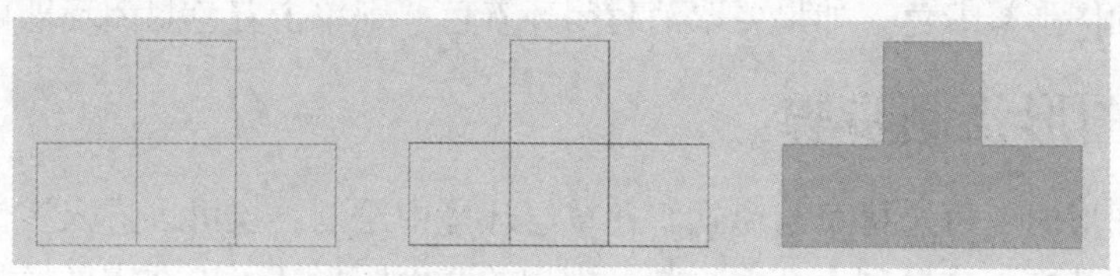

图 3-56　重叠几何检查

3.7.6　突出显示开放端

突出显示开放端工具用于检查截面图形中的图元是否存在开放端点。如果截面图形中的图元存在开放端点，则端点被着色加亮。截面图形可以是开放的，也可以是封闭的，取决于所创建的模型形态。

检查是否存在开放端时，单击“检查”选项组中的“突出显示开放端”按钮，截面图形中具有开放端的图元端点加亮显示的颜色发生变化，通过“修改”命令消除加亮端点，单击鼠标中键结束图元端点开放检查，如图 3-57 所示。将鼠标指针置于突出显示开放端上，单击即可取消开放端检查。

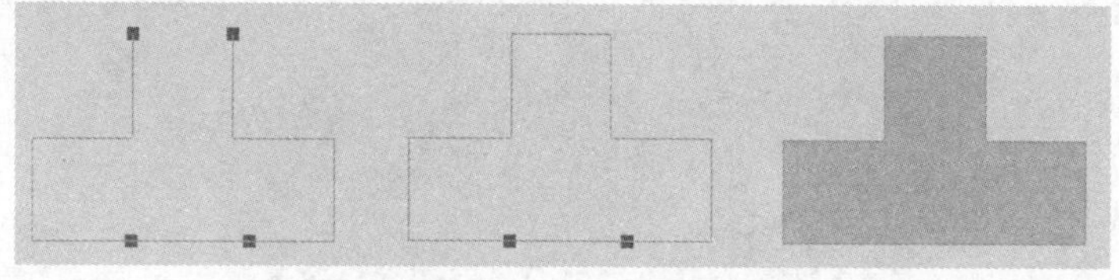

图 3-57　开放端检查

3.7.7 着色封闭环

着色封闭环工具用于检查截面图形中的图元是否封闭。当截面图形中的图元与其他图元重叠时，图元区域不被着色，即截面图形不具备由拉伸、旋转等操作而创建成实体的条件。当着色封闭环处于激活状态时，所有的现有封闭环均被着色显示，并且颜色相同。如果用封闭图元创建新的截面图形时，则封闭环自动着色显示。如果封闭的截面图形中包含了多干个封闭环，则最外面的环被着色，内部的环不着色。如果封闭的截面图形中嵌套了多干个封闭环，则最外面的环被着色，内部的环被间隔着色，如图3-58所示。

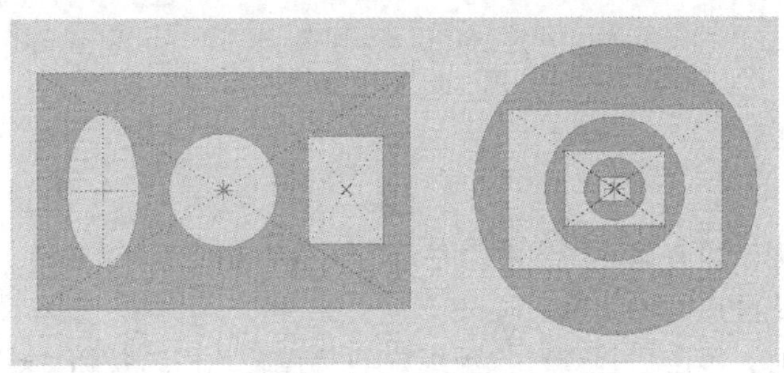

图3-58 着色封闭环

着色封闭环检查时，单击“检查”选项组中的“着色封闭环”按钮，绘图区中具有封闭环的所有截面图形被着色。如果要取消封闭环着色，则单击着色封闭环即可。

3.8 截面图形绘制步骤

绘制截面图形时，可选择草绘模式，在草绘环境中绘制；也可以进入零件模式下的草绘环境，在选定的基准面或模型表面上绘制；模型的截面图形还可以在零件模式下的拉伸、旋转或扫描等命令执行过程中进入草绘环境绘制。

3.8.1 草绘模式下的截面图形绘制步骤

绘制图3-59所示图形。

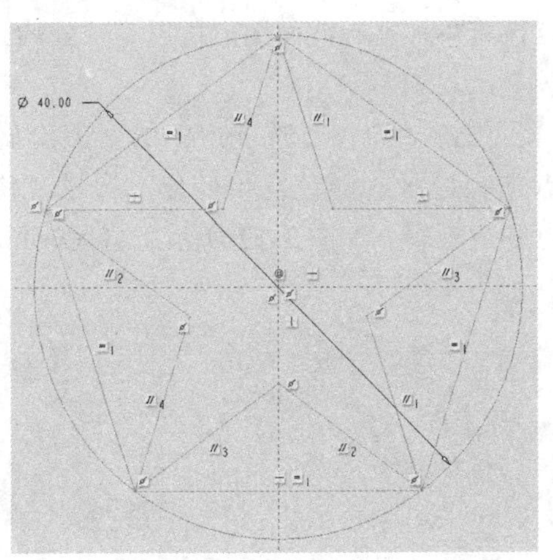

图3-59 截面图形

01 新建文件，进入草绘模式下的绘图环境。

02 绘制水平和竖直中心线（几何中心线或构造中心线），以中心线交点为圆心，绘制 ϕ40 的圆，单击图形工具栏中的“重新调整”按钮调整图形。

03 单击“选项板”按钮，弹出“草绘器选项板”对话框，双击五边形，再移动鼠标指针到绘图区后单击（或将鼠标指针置于多边形列表中的五边形上，按住鼠标左键的同时将五边形拖入绘图区），关闭“草绘器选项板”对话框，拖动五边形中心标识与中心线交点重合，单击“确定”按钮。

04 单击“重合”按钮，依次选择五边形端点和圆，弹出“解决草绘”对话框，删除尺寸 sd1。

05 单击“线”（线链）按钮，绘制五角形，单击鼠标中键完成绘制。

06 单击“删除段”按钮，点选删除多余线段。

07 保存文件，结果如图 3-58 所示。

由于草绘模式下截面图形中的图元发生重叠，没有形成封闭环，当单击“检查”选项卡中的“重叠几何检查”按钮时，轮廓线颜色为蓝色（系统默认状态下），如图 3-60 所示。

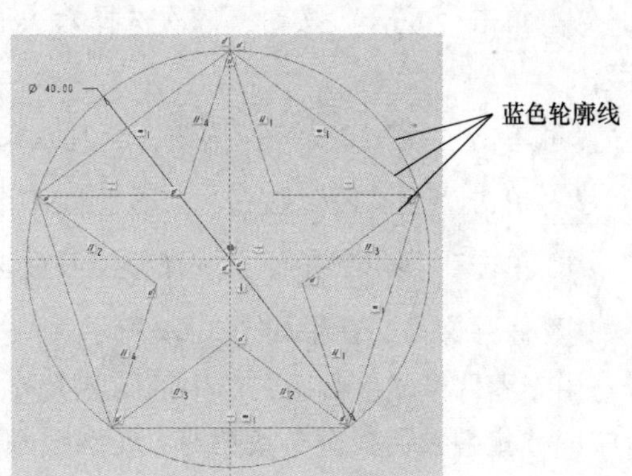

图 3-60 重叠几何检查

3.8.2 零件模式下的截面图形绘制步骤

绘制图 3-61 所示图形。

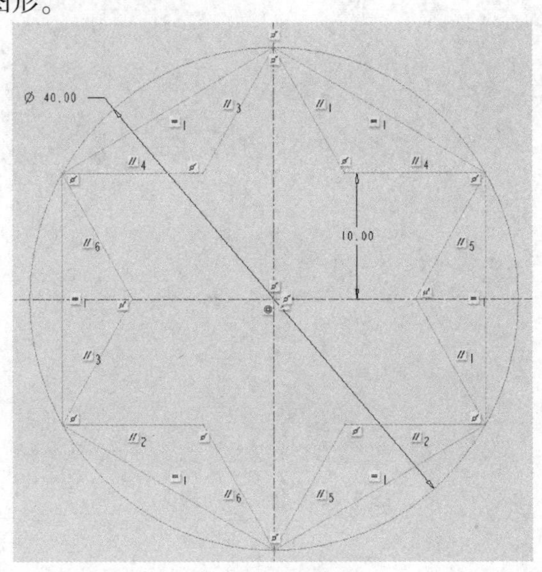

图 3-61 截面图形

01 新建文件，不使用默认模板，在“新文件选项”对话框中选择“mmns_part_solid”公制模板，进入零件模式下的绘图环境。

02 单击“草绘”按钮，弹出“草绘”对话框，选择草绘平面 FRONT，设置草绘视图方向，单击“草绘”按钮，关闭“草绘”对话框。

03 以坐标原点为圆心，绘制 $\phi40$ 的圆，单击图形工具栏中的“重新调整”按钮调整图形。

04 单击“选项板”按钮，弹出“草绘器选项板”对话框，双击六边形，再移动鼠标指针到绘图区后单击（或将鼠标指针置于多边形列表中的六边形上，按住鼠标左键的同时将六边形拖入绘图区），关闭“草绘器选项板”对话框，拖动六边形中心标识与坐标原点重合，并旋转30°，单击“确定”按钮。

05 单击“重合”按钮，依次选择六边形端点和圆，弹出“解决草绘”对话框，删除尺寸 sd1。

06 单击“线”（线链）按钮，绘制六角形，单击鼠标中键完成绘制。

07 单击“删除段”按钮，点选删除多余线段。

08 单击“拐角”按钮，选择位于开放端的两个图元，使它们相交。

09 保存文件，结果如图 3-61 所示。

由于零件模式下截面图形中的图元发生重叠，没有形成封闭环，当单击“检查”选项卡中的“重叠几何检查”按钮时，轮廓线颜色为蓝色（系统默认状态下），如图 3-62 所示。

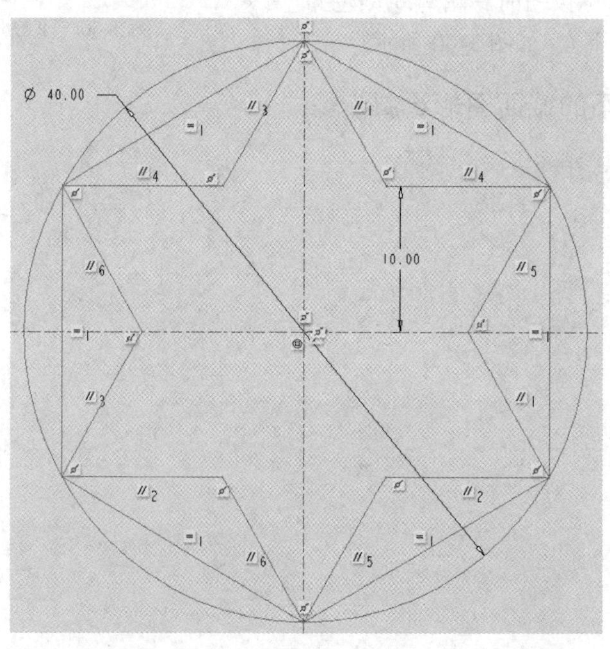

图 3-62　重叠几何检查

3.9　范例

1. 绘制图 3-63 所示图形

由于图形中的图元无重叠，可作为拉伸、旋转或扫描等建模操作的截面图形，因此选择零件模式下的草绘环境，或者在零件模式下由拉伸、旋转或扫描等命令执行建模操作的草绘环境中绘制图形。本例选择后者。

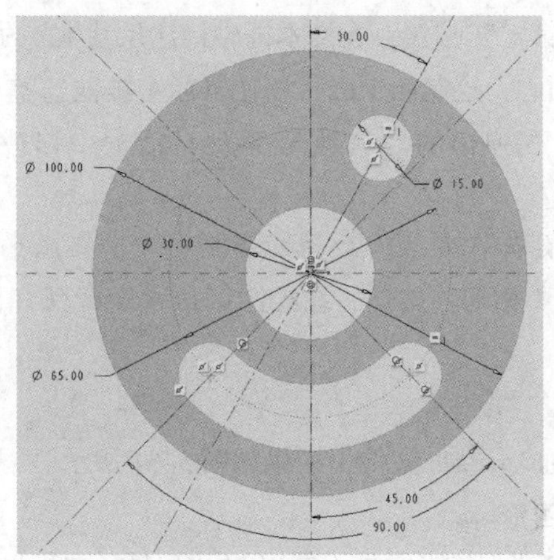

图 3-63　截面图形 1

01 新建文件，进入零件模式下的绘图环境。

02 单击“拉伸”按钮，选择草绘平面 FRONT，进入草绘环境。

03 以坐标原点为圆心，绘制 ϕ30 和 ϕ100 的圆，单击图形工具栏中的“重新调整”按钮调整图形。

04 绘制与竖直中心线成 45°和 30°夹角的构造中心线。选择构造模式，绘制 ϕ65 的圆，结束构造模式。

05 绘制三个 ϕ15 的圆。

06 选择“弧”溢出菜单中的“圆心和端点”命令，以坐标原点为圆心，绘制与 ϕ15 的圆相切（相切约束）的圆弧，单击“重叠几何检查”按钮，删除重叠图元，完成截面图形绘制。

07 保存文件，即可生成 *. sec 文件，结果如图 3-63 所示。

2. 绘制图 3-64 所示图形

由于图形中的图元有重叠，因此选择草绘模式或零件模式下的草绘环境绘制图形。本例选择前者。

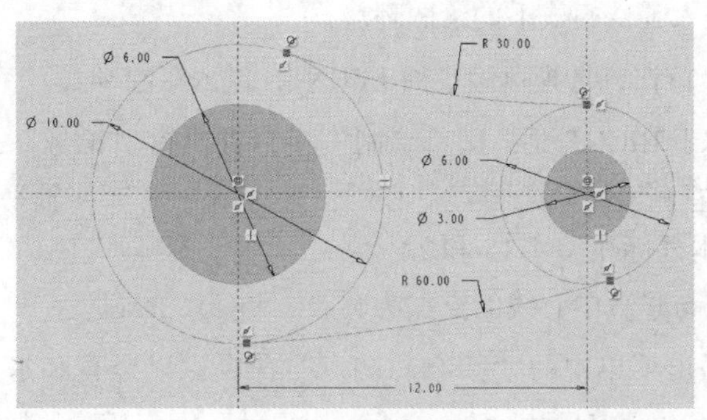

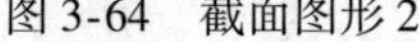

图 3-64　截面图形 2

01 新建文件，进入草绘模式下的绘图环境。

02 绘制水平中心线和两条竖直中心线（几何中心线或构造中心线），单击尺寸，从弹出的文字工具栏中单击“锁定”按钮，在文本框中标注尺寸12，通过鼠标中键调整绘图区。

03 以中心线交点为圆心，绘制四个圆，按住鼠标左键框选整个图形，单击“编辑”选项组中的“修改”按钮，在弹出的“修改尺寸”对话框中修改圆的尺寸为 ϕ6、ϕ10 和 ϕ3、ϕ6。

04 选择“弧”溢出菜单中的“3点/相切端”命令，在水平中心线两侧分别绘制弧，单击“约束”选项组中的“相切”按钮，在绘图区依次选择弧和圆，使其相切，标注弧半径尺寸 *R*30 和 *R*60。

05 删除多余线段。

06 保存文件，即可生成 *. sec 文件，结果如图3-64所示。

3. 绘制图3-65所示图形

由于图形中的图元无重叠，可作为拉伸、旋转或扫描等建模操作的截面图形，因此选择零件模式下的草绘环境，或者在零件模式下由拉伸、旋转或扫描等命令执行建模操作的草绘环境中绘制图形。本例选择后者。

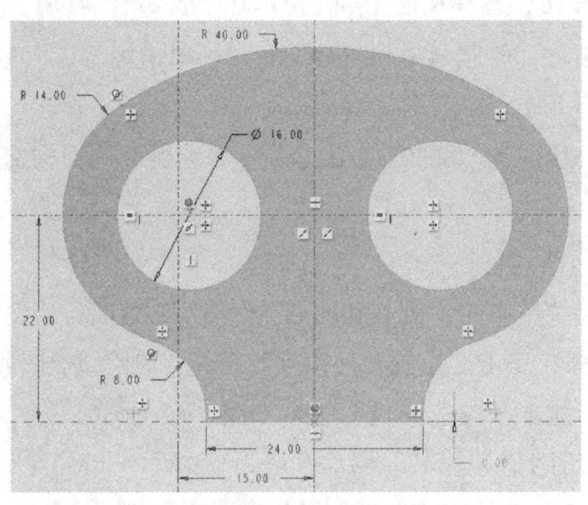

图3-65　截面图形3

01 新建文件，进入零件模式下的绘图环境。

02 单击“拉伸”按钮，选择草绘平面 FRONT，进入草绘环境。

03 由于图形对称于 RIGHT 面，只需绘制一半，再执行“镜像”命令即可。单击“中心线”按钮，在 Y 轴左侧绘制一条竖直中心线，再绘制一条与 X 轴平行的水平中心线，并锁定尺寸，在尺寸文本框标注尺寸15和22。

04 以水平中心线与竖直中心线的交点为圆心绘制 ϕ16 的圆。

05 选择“弧”溢出菜单中的“圆心和端点”命令，以竖直和水平中心线的交点为圆心，绘制 *R*14 的圆弧，并锁定尺寸。

06 由原点沿 X 轴向左绘制长度为 12 的线段，并锁定尺寸。

07 选择“弧”溢出菜单中的“3 点/相切端”命令，绘制 *R*8 的圆弧，圆弧一端与 *R*14 的圆弧相切，另一端与长度为 12 的线段端点重合，并锁定尺寸。

08 删除多余线段，单击鼠标中键结束当前操作。

09 选择“弧”溢出菜单中的“圆心和端点”命令，将圆心置于 Y 轴上，绘制 *R*40 的圆弧，并与 *R*14 的圆弧相切。

10 绘制与 Y 轴重合的构造中心线，框选已绘制的图形，单击“镜像”按钮，单击中心线。

11 保存文件，即可生成＊. sec 文件，结果如图 3-65 所示。

4. 绘制图 3-66 所示图形

由于图形中的图元有重叠，因此选择草绘模式，或者在零件模式下的草绘环境中绘制图形。本例选择前者。

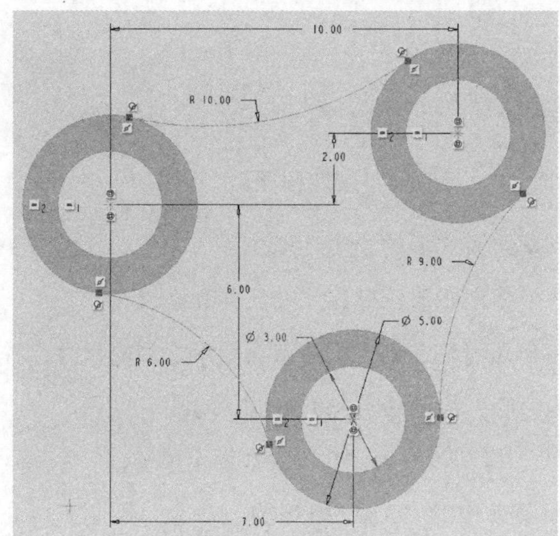

图 3-66 截面图形 4

01 新建文件，进入草绘模式下的绘图环境。

02 在绘图区绘制三个几何基准点，按图示标注点之间的尺寸，并锁定尺寸。

03 分别以三个点为圆心，绘制 $\phi3$ 和 $\phi5$ 的圆。

04 选择“弧”溢出菜单中的“3 点/相切端”命令，绘制与 $\phi5$ 的圆相切的三段圆弧，标注尺寸为 *R*10、*R*9 和 *R*6。

05 保存文件，即可生成＊. sec 文件，结果如图 3-66 所示。

5. 绘制图 3-67 所示图形

由于图形中的图元有重叠，因此选择草绘模式，或者在零件模式下的草绘环境中绘制图形。本例选择前者。

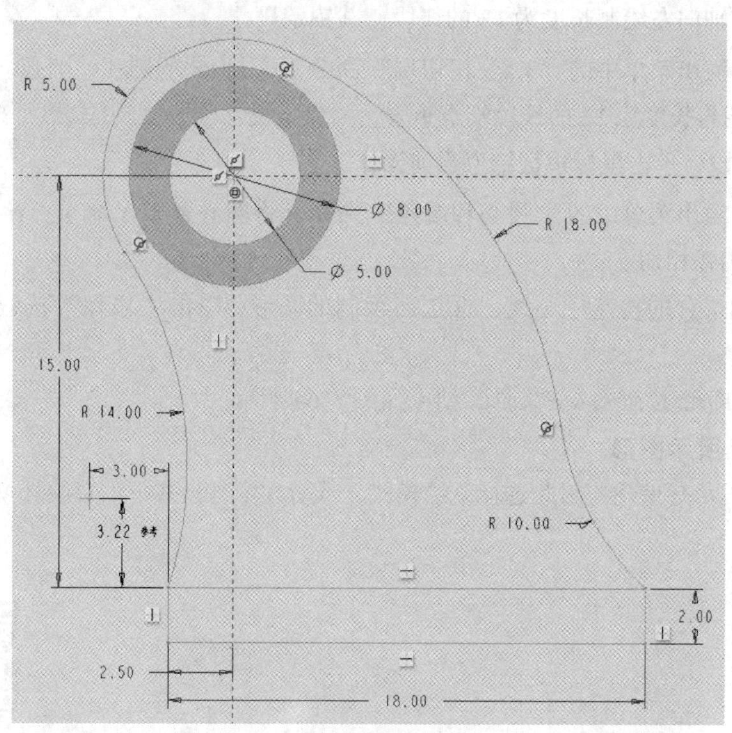

图 3-67 截面图形 5

01 新建文件，进入草绘模式下的绘图环境。

02 在绘图区绘制一个拐角矩形，标注尺寸，并锁定尺寸。

03 在绘图区绘制一个几何基准点，标注点与矩形之间的尺寸，并锁定尺寸。

04 以几何基准点为圆心，绘制 $\phi5$、$\phi8$ 和 $\phi10$ 的圆。

05 单击尺寸“$\phi10$”，将其转换为“R5”，并锁定尺寸。

06 选择“弧”溢出菜单中的“3 点/相切端”命令，绘制 *R*14 的圆弧，调整圆弧一端与 *R*5 的圆弧相切，另一端与矩形左上角重合，并锁定尺寸。

07 以矩形左上角为基准点，绘制点（3，3.22），并锁定尺寸。

08 选择“弧”溢出菜单中的“圆心和端点”命令，以点（3，3.22）为圆心，绘制与 *R*5 的圆弧相切的圆弧，标注圆弧尺寸为“R18”，修改 3.22 为参考尺寸，并锁定尺寸。

09 选择“弧”溢出菜单中的“3 点/相切端”命令，绘制 *R*10 的圆弧，调整圆弧一端与 *R*18 的圆弧相切，另一端与矩形右上角重合，并锁定尺寸。

10 保存文件，即可生成 *.sec 文件，结果如图 3-67 所示。

6. 绘制图 3-68 所示图形

由于图形中的图元无重叠，可作为拉伸、旋转或扫描等建模操作的截面图形，因此选择零件模式下的草绘环境，或者在零件模式下由拉伸、旋转或扫描等命令执行建模操作的草绘环境中绘制图形。本例选择前者。

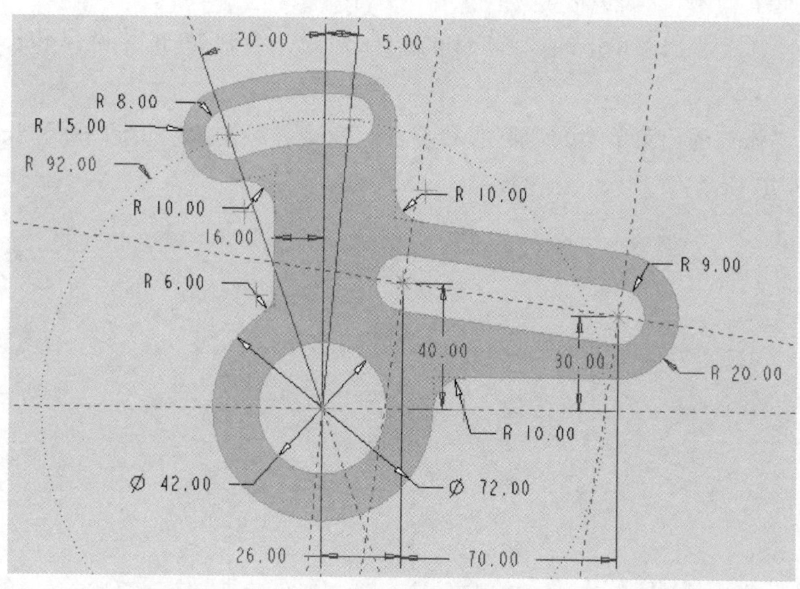

图 3-68 截面图形 6

由图 3-68 可知，截面图形由三部分组合而成且相互之间有严格的位置关系。

01 新建文件，进入零件模式下的绘图环境。

02 单击“拉伸”按钮，选择草绘平面 FRONT，进入草绘环境。

03 绘制水平和竖直构造中心线，以中心线交点，即 $\phi42$（$\phi72$）的圆的圆心为基准，确定长圆形 *R*8 和 *R*9 的圆心位置，标注尺寸，并锁定尺寸，如图 3-69 所示。

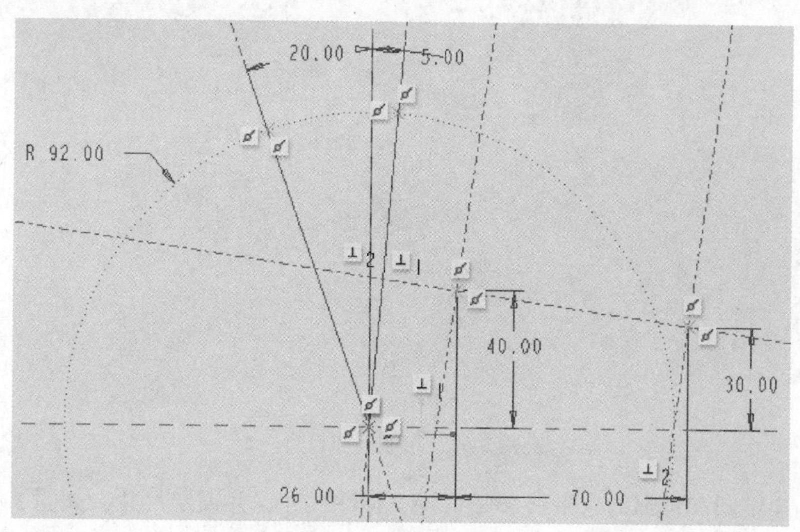

图 3-69 基准与中心线

04 绘制 ϕ42 的圆，并锁定尺寸，如图 3-70 所示。

05 选择“弧”溢出菜单中的“圆心和端点”命令，绘制 *R*9 的半圆弧和长圆，并锁定尺寸，如图 3-70 所示。

06 选择“弧”溢出菜单中的“圆心和端点”命令，绘制 *R*8 的半圆弧和长圆，并锁定尺寸，如图 3-70 所示。

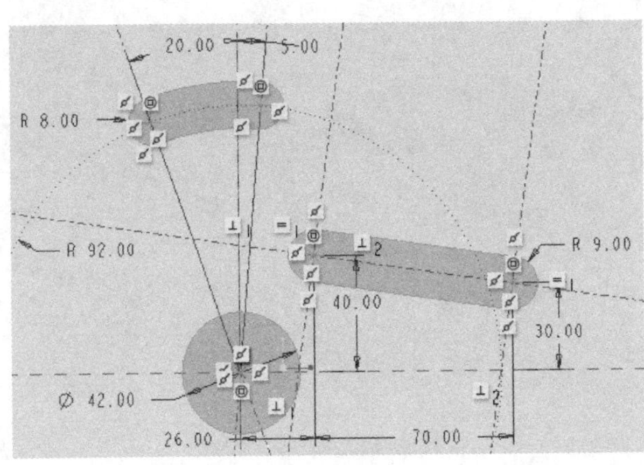

图 3-70　绘制圆和长圆

07 绘制 ϕ72 的圆，并锁定尺寸，如图 3-71 所示。

08 选择“弧”溢出菜单中的“圆心和端点”命令，绘制 *R*15 的半圆弧和长圆，并锁定尺寸，如图 3-71 所示。

09 选择“弧”溢出菜单中的“圆心和端点”命令，绘制 *R*20 的半圆弧和长圆，并锁定尺寸，如图 3-71 所示。

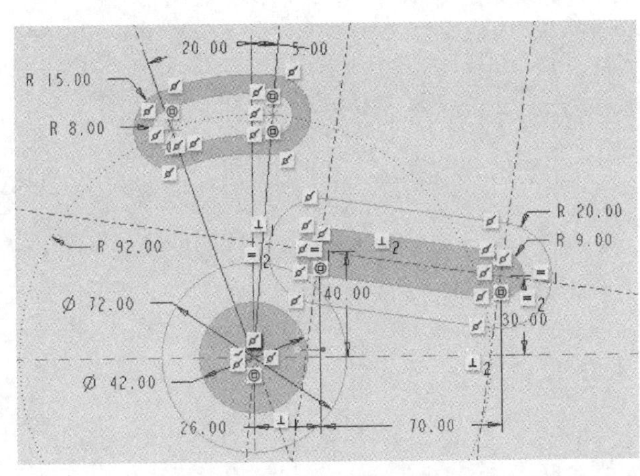

图 3-71　绘制圆和长圆

10 绘制连接圆和长圆的水平线和竖直线，标注尺寸，并锁定尺寸，如图 3-72 所示。

11 绘制 *R*6 和 *R*10 的圆角。

12 保存文件，即可生成 *.sec 文件，结果如图 3-68 所示。

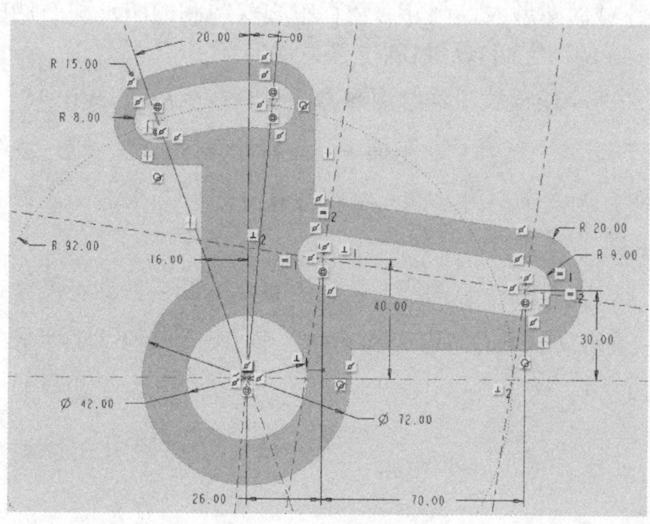

图 3-72 绘制直线

7. 绘制图 3-73 所示图形

由于图形中的图元有重叠，因此选择草绘模式，或者在零件模式下的草绘环境中绘制图形。本例选择后者。

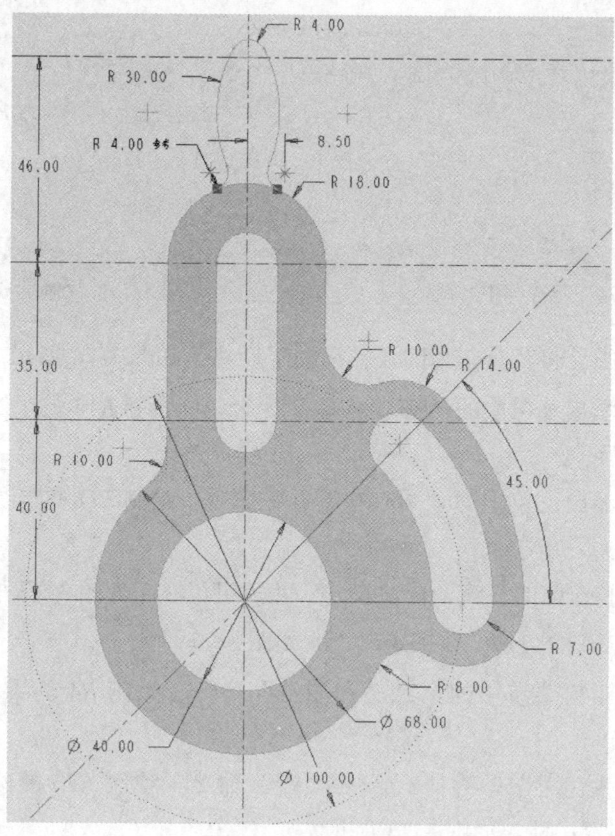

图 3-73 截面图形 7

由图 3-73 可知，截面图形大致可分为竖直中心线两侧的图形和右侧的长圆形且主体图形对称，长圆形与 ϕ40 的圆之间有严格的位置关系。

01 新建文件，进入草绘模式下的绘图环境。

02 单击“草绘”按钮，选择草绘平面，设置草绘视图方向，进入草绘环境。

03 以 ϕ40（ϕ68）圆的圆心为基准，绘制各部分图形的构造中心线和构造圆，标注尺寸，并锁定尺寸，如图 3-74 所示。

04 以水平和竖直中心线的交点为圆心，绘制 ϕ40 的圆，并锁定尺寸，如图 3-75 所示。

05 选择“弧”溢出菜单中的“圆心和端点”命令，绘制 R7 的半圆弧和长圆，并锁定尺寸，如图 3-75 所示。

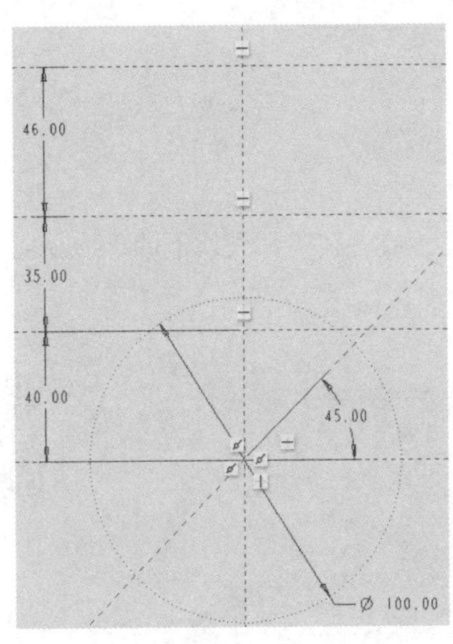

图 3-74　基准与中心线

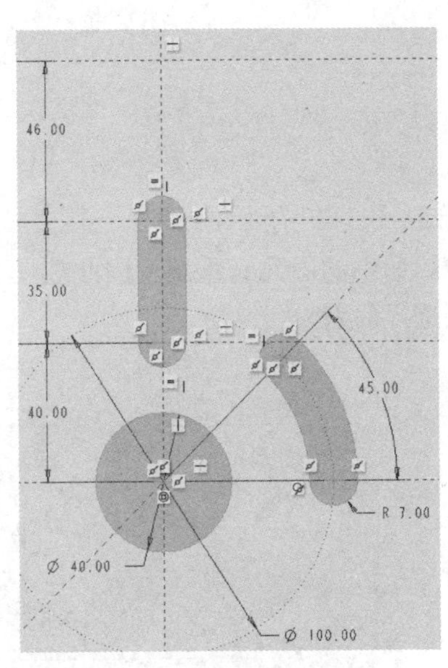

图 3-75　绘制圆和长圆

06 绘制 ϕ68 的圆，将其分割为圆弧，并锁定尺寸，如图 3-76 所示。

07 选择“弧”溢出菜单中的“圆心和端点”命令，绘制 *R*14 的半圆弧和长圆，并锁定尺寸，如图 3-76 所示。

08 选择“弧”溢出菜单中的“圆心和端点”命令，绘制 *R*18 的半圆弧和长圆，并锁定尺寸，如图 3-76 所示。

09 绘制连接圆和长圆的直线，标注尺寸，并锁定尺寸，如图 3-77 所示。

10 绘制 *R*8 和 *R*10 的圆角，并锁定尺寸，如图 3-77 所示。

11 选择“弧”溢出菜单中的“圆心和端点”命令，绘制 *R*4 的半圆弧，并锁定尺寸，如图 3-72 所示。

12 选择“弧”溢出菜单中的“3 点/相切端”命令，绘制 *R*30 的圆弧，并相切约束到要连接的图元上且锁定尺寸，如图 3-73 所示。

13 保存文件，即可生成 *. sec 文件，结果如图 3-73 所示。

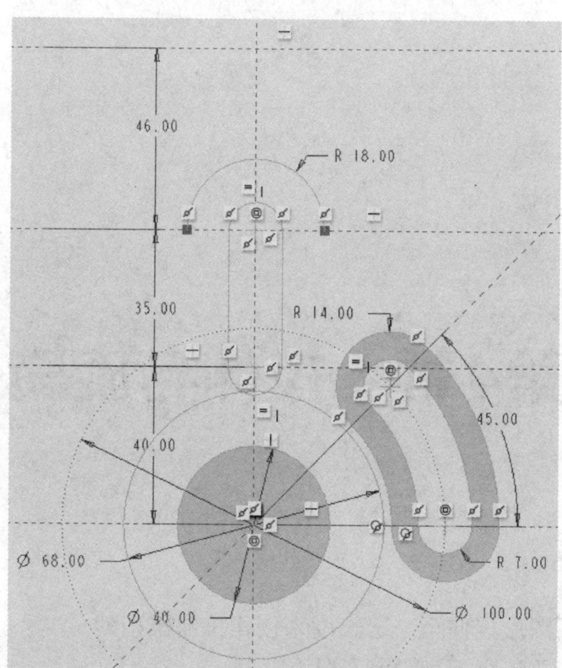

图 3-76　绘制圆和长圆

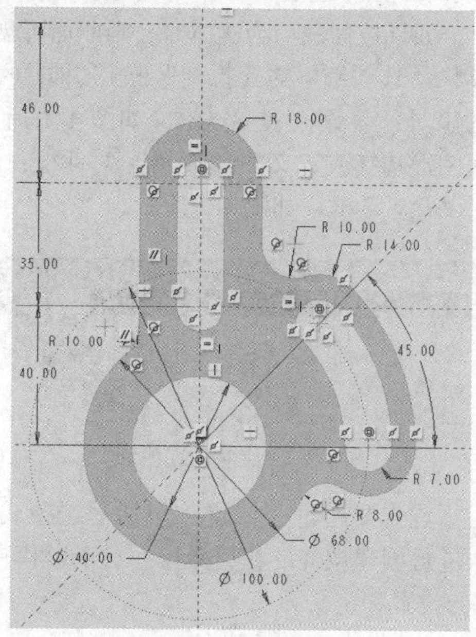

图 3-77　绘制直线和圆弧

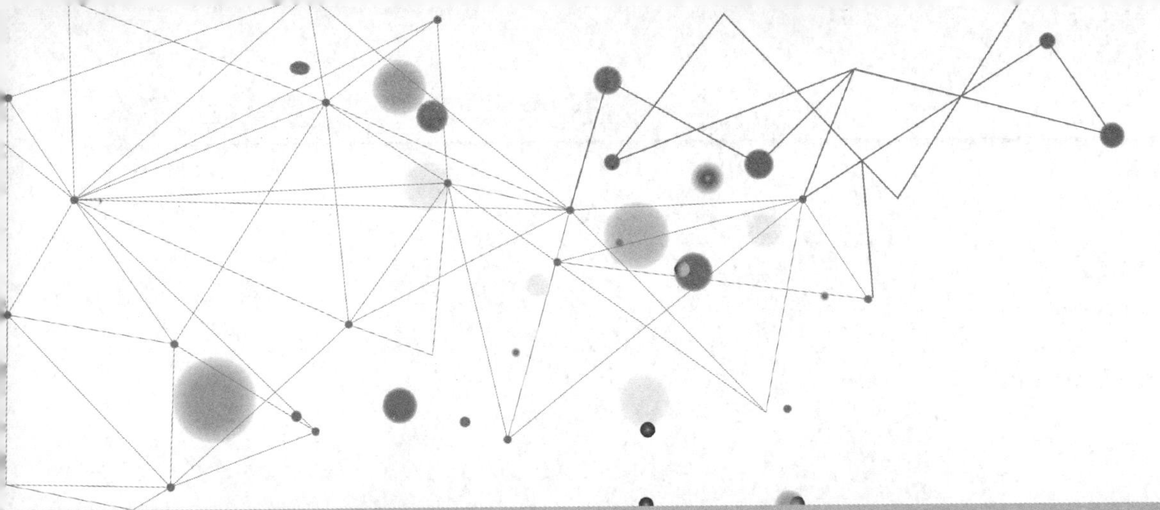

第4章 拉伸与旋转

4.1 拉伸

4.1.1 拉伸简介

拉伸工具是将截面图形拉伸至一定长度来创建拉伸模型的。

使用拉伸工具时需要注意下列限制条件：

1）截面图形必须是二维曲线，可以是基准面上曲线，也可以是形体表面上曲线。

2）截面图形为封闭曲线时，拉伸创建为实体（实心），也可以是曲面；截面图形为开放曲线时，拉伸创建为曲面，如果拉伸选项为实体时，则曲面可创建成一定厚度的薄板。

创建拉伸时，单击“形状”选项组中的“拉伸”按钮，即可打开“拉伸”选项卡。选项卡列出了拉伸操作所需的工具、参数输入文本框，如图4-1所示。当单击面板中的“放置”按钮时，弹出草绘截面图形选择或定义的“放置”对话框；单击“选项”按钮时，弹出深度、封闭的和添加锥度设置对话框，如图4-2所示。

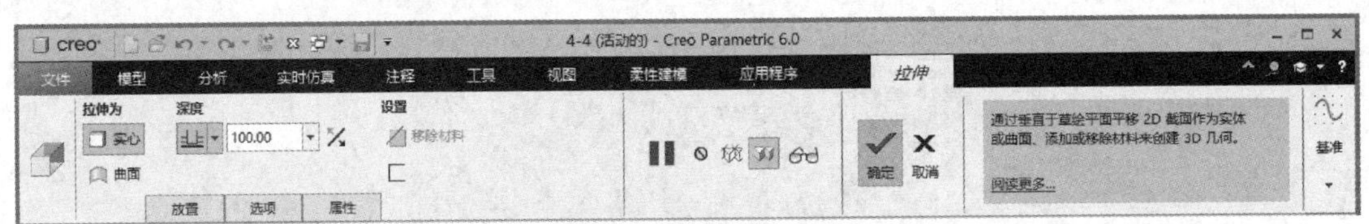

图4-1 “拉伸”选项卡

用户在进行拉伸操作时，首先要通过“放置”对话框选择或定义截面图形，然后将鼠标指针置于工具按钮，单击进行创建拉伸的相关操作。对于形状有特殊要求的拉伸，可利用“选项”对话框进行更具体的设置和定义。

1. 截面图形选择和定义

“放置”对话框的“草绘”选项有两种情况，一是先绘制好截面图形，然后再创建拉伸；二是直接在拉伸进程中定义截面图形。

如果后期需要修改截面图形，可选择模型树中有关拉伸或截面图形，通过编辑定义进行修改，也可以在创建拉伸的进程中，通过“编辑内部草绘”命令进行修改，如图4-3所示。

a) “放置”对话框

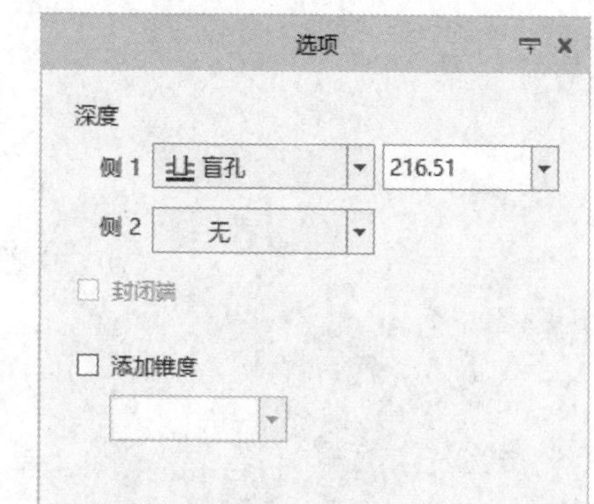

b) “选项”对话框

图 4-2 “放置”与“选项”对话框

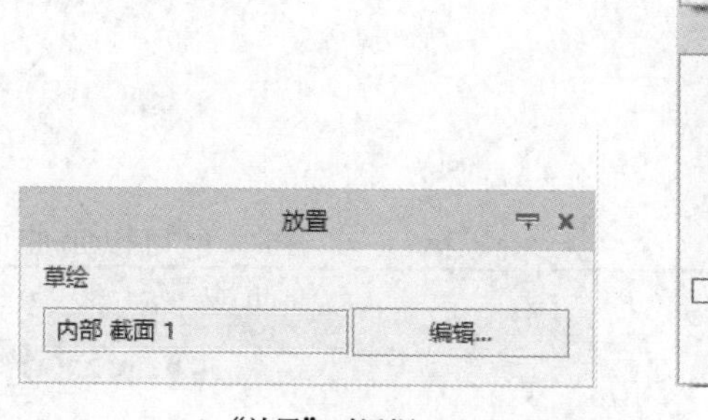

a) “放置”对话框

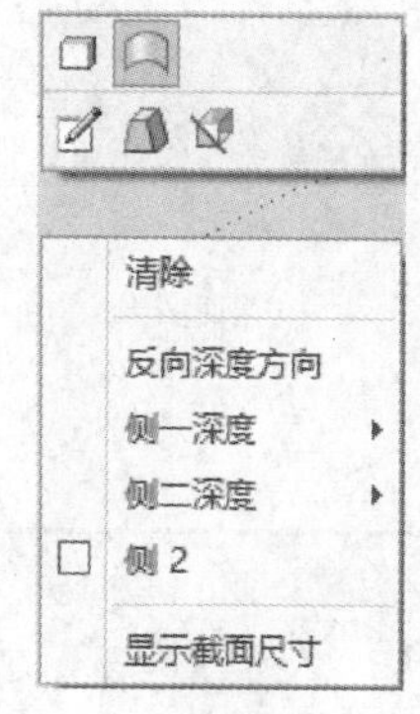

b) 快捷菜单

图 4-3 编辑内部草绘

2. 设置与定义拉伸内容

当截面图形创建后，在“拉伸”选项卡中对有关拉伸的各项内容进行设置和定义。

（1）拉伸为实体 创建的模型为实体时，在“拉伸为”选项区域中单击“实心”按钮，指定拉伸深度类型，输入深度值，如图 4-4 所示。

（2）拉伸为薄壁 创建的模型为薄壁时，在“拉伸为”选项卡中单击“实心”按钮，指定拉伸深度类型，输入深度值和厚度值，如图 4-5 示。

（3）拉伸为曲面 创建的模型为曲面时，单击“曲面”按钮，指定拉伸深度类型，输入深度值，如图 4-6 所示。

3. 拉伸深度与方向

当拉伸形体为曲面或加厚草绘（薄壁）时，拉伸深度类型有三种选项，一是以草绘平面为基准，向单侧指定拉伸深度；二是以草绘平面为基准，向两侧指定拉伸深度；三是以草绘平面为基准，拉伸至选定的曲面、边、顶点、曲线、平面、轴或点，如图 4-7 所示。

当拉伸形体为实体，且与其他形体有相对位置关系时，拉伸深度类型有六种选项，除与拉伸形体为曲面和加厚草绘相同的三种选项外，还包括拉伸至下一曲面、与所有曲面相交和与选定曲面相交等，如图 4-8 所示。

a)“拉伸”选项卡

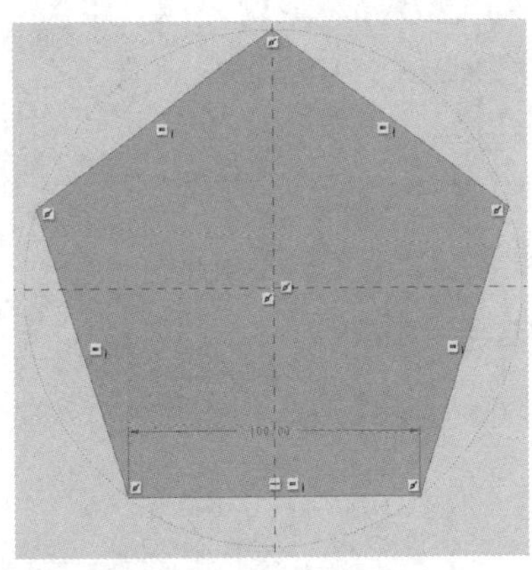

b) 截面图形

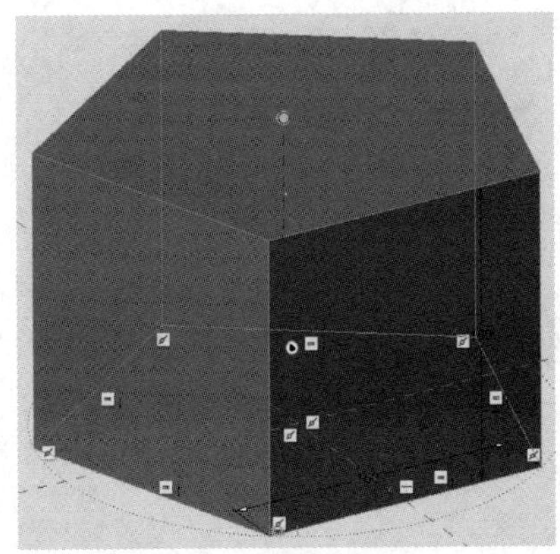

c) 实体

图 4-4　拉伸为实体

a)“拉伸”选项卡

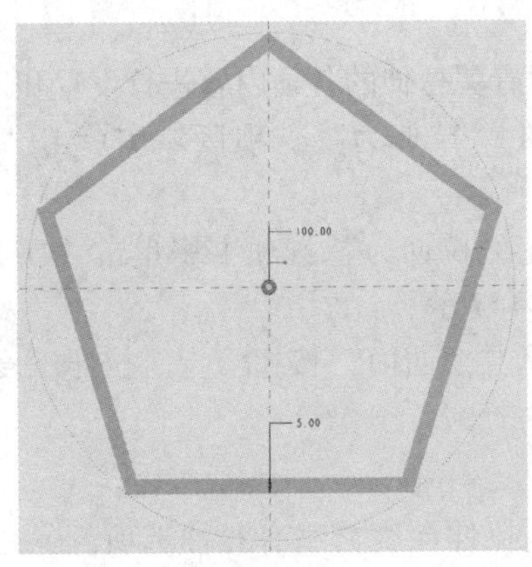

b) 截面图形

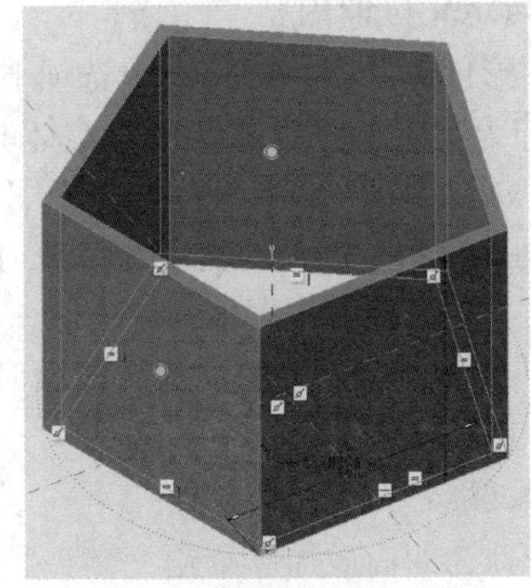

c) 薄壁

图 4-5　拉伸为薄壁

利用“选项”对话框可以对拉伸形体按不同深度向两侧拉伸，如图 4-9 所示。

在已创建的拉伸实体上可以创建截面图形，进一步叠加拉伸或移除拉伸，如图 4-10 所示。

a) “拉伸”选项卡

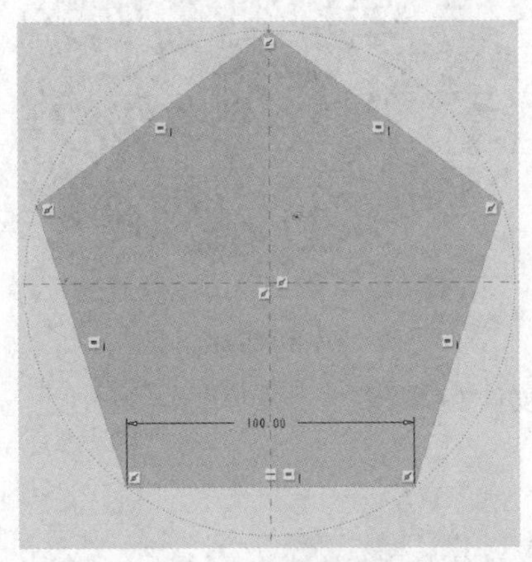

b) 截面图形

c) 曲面

图 4-6　拉伸为曲面

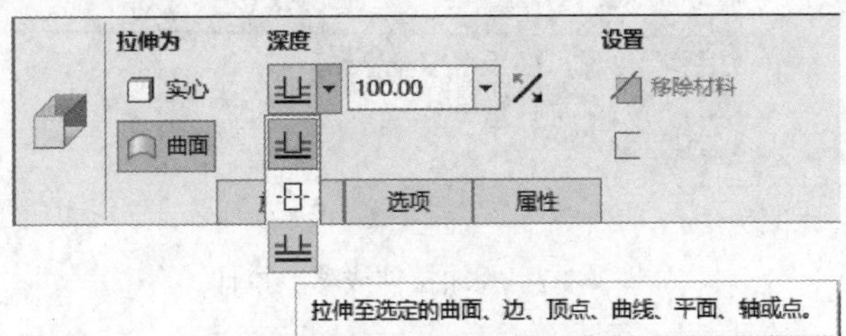

图 4-7　曲面和薄壁拉伸深度选项

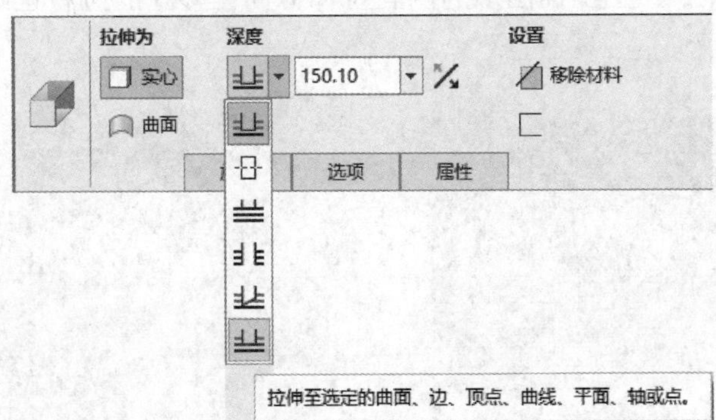

图 4-8　实体拉伸深度选项

在草绘平面以指定的深度进行拉伸时，拉伸方向可以是正方向，也可以是反方向。当选择移除材料时，移除材料的方向可以是正方向，也可以是反方向。方向不同，创建的拉伸形体也不同。

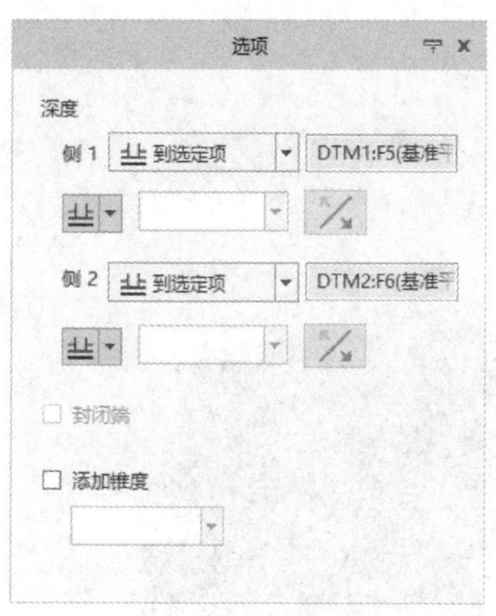

a) “选项”对话框

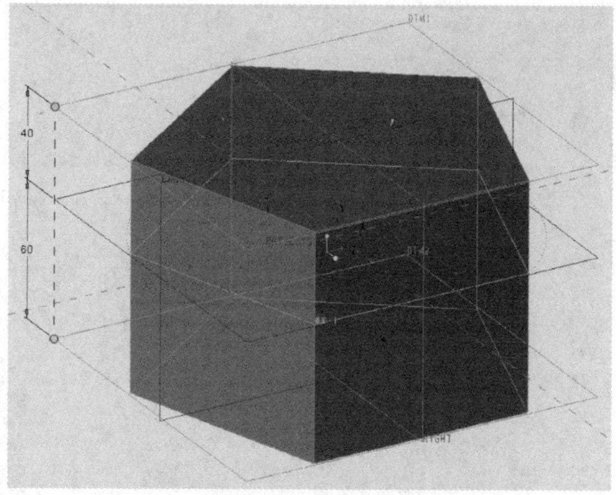

b) 向两侧拉伸

图 4-9　拉伸深度设置和定义

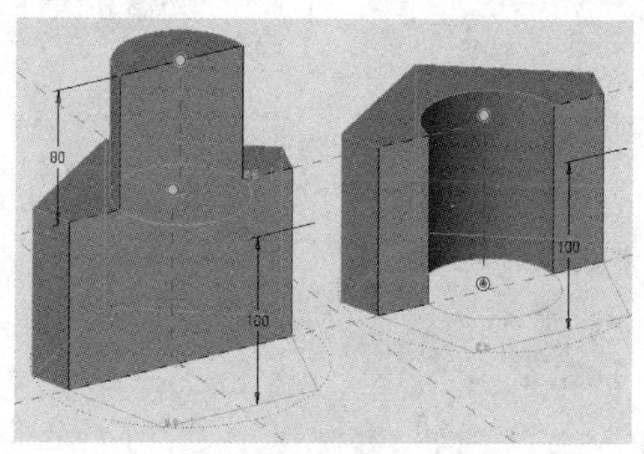

图 4-10　叠加拉伸或移除拉伸

4. 侧向移除拉伸

当创建移除拉伸时，改变截面图形的侧向拉伸方向，移除的材料也随之改变，如图 4-11 所示。

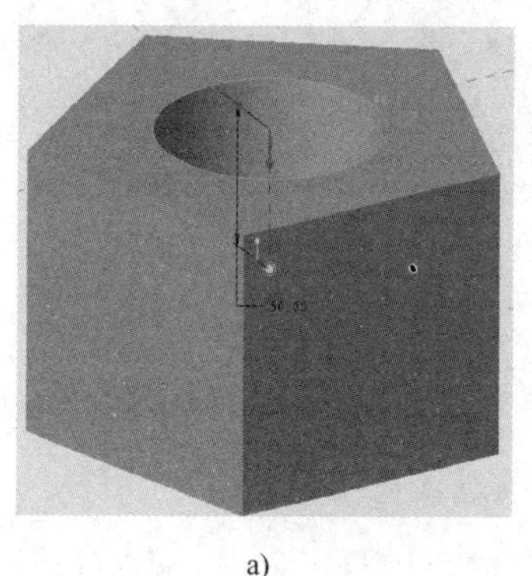

a)

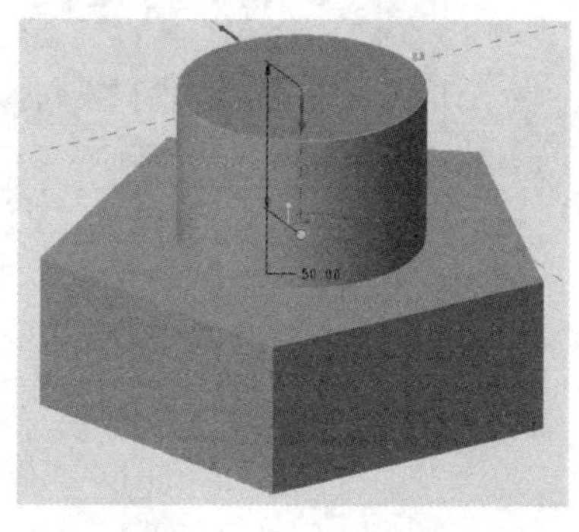

b)

图 4-11　侧向移除拉伸

5. 添加锥度与封闭端

创建的模型为实体时，通过“选项”对话框可以从草绘平面以指定的深度向一侧或两侧拉伸，并且可添加锥度，如图 4-12 所示。

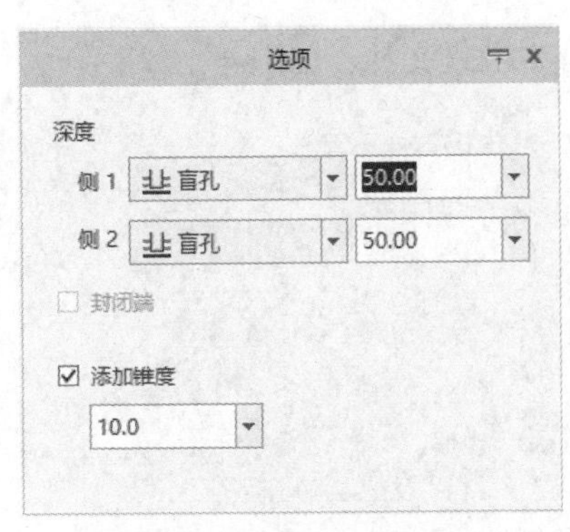

a) “选项”对话框

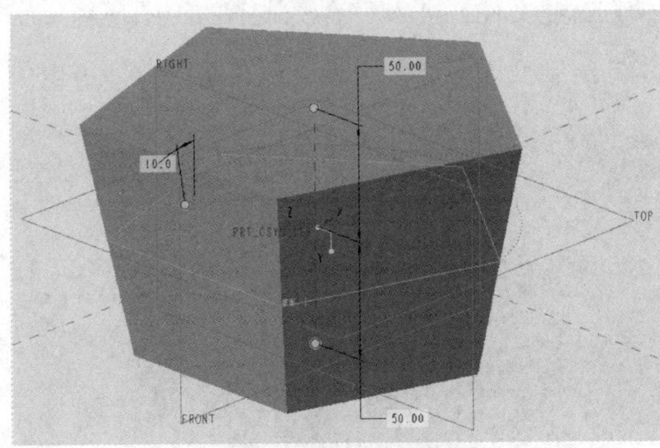

b) 添加锥度的实体

图 4-12　从草绘平面以指定深度向两侧拉伸

创建的模型为曲面时，通过“选项”对话框可以从草绘平面向指定平面（DTM1 和 DTM2）拉伸，如图 4-13 所示。如果勾选“封闭端”复选框，则曲面模型为端面封闭的壳体。

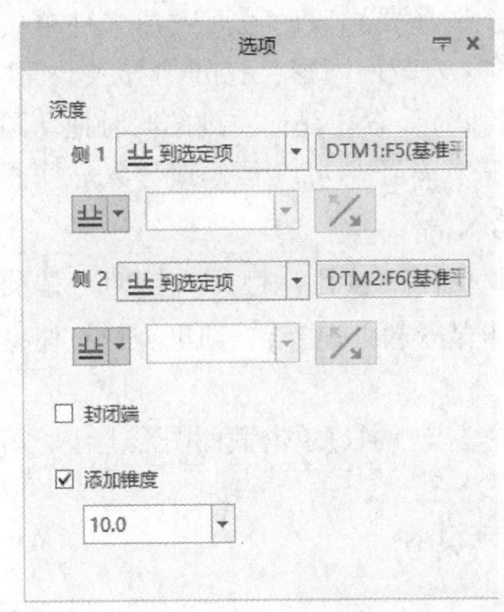

a) “选项”对话框

b) 拉伸后的曲面

图 4-13　从草绘平面向指定平面（DTM1 和 DTM2）拉伸

4.1.2　创建拉伸方法

根据不同的零件形状和用户的习惯，创建拉伸的方法可分为以下几种：

1. 截面图形导入法

创建拉伸前，先在草绘模式下创建截面图形，然后在零件模式下导入该截面图形，再进行拉伸操作。截面图形导入法将截面绘制与拉伸创建分开进行，便于截面图形的绘制、修改与保存，并且可被更多的零件模型调用。

（1）草绘环境中导入截面图形　创建图4-14所示模型。

01 新建文件，进入草绘模式下的绘图环境。

02 绘制截面图形，完成后保存文件，即可生成＊.sec格式文件，如图4-15所示。

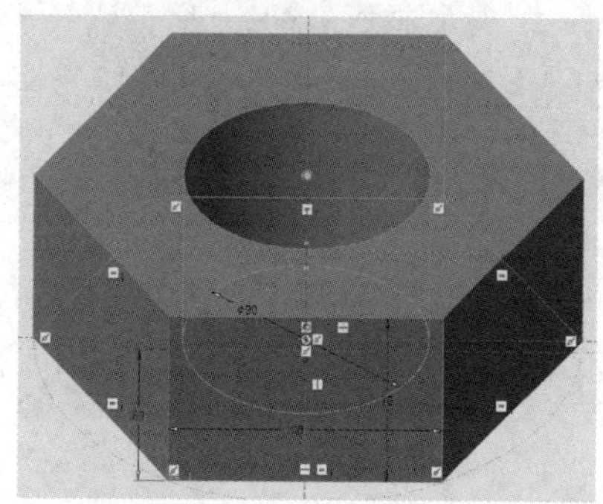

图4-14　拉伸模型

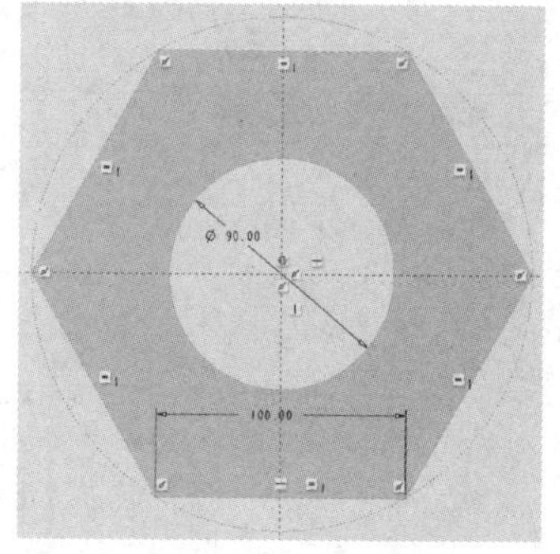

图4-15　截面图形

03 再次单击新建文件，选择“mmns_part_solid”公制模板，进入零件模式下的绘图环境。

04 单击“草绘”按钮，弹出“草绘”对话框，选择草绘平面单击“获取数据”选项组中的“文件系统”按钮，弹出“文件打开”对话框，选择要导入的截面图形文件单击“打开”按钮，移动鼠标指针到绘图区指定位置，单击，导入截面图形，打开“导入截面”选项卡将鼠标指针置于截面图形的标识上（内有交叉线的圆），按住鼠标左键的同时拖动图形到指定位置，设置角度和比例，单击“应用”按钮，进入草绘环境（可修改导入截面图形），单击“确定”按钮，单击鼠标中键结束截面图形导入。

05 单击模型树列表中的草绘，即截面图形，单击“拉伸”按钮，打开“拉伸”选项卡，进行必要的模型设置（实体、曲面、加厚草绘、拉伸深度和方向等），即可完成拉伸操作，如图4-14所示。

提示：截面图形标识所在位置是图形移动或旋转的中心点，通过单击截面图形上任一端点可重新定位该中心点。

（2）拉伸操作进程中导入截面图形　创建图4-16所示模型。

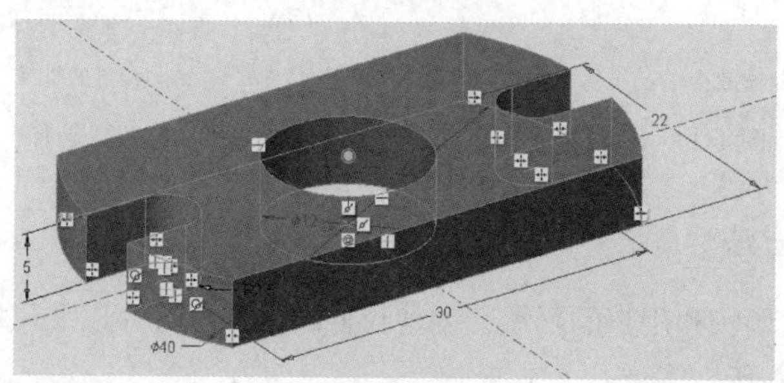

图4-16　拉伸模型

01 新建文件，进入草绘模式下的绘图环境。

02 绘制截面图形，完成后保存文件，即可生成 *. sec 格式文件，如图 4-17 所示。

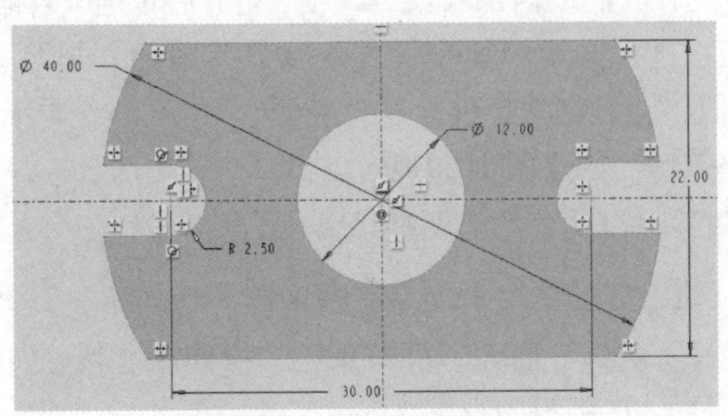

图 4-17　截面图形

03 再次单击新建文件，选择“mmns_part_solid”公制模板，进入零件模式下的绘图环境。

04 单击“拉伸”按钮，选择草绘平面单击“获取数据”选项组中的“文件系统”按钮，弹出“文件打开”对话框，选择要导入的截面图形文件单击“打开”按钮，移动鼠标指针到绘图区指定位置单击，导入截面图形，打开“导入截面”选项卡，将鼠标指针置于截面图形的标识上（内有交叉线的圆），按住鼠标左键的同时拖动图形到指定位置，设置角度和比例单击“应用”按钮，进入草绘环境（可修改导入截面图形），单击“确定”按钮，打开“拉伸”选项卡，进行必要的模型设置（实体、曲面、加厚草绘、拉伸深度和方向等），即可创建拉伸，如图 4-16 所示。

2. 零件模式下的草绘法

(1) 草绘→拉伸　创建图 4-18 所示模型。

01 新建文件，进入零件模式下的绘图环境。

02 单击“草绘”按钮，弹出“草绘”对话框，选择草绘平面，单击“草绘”按钮，绘制截面图形，单击“确定”按钮，单击鼠标中键结束截面图形绘制，如图 4-19 所示。

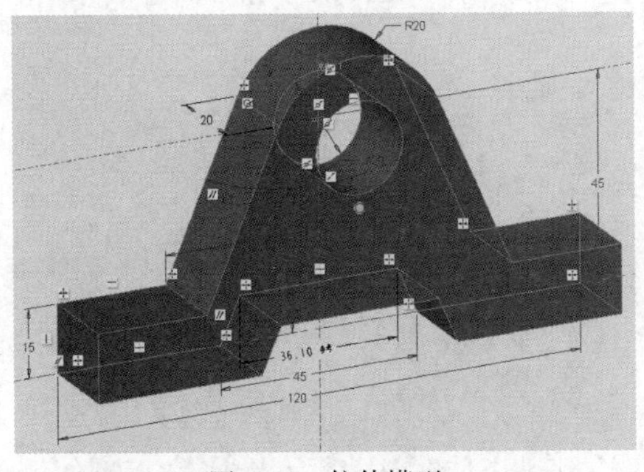

图 4-18　拉伸模型

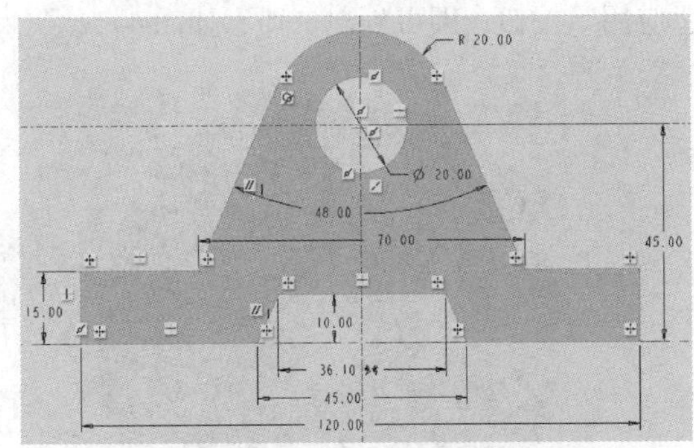

图 4-19　截面图形

03 单击模型树列表中的草绘，单击“拉伸”按钮，打开“拉伸”选项卡，进行必要的模型设置（实体、曲面、拉伸深度和方向等），单击“应用”按钮，即可完成模型创建，如

图 4-18 所示。

如果拉伸操作进程中要修改截面图形，单击“放置”按钮，断开链接（此操作将断开该截面图形与草绘间的关联，启动内部草绘编辑），完成后单击“编辑”按钮，修改截面图形，单击“拉伸”按钮，进行必要的模型设置（实体、曲面、加厚草绘、拉伸深度和方向等），单击“应用”按钮，即可创建拉伸。

（2）拉伸→草绘→拉伸　创建图 4-20 所示模型。

01 新建文件，进入零件模式下的绘图环境。

02 单击“拉伸”按钮，选择草绘平面绘制截面图形，如图 4-21 所示，单击“拉伸”按钮，进行必要的模型设置（实体、曲面、加厚草绘、拉伸深度和方向等），单击“应用”按钮，即可创建拉伸，如图 4-20 所示。

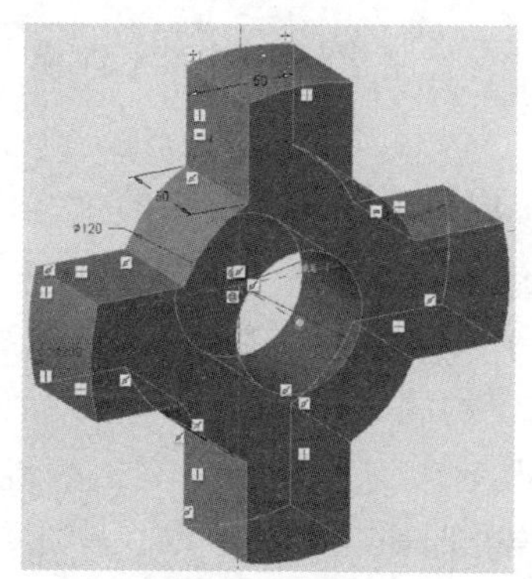

图 4-20　拉伸模型

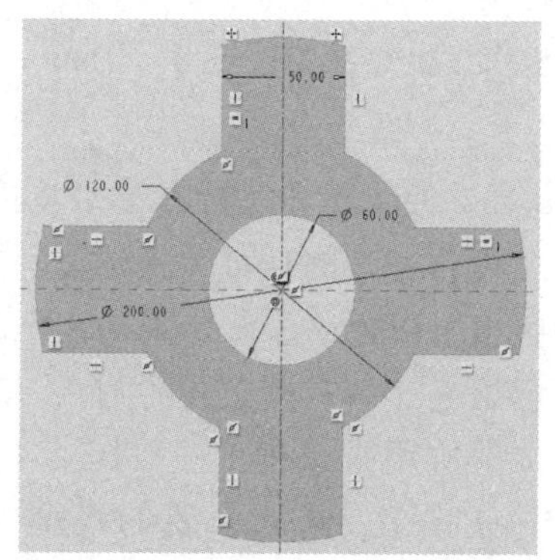

图 4-21　截面图形

（3）拉伸→基准→草绘→拉伸　创建图 4-22 所示模型。

01 新建文件，进入零件模式下的绘图环境。

02 单击“拉伸”按钮，单击界面右上角的基准，在溢出菜单中单击“草绘”按钮，进入模型创建暂停模式，选择草绘平面绘制截面图形，如图 4-23 所示。退出暂停模式，单击“拉伸”按钮，进行必要的模型设置（实体、曲面、加厚草绘、拉伸深度和方向等），单击“应用”按钮，即可创建拉伸，如图 4-22 所示。

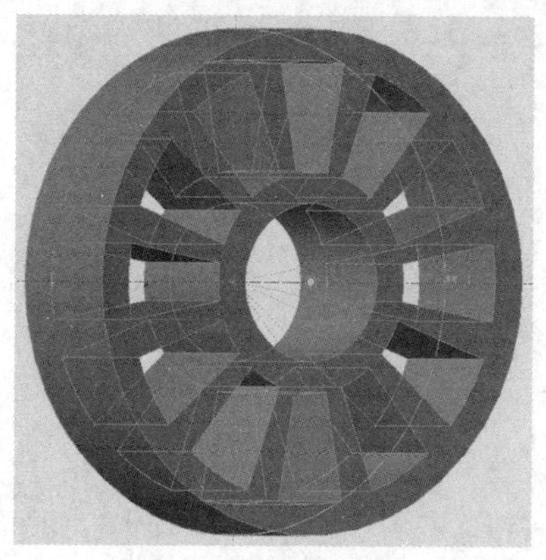

图 4-22　拉伸模型

图 4-23　截面图形

如果要在新的基准面上绘制截面图形，单击界面右上角的基准，在溢出菜单中单击创建新基准面，进入模型创建暂停模式，选择参考平面，输入新建基准面与参考平面之间的距离，单击“确定”按钮，退出暂停模式。在新基准面上绘制截面图形，单击“确定”按钮，单击“拉伸”按钮，进行必要的模型设置（实体、曲面、加厚草绘、拉伸深度值和方向等），单击“应用”按钮，即可创建拉伸。

4.2　旋转

4.2.1　旋转简介

旋转工具利用截面图形围绕某一中心线旋转一定角度来创建回转体模型。

使用旋转工具时需要注意下列限制条件：

1）截面图形必须是二维曲线，可以是基准面上的曲线，也可以是形体表面上的曲线。

2）中心线是旋转的必要条件。

3）截面图形为封闭曲线时，创建的旋转为实体（实心），也可以是曲面；截面图形为开放曲线时，创建的旋转为曲面。当创建的旋转为实体时，可以加厚草绘，使模型成为有一定壁厚的壳体。

4）截面图形在中心线的一侧。

创建旋转时，单击“形状”选项组中的“旋转”按钮，即可打开“旋转”选项卡，如图4-24所示。单击“放置”按钮，弹出草绘截面图形选择或定义的“放置”对话框；单击“选项”按钮，弹出设置旋转角度的“选项”对话框，如图4-25所示。

图4-24　“旋转”选项卡

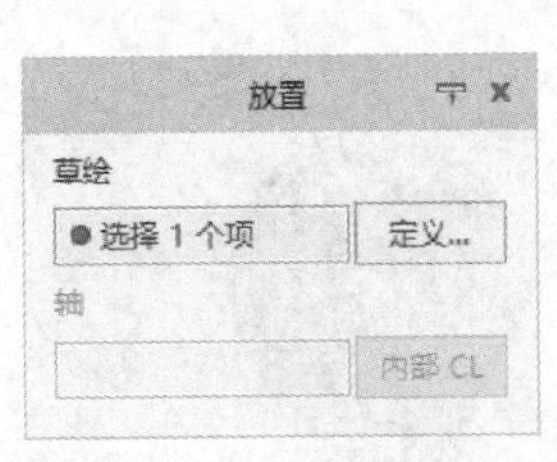

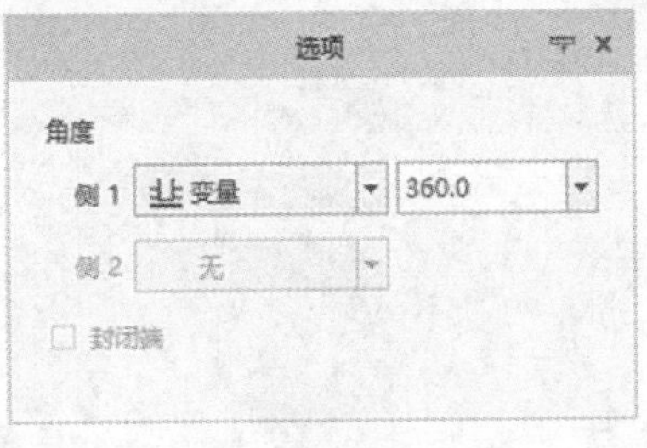

a)“放置”对话框　　b)“选项”对话框

图4-25　“放置”与“选项”对话框

用户在进行旋转操作时，首先要通过“放置”对话框选择或定义截面图形，然后进行创建旋转的相关操作。对于形状有特殊要求的旋转，可利用“选项”对话框设置和定义。旋转中心线可在绘制截面图形的同时添加，也可在旋转操作时添加。但前者必须是几何中心线，后者可以是几何中心线或构造中心线，且截面图形要通过投影重新定义。

1. 截面图形选择和定义

“放置”对话框的“草绘”选项有两种情况，一是先绘制好截面图形和几何中心线，然后再创建旋转；二是直接在创建旋转的进程中定义截面图形。

如果后期需要修改截面图形，可选择模型树中有关旋转或截面图形，通过编辑定义进行修改，也可以在创建旋转的进程中，通过“编辑内部草绘”命令进行修改，如图4-26所示。

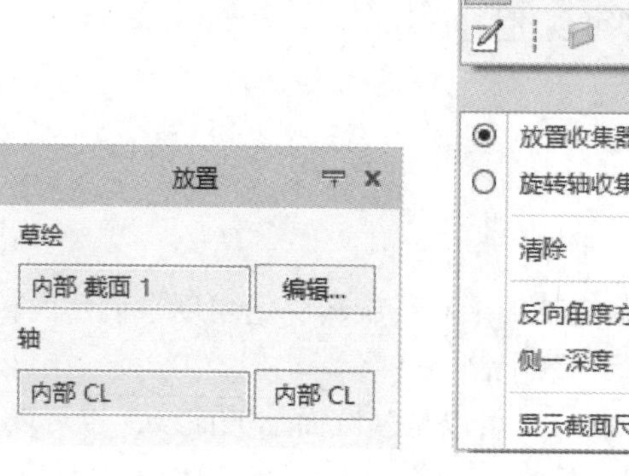

a) “放置”对话框　　b) 快捷菜单

图4-26　截面图形选择和定义

2. 设置与定义旋转内容

当截面图形和几何中心线创建后，在“旋转”选项卡中对有关旋转的各项内容进行设置和定义。

（1）旋转为实体　创建的旋转为实体时，截面图形为封闭线框，在“作为”选项区域中单击“实心”按钮，指定旋转角度类型，输入角度值，如图4-27所示。

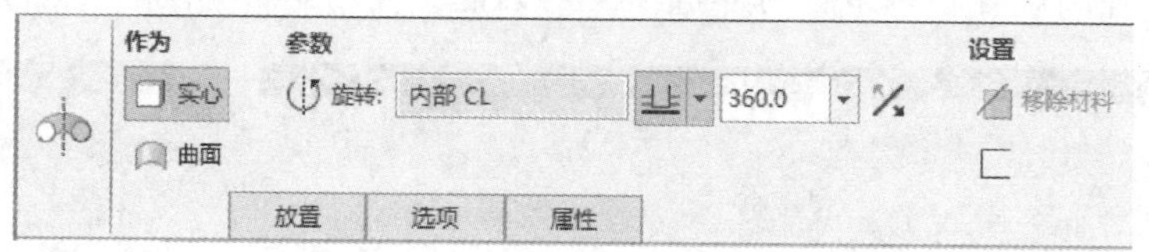

a) “旋转”选项卡

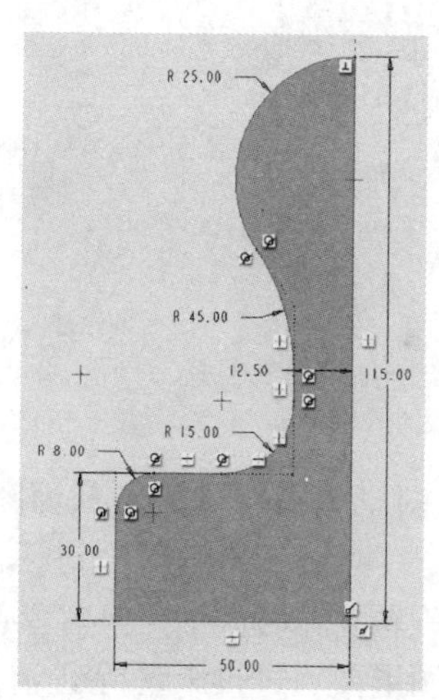

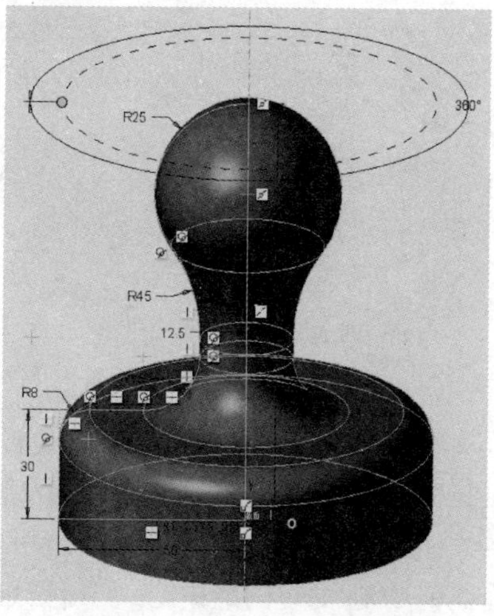

b) 截面图形　　c) 实体

图4-27　旋转为实体

（2）旋转为壳体　创建的旋转为壳体时，截面图形为开放线框，选择旋转为实体，并选择加厚草绘图形，指定旋转角度类型，输入角度值和厚度值，如图 4-28 示。

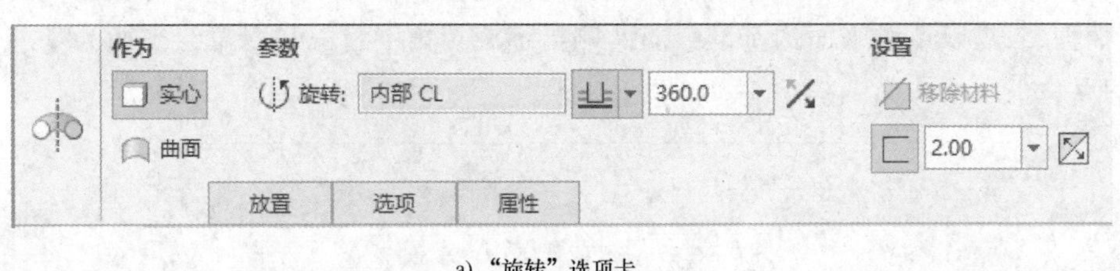

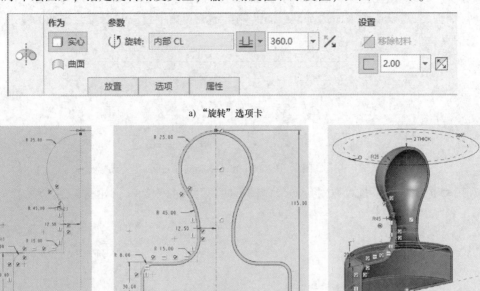

a）“旋转”选项卡

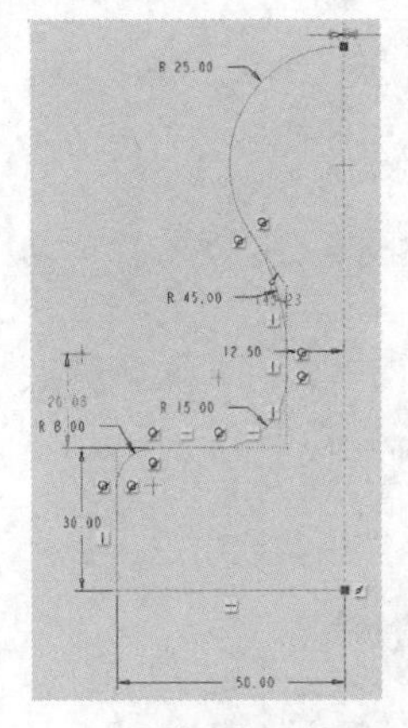

b）截面图形

c）设置参数

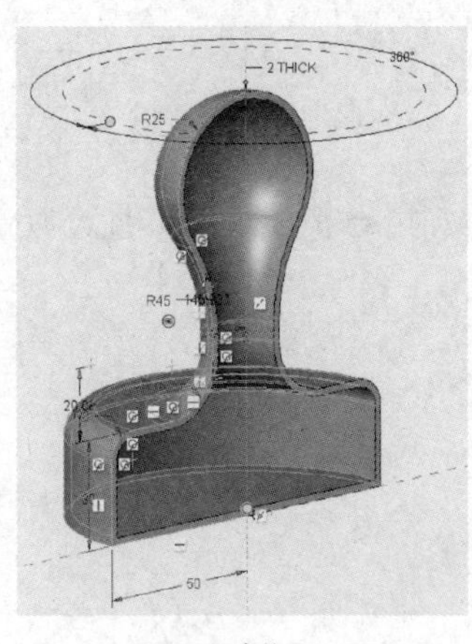

d）壳体

图 4-28　旋转为壳体

（3）旋转为曲面　创建的旋转为曲面时，截面图形为开放线框，在“作为”选项区域中单击“曲面”按钮，指定旋转角度类型，输入角度值，如图 4-29 所示。

a）“旋转”选项卡

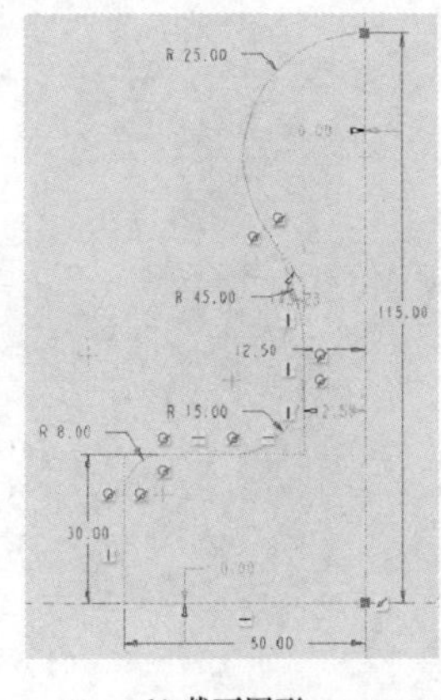

b）截面图形

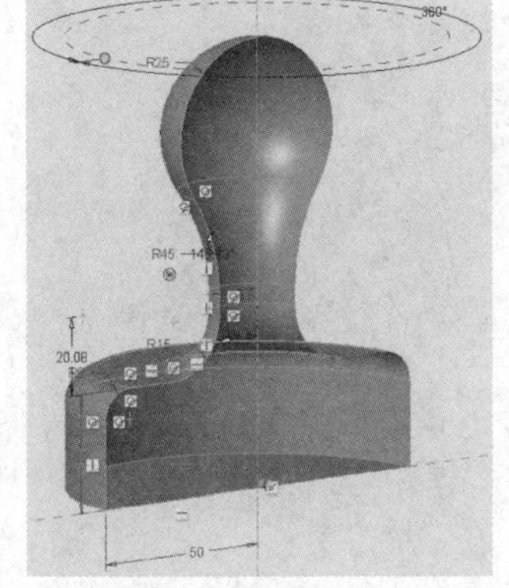

c）曲面

图 4-29　旋转为曲面

3. 旋转角度与方向

当旋转为曲面或壳体时，旋转角度类型有三种选项，一是以草绘平面为基准，向单侧指定旋转角度；二是以草绘平面为基准，向两侧指定旋转角度；三是以草绘平面为基准，旋转至选定的点、平面或曲面，如图4-30所示。

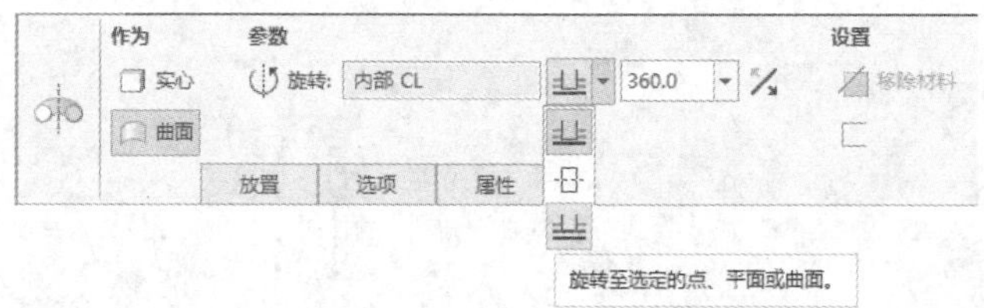

图4-30　曲面和薄壁旋转角度

利用“选项”对话框可以对旋转形体按不同角度向两侧旋转，如图4-31所示。

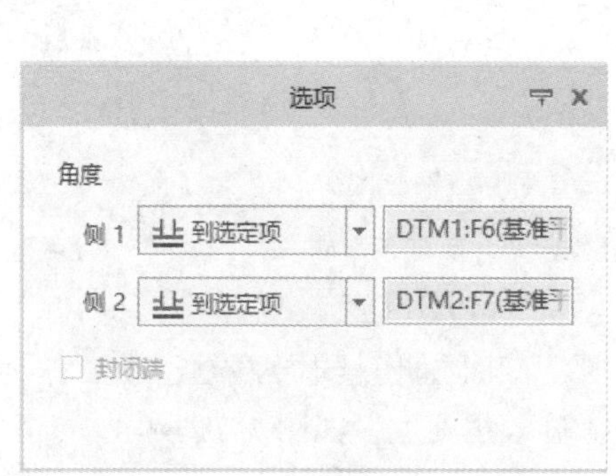

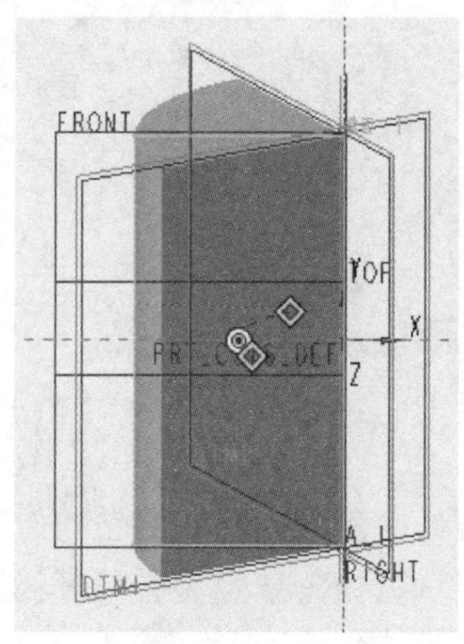

a)“选项”对话框　　b) 向两侧旋转实体

图4-31　按不同角度向两侧旋转

在已创建的旋转上可以创建新的截面图形，进一步添加材料旋转或移除材料旋转，如图4-32所示。

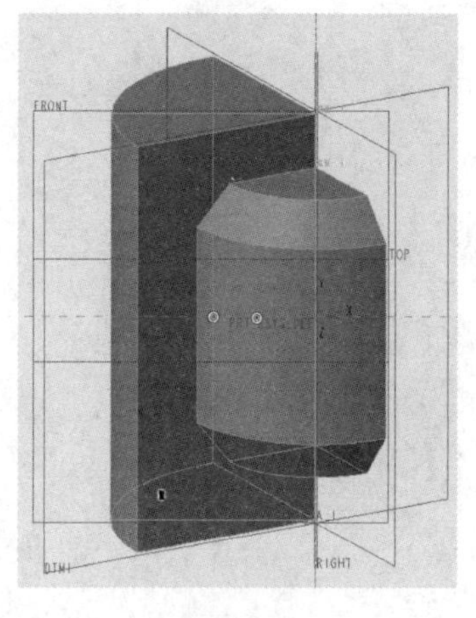

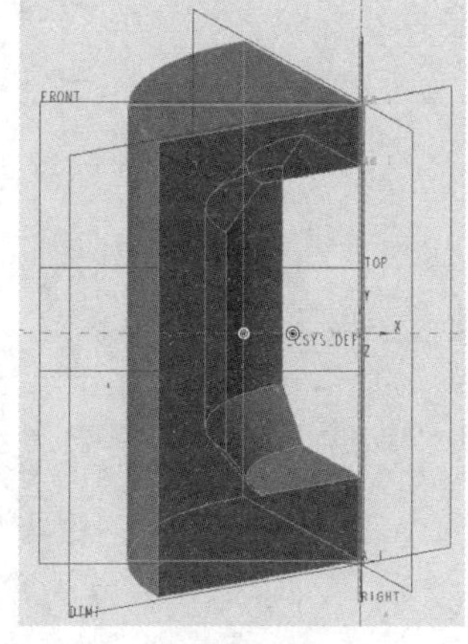

a) 叠加　　b) 移除

图4-32　添加材料旋转或移除材料旋转

在草绘平面以指定的角度选择添加材料旋转时，添加的方向可以是正方向，也可以是反方向。在草绘平面以指定的角度选择移除材料旋转时，移除的方向可以是正方向，也可以是反方向。方向不同，创建的旋转形体也不同。

4. 封闭端

创建的旋转为曲面时，勾选“选项”对话框中的“封闭端”复选框，旋转曲面开放端被封闭，如图 4-33 所示。

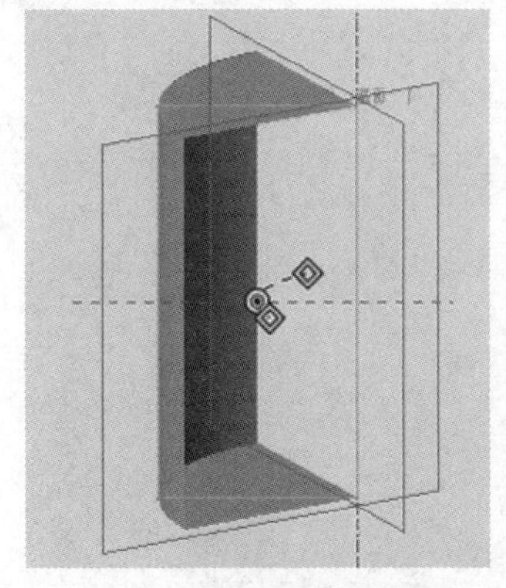

a) 曲面

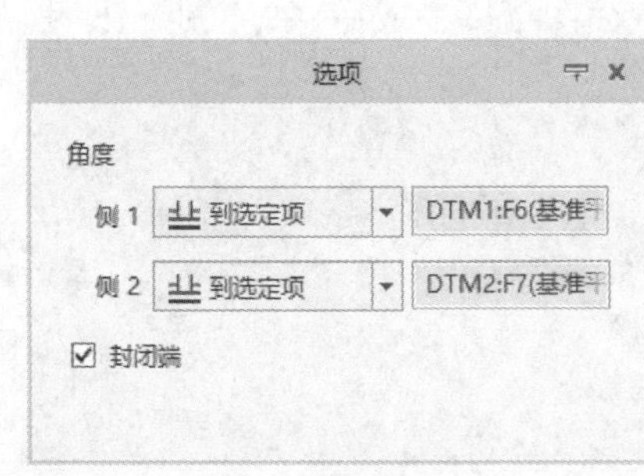

b) 勾选“封闭端”复选框

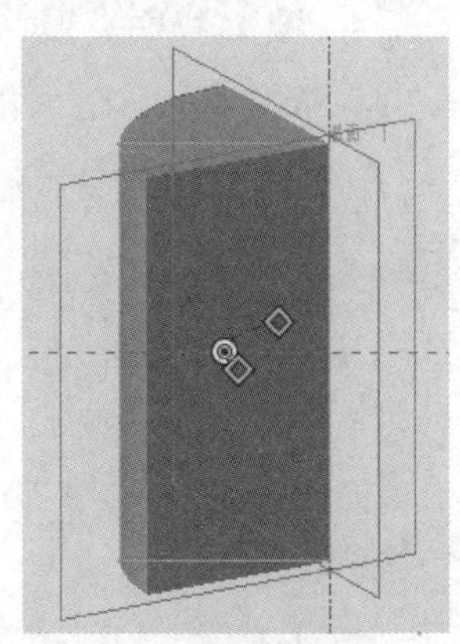

c) 开放端被封闭

图 4-33　旋转曲面开放端被封闭

4.2.2　创建旋转方法

根据不同的零件形状和用户的习惯，创建旋转的步骤可分为以下几种。

1. 截面图形导入法

创建旋转前，先在草绘模式下创建截面图形，然后在零件模式下导入该截面图形，再进行旋转操作。截面图形导入法将截面绘制与特征创建分开进行，便于截面图形的创建、修改与保存，并且可被更多的零件模型调用。

（1）草绘环境中导入截面图形　创建图 4-34 所示模型。

01 新建文件，进入草绘模式下的绘图环境。

02 添加中心线，绘制截面图形，完成后保存文件，即生成 *.sec 格式文件，如图 4-35 所示。

03 再次单击新建文件，进入零件模式下的绘图环境。

04 单击“草绘”按钮，弹出“草绘”对话框，选择草绘平面单击“获取数据”选项组中的“文件系统”按钮，弹出“文件打开”对话框，选择要导入的截面图形文件，单击“打开”按钮，移动鼠标指针到绘图区指定位置，单击，导入截面图形，并打开“导入截面”选项卡，将鼠标指针置于截面图形的标识上（内有交叉线的圆），按住鼠标左键的同时拖动图形到指定位置，设置角度和比例，单击“应用”按钮，进入草绘环境（可修改导入截面图形），单击

图 4-34　旋转模型

“确定”按钮，单击鼠标中键结束截面图形导入。

05 单击模型树列表中的草绘，即截面图形，单击“旋转”按钮，进行必要的模型设置（实体、曲面、加厚草绘、旋转角度和方向等），即可创建旋转，如图4-34所示。

创建旋转时，必须要有旋转中心线。用户可在绘制截面图形的同时添加几何中心线，也可在旋转操作时添加几何中心线或构造中心线。对于后者要通过投影重新复制截面图形；否则不能创建旋转。

（2）旋转操作进程中导入截面图形　创建图4-36所示模型。

01 新建文件，进入草绘模式下的绘图环境。

02 添加中心线，绘制截面图形，完成后保存文件，即生成 *.sec 格式文件，如图4-37所示。

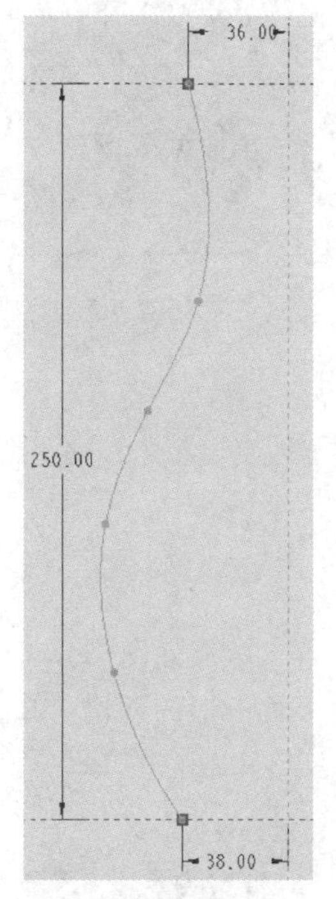

图4-35　截面图形

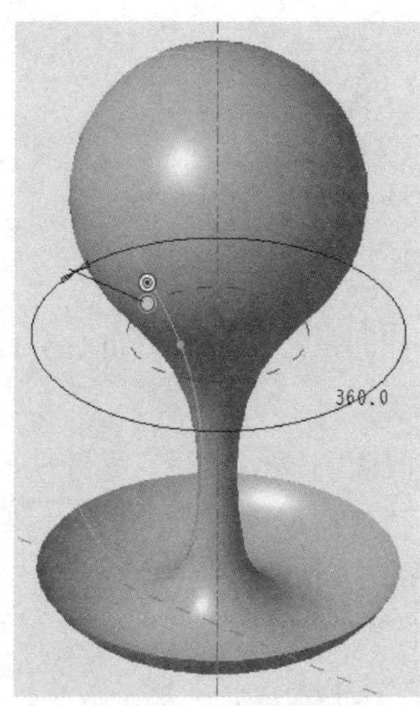

图4-36　旋转模型

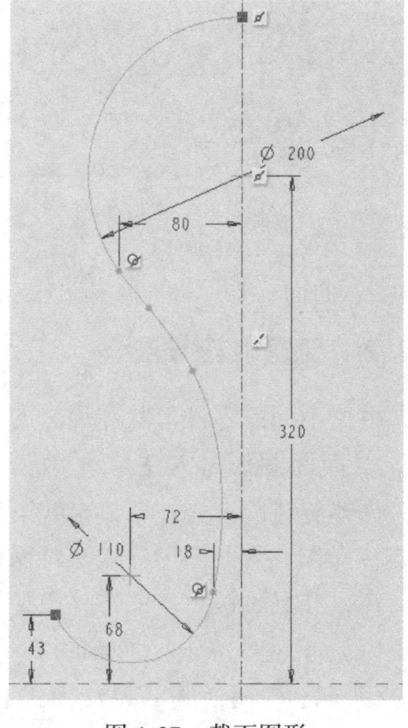

图4-37　截面图形

03 再次单击新建文件，进入零件模式下的绘图环境。

04 单击“旋转”按钮，选择草绘平面单击“获取数据”选项卡中的“文件系统”按钮，弹出“文件打开”对话框，选择要导入的截面图形文件，单击“打开”按钮导入图形，并设置角度和比例，单击“应用”按钮，进入草绘环境，调整截面图形位置，修改截面图形，并添加中心线，单击“旋转”按钮进行必要的模型设置（实体、曲面、加厚草绘、旋转角度和方向等），即可创建旋转，如图4-36所示。

2. 零件模式下的草绘法

（1）草绘→旋转　创建图4-38所示模型。

01 新建文件，进入零件模式下的绘图环境。

02 单击“草绘”按钮，弹出“草绘”对话框，选择草绘平面，添加中心线，绘制截面图形，单击“确定”按钮，单击鼠标中键结束截面图形绘制，如图4-39所示。

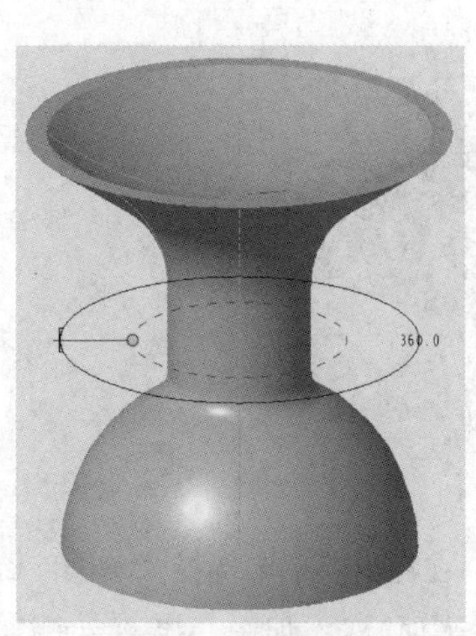

图4-38　旋转模型

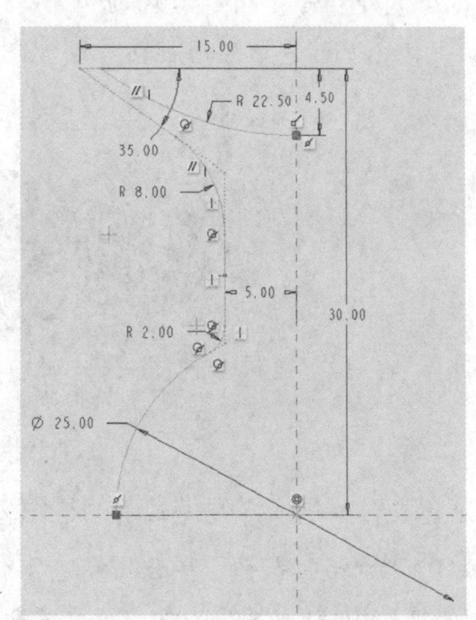

图4-39　截面图形

03 单击模型树列表中的草绘，即截面图形，单击“旋转”按钮，进行必要的模型设置（实体、曲面、加厚草绘、旋转角度和方向等），即可创建旋转，如图4-38所示。

如果旋转操作进程中要修改截面图形时，单击“放置”按钮，断开连接（此操作将断开该截面图形与草绘间的关联，启动内部草绘编辑），单击“编辑”按钮，修改截面图形，单击“旋转”按钮，进行必要的模型设置（实体、曲面、加厚草绘、旋转角度和方向等），即可创建旋转。

（2）旋转→草绘→旋转　创建图4-40所示模型。

01 新建文件，进入零件模式下的绘图环境。

02 单击“旋转”按钮，选择草绘平面，添加中心线，绘制截面图形，如图4-41所示。

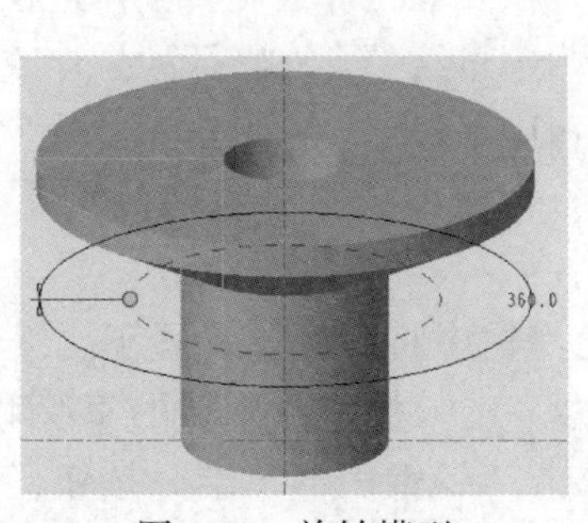

图4-40　旋转模型

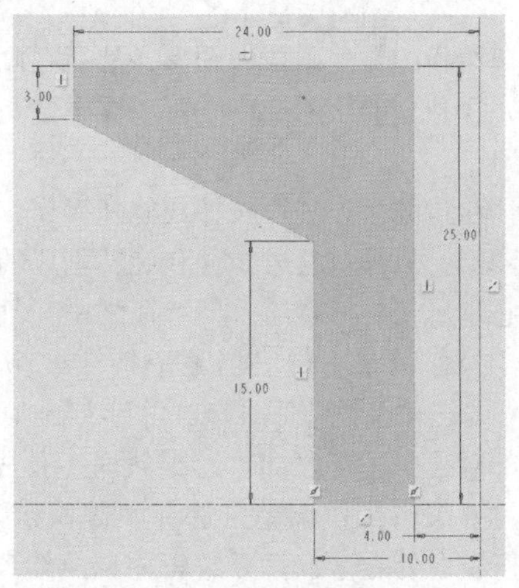

图4-41　截面图形

03 单击“旋转”按钮，进行必要的模型设置（实体、曲面、加厚草绘、旋转角度和方向等），即可创建旋转，如图 4-40 所示。

（3）旋转→基准→草绘→旋转　创建图 4-42 所示模型。

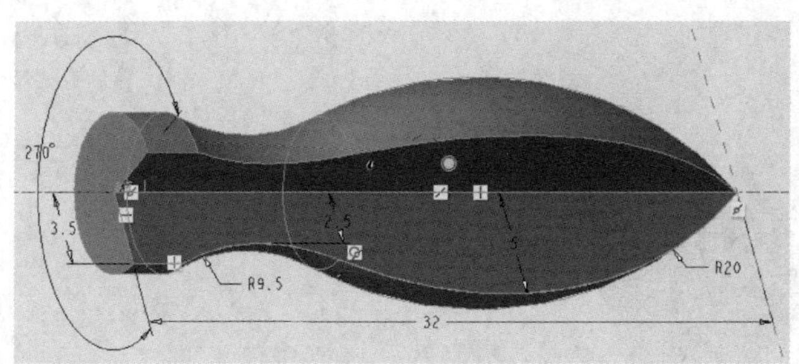

图 4-42　旋转模型

01 新建文件，进入零件模式下的绘图环境。

02 单击“旋转”按钮，单击屏幕右上角的基准，在溢出菜单中选择“草绘”命令，进入模型创建暂停模式。选择草绘平面（或创建新草绘平面），添加中心线，绘制截面图形，如图 4-43 所示。

03 退出暂停模式，单击“旋转”按钮，进行必要的模型设置（实体、曲面、加厚草绘、旋转角度和方向等），即可创建旋转，如图 4-42 所示。

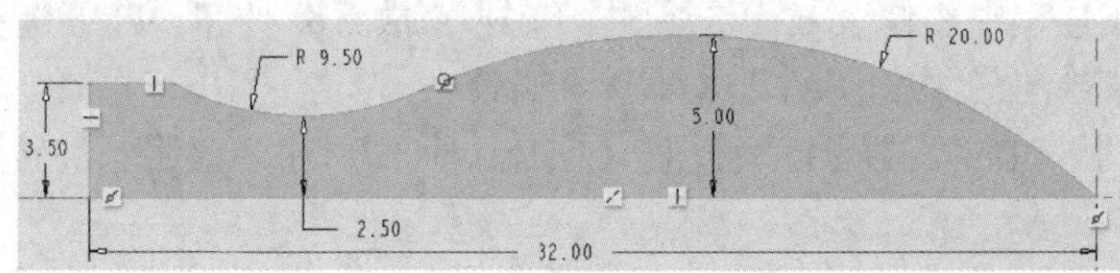

图 4-43　截面图形

4.3　外部草绘与内部草绘

外部草绘指的是先画截面图形，然后在画好的截面图形基础上进行拉伸或旋转操作。外部草绘是一个独立的绘图操作，可以编辑定义，查看它的属性，对它进行隐藏、复制、阵列等操作。

内部草绘指的是先进行拉伸或旋转操作，根据设计需要在拉伸或旋转操作进程中添加或修改截面图形，只针对通过拉伸和旋转创建的特征。内部草绘包含在特征的拉伸或旋转操作进程中，它从属于外部草绘，即特征之中，且在模型树中不显示。内部草绘可减少模型树列表长度，给操作带来方便。当某个特征被删除时，包含在该特征中的内部草绘也随之被删除。

在外部草绘中进行内部草绘编辑时，首先要在模型树中将鼠标指针置于要编辑的特征上，右击打开编辑操作菜单，选择“编辑定义”命令，进入拉伸或旋转的草绘截面图形，再在绘图区空白处右击，打开编辑内部草绘菜单，单击“编辑内部草绘”按钮，即可进入草绘编辑界面进行截面图形的添加或修改，然后单击“确定”按钮。

内部草绘编辑还包括其他选项，可根据要创建特征的要求选用。图 4-44 所示为方形曲面特征，通过内部草绘编辑进行圆角处理，模型树中圆角处理不再单独列表，而是包括在拉伸操作进程中。

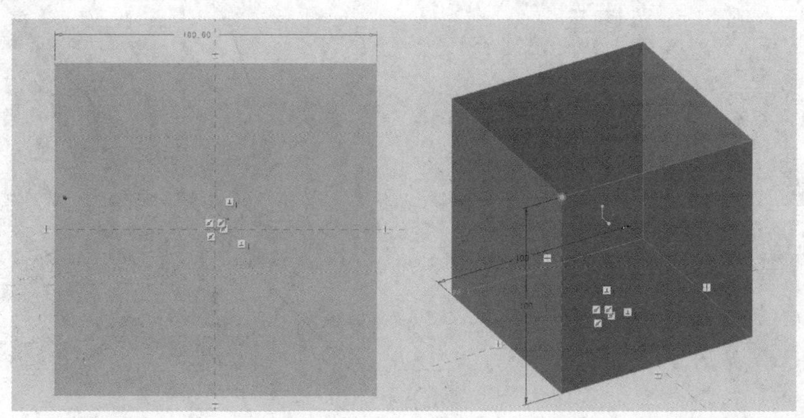

a) 倒圆角前

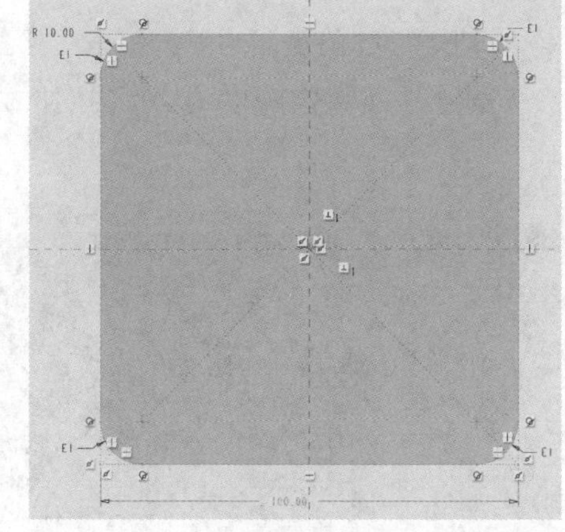

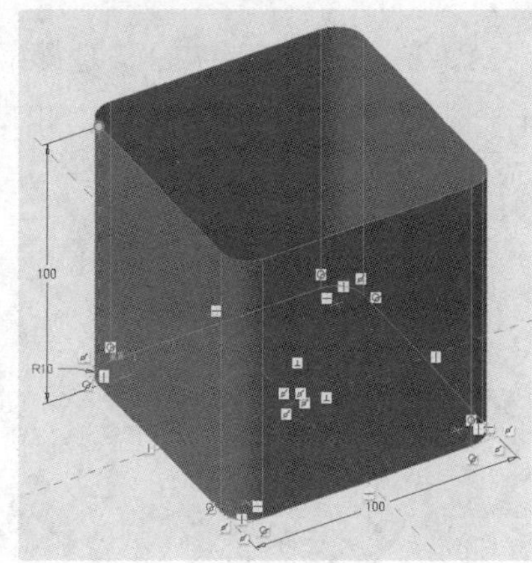

编辑内部草绘

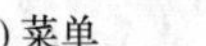

b) 菜单　　c) 为截面图形倒圆角　　d) 曲面圆角效果

图 4-44　内部草绘

内部草绘除了重新定义特征的截面形状外，通过“编辑内部草绘”命令，还可以进行曲面和实体之间转换、加厚草绘、改变深度方向、添加锥度、显示或关闭截面尺寸等操作。

4.4　范例

1. 创建图 4-45 所示的支承板模型

该支承板由两个形体叠加构成，可选择零件模式下的“拉伸”命令，先创建第一个，在第一个基础上再创建第二个，绘图过程如下所述：

01 新建文件，进入零件模式下的绘图环境。

02 单击“拉伸”按钮，选择 FRONT 草绘平面，设置草绘视图方向，进入草绘环境。

03 单击“中心矩形”按钮，以坐标原点为中心，绘制尺寸为 50 × 35 的矩形，单击

“确定”按钮，从草绘平面指定深度为20，单击“应用”按钮，如图4-46所示。

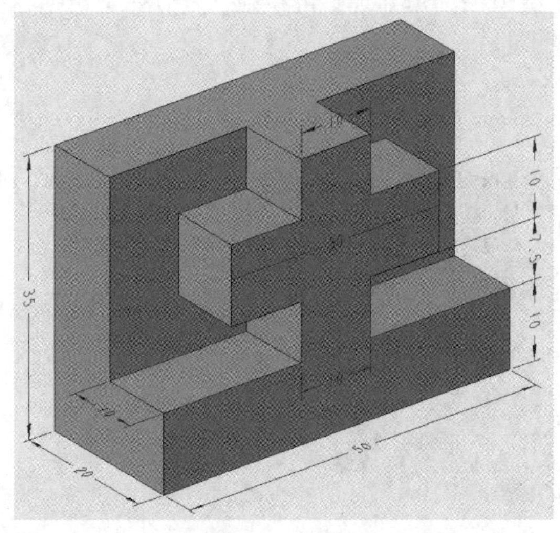

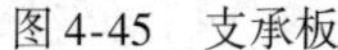
图4-45　支承板

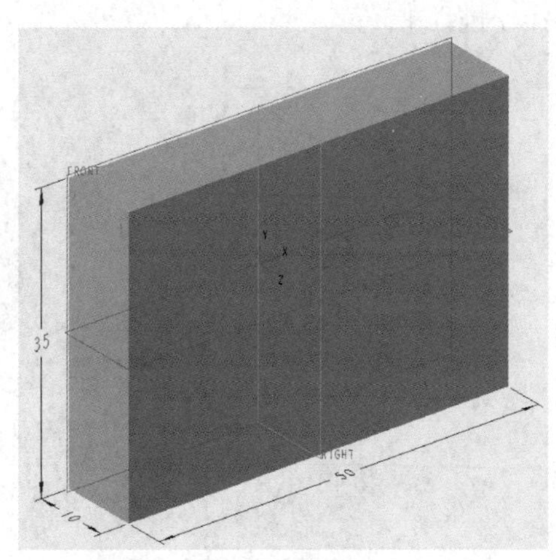

图4-46　拉伸

04 单击“拉伸”按钮，选择第一个拉伸矩形的前表面为草绘平面，绘制图4-47所示的开放型截面图形，单击“确定”按钮，从草绘平面指定深度为20（拉伸方向默认），单击“应用”按钮。

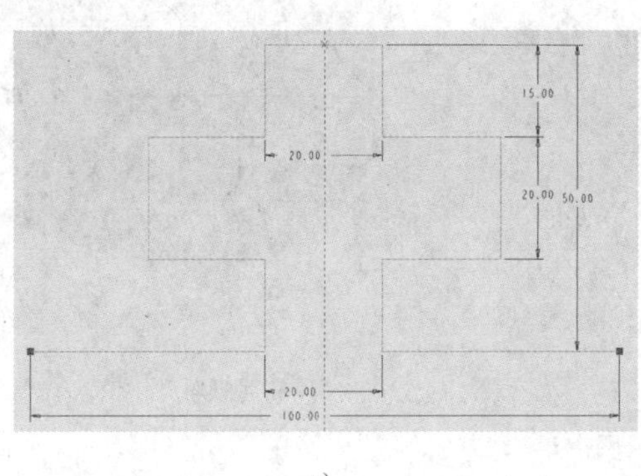

a)

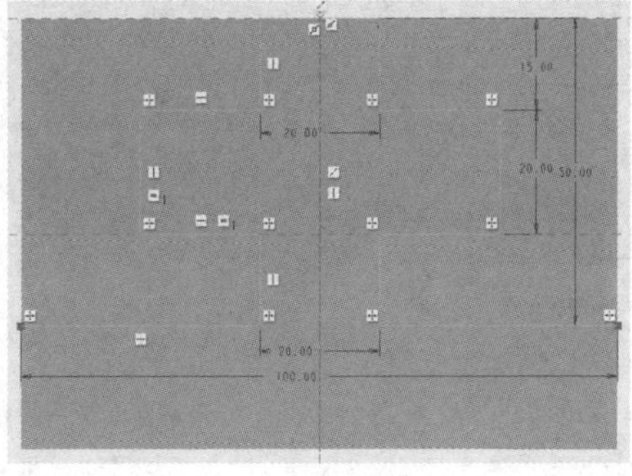

b)

图4-47　开放型截面图形

创建的支承板模型如图4-45所示。

如果将材料的拉伸方向更改为截面图形的另一侧，则模型形态如图4-48所示。

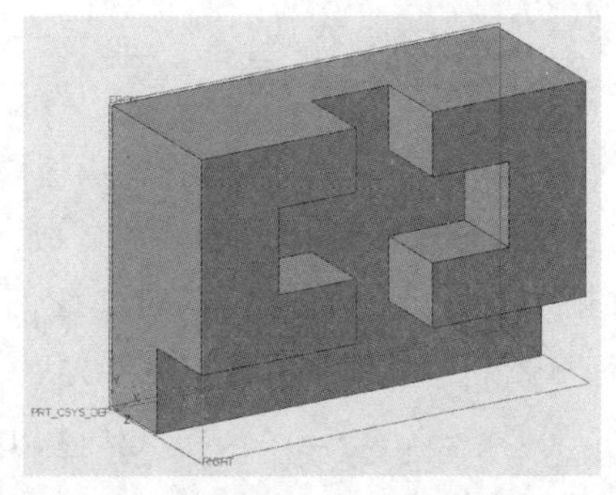

图4-48　拉伸方向为截面图形的另一侧

2. 创建图4-49所示的支座模型

该支座由四个基本形体组合而成，以半圆形的中心线为基准，按尺寸逐个创建。绘图过程如下所述：

01 新建文件，进入零件模式下的绘图环境。

02 单击“拉伸”按钮，选择FRONT草绘平面，设置草绘视图方向，进入草绘环境。

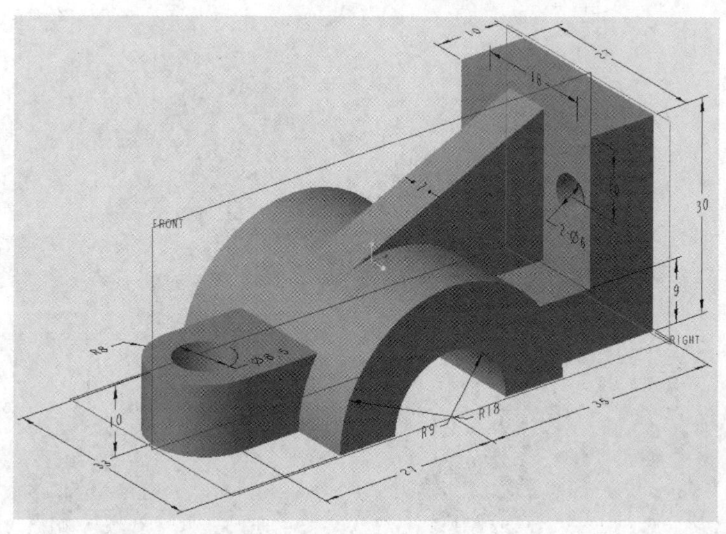

图 4-49　支座

03 单击“中心线”按钮，绘制距 RIGHT 面 35 的中心线，以中心线与 X 轴的交点为圆心，创建半圆形截面，选择“双侧拉伸”选项，设置深度值为 33，单击“应用”按钮，如图 4-50 所示。

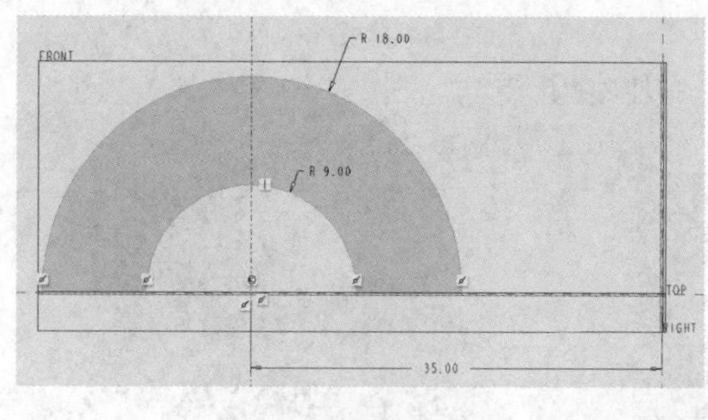

a) 截面图形

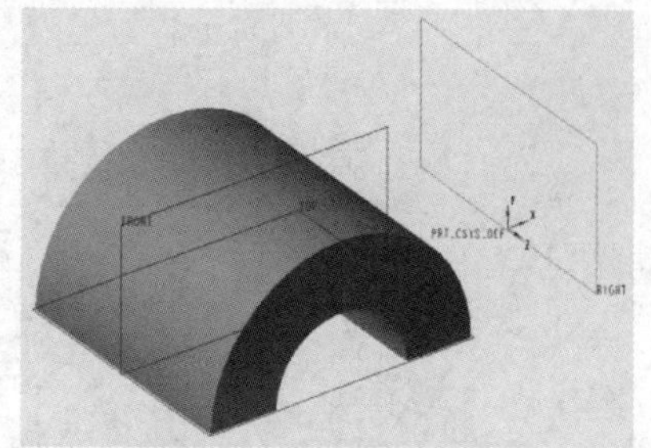

b) 实体

图 4-50　拉伸 1

04 单击“拉伸”按钮，选择 FRONT 草绘平面，创建截面图形（利用投影工具绘制弧线），选择“双侧拉伸”选项，设置深度值为 27，单击“应用”按钮，如图 4-51 所示。

05 单击“拉伸”按钮，选择左侧面为草绘平面，绘制直径为 6 的两个圆，更改拉伸深度方向为草绘平面的另一侧（移除材料），单击“应用”按钮，如图 4-51 所示。

06 单击“拉伸”按钮，选择 FRONT 草绘平面创建截面图形（利用投影工具绘制弧线和直线，斜线左端与圆弧相切），选择“双侧拉伸”选项，设置深度值为 7，单击“应用”按钮，如图 4-52 所示。

07 单击“拉伸”按钮，选择 FRONT 草绘平面，创建截面图形（利用投影工具绘制弧线）择选“双侧拉伸”选项，设置深度值为 7，单击“应用”按钮，如图 4-53 所示。

08 单击“倒圆角”按钮，选择轮廓线，设置半径值为 8mm，单击“应用”按钮，如图 4-49 所示。

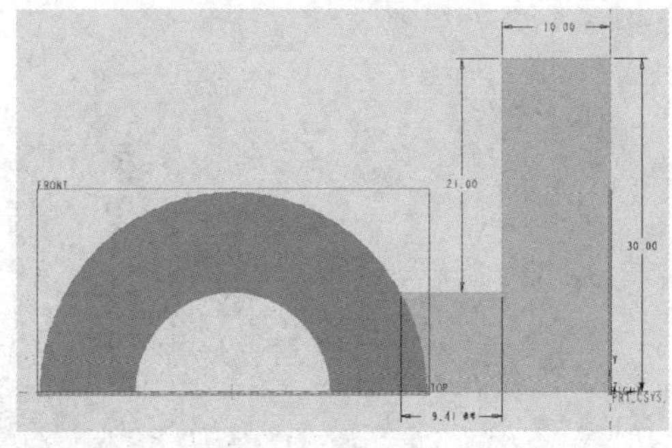

a) 截面图形

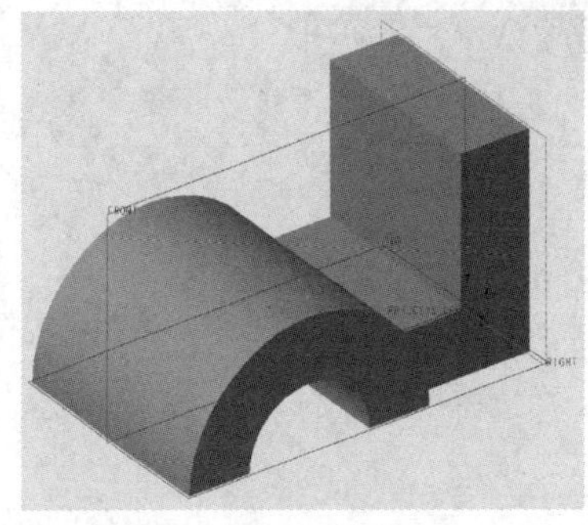

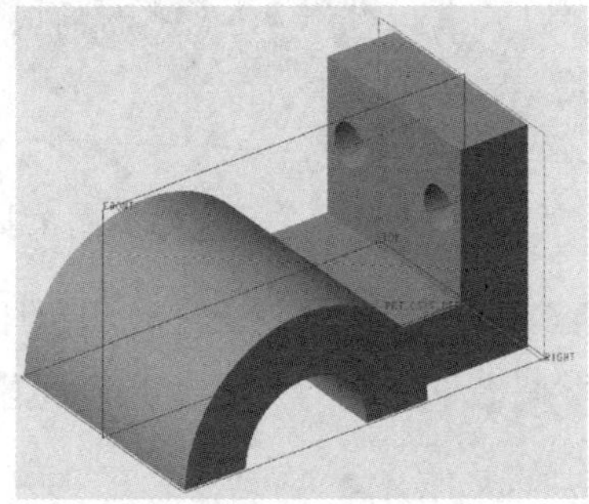

b) 实体　　c) 移除材料

图 4-51　拉伸 2 和拉伸 3

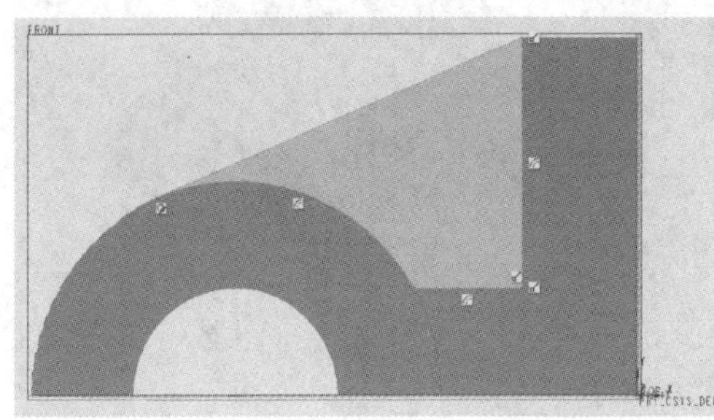

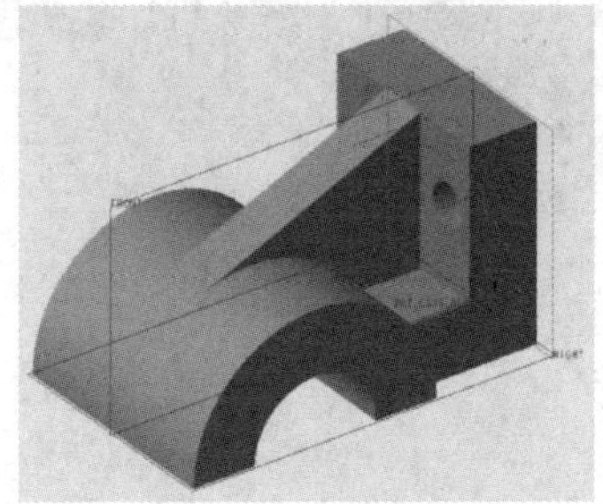

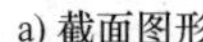

a) 截面图形　　b) 实体

图 4-52　拉伸 4

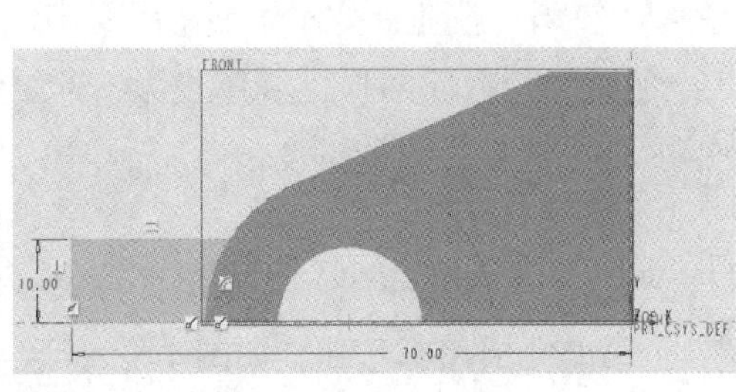

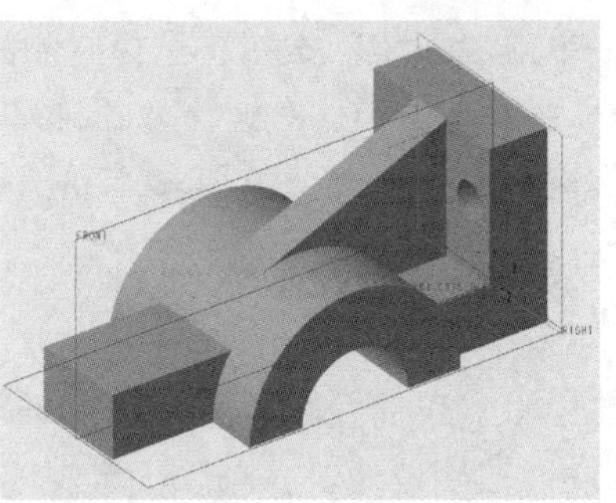

a) 截面图形　　b) 实体

图 4-53　拉伸 5

09 单击“拉伸”按钮，选择上表面为草绘平面，利用参考半圆弧确定圆心，绘制直径为8.5的圆，更改拉伸深度方向为草绘的另一侧（移除材料），单击“应用”按钮。

3. 创建图4-54所示的支架模型

该支架由三个圆柱和连接板件组合而成，左右对称，未注圆角为R1。以直径为20的中心线和左右对称面为基准，创建左侧形体，镜像出右侧。绘图过程如下所述：

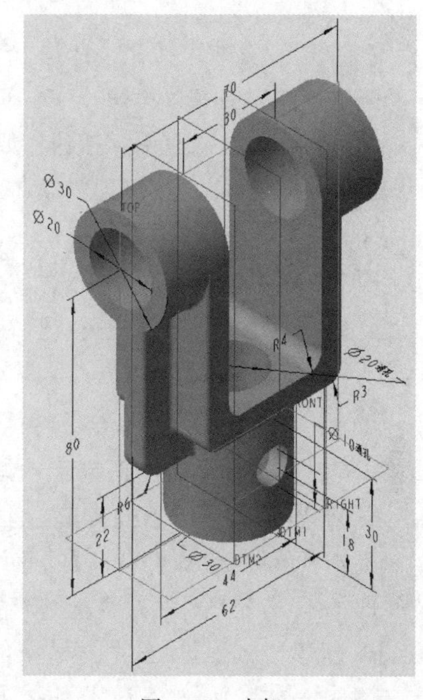

图4-54　支架1

01 新建文件，进入零件模式下的绘图环境。

02 创建基准平面DTM1，选择RIGHT平面，弹出“基准平面”对话框，设置偏移值为-15，单击“确定”按钮。

03 单击“拉伸”按钮，选择DTM1平面，绘制距FRONT面80的中心线，以中心线与Z轴的交点为圆心，创建直径为30的圆截面，更改拉伸方向为草绘平面的另一侧，设置深度为20，单击“应用”按钮。

04 单击“拉伸”按钮，选择FRONT平面，以坐标系原点为圆心，创建半径为15的半圆截面，更改拉伸方向为草绘平面的另一侧，设置深度为37，单击“应用”按钮。

05 单击“拉伸”按钮，选择TOP平面，绘制连接板截面选择双侧拉伸选项，设置深度值为30，单击“应用”按钮，如图4-55所示。

06 单击“拉伸”按钮，选择TOP平面，绘制加强板截面择选“双侧拉伸”选项，设置深度值为7，单击“应用”按钮，如图4-56所示。

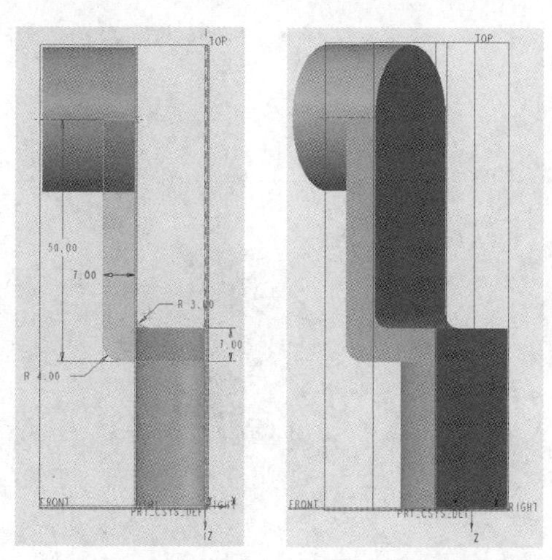

图4-55　拉伸1、拉伸2和拉伸3

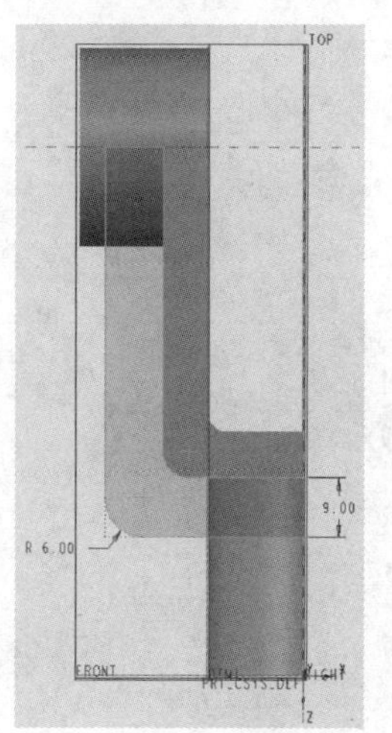

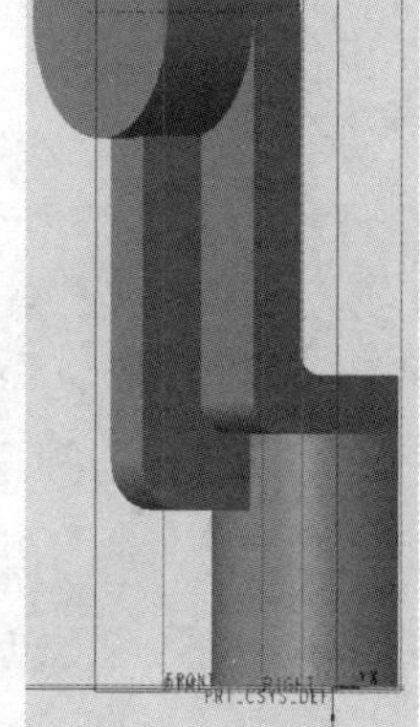

图4-56　拉伸4

07 单击“拉伸”按钮，选择上部圆柱端面为草绘平面，以圆心为基准点绘制直径为20的圆形截面，更改拉伸深度方向为草绘平面的另一侧（移除材料），单击“应用”按钮，如图4-57所示。

08 单击“拉伸”按钮，选择下部半圆柱端面为草绘平面，以圆心为基准点绘制直径为20的圆形截面，选择“拉伸至下一曲面”选项，更改拉伸深度方向为草绘平面的另一侧（移除材料），单击“应用”按钮，如图4-57所示。

09 单击“拉伸”按钮，选择TOP平面，按尺寸绘制直径为10mm的截面，选择“双侧拉伸”选项，拉伸为通孔，单击“应用”按钮，如图4-57所示。

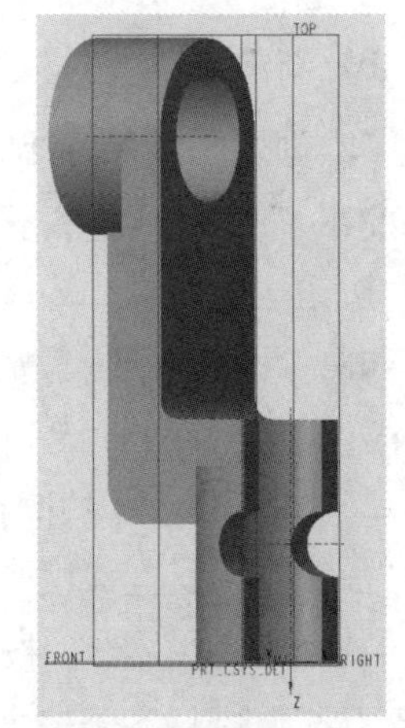

图4-57　拉伸5、拉伸6和拉伸7

10 单击“倒圆角”按钮，选择连接板和加强版要倒圆角的轮廓线，设置圆角半径为1。

11 按<Ctrl>键，选择全部特征（或选择模型名称），单击“镜像”按钮，选择RIGHT平面，单击“应用”按钮。

4. 创建图4-58所示的支座模型

该支座是由四个拉伸特征自下而上按尺寸叠加而成，绘图过程如下所述：

01 新建文件，进入零件模式下的绘图环境。

02 单击“拉伸”按钮，选择TOP平面，单击“几何点”按钮，在X轴上创建一个点，标注尺寸，单击“几何中心线”按钮，绘制经过坐标原点与X轴成60°的中心线，单击“几何点”按钮，在中心线上创建一个点，标注尺寸。以点为圆心，绘制直径为30和直径为50的圆，选择“草绘”选项组“线”溢出菜单中的“直线相切”命令，用切线连接三个圆，删除多余的圆弧，深度值为

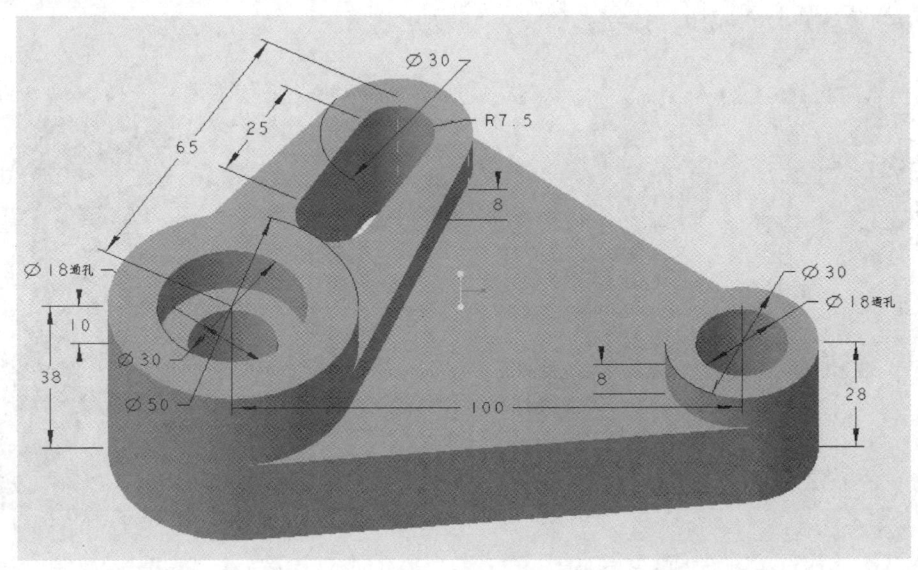

图4-58　支座1

20，单击“应用”按钮，如图 4-59 所示。

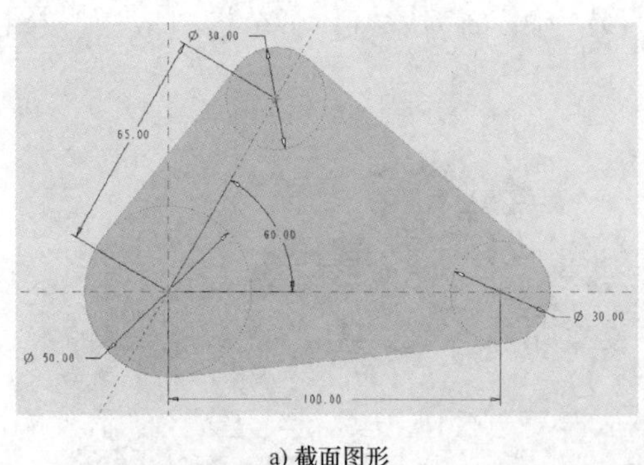

a) 截面图形

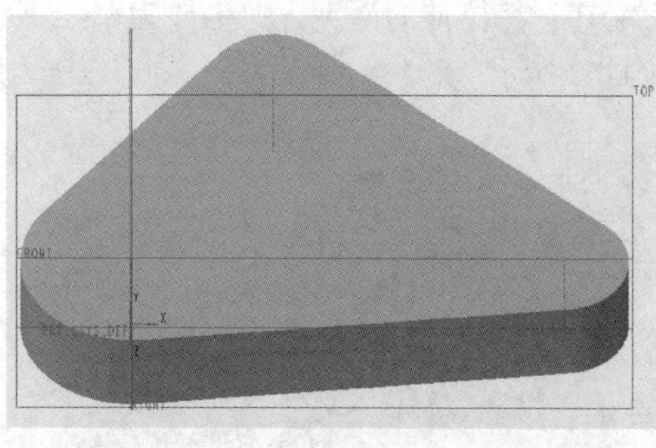

b) 实体

图 4-59　拉伸 1

03 单击“拉伸”按钮，以拉伸 1 的上表面为草绘平面，按尺寸绘制截面图形，设置深度值为 8，单击“应用”按钮，如图 4-60 所示。

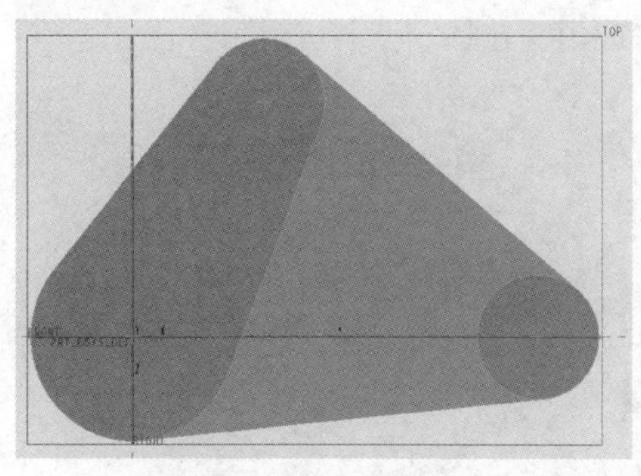

a) 截面图形

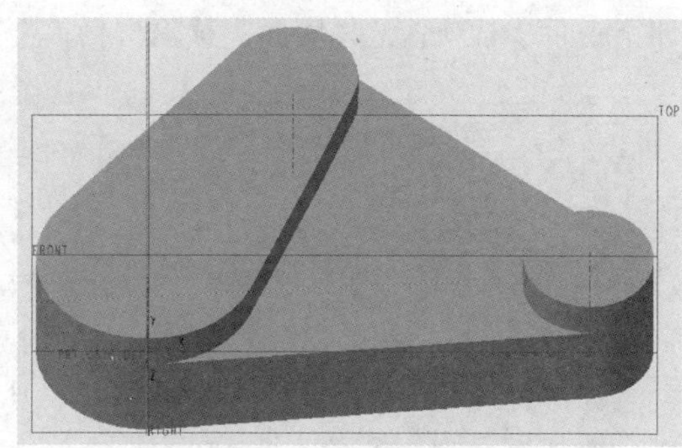

b) 实体

图 4-60　拉伸 2

04 单击“拉伸”按钮，以拉伸 2 的上表面为草绘平面，按尺寸绘制截面图形设置深度值为 10，单击“应用”按钮，如图 4-61 所示。

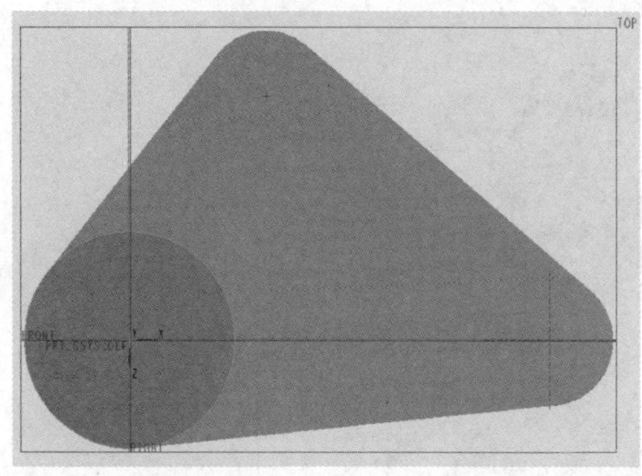

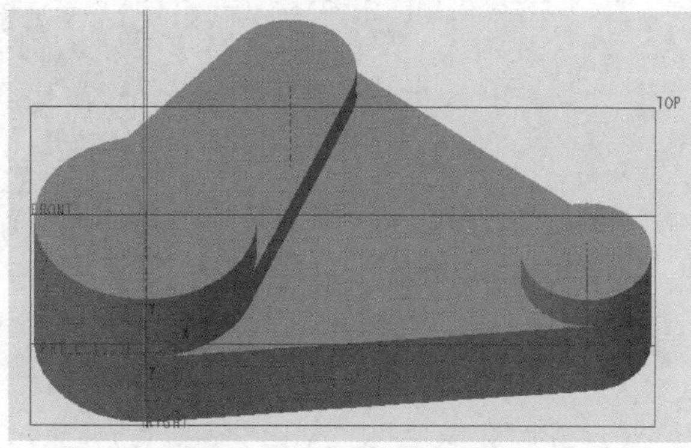

图 4-61　拉伸 3

05 单击“拉伸”按钮，以拉伸3的上表面为草绘平面，按尺寸绘制截面图形，设置深度值为10，将拉伸的深度方向更改为草绘平面的另一侧（移除材料），单击“应用”按钮，如图4-62所示。

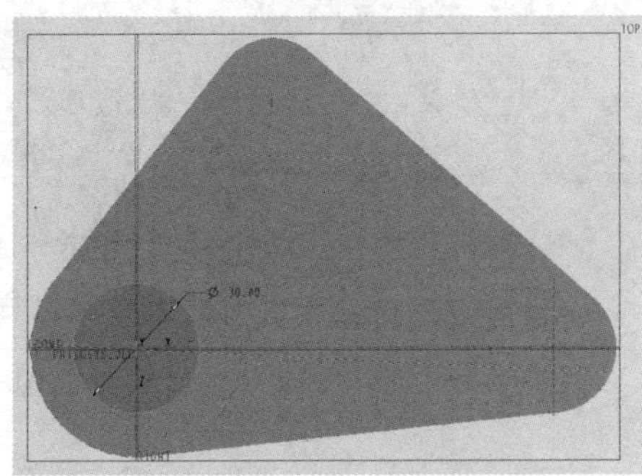
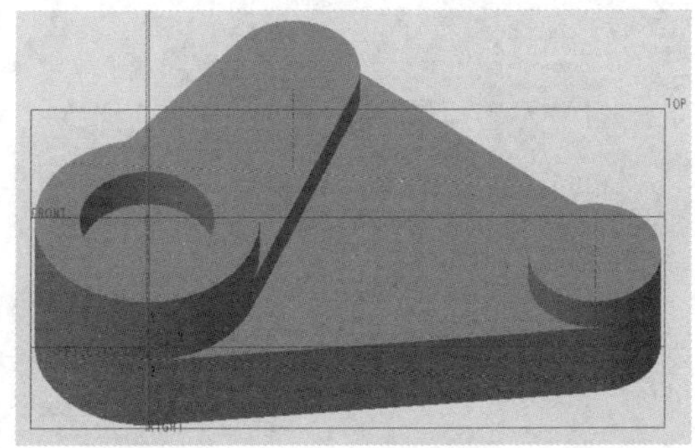

图4-62　拉伸4

06 单击“拉伸”按钮，以拉伸4的上表面为草绘平面，按尺寸绘制截面图形，选择“拉伸至底面”选项，选择底面，移除材料单击“应用”按钮。

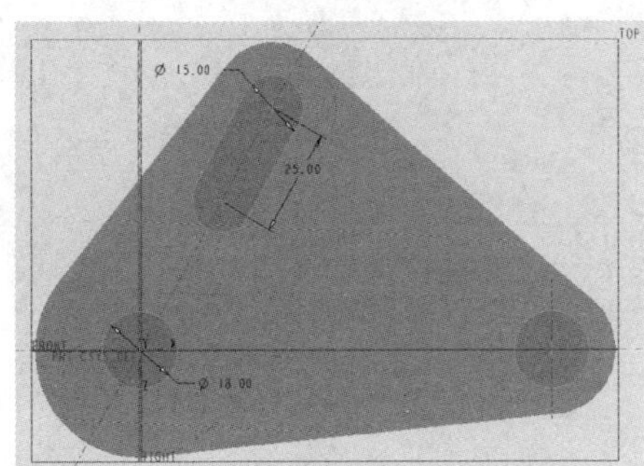
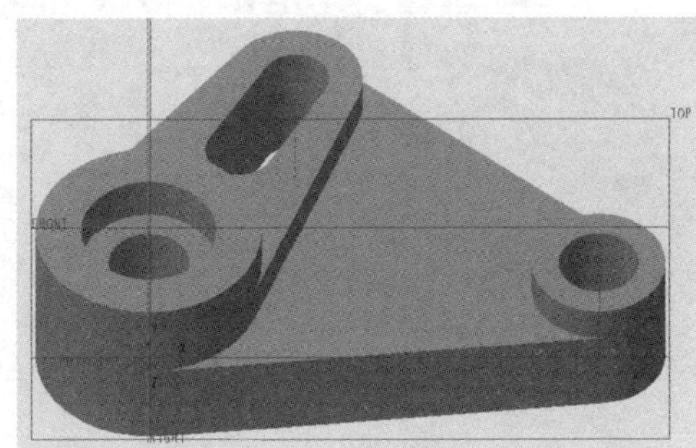

图4-63　拉伸5

5. 创建图4-64所示的支座模型

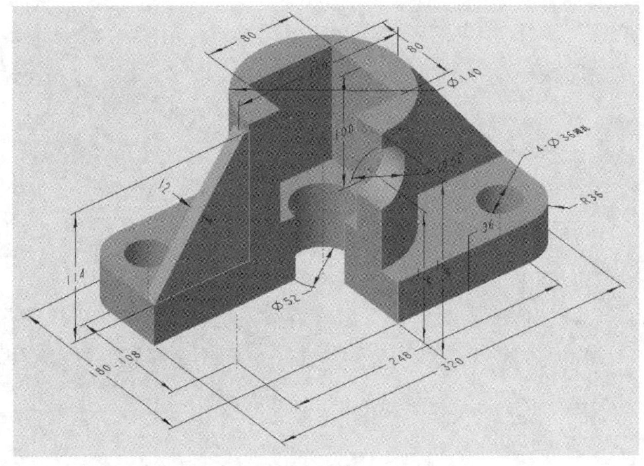

图4-64　支座2

该支座由底板、圆柱和支撑板等拉伸特征按尺寸组合而成，底板和圆柱上有孔，绘图过程如下所述：

01 新建文件，进入零件模式下的绘图环境。

02 单击“拉伸”按钮，选择TOP平面，选择中心矩形，将鼠标指针置于坐标原点，按住左键的同时拖出矩形线框，标注尺寸，按尺寸绘制圆、倒圆角，设置拉伸深度值为36应用，如图4-65所示。

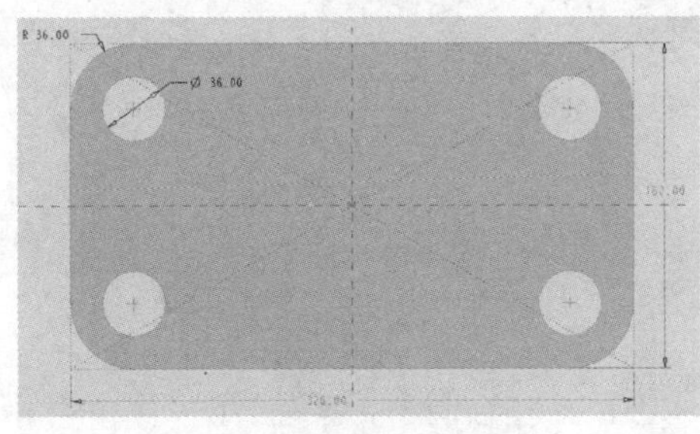

a) 截面图形

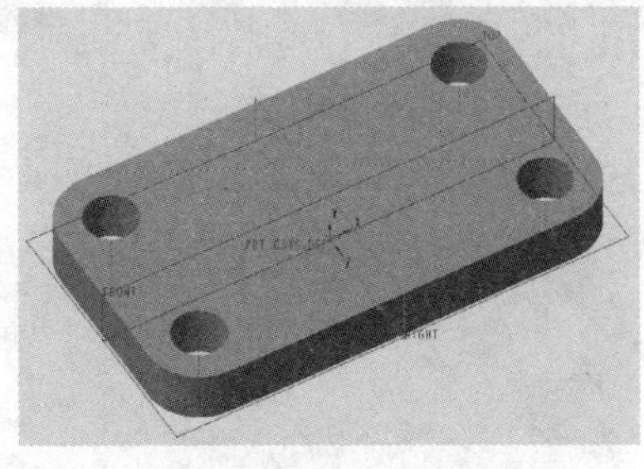

b) 实体

图4-65 拉伸1

03 单击“拉伸”按钮，以拉伸1的上表面为草绘平面，按尺寸绘制截面图形，设置拉伸深度值为120，单击“应用”按钮，如图4-66所示。

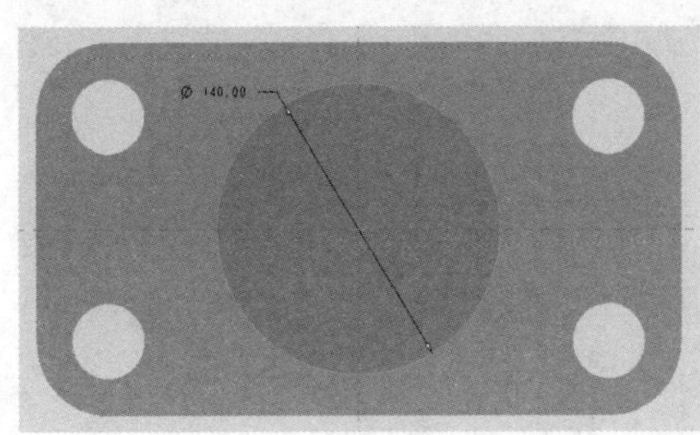

a) 截面图形

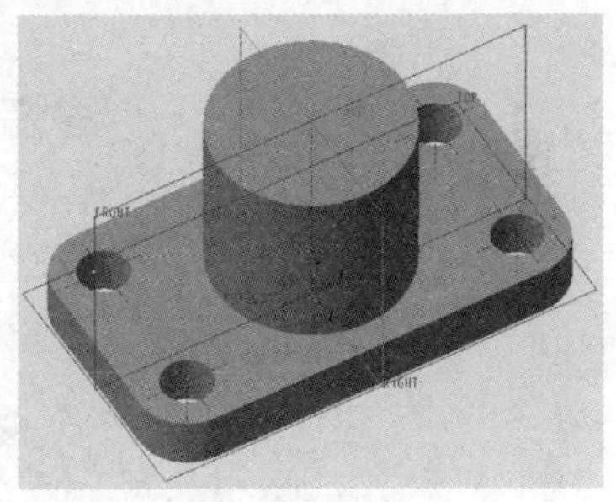

b) 实体

图4-66 拉伸2

04 单击“拉伸”按钮，以拉伸2的上表面为草绘平面，按尺寸绘制截面图形，设置拉伸深度值为100，将拉伸的深度方向更改为草绘平面的另一侧（移除材料），单击“应用”按钮，如图4-67所示。

05 单击“拉伸”按钮，以拉伸3的底面为草绘平面，按尺寸绘制截面图形，选择“拉伸至底面”选项，选择底面移除材料，单击“应用”按钮，如图4-68所示。

06 单击“拉伸”按钮，以FRONT面为草绘平面，按尺寸绘制截面图形，选择“拉伸至曲面”选项，选择圆柱外表面移除材料，单击“应用”按钮，如图4-69所示。

07 单击“拉伸”按钮，以FRONT面为草绘平面，按尺寸绘制截面图形，设置拉伸深度值，单击“应用”按钮，如图4-70所示。

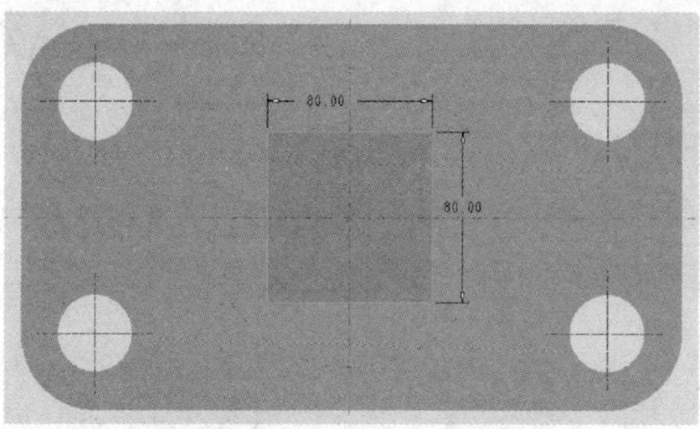

a) 截面图形

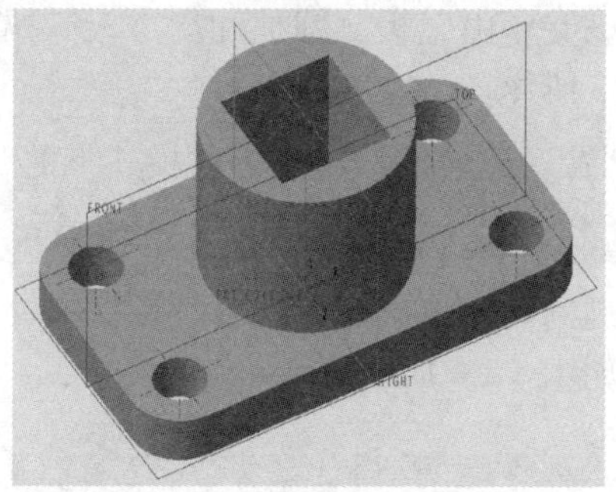

b) 实体

图 4-67　拉伸 3

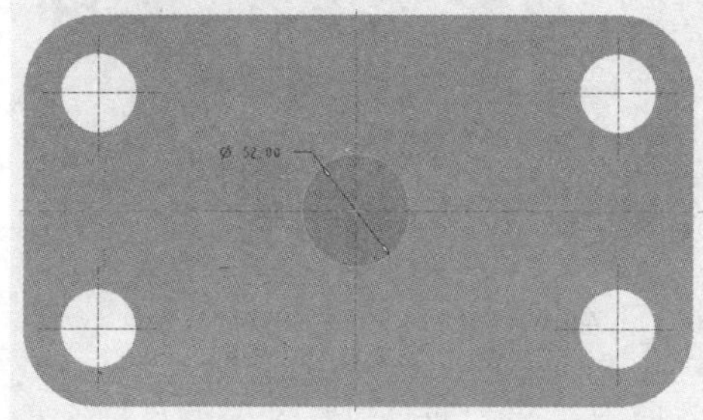

a) 截面图形

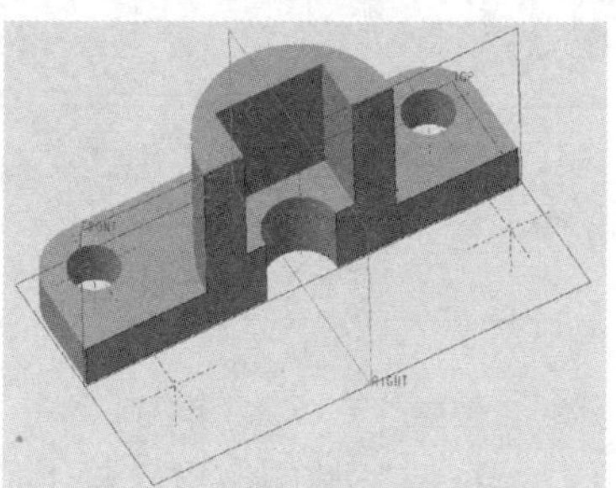

b) 实体

图 4-68　拉伸 4

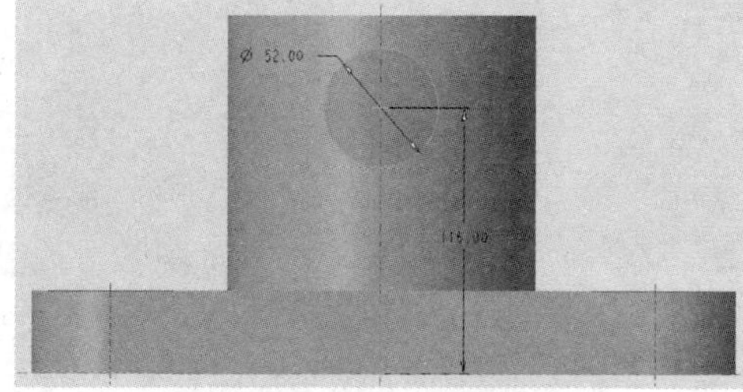

a) 截面图形

b) 实体

图 4-69　拉伸 5

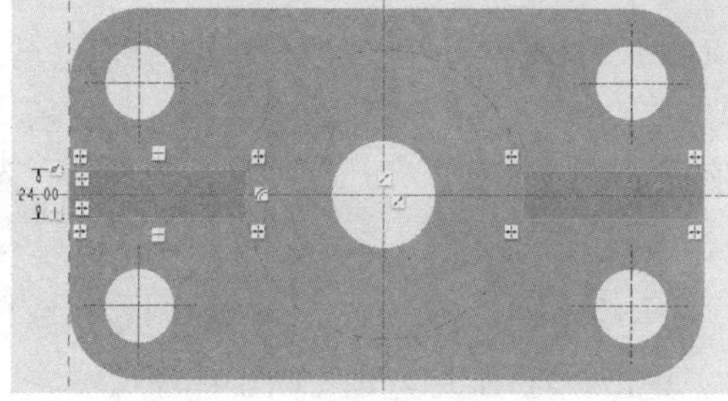

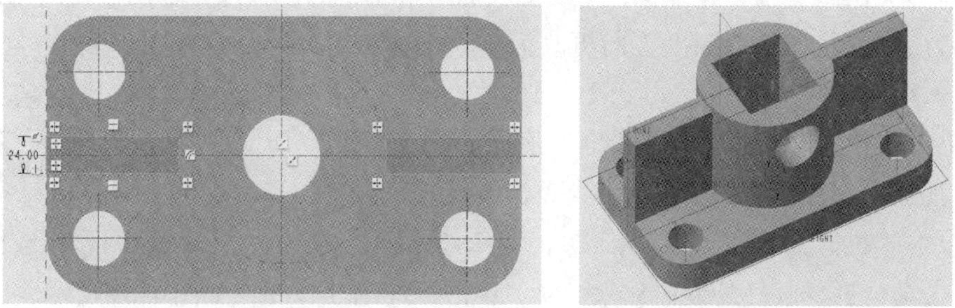

a) 截面图形

b) 实体

图 4-70　拉伸 6

08 单击“拉伸”按钮，以 FRONT 面为草绘平面，按尺寸绘制截面图形，拉伸方向为向草绘平面的两侧拉伸，深度大于 24，移除材料，如图 4-71 所示。

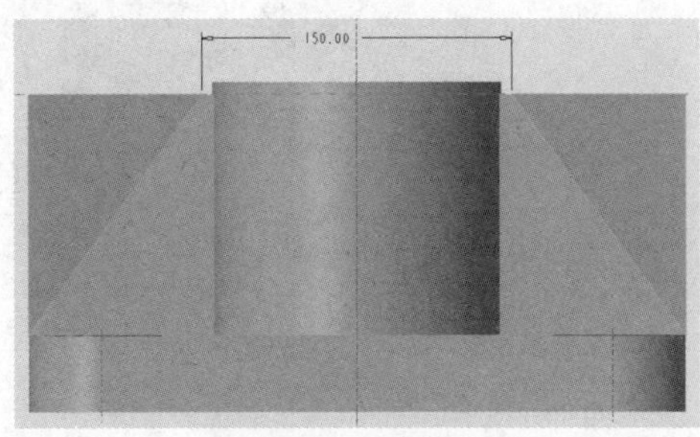

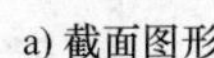
a) 截面图形

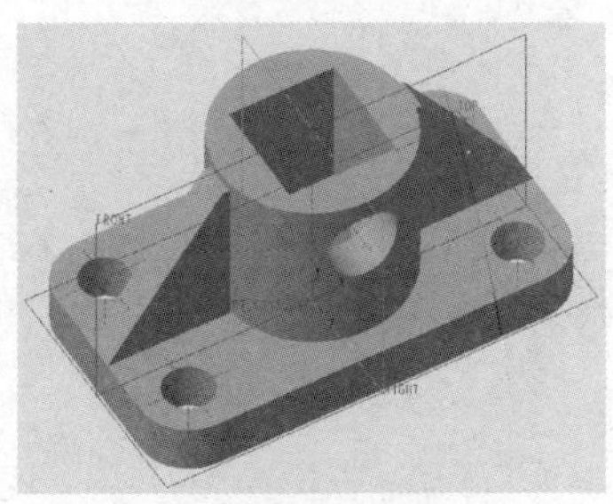
b) 实体

图 4-71　拉伸 7

6. 创建图 4-72 所示的支架模型

该支架由固定板、支架孔板等拉伸特征按尺寸组合而成，绘图过程如下所述：

01 新建文件，进入零件模式下的绘图环境。

02 单击“拉伸”按钮，选择 TOP 平面，选择中心矩形，将鼠标指针置于坐标原点，按住左键的同时拖出矩形线框，标注尺寸，倒圆角，绘制两个圆，设置拉伸深度值，单击“应用”按钮，如图 4-73 所示。

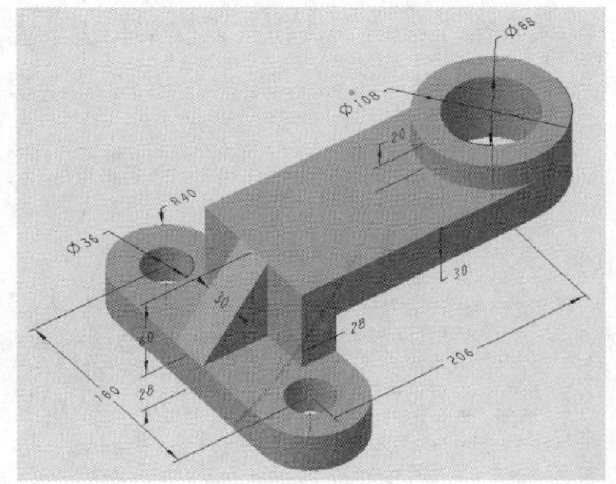

图 4-72　支架 2

03 单击“拉伸”按钮，以 FRONT 为草绘平面，按尺寸绘制截面图形，拉伸方向为向草绘平面的两侧拉伸，设置拉伸深度值，单击

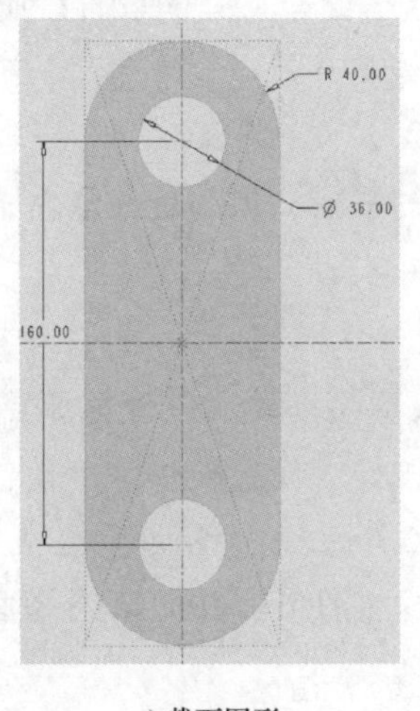

a) 截面图形

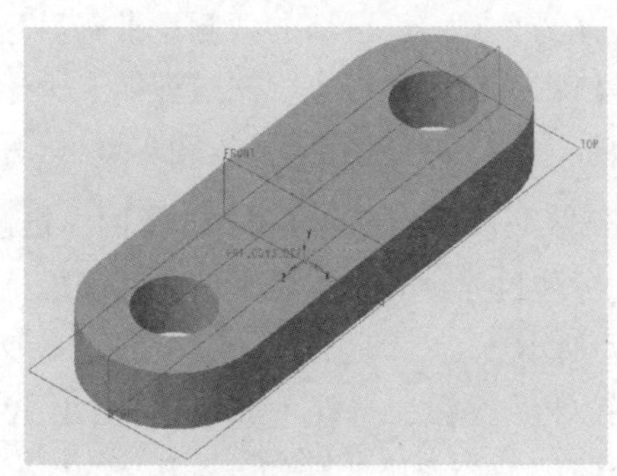

b) 实体

图 4-73　拉伸 1

“应用”按钮，如图4-74所示。

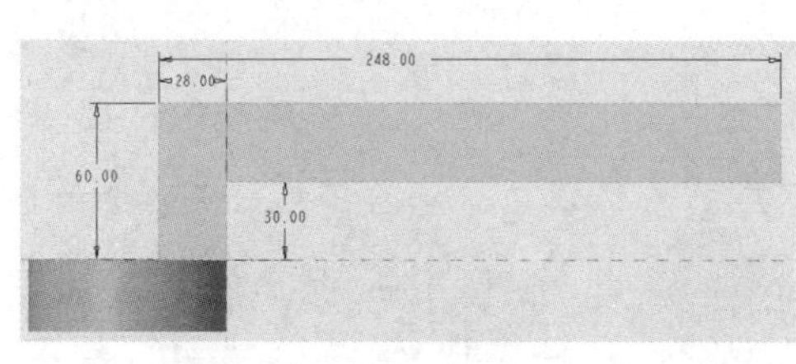

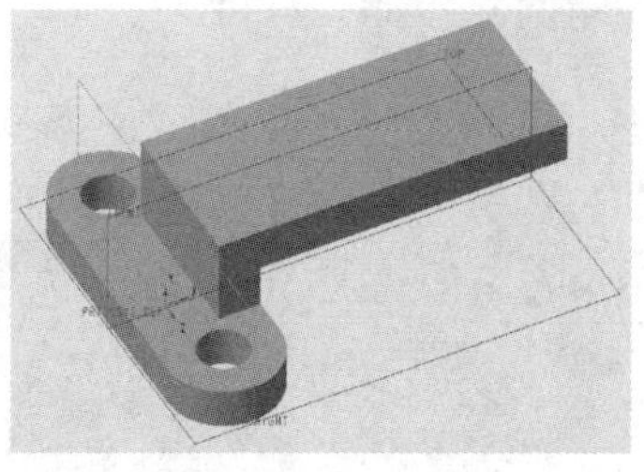

a) 截面图形　　b) 实体

图4-74　拉伸2

04 单击“倒圆角”按钮，选择支架孔板右侧要倒圆角的轮廓线，设置倒角半径，单击“应用”按钮。

05 单击“拉伸”按钮，以支架孔板上表面为草绘平面，绘制截面图形，设置拉伸深度值，单击“应用”按钮，如图4-75所示。

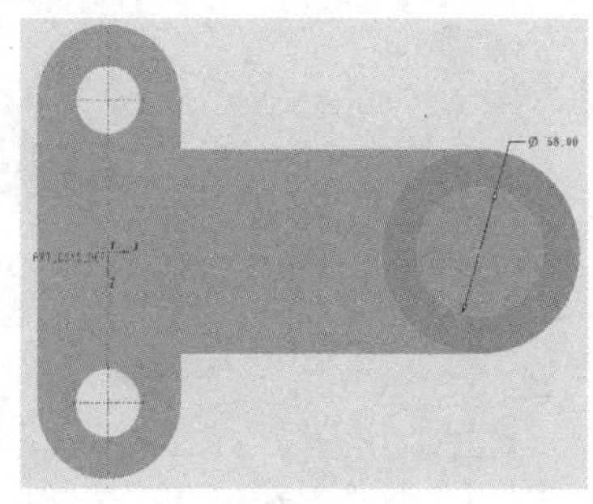

a) 截面图形　　b) 实体

图4-75　拉伸3

06 单击“拉伸”按钮，以支架孔板上表面为草绘平面，在孔的位置绘制截面图形，将拉伸深度方向更改为另一侧，单击“应用”按钮。

7. 创建图4-76所示的轴瓦模型

该轴瓦的主体为半圆筒，圆筒的两侧是带有豁孔的平板，顶部是一个叠加的带有方孔的四棱柱，三个形体都是拉伸特征，绘图过程如下所述：

01 新建文件，进入零件模式下的绘图环境。

02 单击“拉伸”按钮，选择FRONT平面，进入草绘环境，以坐标原点为圆心，绘制半圆环形截面，标注尺寸，并向草绘平面的两侧进行拉伸，设置拉伸深度值，单击“应用”按钮，如图4-77所示。

03 单击“拉伸”按钮，选择FRONT平面绘制截面图形，并向草绘平面的两侧拉伸，设置拉伸深度值，单击“应用”按钮，如图4-78所示。

04 单击“拉伸”按钮，以平板上表面为草绘平面，绘制截面图形，并将拉伸深度方向更改为草绘平面的另一侧，单击“应用”按钮，如图4-79所示。

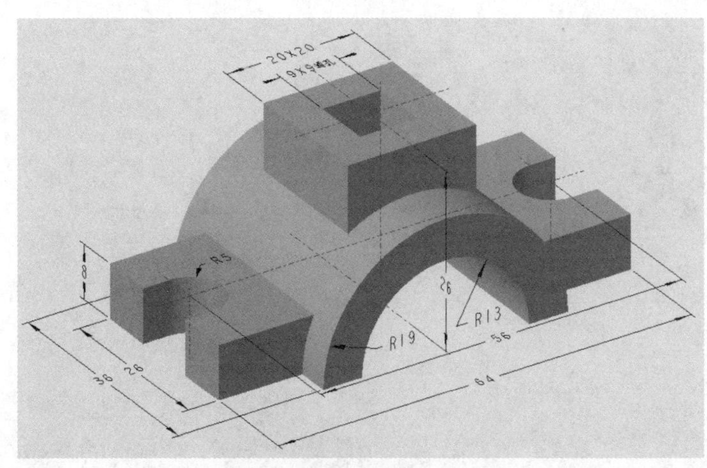

图 4-76　轴瓦

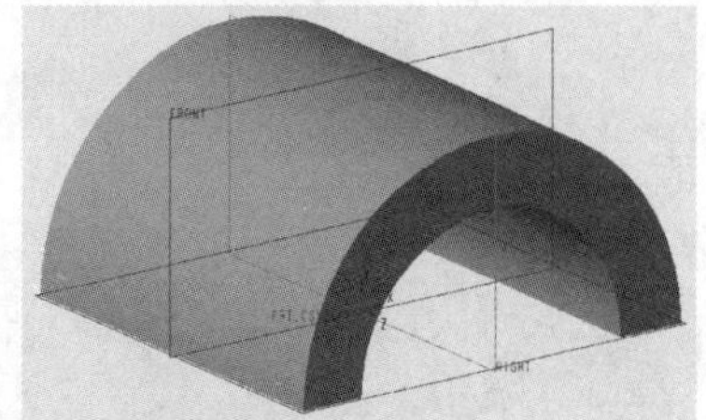

图 4-77　拉伸 1

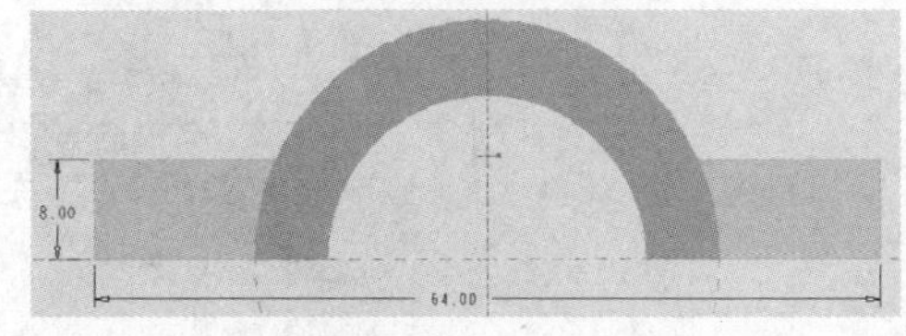

a) 截面图形

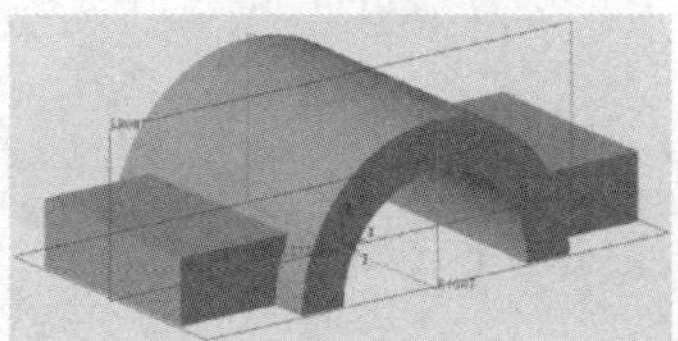

b) 实体

图 4-78　拉伸 2

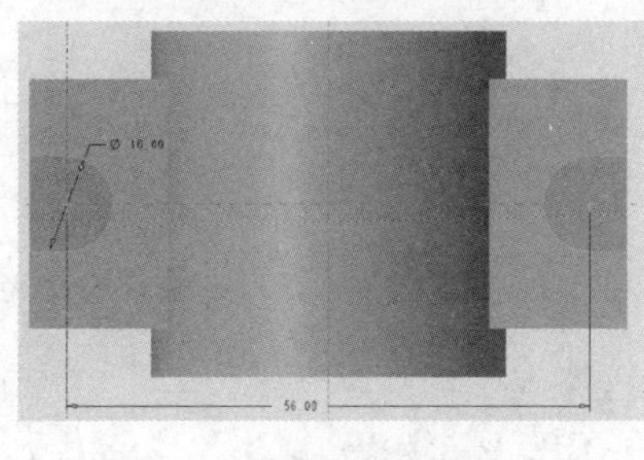

a) 截面图形

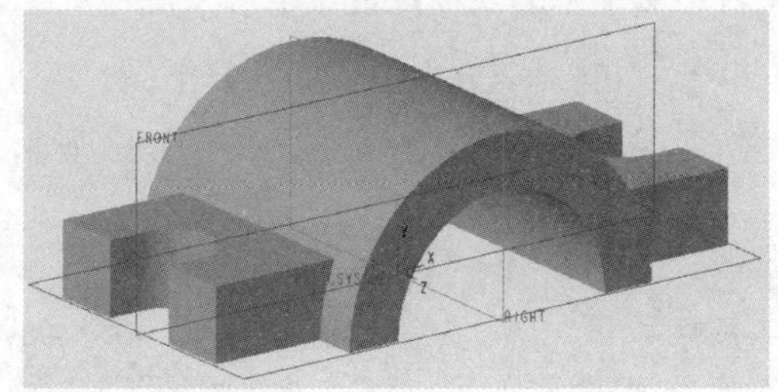

b) 实体

图 4-79　拉伸 3

05 创建基准平面 DTM1，弹出“基准平面”对话框，选择 TOP 平面为偏移参考平面，设置偏移值，单击“确定”按钮。

06 单击“拉伸”按钮，以 DTM1 平面为草绘平面，绘制截面图形，拉伸到下一曲面，并将拉伸深度方向更改为草绘平面的另一侧，单击“应用”按钮，创建的模型如图 4-80 所示。

07 单击“拉伸”按钮，以 DTM1 平面为草绘平面，绘制方孔的截面图形，拉伸至与选定的曲面相交，选择半圆筒内表面，移除材料，单击“应用”按钮，创建的模型如图 4-81 所示。

8. 创建图 4-82 所示的支架模型

该支架由拉伸特征底板和门形板叠加而成，左右对称，绘图过程如下所述：

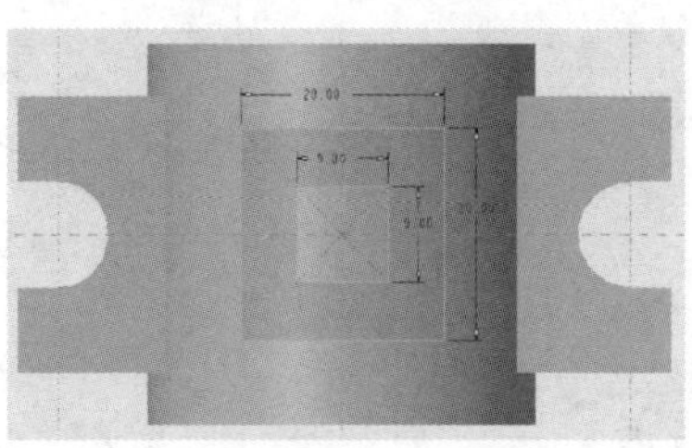
a) 截面图形

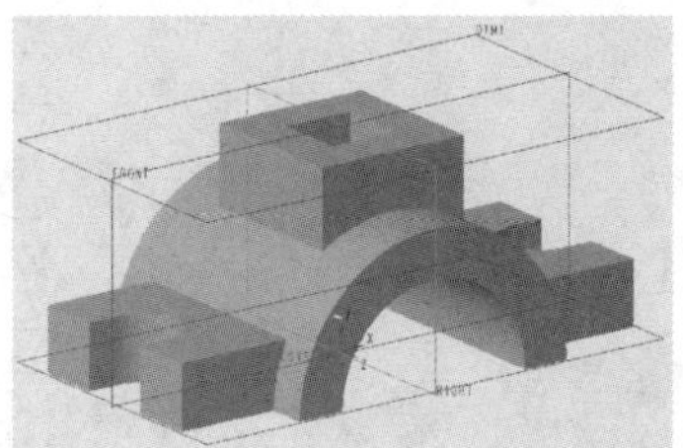
b) 实体

图 4-80　拉伸 4

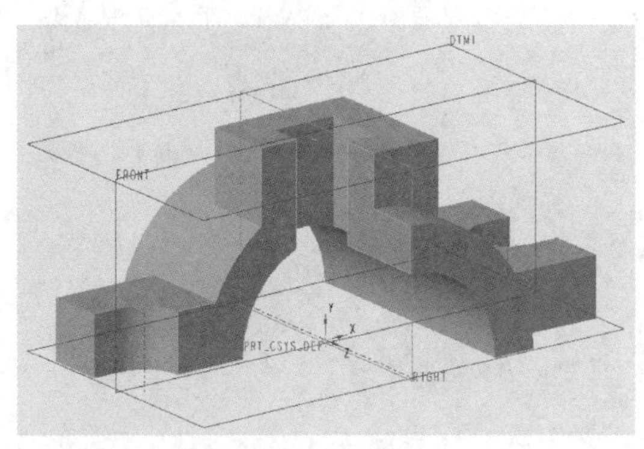
图 4-81　拉伸 5

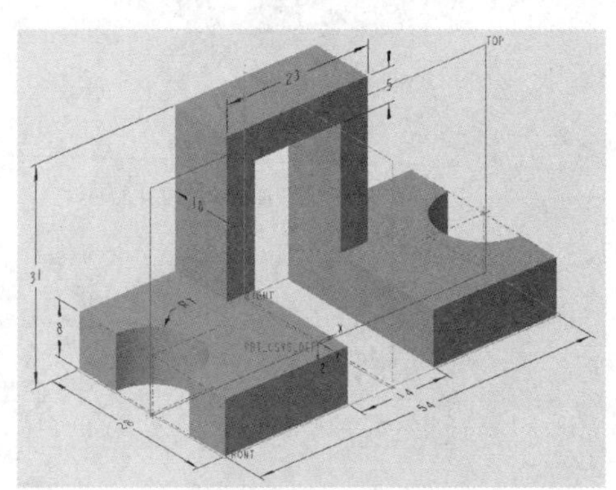
图 4-82　支架 3

01 新建文件，进入零件模式下的绘图环境。

02 单击“拉伸”按钮，选择 TOP 平面，绘制中心线，绘制截面图形，标注尺寸，设置拉伸深度值，单击“应用”按钮，如图 4-83 所示。

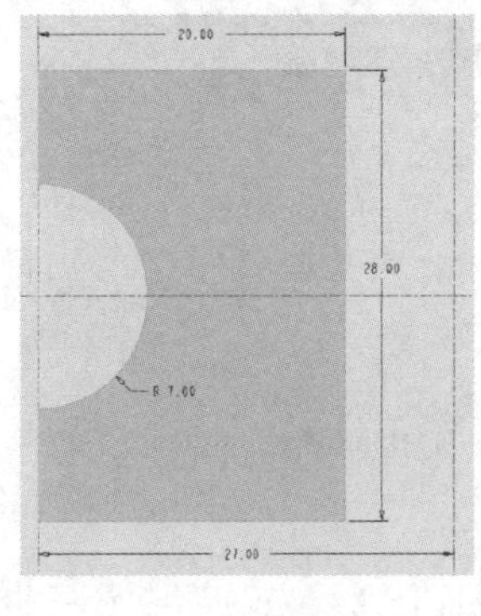
a) 截面图形

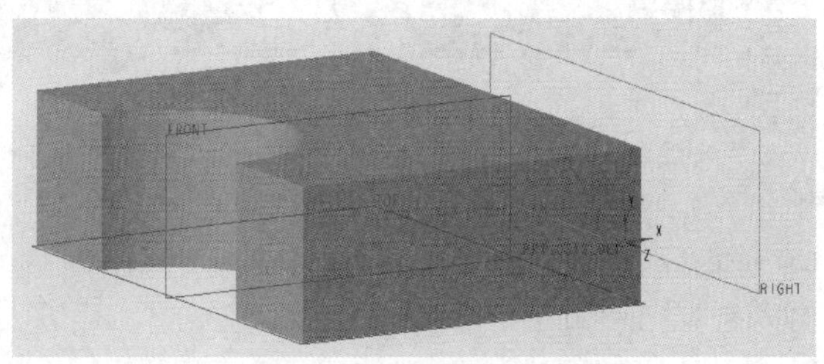
b) 实体

图 4-83　拉伸 1

03 单击“拉伸”按钮，选择底板后表面为草绘平面，绘制截面图形，标注尺寸，设置拉伸深度值，并将拉伸深度方向更改为草绘平面的另一侧，单击“应用”按钮，如图 4-84 所示。

04 单击模型树上的文件名，单击“镜像”按钮，选择 RIGHT 平面，单击“应用”按钮。

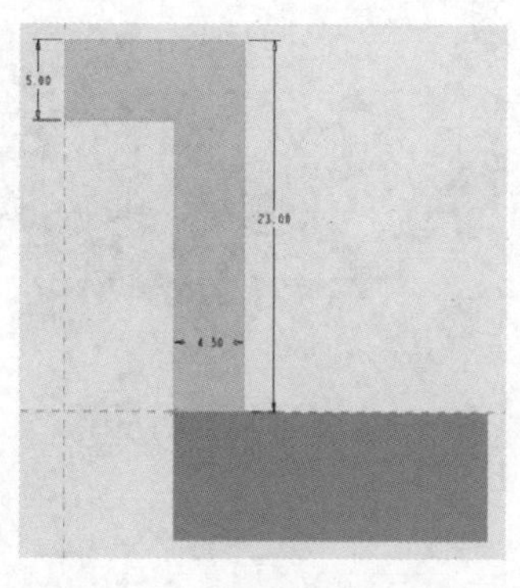

a) 截面图形

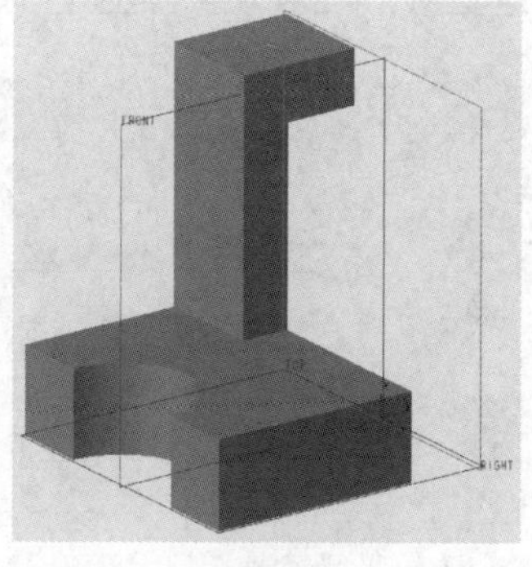

b) 实体

图 4-84　拉伸 2

9. 创建图 4-85 所示的支座模型

该支座由底板、圆柱和支承板等拉伸特征按尺寸组合而成，绘图过程如下所述：

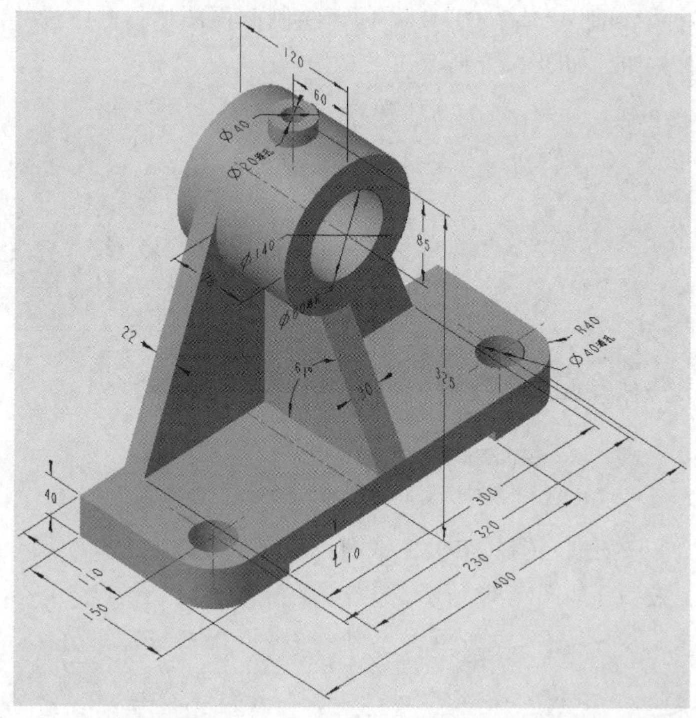

图 4-85　支座 3

01 新建文件，进入零件模式下的绘图环境。

02 单击“拉伸”按钮，选择 TOP 平面，绘制与 Z 轴重合的中心线，选择矩形，由 FRONT 面向前绘制截面图形，标注尺寸，设置拉伸深度值，单击“应用”按钮，如图 4-86 所示。

03 单击“拉伸”按钮，选择 FRONT 平面，绘制截面图形，标注尺寸，拉伸方向为拉伸到下一曲面，移除材料，单击“应用”按钮，如图 4-87 所示。

04 创建基准平面 DTM1，弹出“基准平面”对话框，选择 FRONT 平面为偏移参考平面，设置偏移值（－24），单击“确定”按钮。

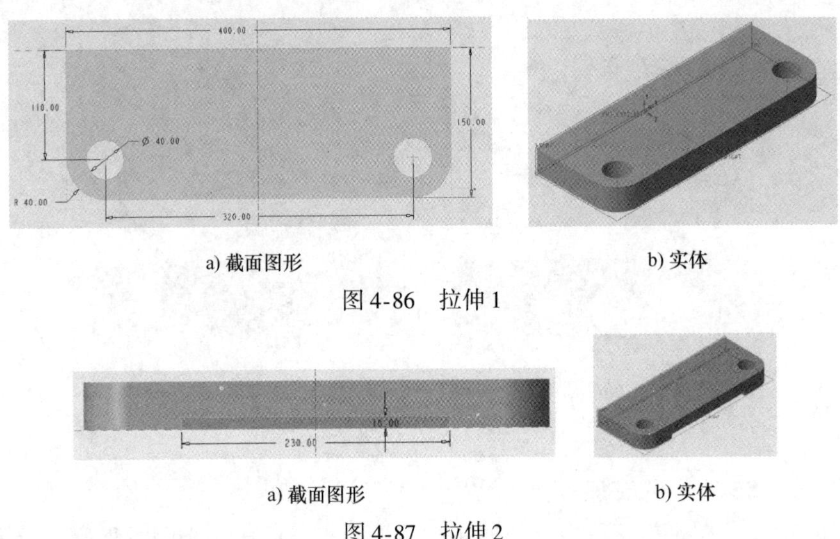

a) 截面图形　　b) 实体

图4-86　拉伸1

a) 截面图形　　b) 实体

图4-87　拉伸2

05 单击“拉伸”按钮，选择DTM1平面，绘制截面图形，标注尺寸，设置拉伸深度值，单击“应用”按钮，如图4-88所示。

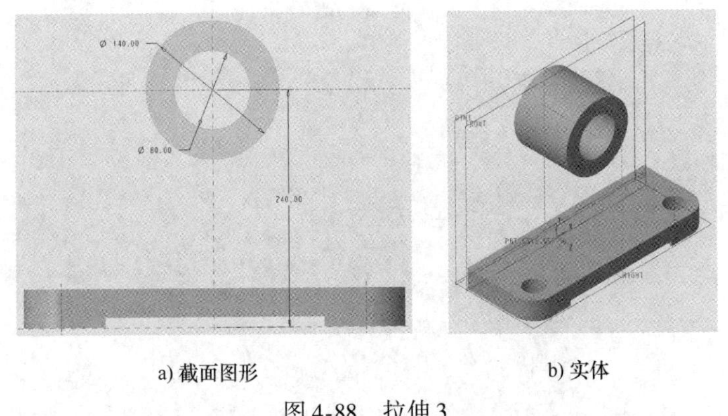

a) 截面图形　　b) 实体

图4-88　拉伸3

06 单击“拉伸”按钮，选择FRONT平面，绘制截面图形，标注尺寸，设置拉伸深度值，单击“应用”按钮，如图4-89所示。

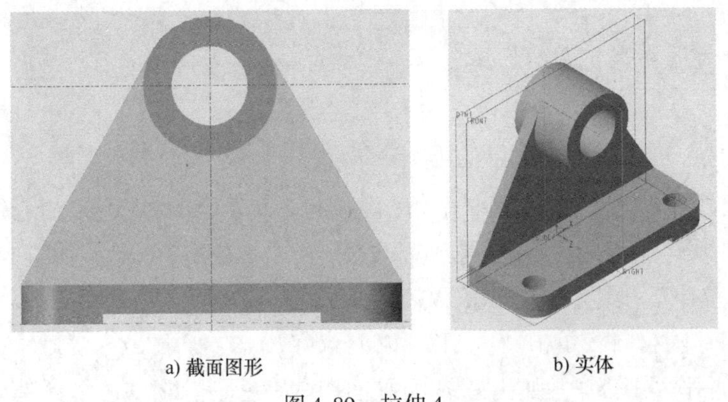

a) 截面图形　　b) 实体

图4-89　拉伸4

07 单击“拉伸”按钮，选择 RIGHT 平面，绘制截面图形，标注尺寸，拉伸方向为向草绘平面的两侧拉伸，设置拉伸深度值，单击“应用”按钮，如图 4-90 所示。

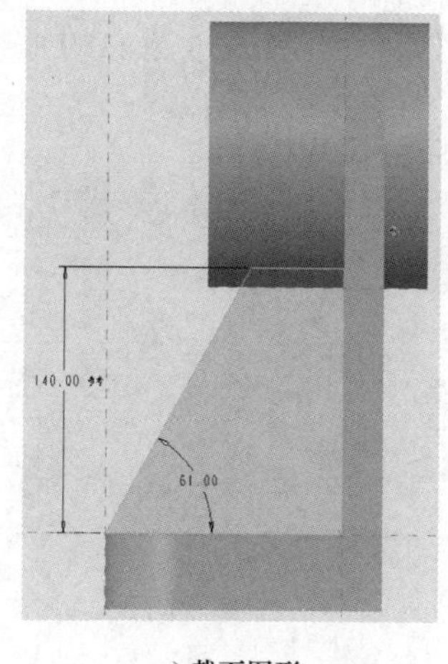

a) 截面图形

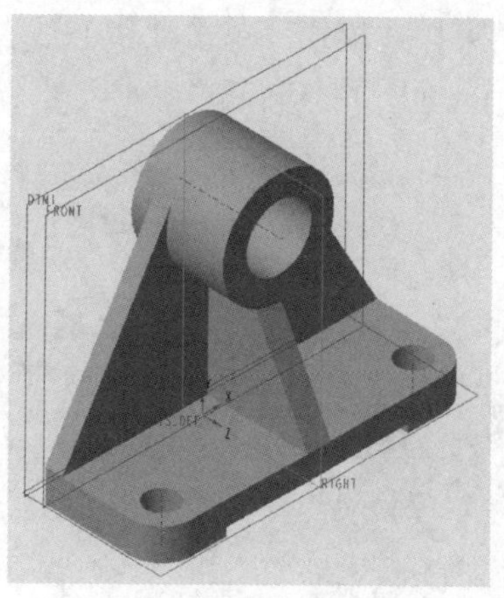

b) 实体

图 4-90　拉伸 5

08 创建基准平面 DTM2，弹出“基准平面”对话框，选择 TOP 平面为偏移参考平面，设置偏移值（325），单击“确定”按钮。

09 单击“拉伸”按钮，选择 DTM2 平面为草绘平面，绘制截面图形，标注尺寸，拉伸至下一曲面，并将拉伸深度方向更改为草绘平面的另一侧，单击“应用”按钮，如图 4-91 所示。

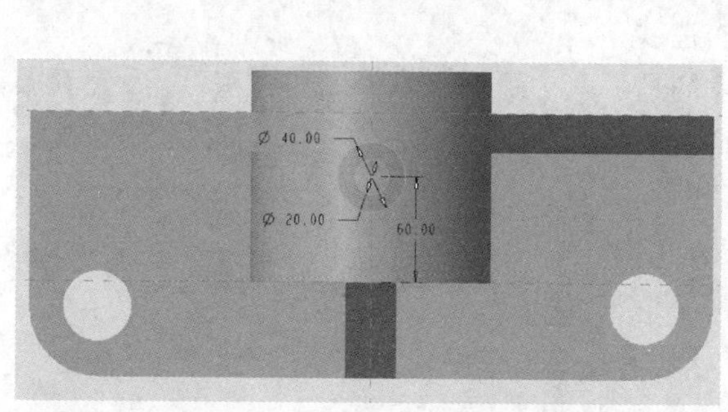

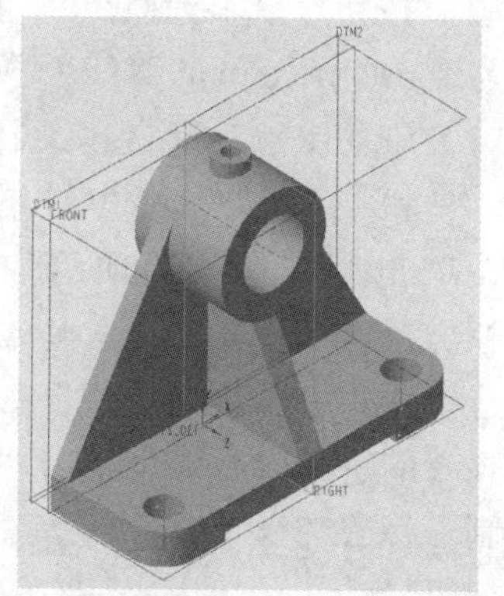

图 4-91　拉伸 6

10 单击“拉伸”按钮，以 DTM2 平面为草绘平面，绘制圆孔的截面图形，拉伸至与选定的曲面相交，选择圆筒内表面，移除材料，单击“应用”按钮。

10. 创建图 4-92 所示的球体模型

01 新建文件，进入零件模式下的绘图环境。

02 单击“草绘”按钮，选择 FRONT 平面，弹出“草绘”对话框，选择草绘平面，设置草绘视图方向。选择构造模式单击“圆”按钮，以坐标原点为中心，绘制直径为100mm的圆。单击“线”按钮，由构造圆与Y轴的交点为起点，绘制构造线段1、2、3和4，单击鼠标中键结束构造线的创建。单击“约束”选项组中的“相等”按钮，单击线段1与线段4，使其相等，结束构造模式。单击“中心线”按钮，绘制通过圆心的垂直中心线，单击“线”按钮，绘制截面图形，单击“确定”按钮，如图4-93所示。

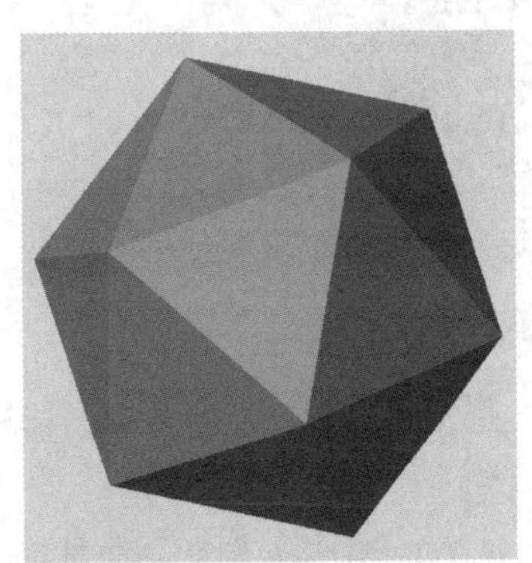

图4-92　球体

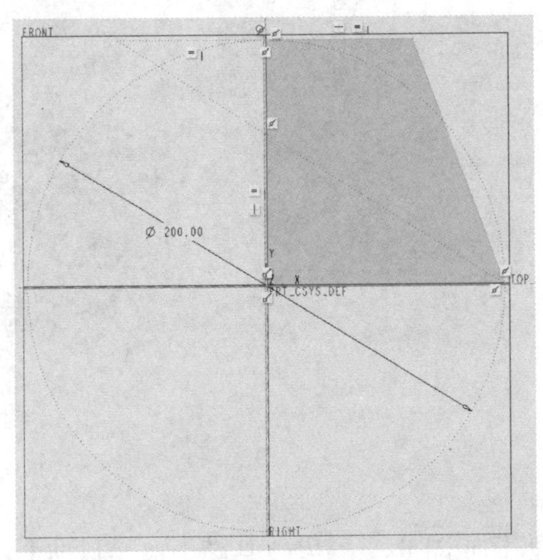

图4-93　草绘1

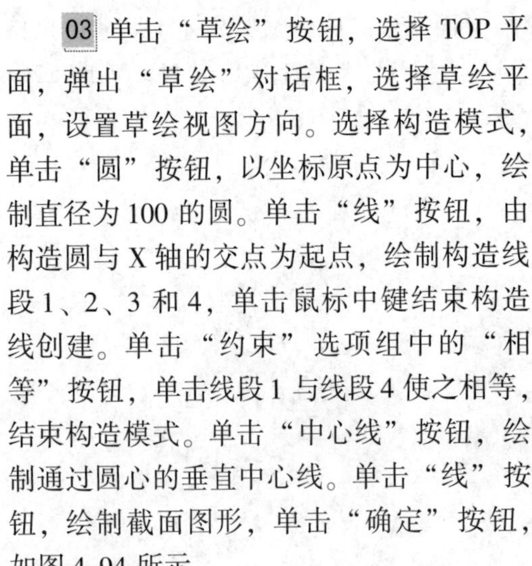

03 单击“草绘”按钮，选择TOP平面，弹出“草绘”对话框，选择草绘平面，设置草绘视图方向。选择构造模式，单击“圆”按钮，以坐标原点为中心，绘制直径为100的圆。单击“线”按钮，由构造圆与X轴的交点为起点，绘制构造线段1、2、3和4，单击鼠标中键结束构造线创建。单击“约束”选项组中的“相等”按钮，单击线段1与线段4使之相等，结束构造模式。单击“中心线”按钮，绘制通过圆心的垂直中心线。单击“线”按钮，绘制截面图形，单击“确定”按钮，如图4-94所示。

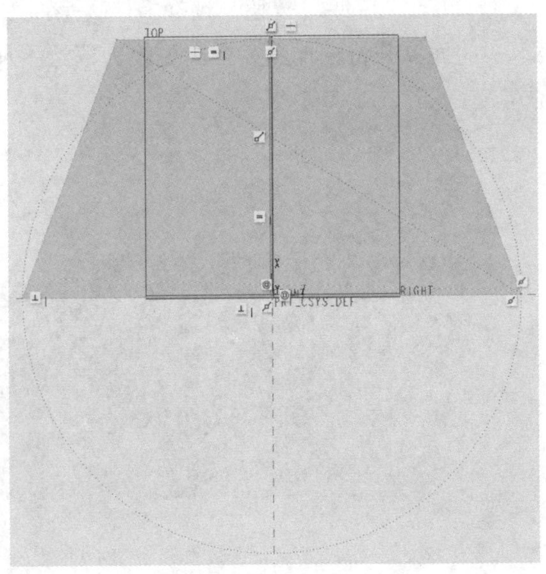

图4-94　草绘2

04 单击“草绘”按钮，选择RIGHT平面，弹出“草绘”对话框，选择草绘平面，设置草绘视图方向。选择构造模式，单击“圆”按钮，以坐标原点为中心，绘制直径为100的圆。单击“线”按钮，由构造圆与X轴的交点为起点，绘制构造线段1、2、3和4，单击鼠标中键结束构造线创建。单击“约束”选项组中的相等按钮，单击线段1与线段4使之相等，结束构造模式。单击“中心线”绘制中心线。单击“线”按钮，绘制截面图形，单击“确定”按钮，如图 4-95 所示。

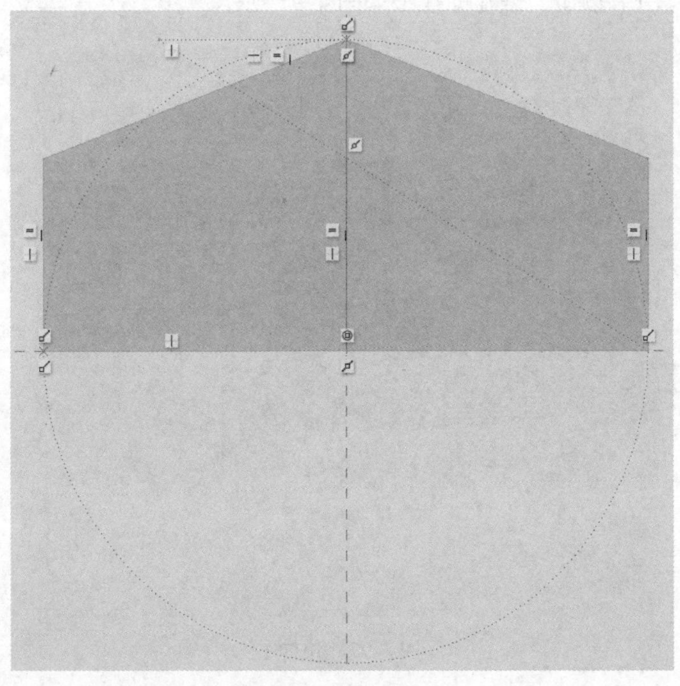

图 4-95　草绘 3

截面图形在三维空间中位置如图 4-96 所示。

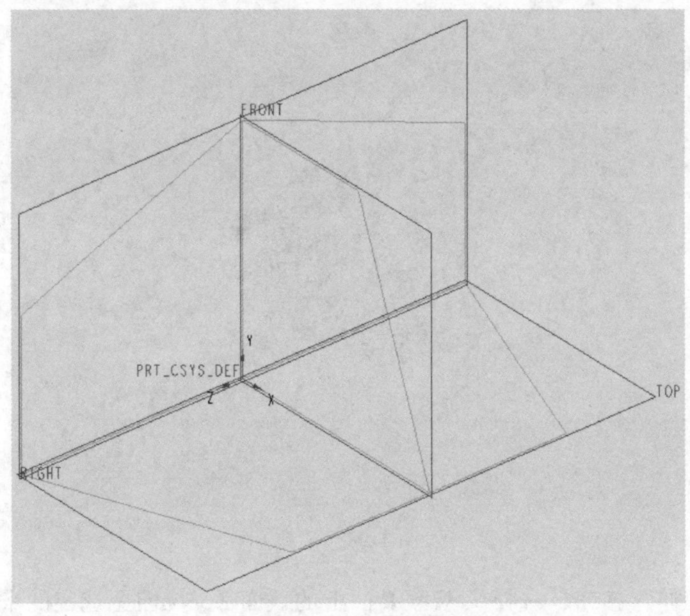

图 4-96　截面图形

05 单击“拉伸”按钮，选择位于 FRONT 面上的截面 1，拉伸至选定的平面，单击右上角“基准”下拉菜单中的“创建基准平面”按钮（自动进入拉伸暂停模式），弹出“基准平面”对话框，按<Ctrl>键的同时依次选择三个截面上位于倾斜线端点处的交点，退出暂停模式，单击“应用”按钮，创建的模型如图4-97所示。

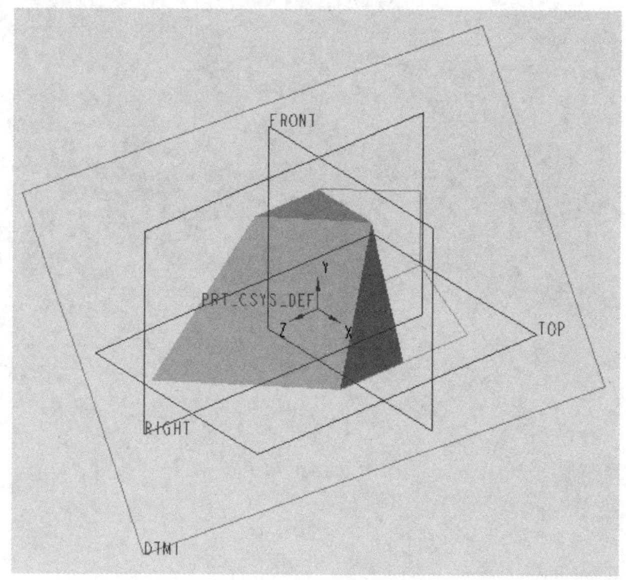

图4-97　拉伸1

06 选择图4-97所示的拉伸1实体，单击“镜像”按钮，选择FRONT平面为镜像平面，单击“应用”按钮，模型如图4-98所示。

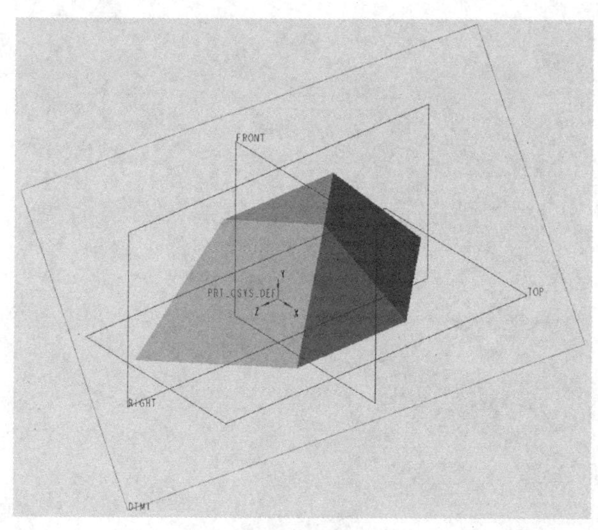

图4-98　镜像

07 单击“拉伸”按钮，选择位于TOP面上的截面2，拉伸至选定的平面；选择位于截面上方的三角形平面，移除材料，将材料的拉伸方向更改为草绘平面的另一侧，单击“应用”按钮，创建的模型如图4-99所示。

08 单击“拉伸”按钮，选择位于RIGHT面上的截面3，由草绘平面拉伸，设置拉伸深

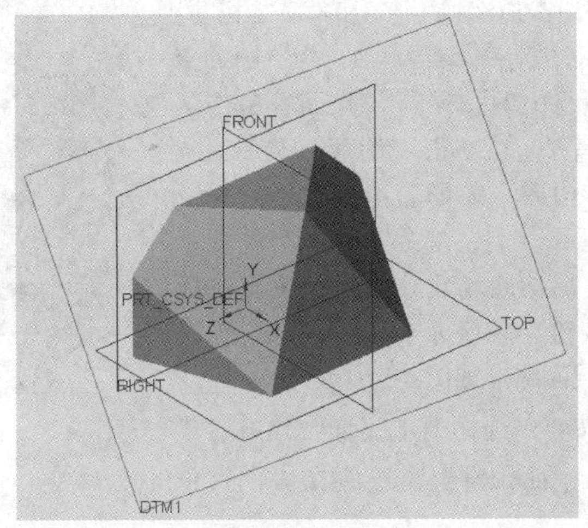

图 4-99　拉伸 2

度值为 100，移除材料，将材料的拉伸方向更改为草绘平面的另一侧，单击“应用”按钮，创建的模型如图 4-100 所示。

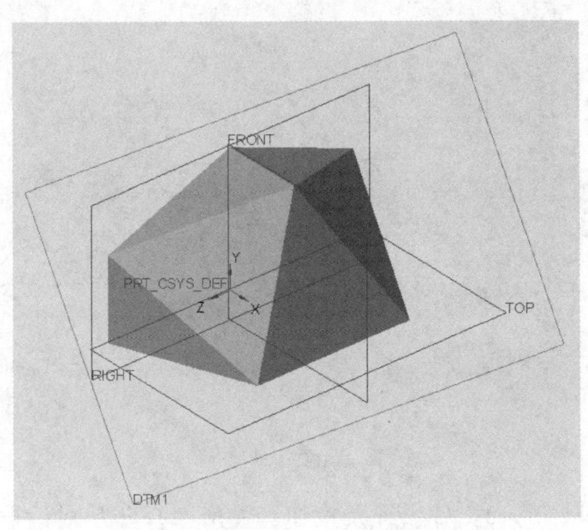

图 4-100　拉伸 3

09 单击模型树最上端的文件名称，单击“镜像”按钮，选择 RIGHT 面，单击“应用”按钮，再选择模型树中文件，单击“镜像”按钮，选择 TOP 面，单击“应用”按钮。

11. 创建图 4-101 所示 32 面体的模型

01 新建文件，进入零件模式下的绘图环境。

02 单击“草绘”按钮，选择 FRONT 平面，弹出“草绘”对话框，选择草绘平面，设置草绘视图方向。选择构造模式单击“圆”按钮，以坐标原点为中心，绘制直径为 100 的圆，单击鼠标中键结束构造线创建。单击“中心线”按钮，绘制通过圆心的垂直中心线。单击“线”按钮，由构造圆与 Y 轴的交点为起点，绘制线链 1、2、3、4 和 5，单击鼠标中键结束构造线创建。选择构造模式，绘制构造线 1、2 和 3，单击“约束”选项组中的“相等”按钮，单击构造线1、2和3使之相等，由构造线1的左端点绘制构造线4至X轴与构造圆的交点。单击“约束”选项组中的“平行”按钮，单击线链4和构造线4，使二者平行。单击“约束”选项组中的“重合”按钮，单击构造线3的右端点，单击线链3，使右端点在线链的延长线上。单击“基准”选项组中的“点”按钮，在右端点处创建几何点。单击快捷工具栏中的“保存”按钮，保存为 * .sec 文件，单击“确定”按钮，绘制的截面图形如图4-102所示。

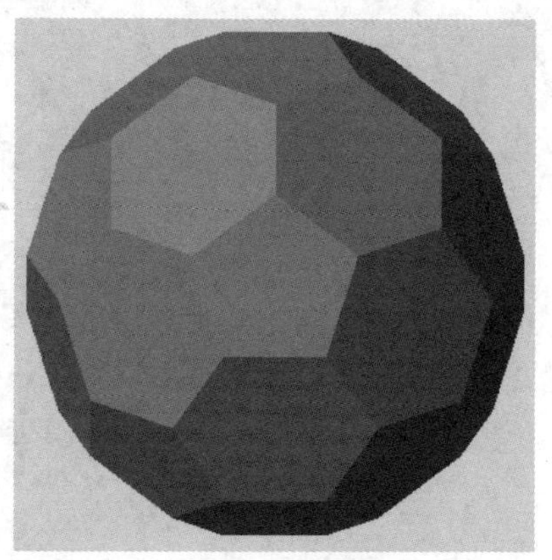

图4-101　球体2

03 单击“草绘”按钮，选择TOP平面，弹出“草绘”对话框，选择草绘平面，设置草绘视图方向。单击“获取数据”选项组中的“文件系统”按钮，弹出“打开”对话框选择保存的 * .sec 文件，单击“打开”按钮，将截面图形添加在TOP面中，将鼠标指针置于图形端点，按住鼠标左键的同时将图形端点拖至坐标原点，设置旋转角度为 -90°，比例因子为1，单击“确定”按钮，截面图形如图4-103所示。

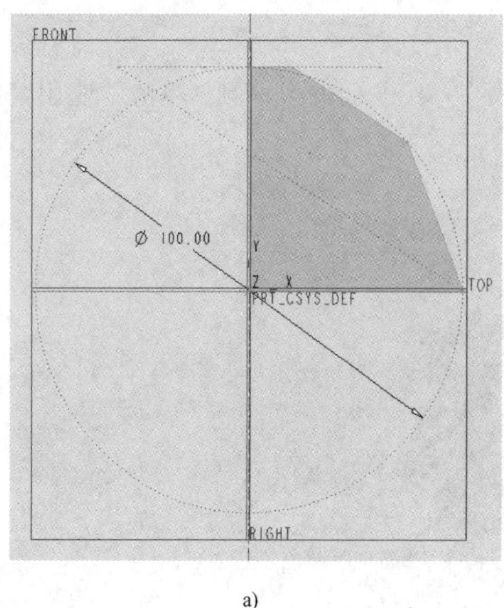

a)

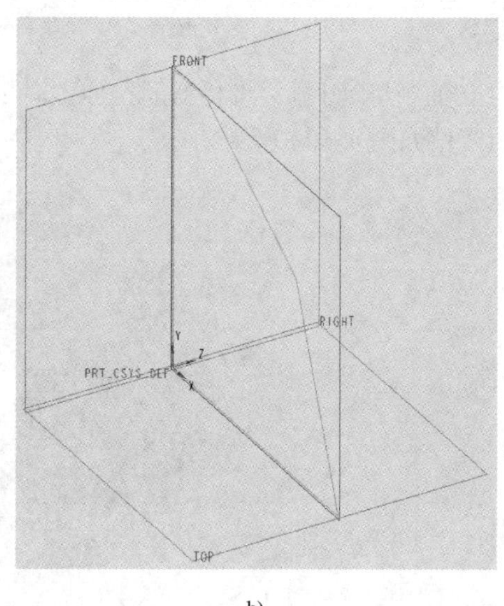

b)

图4-102　草绘1

04 单击“草绘”按钮，选择RIGHT平面，弹出“草绘”对话框，选择草绘平面，设置草绘视图方向。单击“获取数据”选项组中的“文件系统”按钮，弹出“打开”对话框，选择保存的 * .sec 文件，单击“打开”按钮，将截面图形添加在RIGHT面中。将鼠标指针置于图形端点，按住鼠标左键的同时将图形端点拖至坐标原点，设置旋转角度为90°，比例因子为1，单击“确定”按钮，截面图形如图4-104所示。

05 单击“拉伸”按钮，选择位于FRONT面上的截面图形1（草绘1），拉伸至选定的平面。单击右上角的“基准”下拉菜单中的“创建基准平面”按钮（自动进入拉伸暂停模式），弹出“基准平面”对话框，按 <Ctrl> 键的同时，依次选择三个截面上的PNT0、PNT1

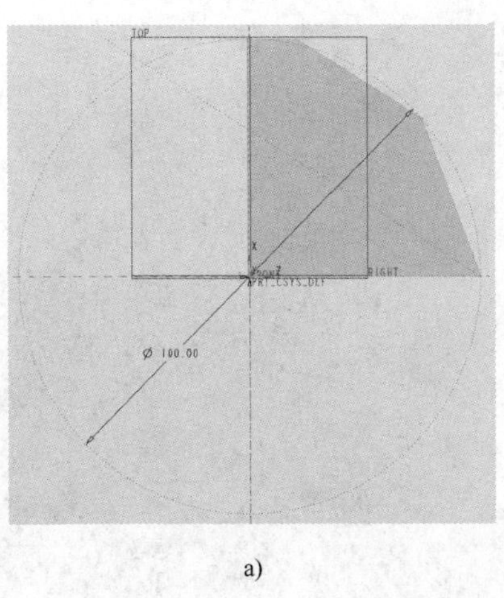

a)

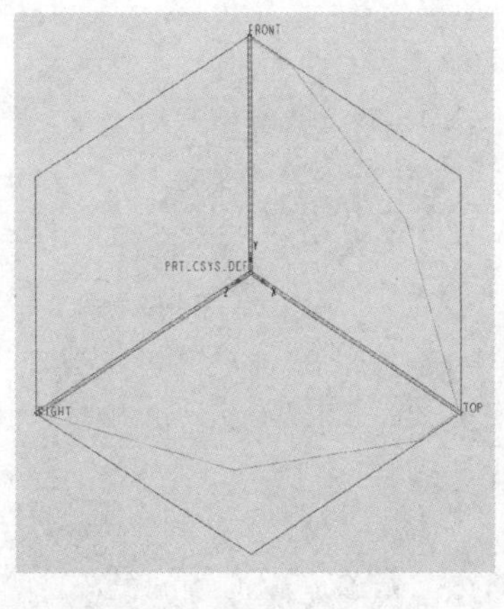

b)

图 4-103　草绘 2

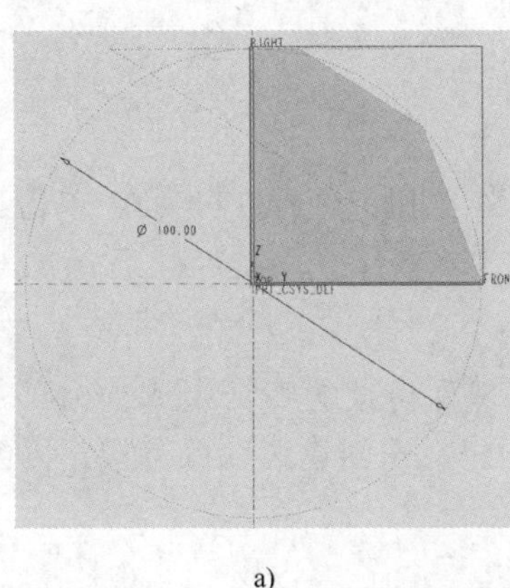

a)

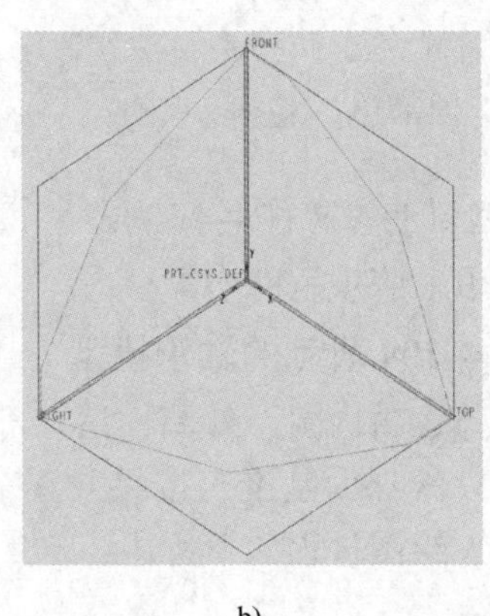

b)

图 4-104　草绘 3

和 PNT2，单击“确定”按钮，退出暂停模式，单击“应用”按钮，创建的模型如图 4-105 所示。

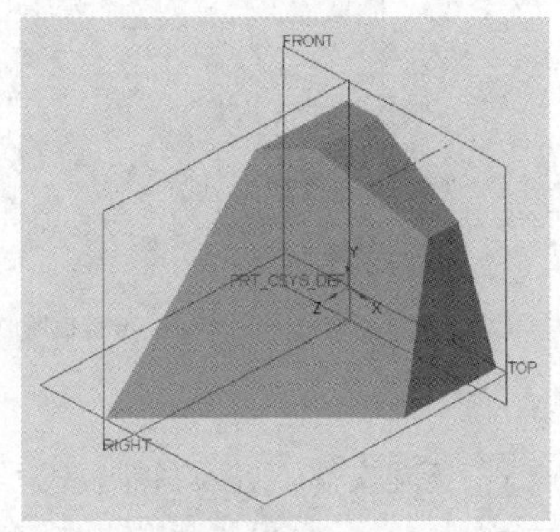

图 4-105　拉伸 1

06 单击“拉伸”按钮，选择位于 TOP 面上的截面图形 2（草绘 2），拉伸至选定的平面；选择与 TOP 面平行的上面，移除材料，将材料的拉伸方向更改为草绘平面的另一侧，单击“应用”按钮，如图 4-106 所示。

07 单击“拉伸”按钮，选择位于 RIGHT 面上的截面图形 3（草绘 3），拉伸至选定的平面；选择 PNT1，选移除材料，将材料的拉伸方向更改为草绘平面的另一侧，单击“应用”按钮，如图 4-107 所示。

08 单击模型树最上端的文件名称，单击“镜像”按钮，选择 FRONT 面，单击“应用”按钮。

09 单击模型树上的文件名称单击“镜像”按钮，选择 RIGHT 面，单击“应用”按钮。

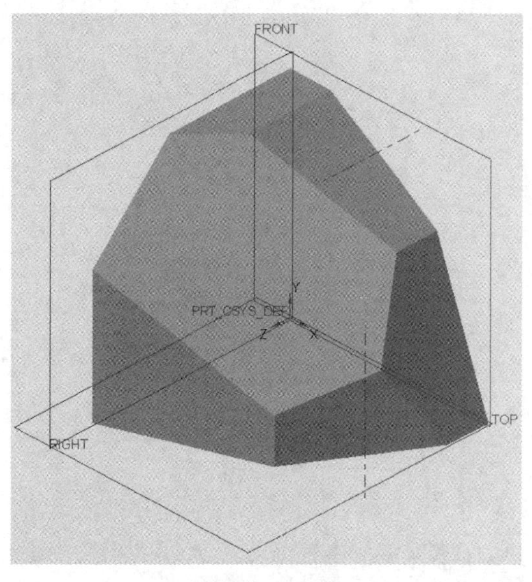

图 4-106　拉伸 2

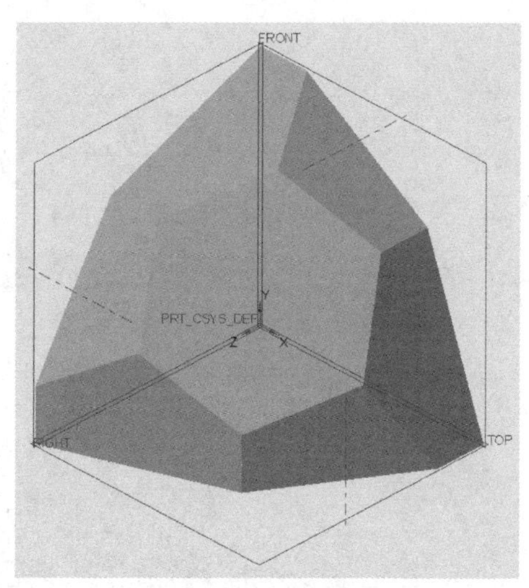

图 4-107　拉伸 3

10 单击模型树上的文件名称单击“镜像”按钮，选择 TOP 面，单击“应用”按钮，即可创建如图 4-101 所示的模型。

12. 创建图 4-108 所示的轴承模型

轴承为回转体，由内圈、外圈、滚珠和滚珠保持架等特征组成，相互之间有尺寸关系，以滚珠为基准，按尺寸逐个创建。先创建滚珠保持架，再创建滚珠和内外圈，绘图过程如下所述：

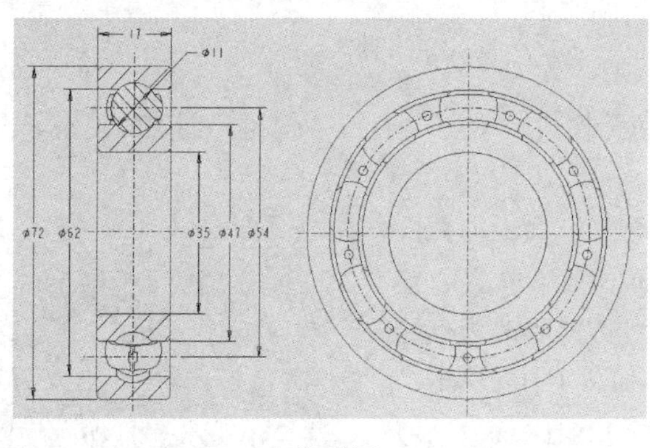

a) 截面图形

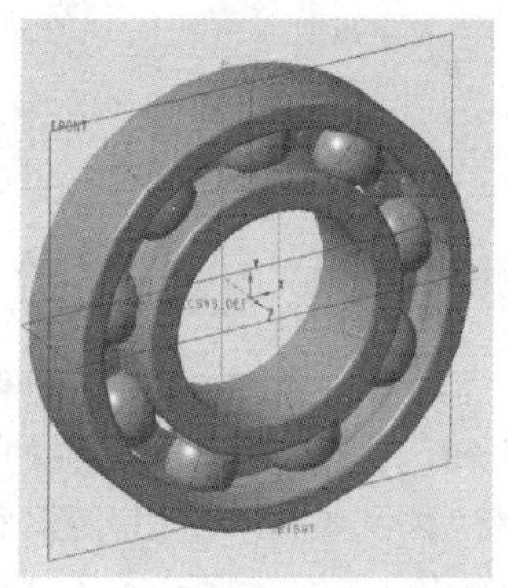

b) 实体

图 4-108　轴承

01 新建文件，进入零件模式下的绘图环境。

02 单击“旋转”按钮，选择 FRONT 平面，设置草绘视图方向，绘制滚珠所在位置的中心线，标注尺寸。沿 Y 轴创建几何中心线作为滚珠旋转轴。绘制滚珠保持架截面图形，单击“确定”按钮，如图 4-109 所示。

03 单击“阵列”按钮，设置阵列类型为轴阵列，选择 Z 轴，设置第一方向的阵列数，并设置阵列数在360°内均布，单击“应用”按钮，如图4-110所示。

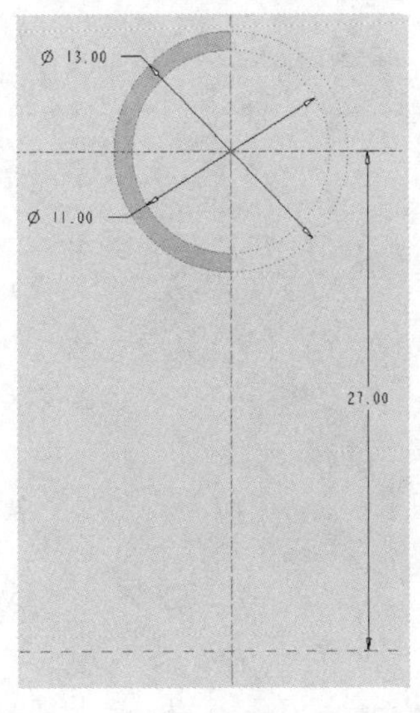

a) 截面图形

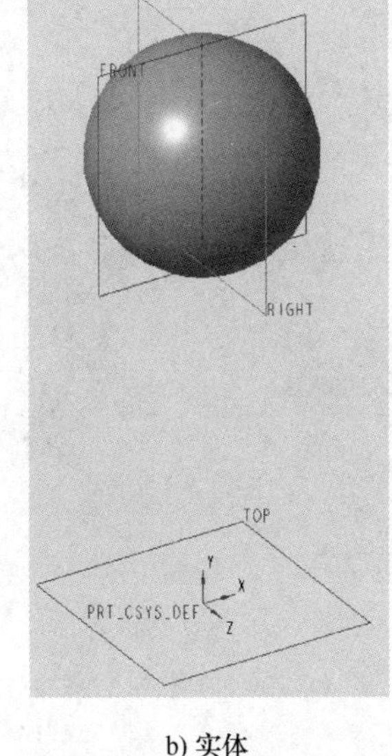

b) 实体

图4-109 旋转1（保持架）

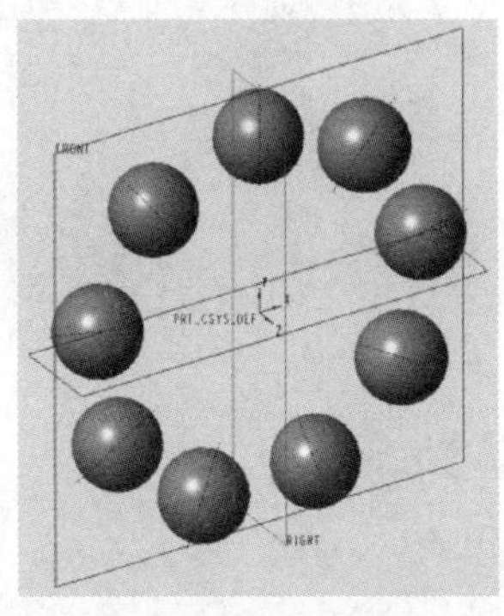

图4-110 阵列1（阵列保持架）

04 单击“拉伸”按钮，选择FRONT平面，绘制保持架连接板截面图形，向草绘平面两侧拉伸，设置拉伸深度值为1，单击“应用”按钮，如图4-111所示。

05 单击“阵列”按钮，设置阵列类型为轴阵列，选择Z轴，设置第一方向的阵列数，并设置阵列数在360°内均布，单击“应用”按钮，如图4-112所示。

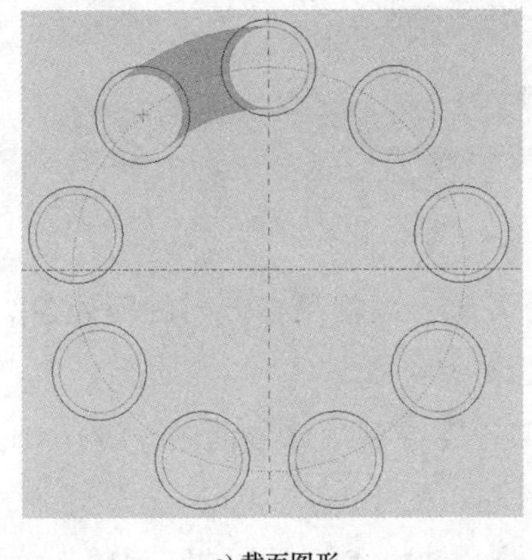

a) 截面图形

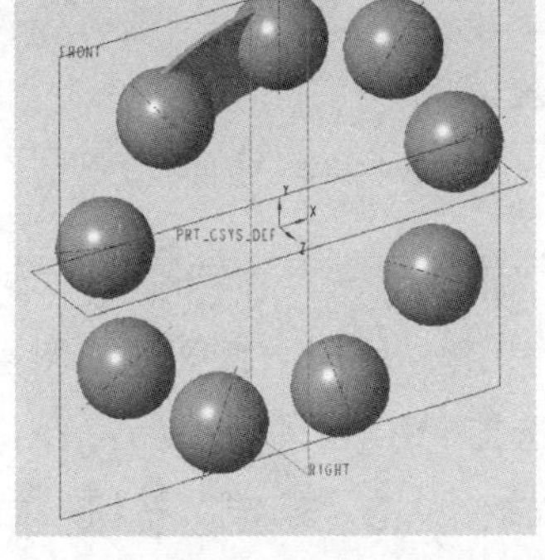

b) 实体

图4-111 拉伸1（保持架连接板）

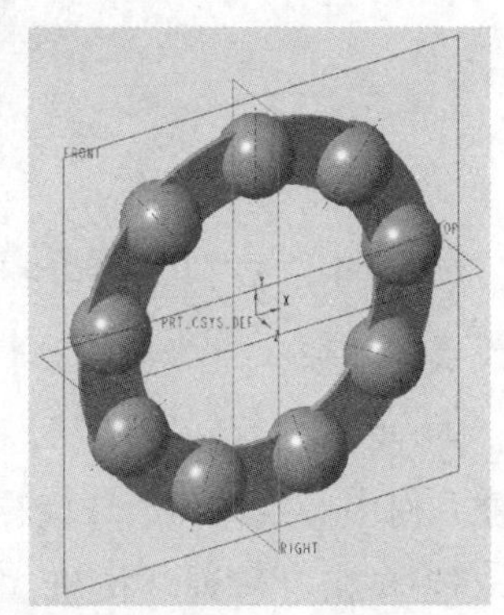

图4-112 阵列2（阵列连接板）

06 单击“拉伸”按钮，选择FRONT平面，绘制截面图形，向草绘平面两侧拉伸，移除材料，单击“应用”按钮，如图4-113所示。

07 单击“拉伸”按钮，选择FRONT平面，绘制铆钉截面图形，向草绘平面两侧拉伸，设置拉伸深度值为1，单击“应用”按钮，如图4-114所示。

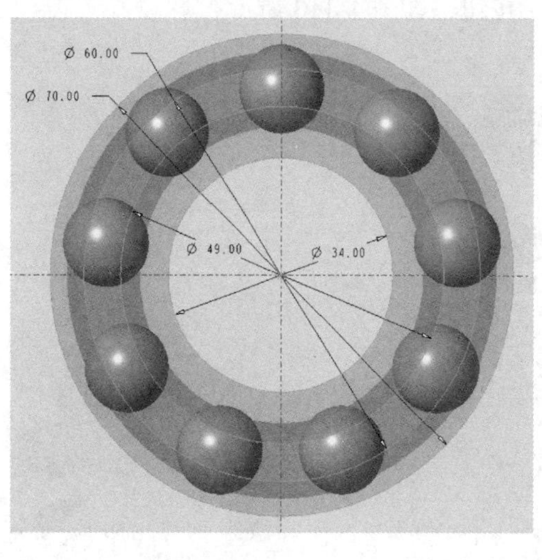

a)

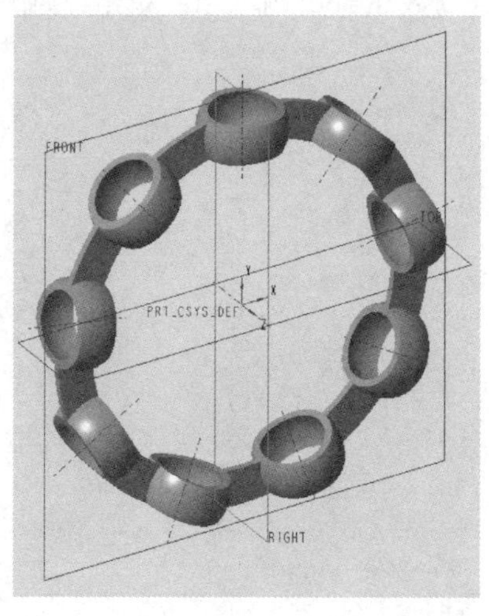

b)

图 4-113　拉伸 2

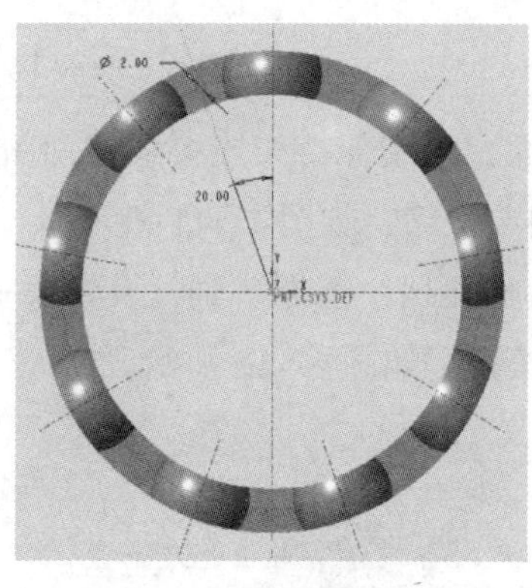

a) 截面图形

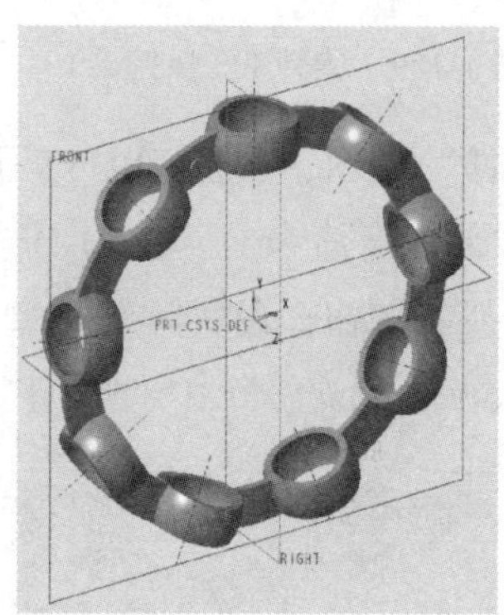

b) 实体

图 4-114　拉伸 3（铆钉）

08 单击“阵列”按钮，设置阵列类型为轴阵列，选择 Z 轴，设置第一方向的阵列数，并设置阵列数在 360°内均布，单击“应用”按钮，如图 4-115 所示。

09 单击“旋转”按钮，选择 FRONT 平面，参考保持架轮廓绘制滚珠截面图，沿 Y 轴创建几何中心线作为滚珠旋转轴，单击“确定”按钮，如图 4-116 所示。

10 单击“阵列”按钮，设置阵列类型为轴阵列选择 Z 轴，设置第一方向的阵列数，并设置阵列数在 360°内均布，单击“应用”按钮，如图 4-117 所示。

11 单击“旋转”按钮，选择 RIGHT 平面，参考滚珠轮廓线绘制外圈截面，标注尺寸，沿 Z 轴创建几何中心线作为外圈旋转轴，单击“确定”按钮，如图 4-118 所示。

12 单击“旋转”按钮，选择 FRONT 平面，设置显示样式为隐藏线，参考滚珠轮廓线绘制内圈截面，标注尺寸，沿 Z 轴创建几何中心线作为内圈旋转轴，单击“确定”按钮，如图 4-119 所示。

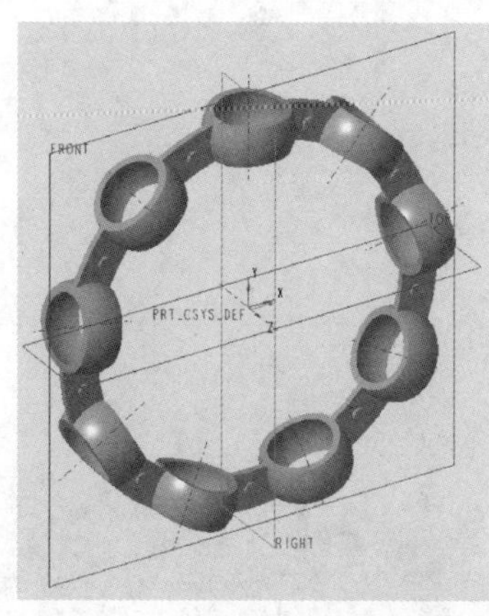

图 4-115　阵列 3（阵列铆钉）

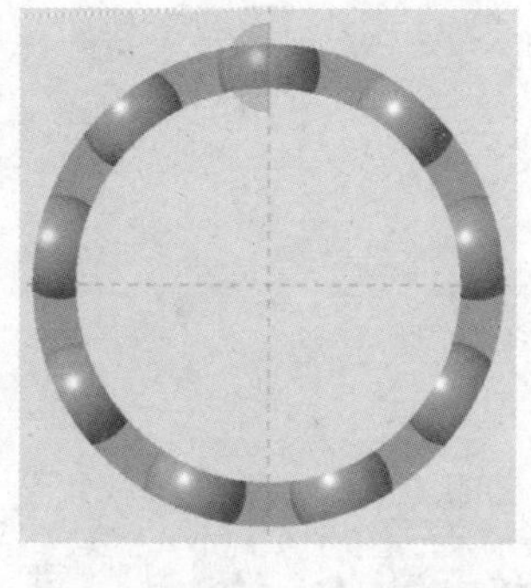

a)

b)

图 4-116　旋转 2（创建滚珠）

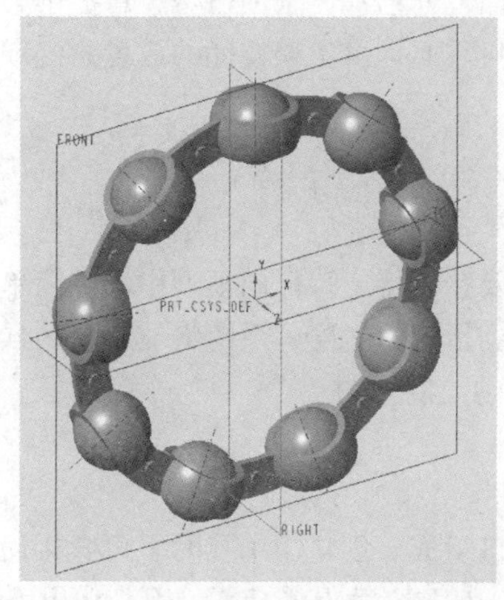

图 4-117　阵列 4（阵列滚珠）

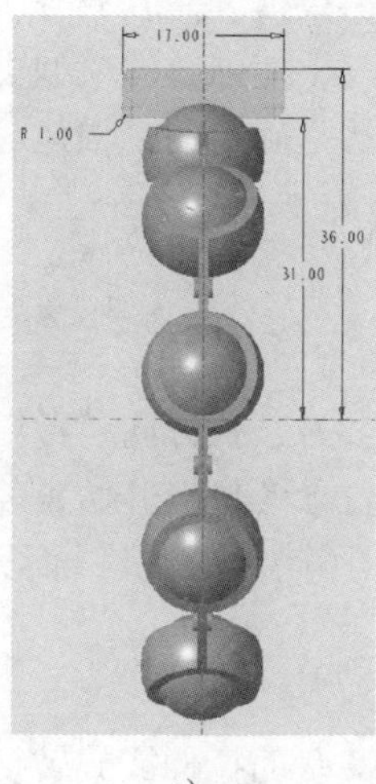

a)

b)

图 4-118　旋转 3（轴承外圈）

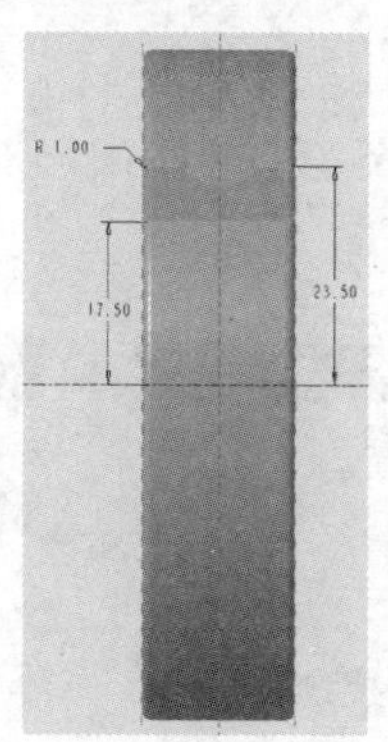

a) 截面图形

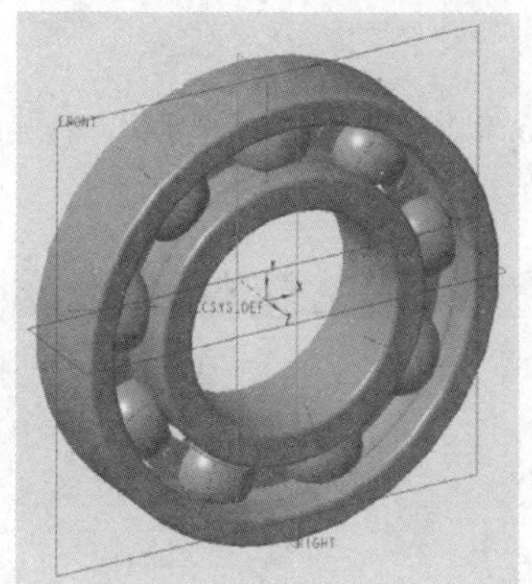

b) 实体

图 4-119　旋转 4（轴承内圈）

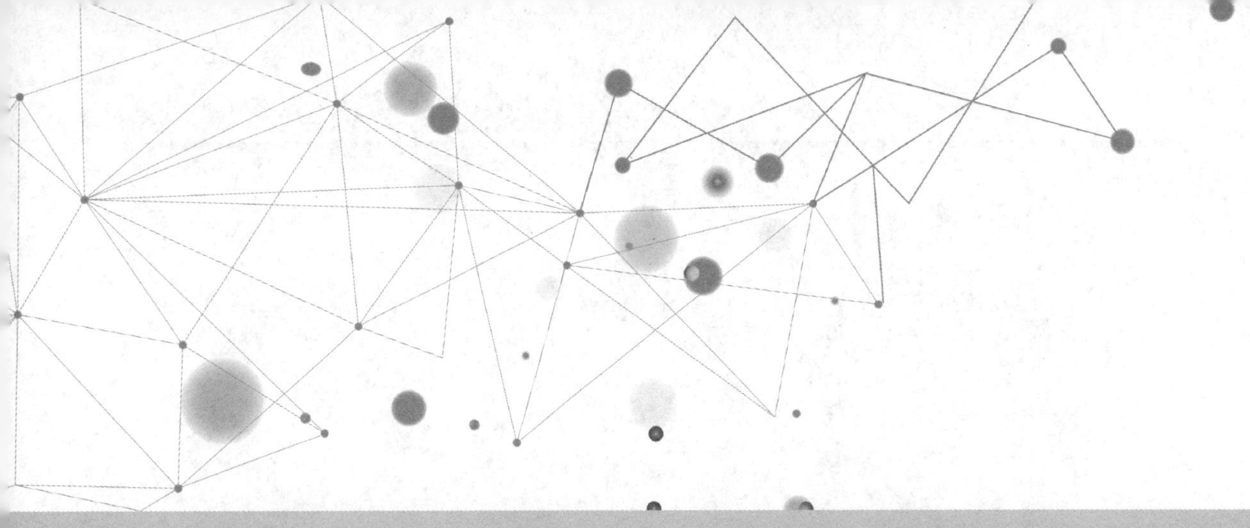

第5章　工程特征

工程特征包括孔、倒圆角、倒角、拔模、壳和筋等。工程特征的任务是在基本特征的基础上对模型的局部进行深入编辑和修改，使创建的模型更加符合工程要求。Creo 6.0 提供或自定义常用工程特征模板，其几何形状是确定的，构建时只需要提供工程特征的放置位置和尺寸即可。

5.1　孔

孔工具通过定义放置参考、偏移参考、孔方向参考以及孔的特定特征向模型中添加简单孔和标准孔。创建孔时，孔总是从放置参考位置开始延伸到指定的深度，系统将显示孔的预览几何，可直接在绘图区和“孔”选项卡中定义孔，而无须绘制草图。

5.1.1　创建简单孔

简单孔由不与任何行业标准直接关联的拉伸或旋转切口组成。创建简单孔时，可直接使用系统预定义的矩形轮廓；也可以使用标准孔轮廓作为钻孔轮廓，为孔指定沉头孔、沉孔和刀尖角；或者用户在草绘环境中自行创建的孔轮廓。

1. 单侧简单孔

默认情况下，Creo 6.0 创建单侧简单孔。单侧简单孔可使用“预定义”矩形作为钻孔轮廓，其选项卡如图 5-1 所示。

图 5-1　单侧简单孔的选项卡

当简单孔带有沉头孔、沉孔和刀尖角度等特征时，使用“标准”孔轮廓作为钻孔轮廓，其选项卡如图 5-2 所示。

当使用草绘截面定义钻孔轮廓时，可以选择已绘制好的钻孔轮廓二维图形，也可以在草绘环境下创建各种异形简单孔截面来定义的孔轮廓，其选项卡如图 5-3 所示。

图 5-2　带有沉头孔、沉孔和刀尖角的简单孔的选项卡

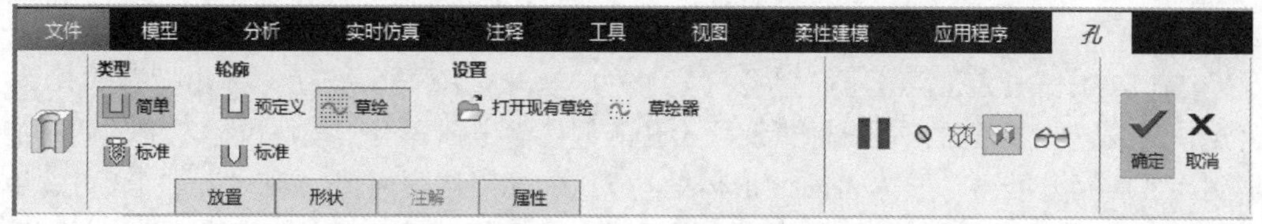

图 5-3　草绘环境下定义孔轮廓的选项卡

单击“孔”选项卡中的“放置”按钮时，弹出定义孔位置参考的“放置”对话框，可在其中设置类型、偏移参考和孔方向等选项来确定孔在模型中的位置，如图 5-4 所示。

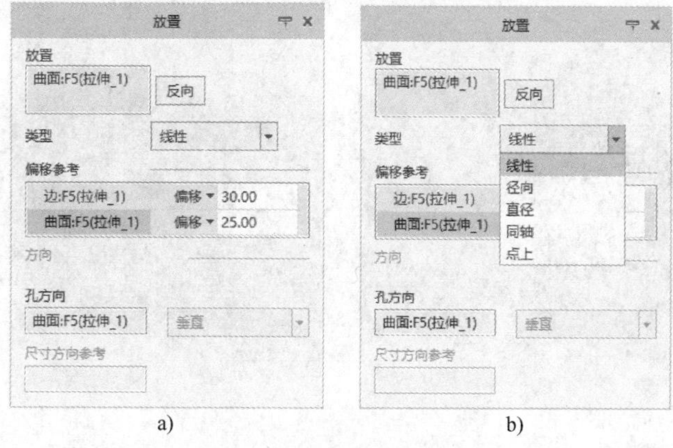

图 5-4　“放置”对话框

单击“孔”选项卡中的“形状”按钮，弹出定义孔形状的“形状”对话框。默认状态时，通过选择孔的深度类型来确定由参考位置指定的单侧简单孔的深度值。当创建双侧简单孔时，通过选择“侧 2”列表框中的孔深度类型来确定由参考位置指定的侧 2 简单孔的深度值，如图 5-5 所示。

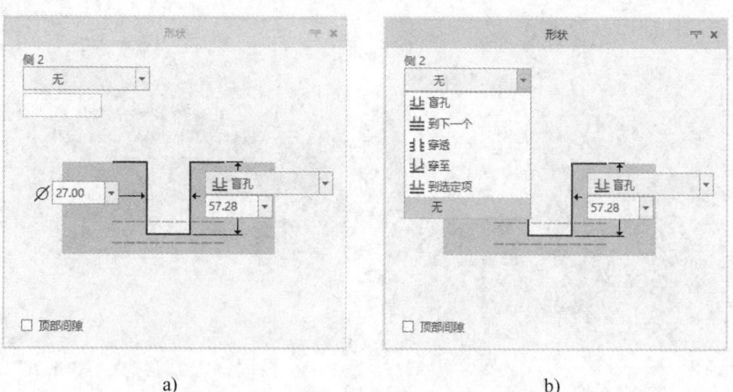

图 5-5　“形状”对话框

在模型上创建单侧简单孔的步骤：

01 新建文件选择“mmns_ part_ solid”模板，进入零件模式下的绘图环境。

02 单击“拉伸”按钮，选择草绘平面，进入草绘环境。

03 以坐标原点为中心，绘制100×70的矩形，从草绘平面指定深度值为50，单击“应用”按钮。

04 单击“孔”按钮，创建简单孔（默认），单击“放置”按钮，弹出“放置”对话框，选择孔放置的参考面，将鼠标指针置于孔的偏移参考标识上，按住鼠标左键的同时拖动标识到参考面（基准面、形体表面或形体的边），设置偏移距离值（或对齐参考面）。单击“形状”按钮，弹出“形状”对话框，设置孔直径值，选择放置参考所确定的孔深度类型，设置钻孔深度值。孔的放置和形状也可以直接在视图中操作。创建的单侧简单孔如图5-6所示。

通过“孔”选项卡，还可以创建带有沉头孔、沉孔和刀尖角度的简单孔孔，以及异形截面轮廓的简单孔，如图5-7所示。

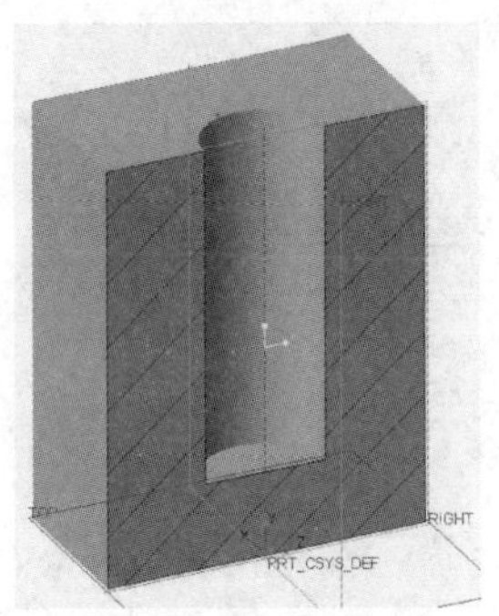

图5-6　单侧简单孔

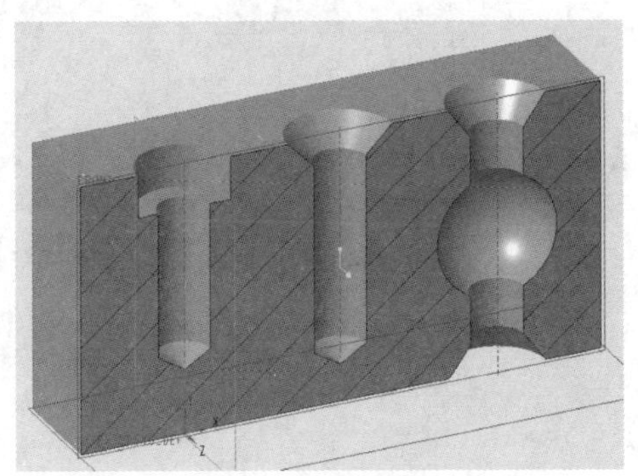

图5-7　其他简单孔

2. 双侧简单孔

双侧简单孔通常应用于装配中。

创建双侧简单孔时，模型上要有放置孔的曲面（包括基准面）、轴或点。如图5-8中的DTM1平面就是创建双侧简单孔的放置参考面。创建的双侧简单孔不能带有沉孔、沉头孔和刀尖角度，异形简单孔只能在单侧创建，允许同时格式化孔的两侧，如图5-8所示。

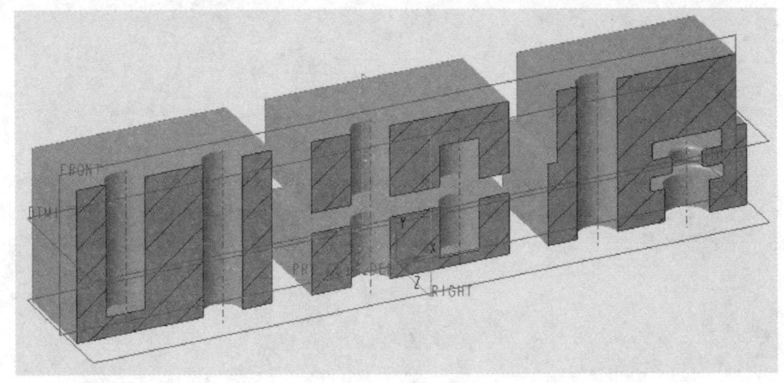

图5-8　双侧简单孔

5.1.2　创建标准孔

标准孔由基于标准紧固件参照表的旋转切口组成。Creo 6.0 提供了符合标准紧固件参照表的标准孔，以及螺纹或间隙直径。用户也可以创建自己的孔参照表。创建标准孔时，系统会自动创建螺纹注解。用户可以从孔螺纹曲面中分离出孔轴，并将螺纹放置到指定的层。在 Creo 6.0 中可以创建的标准孔有螺纹孔、锥形孔、钻孔和间隙孔等类型。

在模型上创建标准孔时，单击“孔”选项卡中的“标准”按钮，“添加攻丝”按钮自动激活；“放置”和“形状”对话框的设置内容与简单孔基本类似；“注解”对话框中自动为创建的螺纹孔添加注解（关闭“孔”选项卡后注解呈现在视图中）；“属性”对话框列表显示标准孔的参数名称和值。在“孔”选项卡中可为标准孔选择添加沉头孔或沉孔。默认状态下，“孔”选项卡中包括螺纹类型（默认为 ISO）、螺钉尺寸、钻孔深度类型和深度值等选项，如图 5-9 所示。

图 5-9　标准螺纹孔选项卡

“添加攻丝”按钮处于激活状态下，单击“锥形”按钮（创建锥孔）时，创建的螺纹孔为锥形，即锥螺纹孔。“放置”和“形状”对话框的设置内容与标准孔类似；“注解”对话框自动为锥螺纹孔添加注解；“属性”对话框中列表显示锥螺纹孔的参数名称和值。在“孔”选项卡中可为锥螺纹孔添加沉头孔或沉孔。“孔”选项卡中还包括螺纹类型（默认为 ISO_7/1）、螺钉尺寸、钻孔深度类型和深度值等选项，如图 5-10 所示。

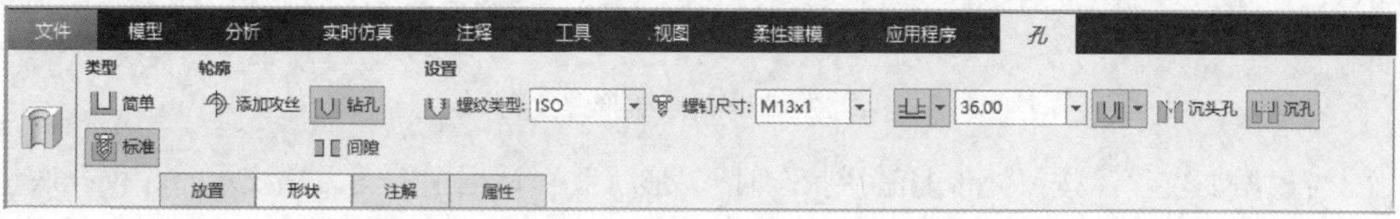

图 5-10　锥形螺纹孔的选项卡

单击“添加攻丝”按钮将其关闭时，“钻孔”按钮自动激活。“放置”和“形状”对话框的设置内容与标准孔类似；“注解”对话框自动为螺纹孔添加注解；“属性”对话框中列表显示所钻孔的参数名称和值。在操控面板中可为创建的钻孔添加沉头孔或沉孔。操控面板中还包括螺纹类型（默认为 ISO）、螺钉尺寸、钻孔深度类型、深度值等选项，如图 5-11 所示。

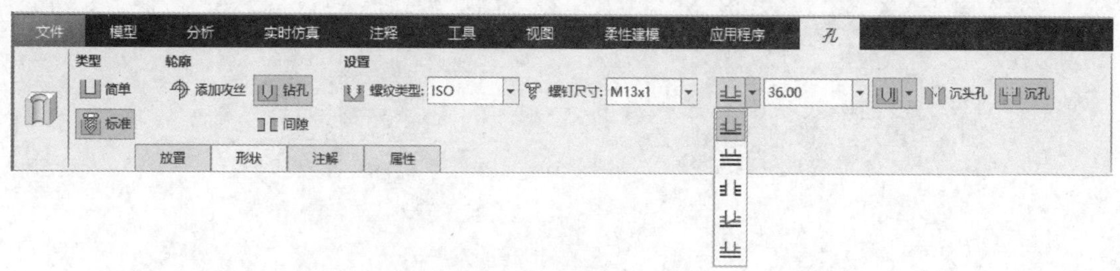

图 5-11　创建钻孔的选项卡

单击“间隙”按钮时，钻孔深度类型中缺少从放置参考按指定的深度值钻孔选项，即不能设置钻孔深度值，其他选项与创建钻孔时的相同，如图5-12所示。

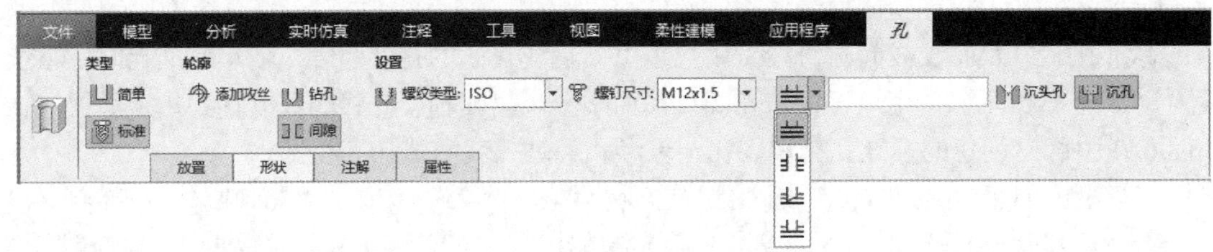

图5-12 创建间隙孔的选项卡

单击“放置”按钮时，弹出定义孔位置的“放置”对话框，其中的选项与创建简单孔的“放置”对话框相同，如图5-4所示。

单击“形状”按钮时，弹出定义螺纹孔尺寸的“形状”对话框，“添加攻丝”按钮处于激活状态，其中螺纹深度和孔底锥度可以重新定义；如果再创建锥孔，“形状”对话框中示意图变为锥形螺纹孔，无重新定义项目，如图5-13所示。

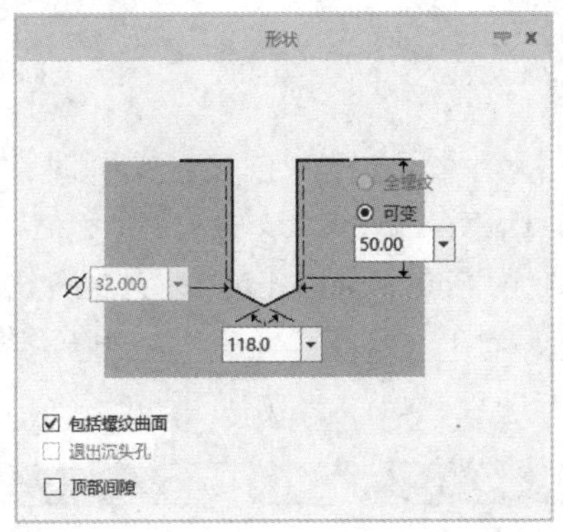

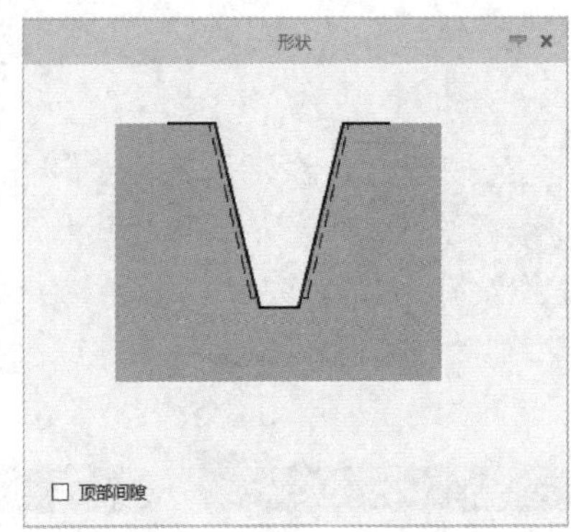

图5-13 螺纹孔与锥形螺纹孔

当“添加攻丝”按钮处于非激活状态时，“形状”对话框中的图无螺纹示意，仅孔底锥度可以重新定义，如图5-14所示。

当“添加攻丝”按钮处于非激活状态下，单击“间隙”按钮时，“形状”对话框可选择精密拟合、中等拟合或自由拟合，如图5-15所示。

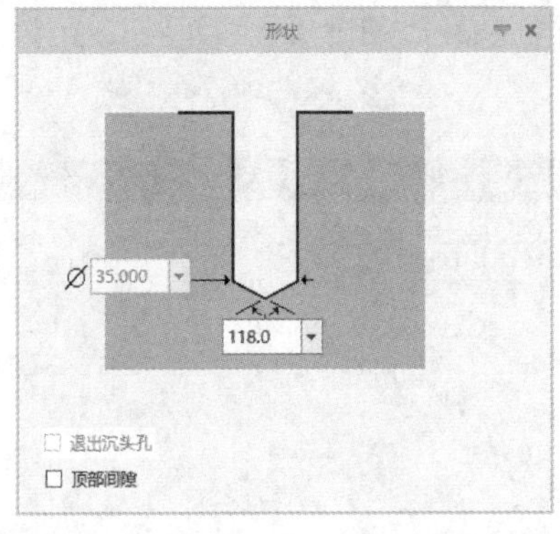

图5-14 无螺纹孔（螺纹最小直径）

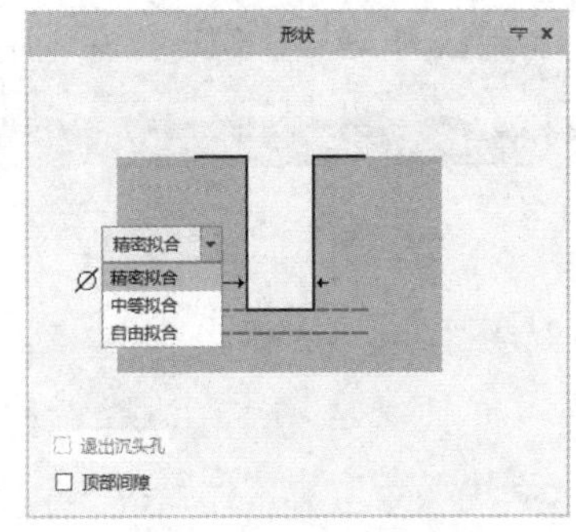

图5-15 螺钉穿孔

单击“钻孔”按钮时，“形状”对话框的孔为无螺纹孔（螺纹最小直径），孔直径无定义项目，如图5-16所示。

单击“添加攻丝”按钮时，在无螺纹孔上创建螺纹，且螺纹深度可重新定义，如图5-17所示。

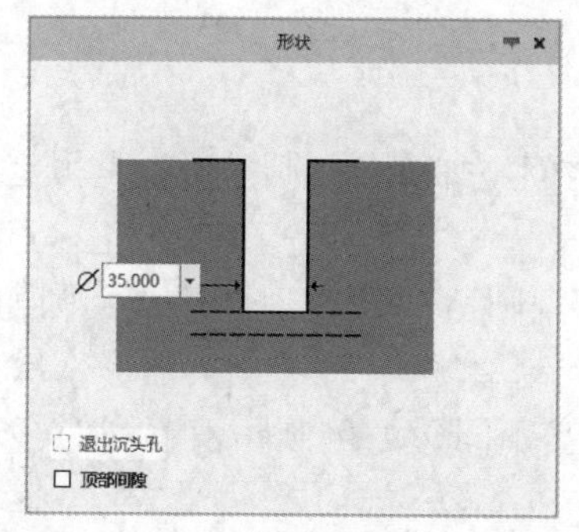

图5-16　无螺纹孔（螺纹最小直径）

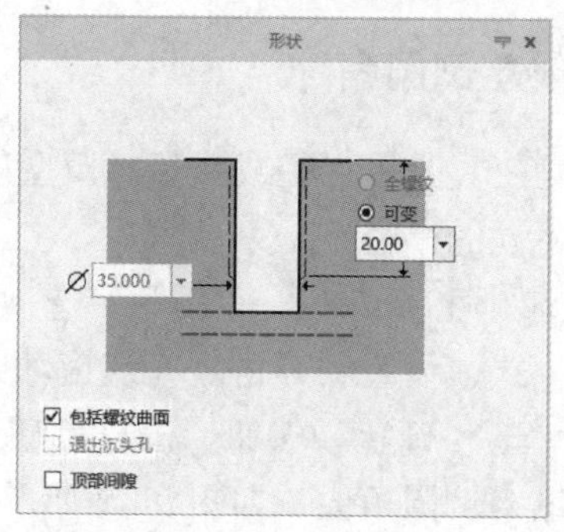

图5-17　螺纹孔

在模型上创建标准孔的步骤：

01 新建文件，进入零件模式下的绘图环境。

02 单击“拉伸”按钮，选择草绘平面，设置草绘方向，进入草绘环境。

03 以坐标原点为中心，绘制100×70的矩形，从草绘平面指定深度值为50mm，单击“应用”按钮。

04 单击“孔”按钮，创建标准孔，单击“添加攻丝”（默认），按钮，选择螺钉型号（M16×2），指定钻孔深度类型为从放置参考以指定的深度值钻孔，设置深度值为40mm。单击“放置”按钮，弹出“放置”对话框，选择孔放置参考表面，将鼠标指针置于孔的偏移参考标识上，按住鼠标左键的同时拖动标识到参考面（基准面、形体表面或形体的边），设置偏移距离（或对齐参考面）。单击“形状”按钮，弹出“形状”对话框，设置螺纹深度值，设置钻头刀尖角值，添加沉头孔或沉孔，设置尺寸，单击“应用”按钮，创建的标准孔如图5-18所示。

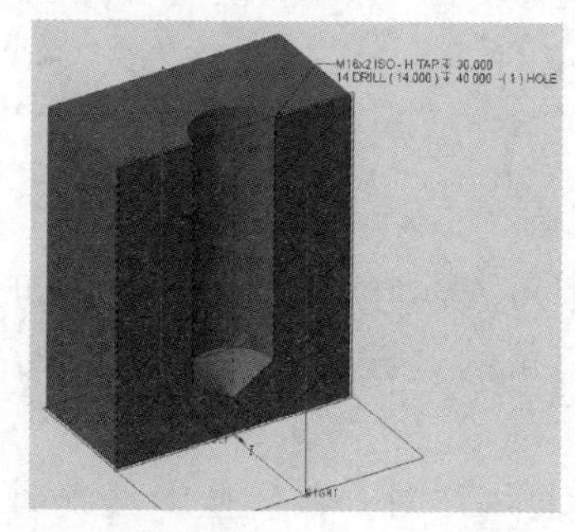

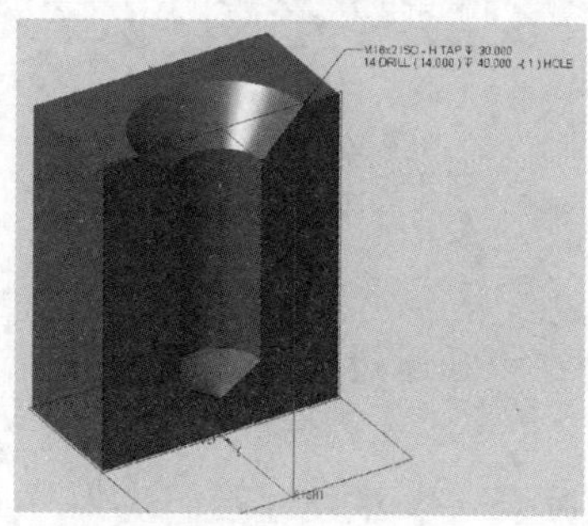

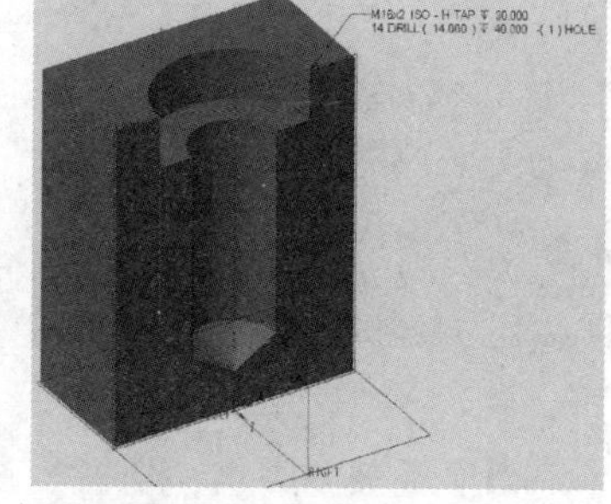

图5-18　标准孔

当创建锥形螺纹孔时，在默认“添加攻丝”按钮为激活的状态下，创建锥孔，其他步骤如前所述。

当创建螺纹底孔（螺纹最小直径孔），不添加攻丝，创建钻孔，其他步骤如前所述。

当创建的孔不带螺纹，而是作为螺钉穿孔时，不添加攻丝，创建间隙孔，其他步骤如前所述。

5.2 倒圆角

5.2.1 创建倒圆角

倒圆角工具是以半径或弦高对模型边或曲面之间添加圆角。圆角可以是恒定半径，也可以是多个不同的半径。

创建倒圆角时，单击“工程”选项组中的“倒圆角”按钮，打开“倒圆角”选项卡，默认为集模式，设置倒圆角值（或拖动圆角半径控制滑块），在绘制的图形依次选择要倒圆角的边，单击“确定”按钮，即可创建倒圆角。当不同边的倒圆角值不同时，可逐个单击边，逐个输入倒圆角值，如图5-19所示。

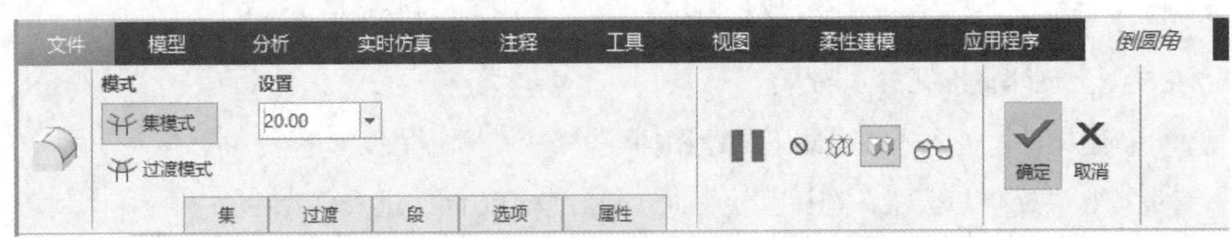

a)“倒圆角”选项卡

b) 实体

图5-19 倒圆角

切换到过渡模式时，圆角有五种过渡形式可供选择。当倒圆角为三个集（集1、集2和集3），过渡形式为“拐角球”时，可通过尺寸标注来确定圆角的过渡形式，如图5-20所示。

当模型被倒圆角，切换至过渡模式，并且过渡形式为“曲面片”时，在模型中生成倒圆角曲面，如图5-21所示。

模型上倒圆角转换成曲面片的步骤：

01 新建文件，进入零件模式下的绘图环境。

02 单击“拉伸”按钮，选择草绘平面，设置草绘方向，进入草绘环境。

03 单击“中心矩形”按钮，以坐标原点为中心，绘制 100×70 的矩形，从草绘平面指定深度值为 60，单击“应用”按钮。

04 单击“倒圆角”按钮，输入圆角半径 10。

05 切换到过渡模式，单击模型中过渡圆角，选择过渡类型为曲面片。单击“选项”按钮，弹出“选项”对话框，改连接为曲面，单击“确定”按钮，如图 5-21 所示。

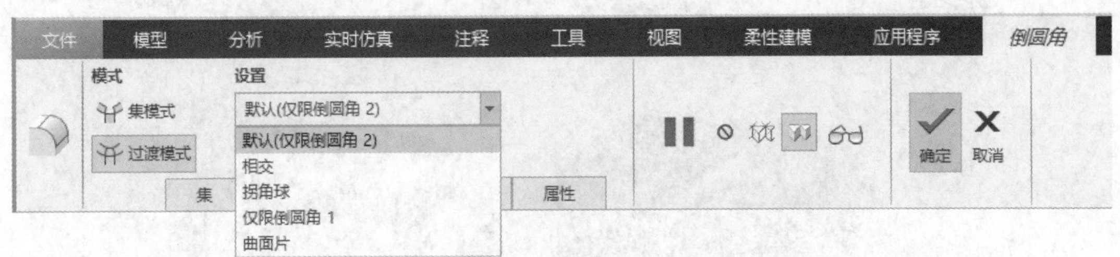

a)“倒圆角”选项卡

b) 实体

图 5-20　不同过渡形式的倒圆角

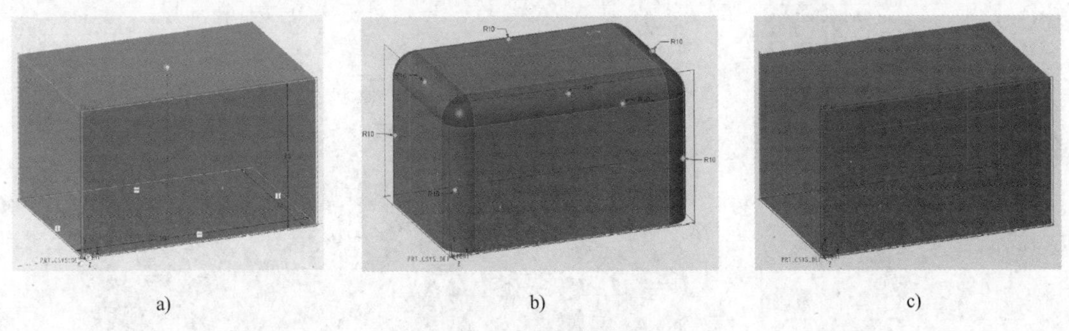

a)　　　　b)　　　　c)

图 5-21　倒圆角曲面

创建的倒圆角曲面可以进行镜像、偏移、加厚和实体化处理，如图 5-22 所示。

单击“倒圆角”选项卡中的“集”“过渡”“段”“选项”等按钮，在弹出的对话框中可以对圆角进行更深入的设置。通常模型一条边上的圆角值保持不变，但为了满足造型要求，有些模型边上的圆角值不同，这时只要将鼠标指针置于圆角所在位置的白色圆形标识上，右击，在弹出的菜单中选择“添加半径”命令，即可创建倒圆角值不同的边，添加的

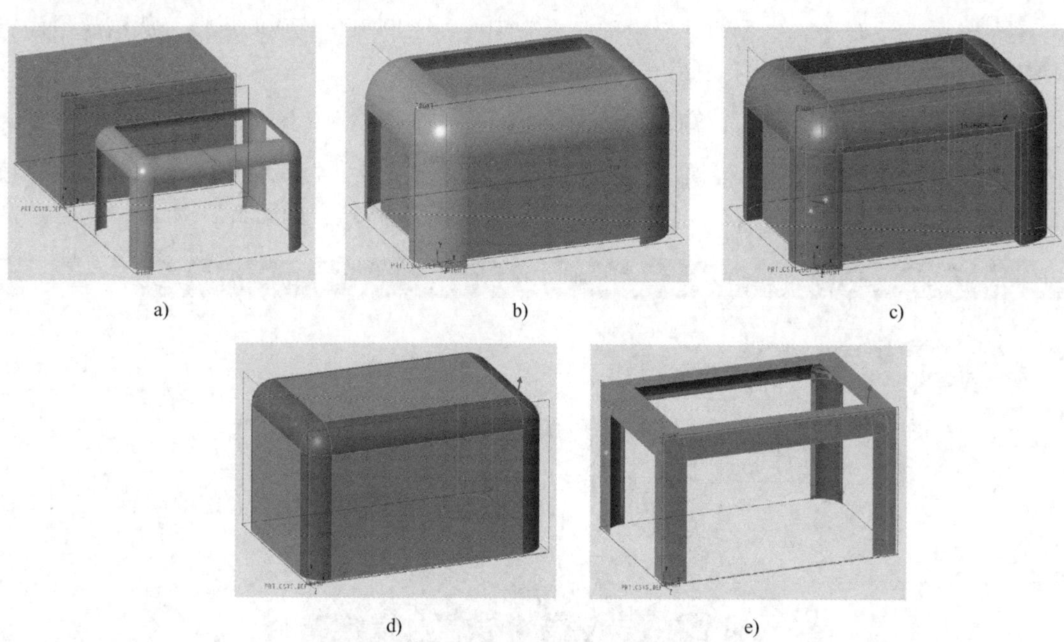

a) b) c) d) e)

图 5-22 倒圆角曲面及其编辑处理

新圆角数量不限，位置可根据需要设置，如图 5-23 所示。

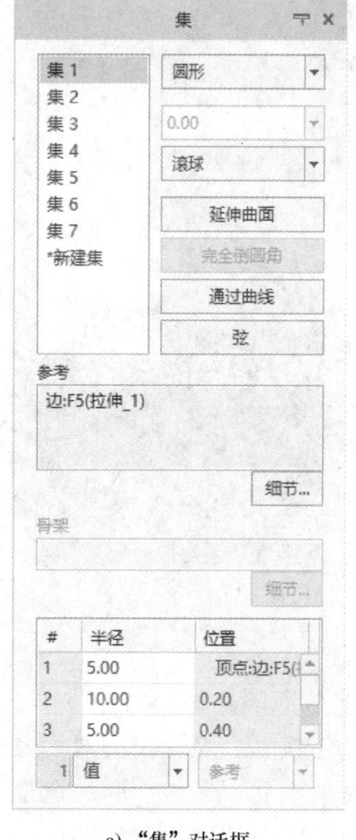

a) “集”对话框

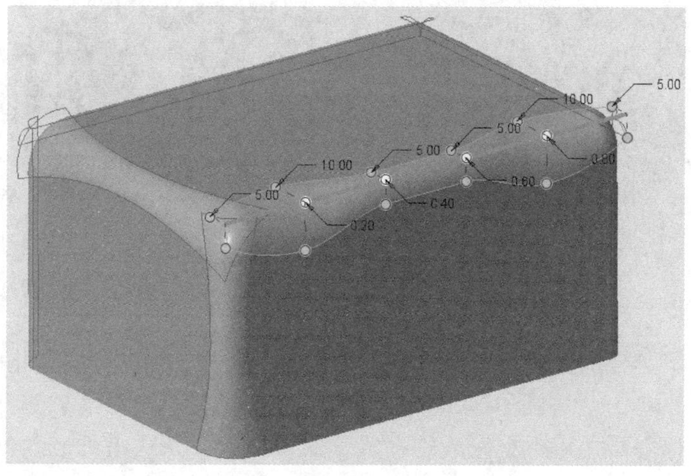

b) 实体

图 5-23 模型边上的倒圆角值不同

常见的倒圆角有以下几种形式：

1. 延伸曲面

在已有曲面的基础上创建新的倒圆角，如图5-24所示。

2. 完全倒圆角

按 < Ctrl > 键的同时选择形体的两个相交边（属于一个集），再进行完全倒圆角时，形体呈现完全倒圆角状态，圆角大小取决于边长，不能定义，如图5-25 所示。

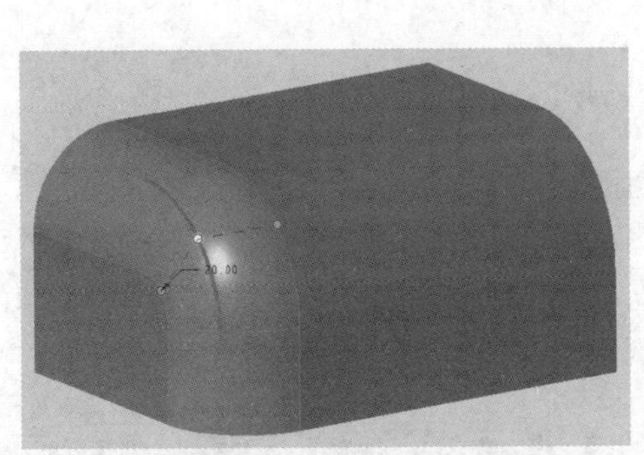

图5-24　延伸曲面

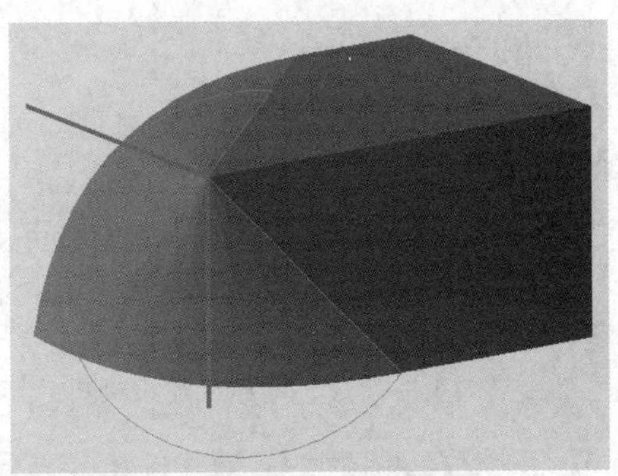

图5-25　完全倒圆角

3. 通过曲线倒圆角

首先在模型表面创建草绘圆弧、样条曲线和线链等特征，然后进行倒圆角操作，如图5-26所示。

4. 通过弦创建倒圆角

通过确定圆弧弦长的尺寸创建倒圆角，如图5-27 所示。

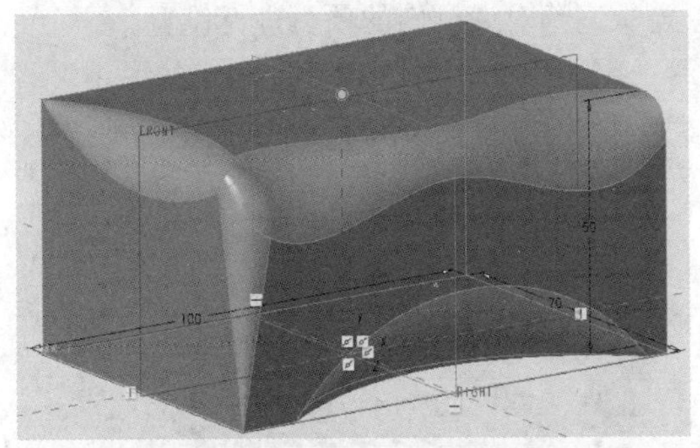

图5-26　利用圆弧、样条曲线和线链倒圆角

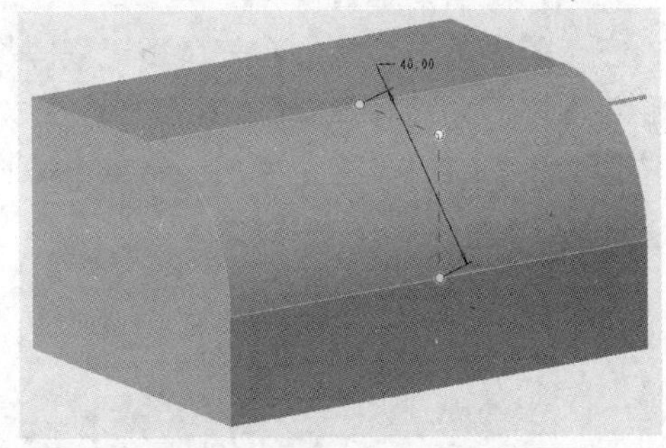

图5-27　通过弦长倒圆角

5.2.2　自动倒圆角

当模型上要倒圆角的边比较多时，可选择自动倒圆角，“自动倒圆角”选项卡如图5-28所示。

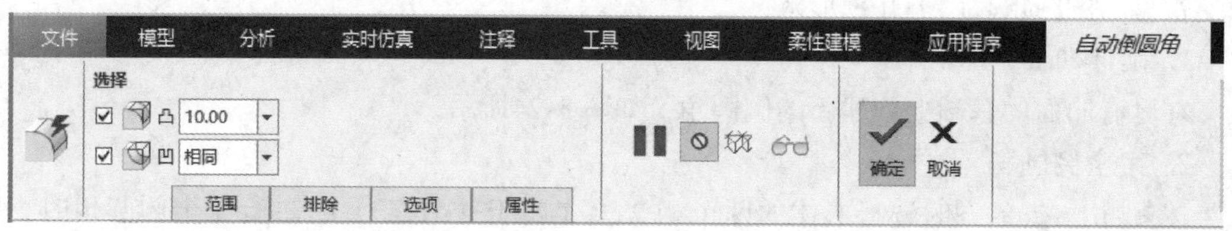

图 5-28 “自动倒圆角”选项卡

5.3 倒角

5.3.1 边倒角

边倒角工具是用来对模型的边或拐角进行斜切。

创建边倒角时，单击“工程”选项组中的“倒角”（边倒角）按钮，打开“边倒角”选项卡，默认为集模式，设置倒角的标注形式，拖动距离控制滑块或输入值，选择要倒角的边，单击“确定”按钮，即可创建边倒角，如图 5-29 所示。

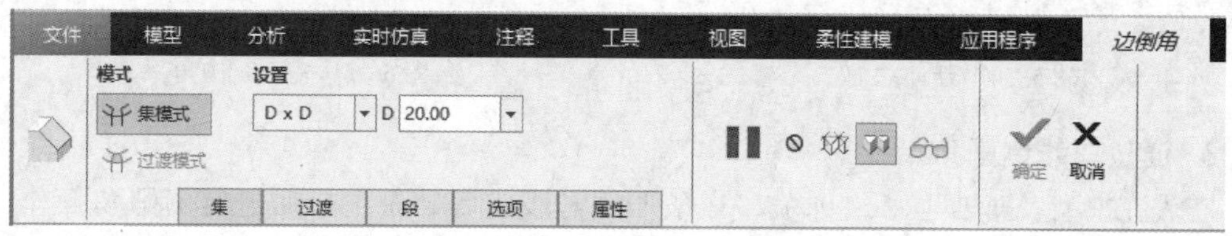

图 5-29 “边倒角”选项卡

按 <Ctrl> 键的同时依次选择倒角边所在的第一个面和第二个面，也可创建边倒角。

在 Creo 6.0 中，倒角的标注形式提供了六种边倒角的创建方法，用户可根据设计要求选择。

边倒角还可以通过“集”“过渡”“段”“选项”等对话框内的项目进行设置。

单击模型的一个边创建一个新建集，拖动距离控制滑块或输入值改变倒角的大小，且不影响其他边的倒角；按 <Ctrl> 键的同时选择多个边时创建边倒角为一个集，拖动距离控制滑块或输入值，属于这个集的所有倒角边将发生变化，如图 5-30 所示。

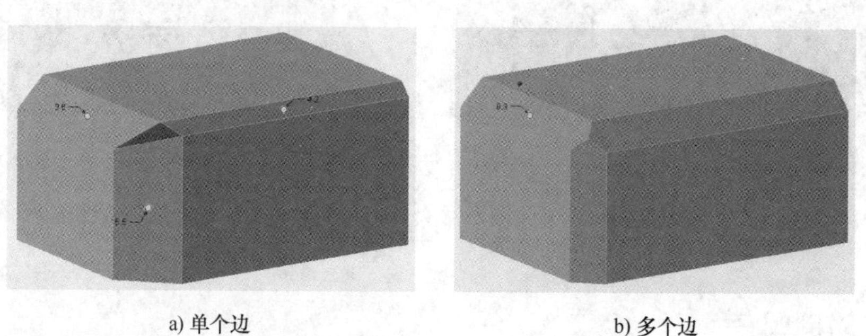

a) 单个边　　b) 多个边

图 5-30 单个边或多个边的倒角

当模型的三个相交边被倒角，且切换至过渡模式时，过渡类型为曲面片，单击放置圆角的平面，即可将该相交边的倒角创建为过渡圆角，如图 5-31 所示。

当模型被边倒角，切换至过渡模式，且过渡形式选为曲面片时，在模型中生成倒角曲面。

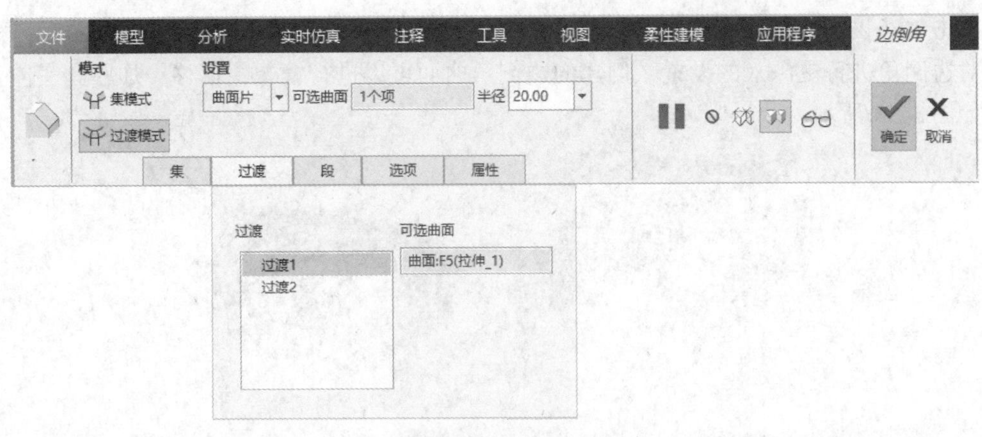

a) “边倒角”选项卡

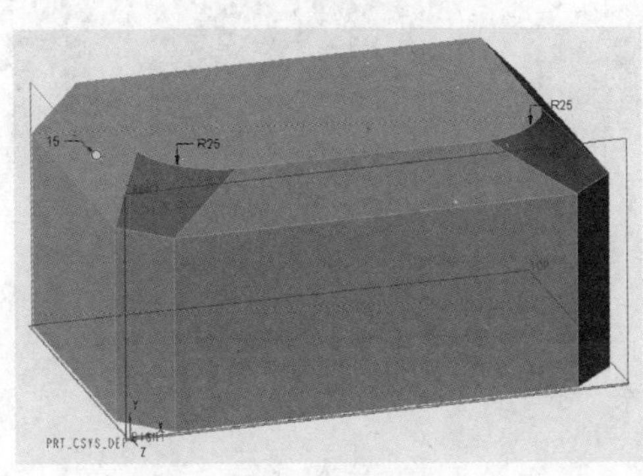

b) 实体

图 5-31　边倒角过渡为圆角

模型上边倒角转换曲面片的步骤：

01 新建文件，进入零件模式下的绘图环境。

02 单击“拉伸”按钮，选择草绘平面，设置草绘方向，进入草绘环境。

03 以坐标原点为中心，绘制 100×70 的矩形，从草绘平面指定深度值为 50mm，单击“应用”按钮。

04 单击“边倒角”按钮，设置倒角值为 6°。

05 切换到过渡模式，选择过渡类型为曲面片。单击“选项”按钮，弹出“选项”对话框，改连接为曲面，单击“应用”按钮，如图 5-32 所示。

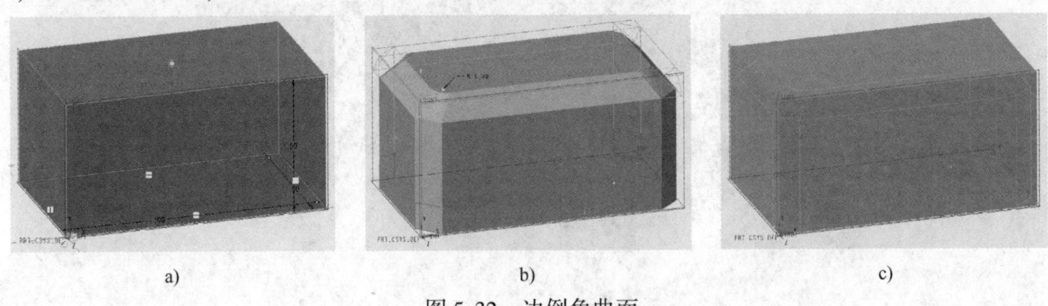

a)　　b)　　c)

图 5-32　边倒角曲面

单击“边倒角”选项卡中的“集”“过渡”“段”“选项”等按钮，在弹出的对话框中可以对边倒角进行更深入的设置。创建的边倒角曲面可以进行镜像、偏移、加厚和实体化处理，如图5-33所示。

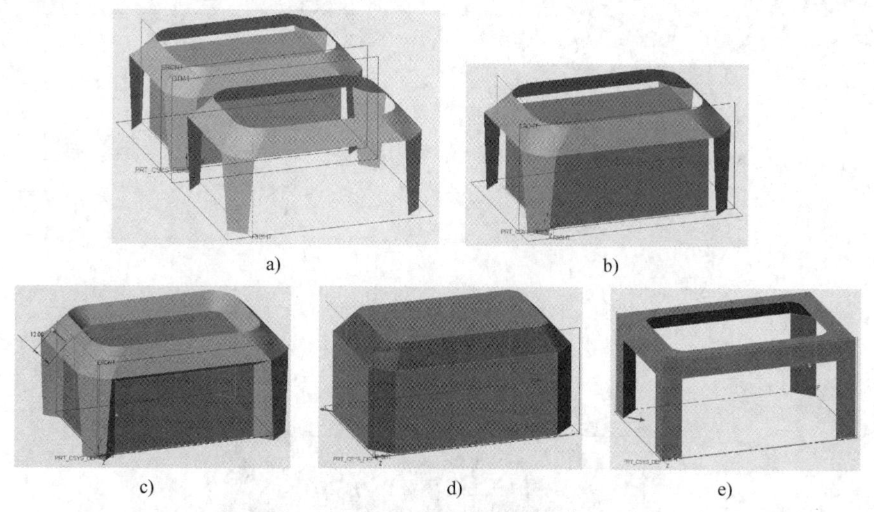

图5-33　倒圆角曲面及其编辑处理

“边倒角”选项卡中的“集”“过渡”“段”“选项”等按钮，在弹出的对话框中可以对倒角进行更深入的设置。

5.3.2　拐角倒角

拐角倒角工具用来对模型三条边的交点进行斜切。

创建拐角倒角时，单击“工程”选项组中的“倒角”按钮，从溢出菜单中选择“拐角倒角”命令打开“拐角倒角”选项卡，选择拐角，即模型三条边的交点，拖动距离控制滑块或输入值，单击“确定”按钮，即可创建拐角倒角，如图5-34所示。

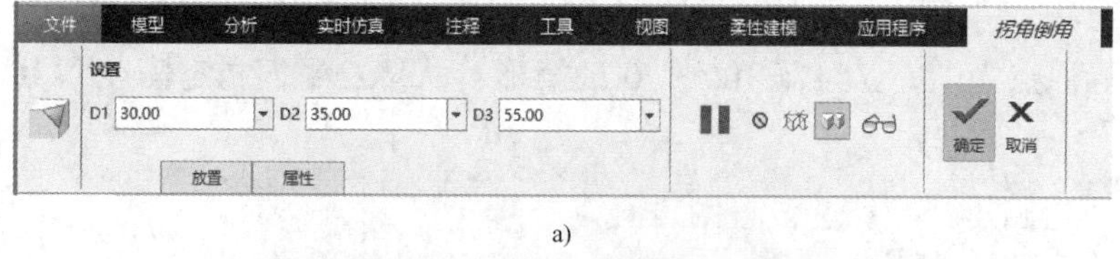

a)

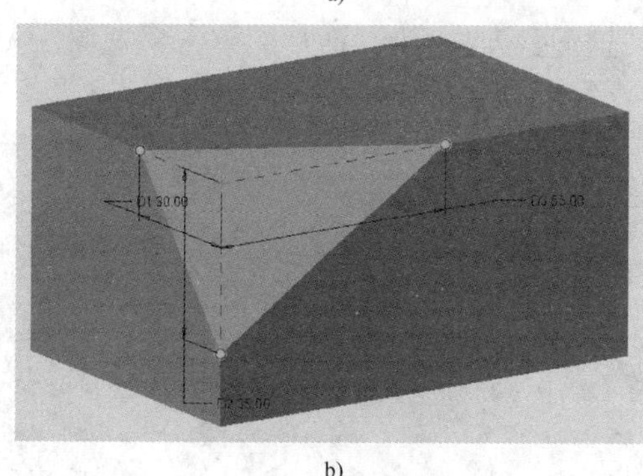

b)

图5-34　拐角倒角

5.4　拔模

5.4.1　创建拔模

拔模工具用于塑料成型加工中便于塑件从模具顺利脱模而设置的模型曲面倾斜角。拔模工具可为单个曲面或多个曲面添加 -30° ~ +30°的倾斜角。拔模曲面可以是模型上的平面、圆柱面、圆锥面或样条曲面等。

创建拔模时，单击“工程”选项组中的“拔模”按钮，打开“拔模”选项卡，单击左侧下方“参考”按钮，打开“参考”对话框，定义拔模枢轴（单击拔模枢轴所在平面），再次单击“参考”按钮，打开“参考”对话框，添加拔模曲面（或按 <Ctrl> 键，添加曲面组），拖动角度控制滑块或输入值，单击“确定”按钮，即可创建拔模，如图 5-35 所示。

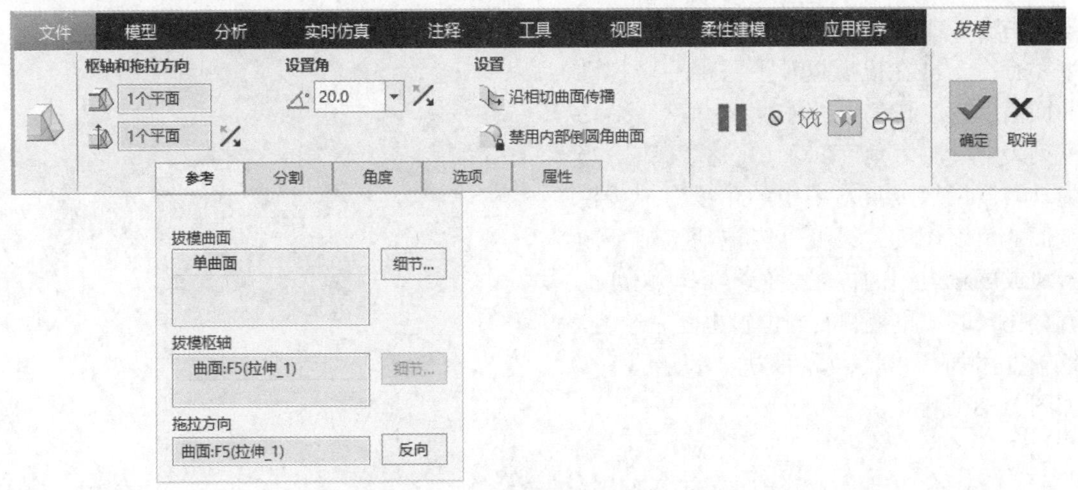

a) “拔模”选项卡

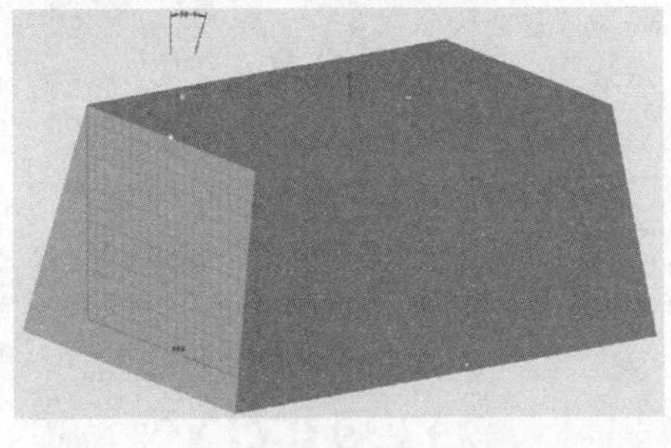

b) 实体

图 5-35　创建拔模

在模型的曲面上创建拔模时，同时按下沿相切曲面传播拔模，拔模曲面会沿相切曲面传播，如图 5-36 所示。

在模型的曲面上创建拔模时，同时按下沿相切曲面传播拔模和不对内部倒圆角进行拔模，拔模曲面的圆角不变，如图 5-37 所示。

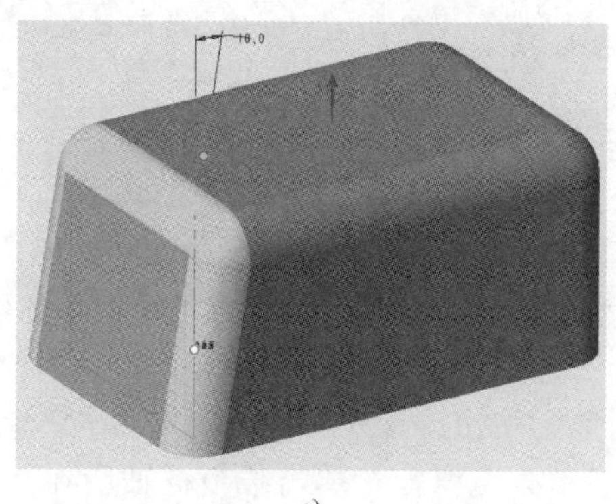

a)

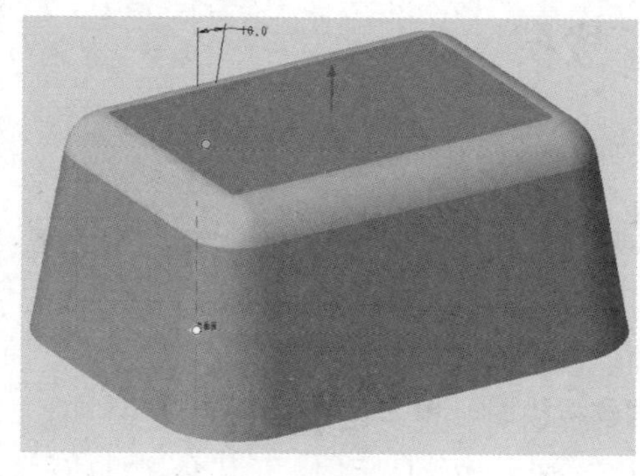

b)

图 5-36　拔模侧面沿相切曲面传播

将鼠标指针置于拔模枢轴的白色圆点上，右击，在弹出菜单中的选择“添加角度”命令，可在拔模枢轴上添加一个拖动曲面角度的控制滑块。同时，“角度”对话框列表中增加“角度”和“位置”列。当拖动角度滑块或更新表中的角度时，拔模侧面的角度也随之改变；当拖动枢轴上的滑块或更新表中的位置数值（枢轴长度的百分比）时，拔模侧面的位置也随之改变。枢轴上添加角度的数量取决于设计要求，如图 5-38 所示。

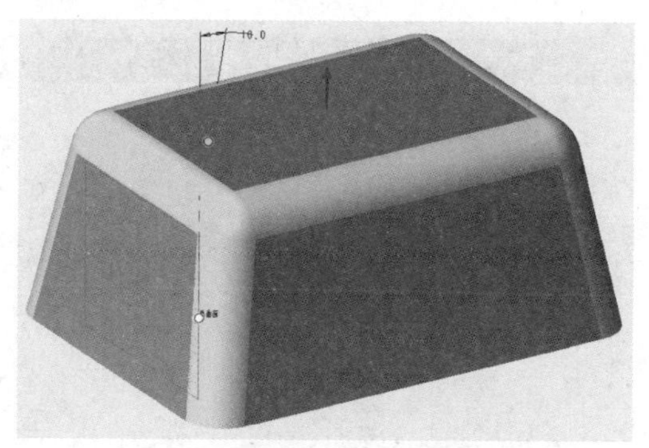

图 5-37　不对内部倒圆角进行拔模

角度

#	角度1	参考	位置
1	30.0	点:边:F5(拉	0.25
2	10.0	点:边:F5(拉	0.50
3	30.0	点:边:F5(拉	0.75

☑ 调整角度(保持相切)

a) **“角度”**对话框

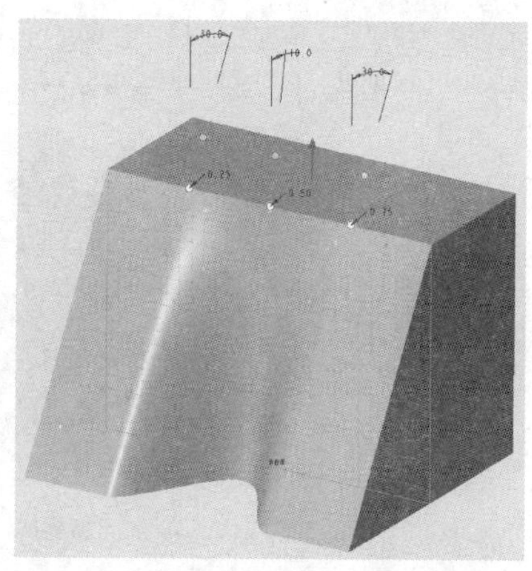

b) 实体

图 5-38　枢轴上添加角度

拔模操作时“分割选项”分为不分割、根据拔模枢轴分割和根据分割对象分割三种情况；“侧选项”分为独立拔模侧面、从属拔模侧面、只拔模第一侧和只拔模第二侧四种情况。

1. 不分割

当“分割选项”为“不分割”时，拔模曲面绕枢轴旋转一定角度，如图 5-39 所示。

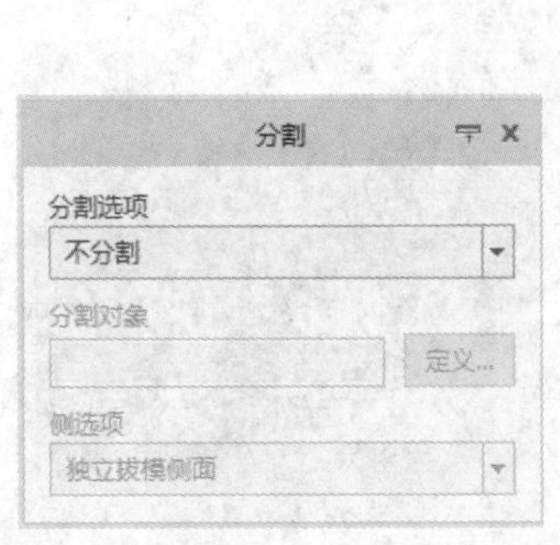

a)“分割”对话框

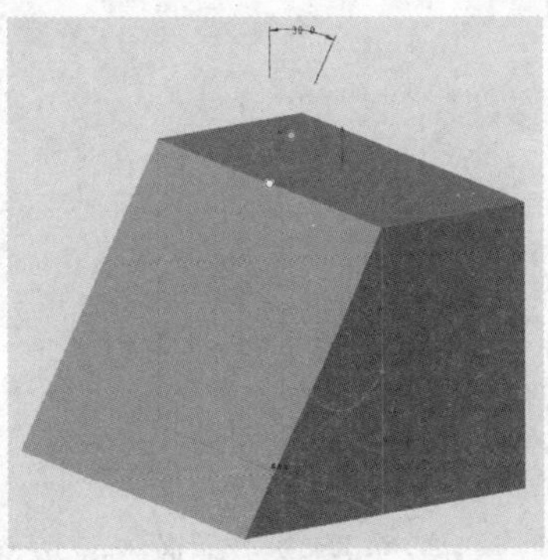

b) 实体

图 5-39 拔模曲面不分割

2. 根据拔模枢轴分割

当“分割选项”为“根据拔模枢轴分割”，“侧选项”为“独立拔模侧面”时，以枢轴为界线可分别定义枢轴两侧的拔模角度，如图 5-40 所示。

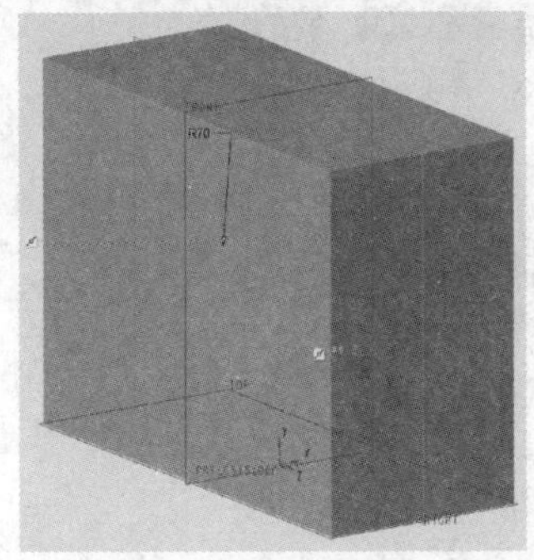

a) 实体一

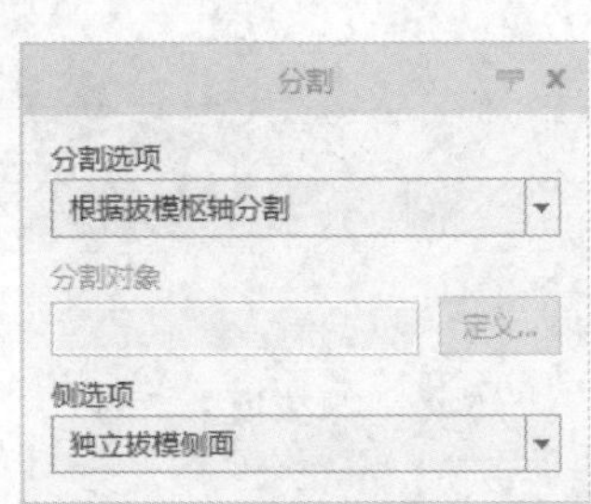

b)“分割”对话框

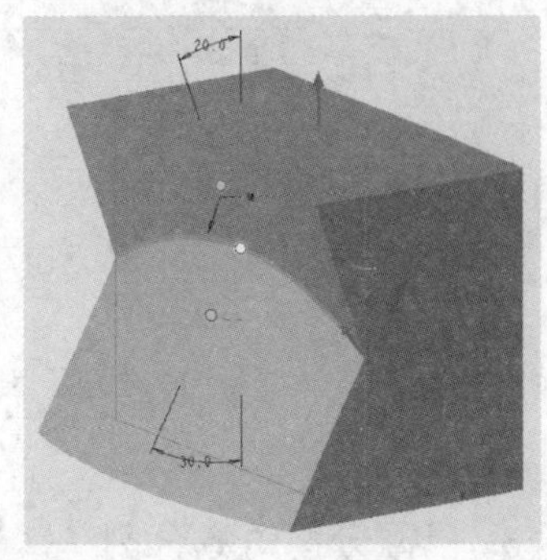

c) 实体二

图 5-40 独立拔模侧面

当“分割选项”为“根据拔模枢轴分割”，“侧选项”为“从属拔模侧面”时，枢轴两侧的拔模角度相同，如图 5-41 所示。

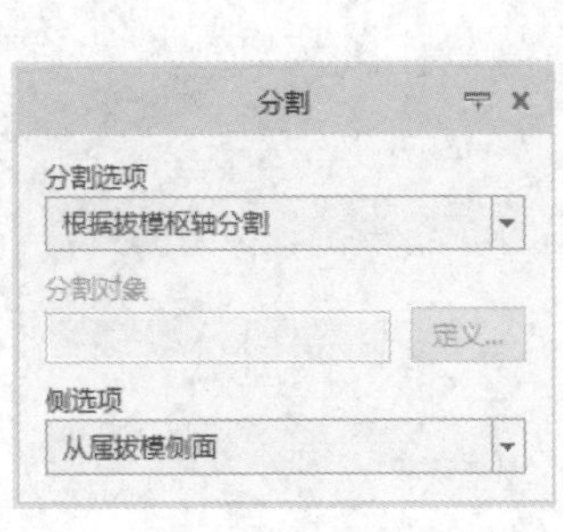

a)“分割”对话框

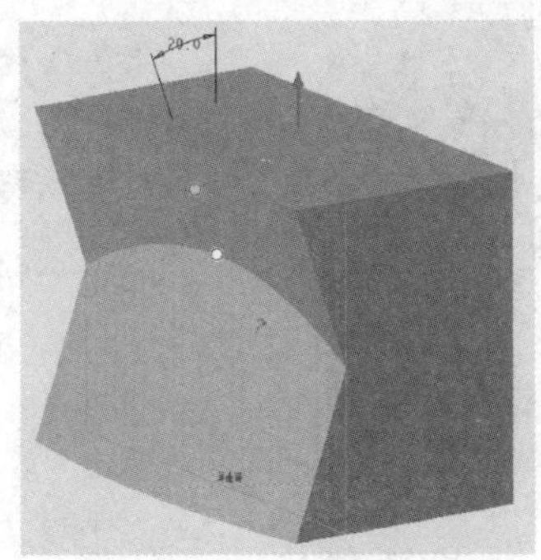

b) 实体

图 5-41 从属拔模侧面

"侧选项"也可以为"只拔模第一侧"或"只拔模第二侧"，如图 5-42 和图 5-43 所示。

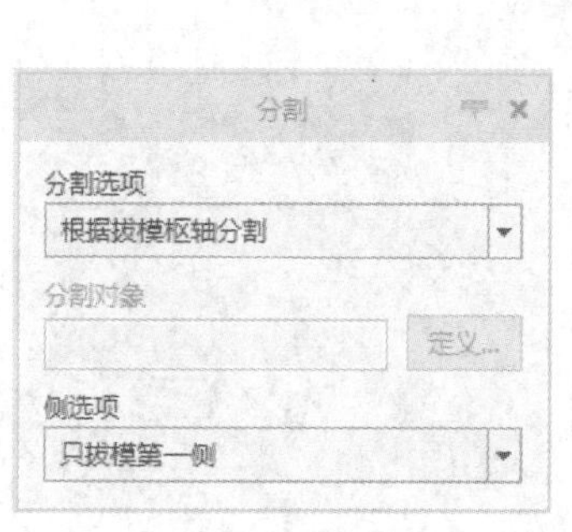

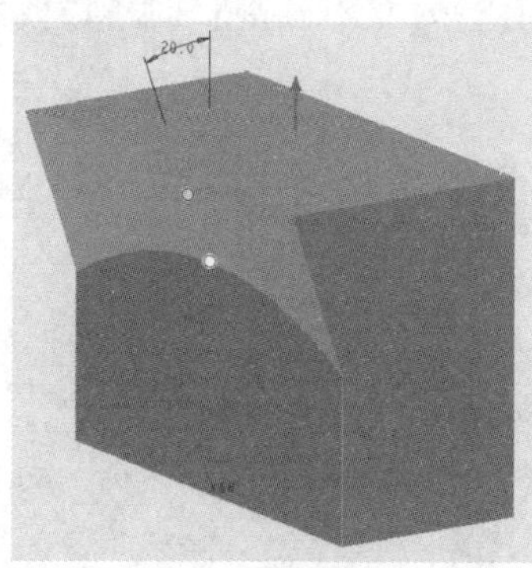

a) "分割"对话框　　b) 实体

图 5-42　只拔模第一侧

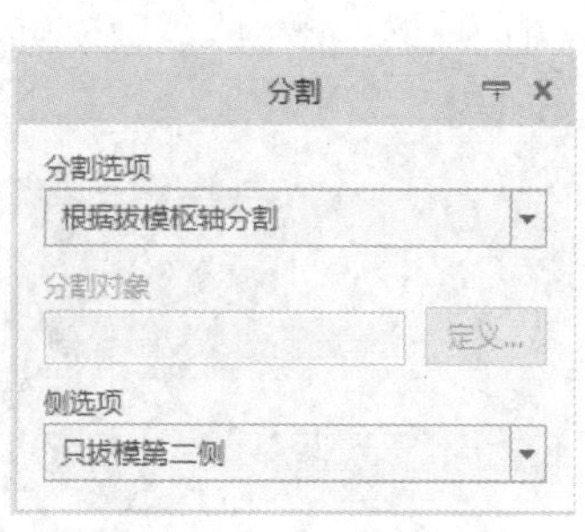

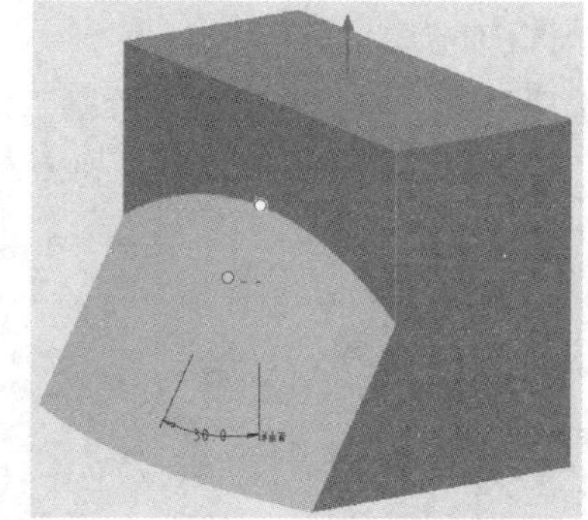

a) "分割"对话框　　b) 实体

图 5-43　只拔模第二侧

3. 根据分割对象分割

当"分割选项"为"根据分割对象分割"，"侧选项"为"独立拔模侧面"时，以分割对象为界可分别定义分割对象两侧的拔模角度，如图 5-44 所示。

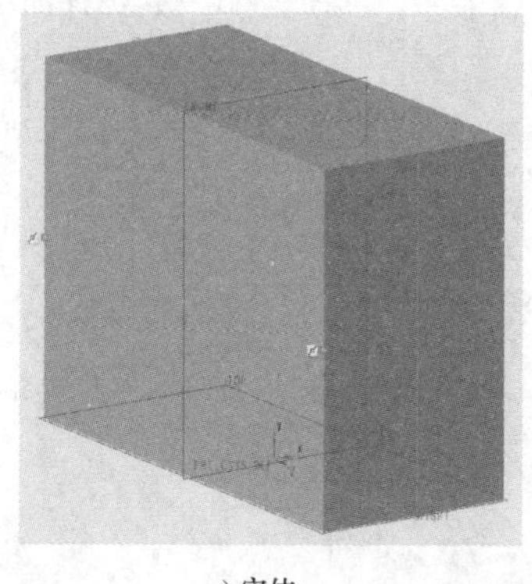

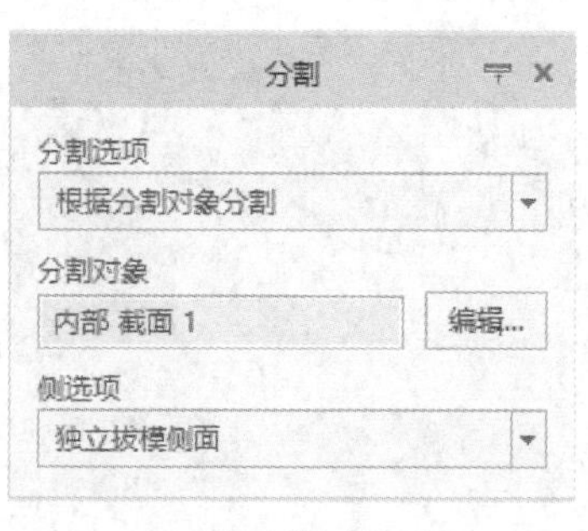

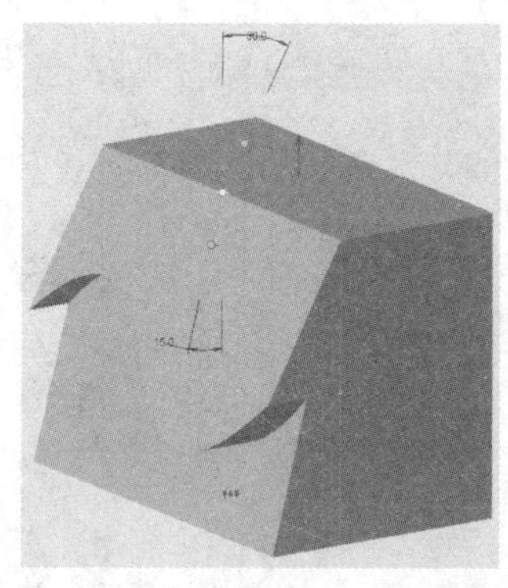

a) 实体一　　b) "分割"对话框　　c) 实体二

图 5-44　独立拔模侧面

“侧选项”也可以是“只拔模第一侧”或“只拔模第二侧”，如图5-45和图5-46所示。

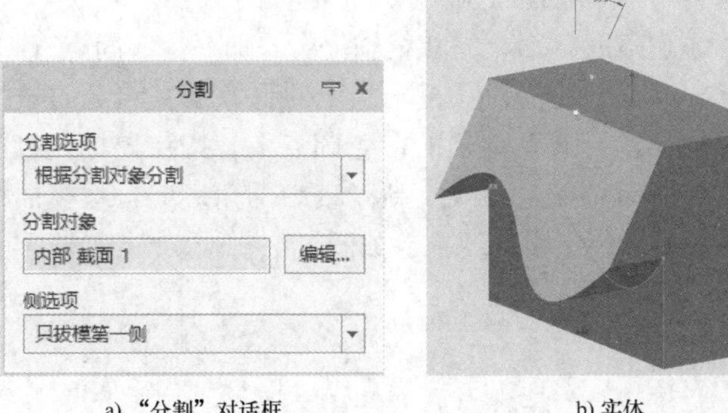

a)“分割”对话框　　b) 实体

图5-45　只拔模第一侧

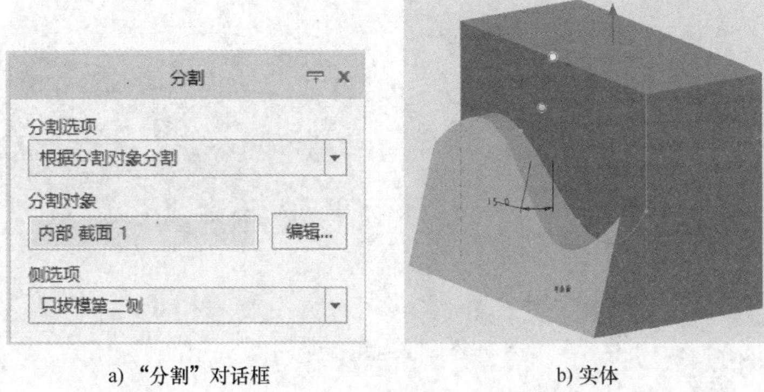

a)“分割”对话框　　b) 实体

图5-46　只拔模第二侧

5.4.2　可变拖拉方向拔模

创建可变拖拉方向拔模时，单击“工程”选项组中的“拔模”按钮，选择溢出菜单中的“可变拖拉方向拔模”命令，打开“可变拖拉方向拔模”选项卡，选择曲面、面组或平面来定义拖拉方向，选择模型上作为几何枢轴的曲线或边链，拖动角度控制滑块或输入值，单击“应用”按钮，即可创建可变拖拉方向拔模，如图5-47所示。

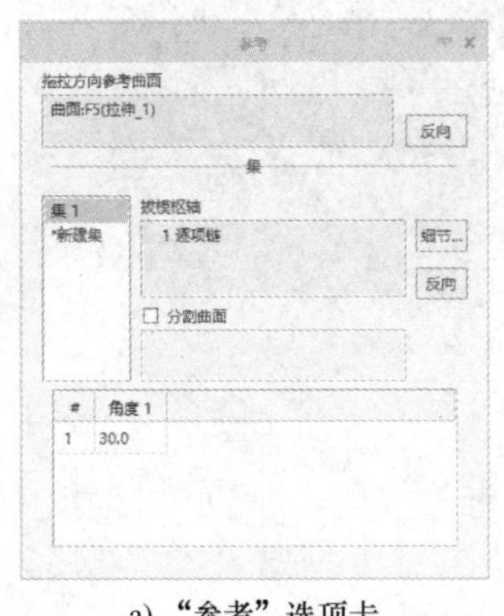

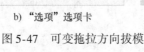

a)“参考”选项卡

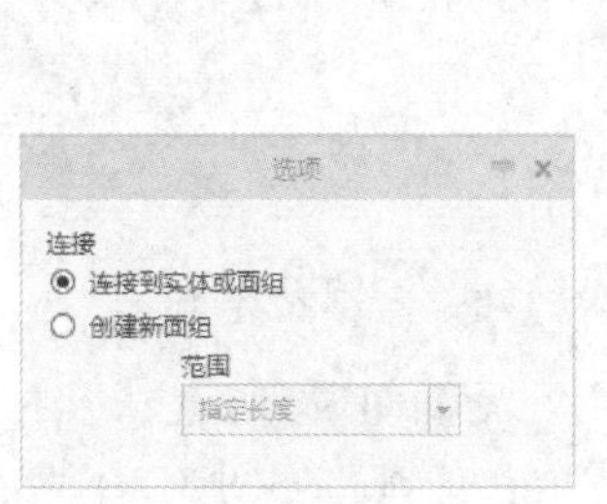

b)“选项”选项卡

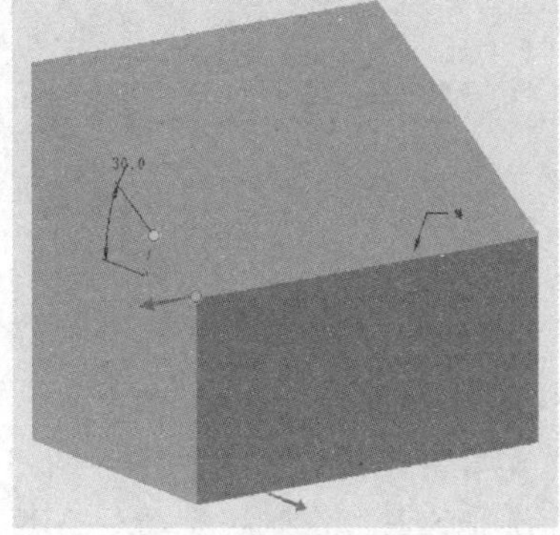

c) 实体

图5-47　可变拖拉方向拔模

要改变拔模曲面形状时，将鼠标指针置于“参考”对话框中的“角度”列表框中，右击，在弹出的菜单中选择“添加角度”命令，在枢轴的另一端生成一个端点。再次右击，在弹出的菜单中选择“添加角度”命令，在枢轴上会添加一个中间点（白色圆点）。依次类推可添加若干个点，点在枢轴上的位置（枢轴长度的百分比）可通过改变列表中的角度重新定义，也可以将鼠标指针置于拔模枢轴的白色圆点上，按住鼠标左键的同时拖动位置滑块。拖动位置滑块对应的曲面角度滑块或更新列表中的角度时，拔模曲面的角度也随之改变。枢轴上添加角度的数量取决于设计要求，如图5-48所示。

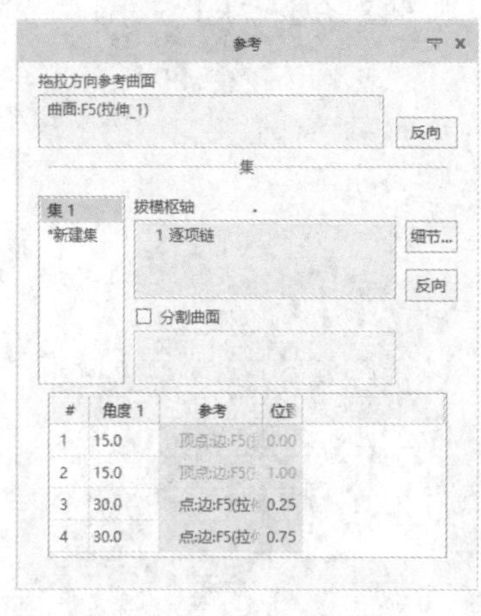

a）“参考”对话框

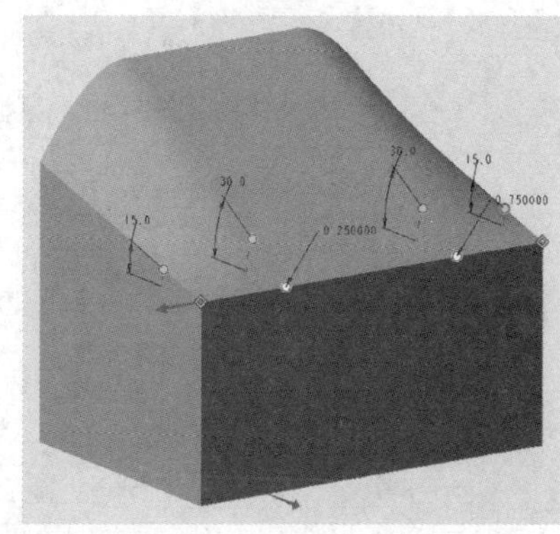

b）实体

图5-48　枢轴上添加角度

拔模曲面可以被面组或基准面最多分割两次，分割的拔模曲面以面组或基准面为界线可分别定义不同的拔模角度，如图5-49所示。

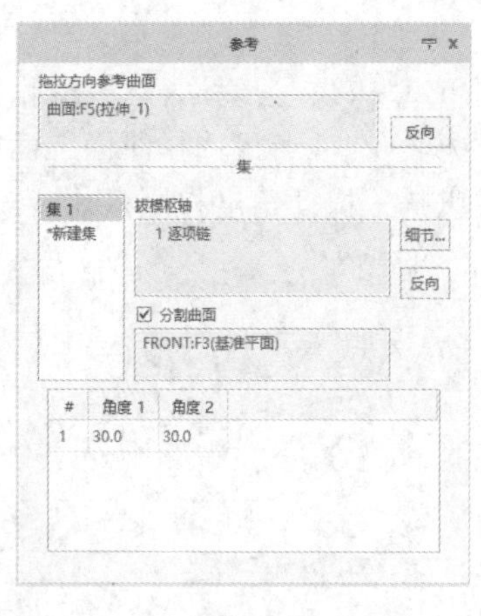

a）“参考”对话框

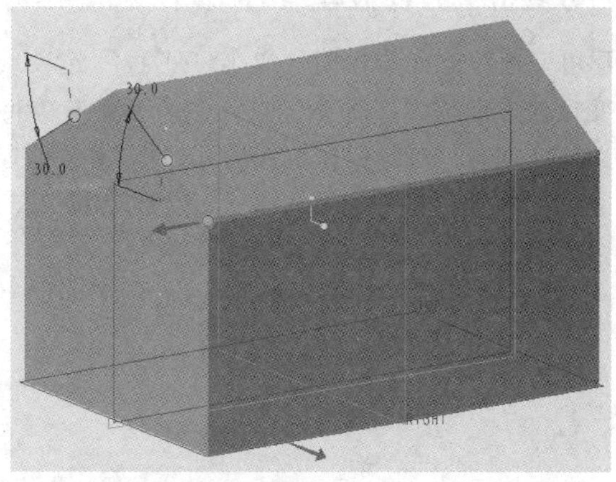

b）实体

图5-49　分割拔模曲面

当单击“选项”对话框中的“创建新面组”单选按钮时，曲面的“范围”列表框中的选项为指定长度、到选定项、到下一个和分离，如图5-50所示。

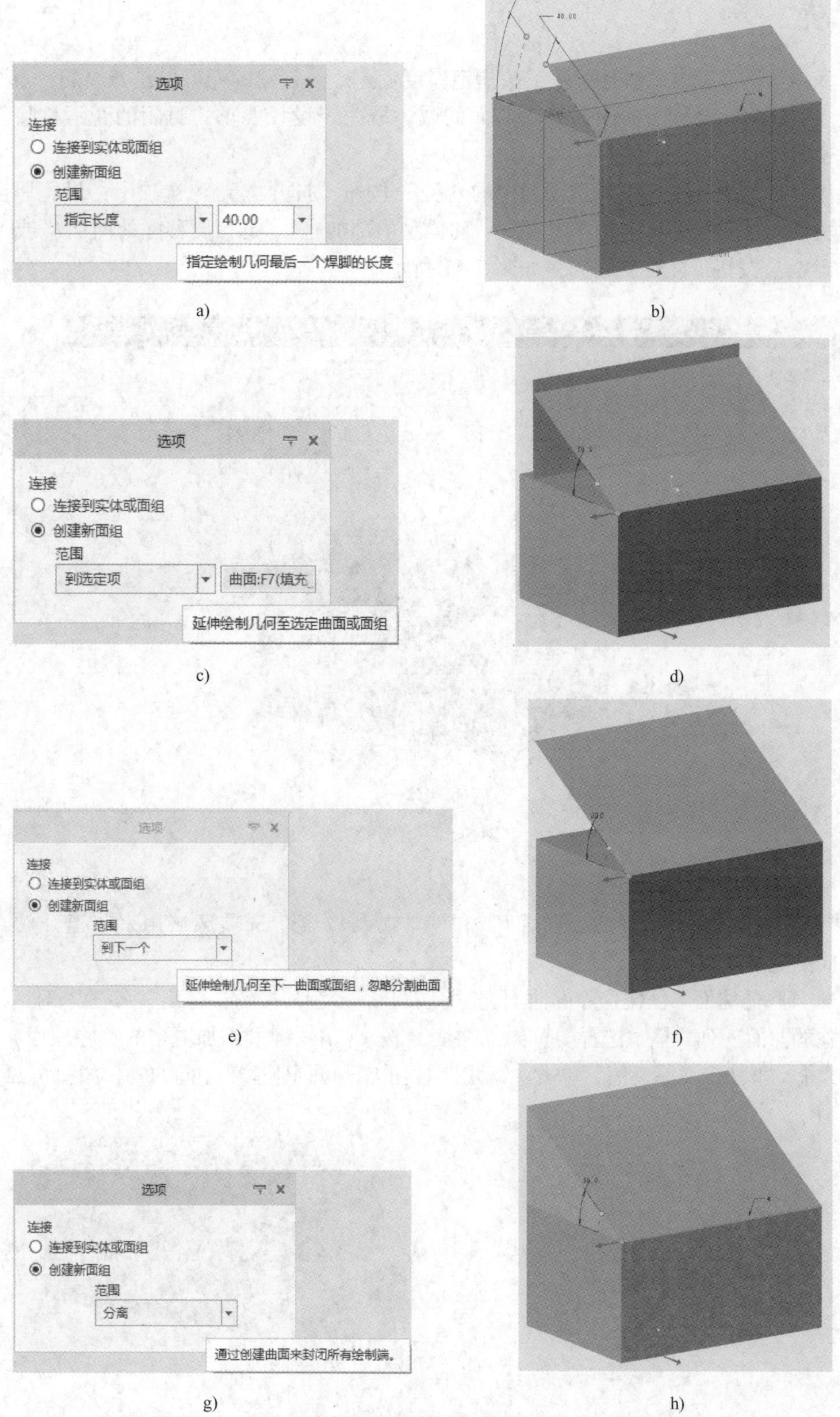

a)　b)　c)　d)　e)　f)　g)　h)

图 5-50　新面组范围类型

5.5 壳

壳工具是将模型内部材料移除，按指定厚度创建壳。创建的壳可以是开放的，也可以是封闭的。开放的壳要移除曲面，移除曲面的数量取决于设计要求；封闭的壳不移除任何曲面，创建的壳体为空心壳体。

创建壳时，单击“工程”选项组中的“壳”按钮，打开“壳”选项卡，设置厚度值或拖动滑块定义厚度，更改厚度方向（默认向模型内部加厚），选择要移除的曲面（或不选），单击“确定”按钮，即可创建壳，如图 5-51 所示。

a）“壳”选项卡

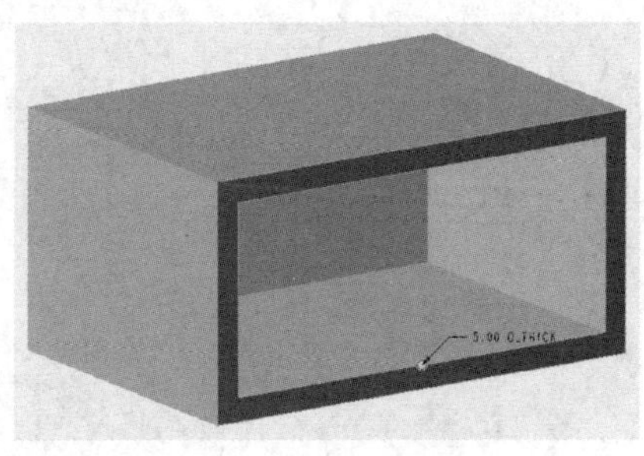

b) 壳体

图 5-51　创建壳

1. “参考”对话框

“参考”对话框中的“移除的曲面”和“非默认厚度”选项区域用来创建开放壳体和厚度不同的壳体。

（1）移除的曲面　创建移除的曲面壳时，单击“参考”按钮，弹出“参考”对话框，单击“移除的曲面”列表框，选择要移除的曲面（按 <Ctrl> 键可添加更多的移除曲面），设置厚度值或拖动滑块定义厚度值，单击“确定”按钮，即可创建厚度相同的壳，如图 5-52 所示。

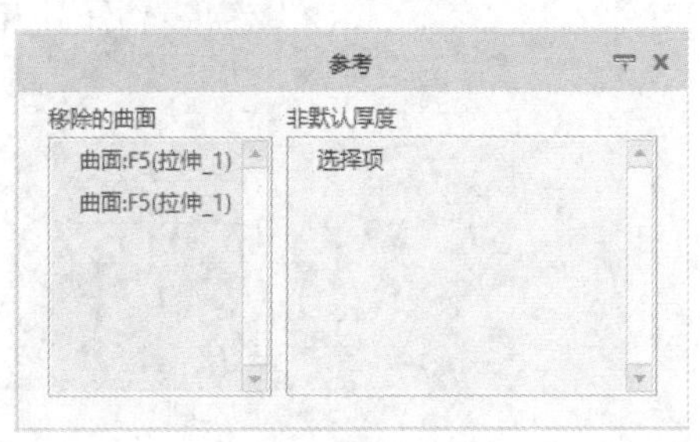

a）“参考”对话框

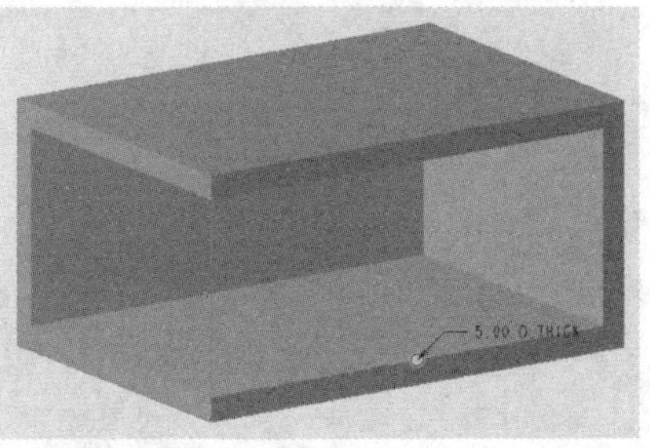

b) 壳体

图 5-52　移除的曲面

（2）非默认厚度　创建非默认厚度，即不同厚度的壳时，单击“参考”按钮，弹出“参考”对话框，单击“非默认厚度”列表框，选择非默认厚度曲面（按 < Ctrl > 键可添加非默认厚度曲面），设置厚度值或拖动滑块定义厚度值，单击“确定”按钮，即可创建厚度不同的壳，如图 5-53 所示。

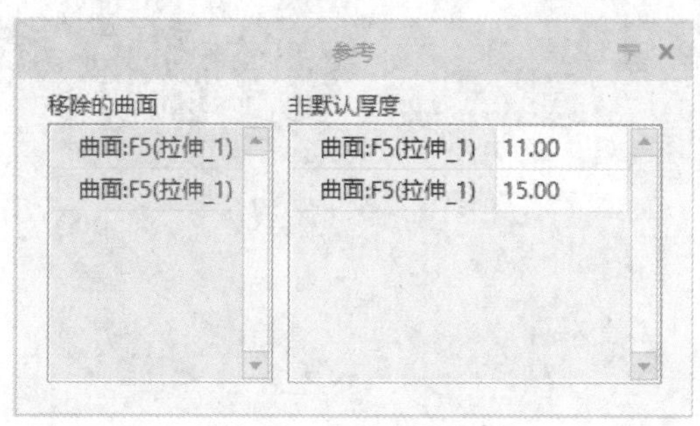

a)“参考”对话框

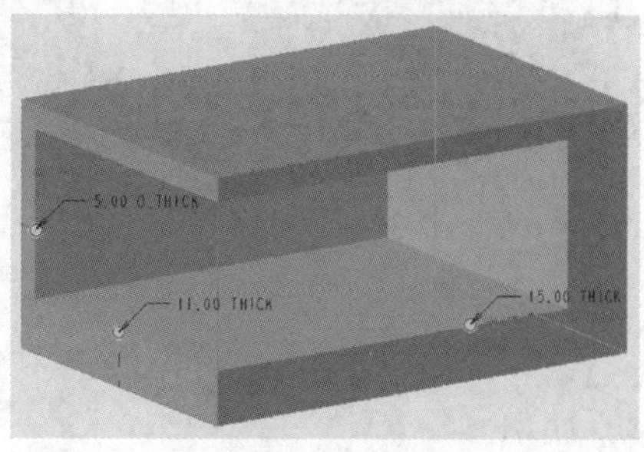

b) 壳体

图 5-53　非默认厚度

2. “选项”对话框

“选项”对话框中有“排除曲面”“曲面延伸”“防止壳穿透实体”等选项。

（1）排除曲面　创建壳时，模型上选中的排除曲面不被壳化处理。

将图 5-54 所示的形体创建为壳，矩形部分除外，操作步骤：

单击“工程”选项组中的“壳”按钮，打开“壳”选项卡，设置厚度值，将鼠标指针置于圆柱顶面，单击，移除曲面；单击“选项”按钮，弹出“选项”对话框，单击“排除的曲面”选项区域，选择形体上要排除的曲面，单击“确定”按钮。

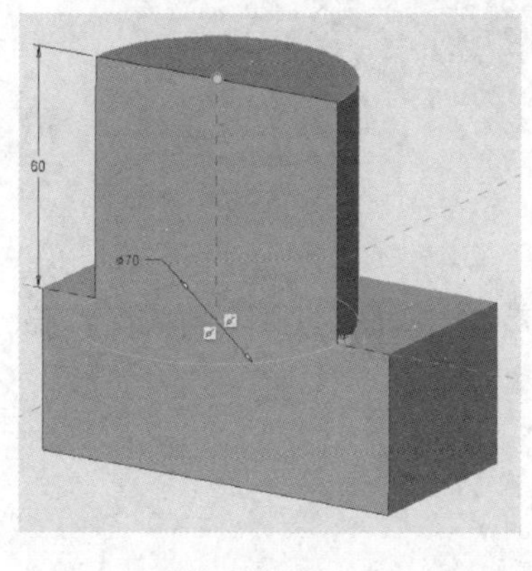

a) 实体

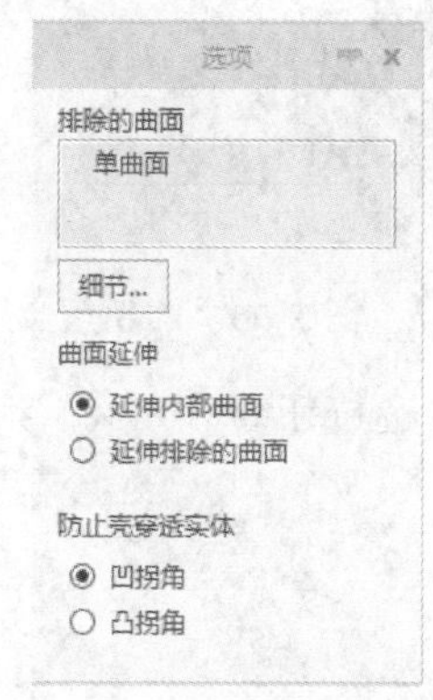

b)“选项”对话框

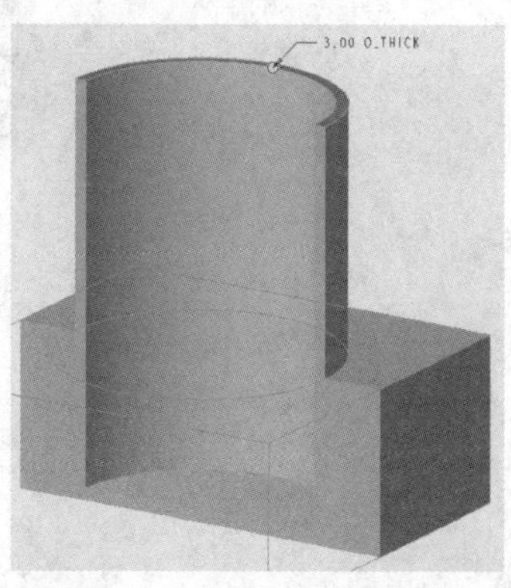

c) 壳体

图 5-54　排除曲面

将图 5-55 所示杯子模型创建为壳，手把除外，操作步骤：

单击“工程”选项组中的“壳”按钮，打开“壳”选项卡，设置厚度值（由于受到手把的影响，厚度值不能过大），将鼠标指针置于杯子口部顶面，单击，移除曲面，单击“选项”按钮，弹出“选项”对话框，单击“排除的曲面”选项区域，按 < Ctrl > 键的同时选择手把表面和底部圆角表面，单击“确定”按钮。

a) b) c)

图 5-55 创建杯子

（2）曲面延伸

1）延伸内部曲面。曲面延伸默认为延伸内部曲面，指的是对模型所有曲面进行壳化处理。

2）延伸排除的曲面。延伸排除的曲面指的是对之前排除的曲面仍然进行壳化处理。

（3）防止壳穿透实体

1）凹拐角。防止壳穿透实体默认为凹拐角，指的是防止壳化处理时出现穿透而朝凹向偏移壳，厚度值不变，如图 5-56 所示。

a) b) c)

图 5-56 凹拐角

2）凸拐角。选中“凸拐角”单选按钮时，可将壳化模型中所选的排除的曲面移除，如图 5-57 所示。

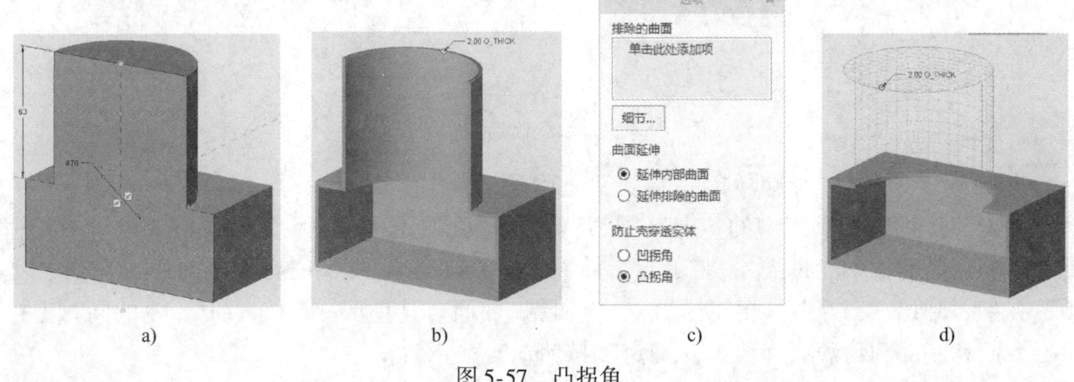

a) b) c) d)

图 5-57 凸拐角

5.6　筋

筋工具是沿草绘曲线向构件表面伸出的有一定厚度，起支承或加固作用的结构形式。Creo 6.0 中有两种类型的筋，一种是轨迹筋，另一种是轮廓筋。筋可以有拔模斜度，可以有圆角。

5.6.1　轨迹筋

创建图 5-58 所示模型中的轨迹筋。

操作步骤：

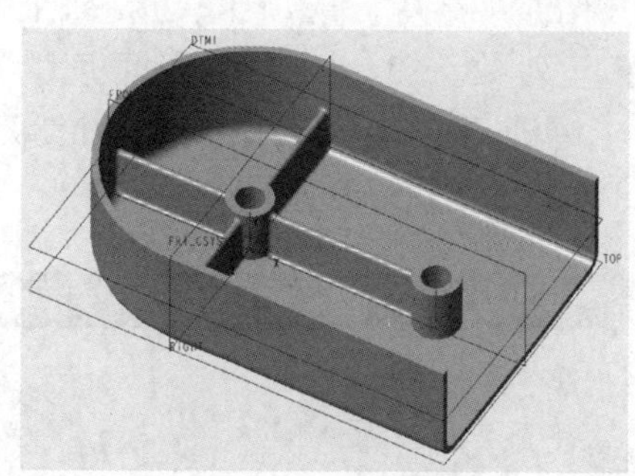

图 5-58　轨迹筋

01 创建基准平面 DTM1，单击模型中的圆环表面，弹出“基准平面”对话框，单击箭头使其指向内表面，设置偏移值为 2，如图 5-58 所示。

02 单击“筋”按钮（或选择“筋”溢出菜单中的“轨迹筋”命令），弹出“轨迹筋”选项卡，设置筋的厚度值，选择 DTM1 平面为草绘平面，绘制曲线，单击箭头使其指向内表面。单击“形状”按钮，弹出“形状”对话框，定义拔模角度和圆角大小，单击“确定”按钮，如图 5-59 所示。

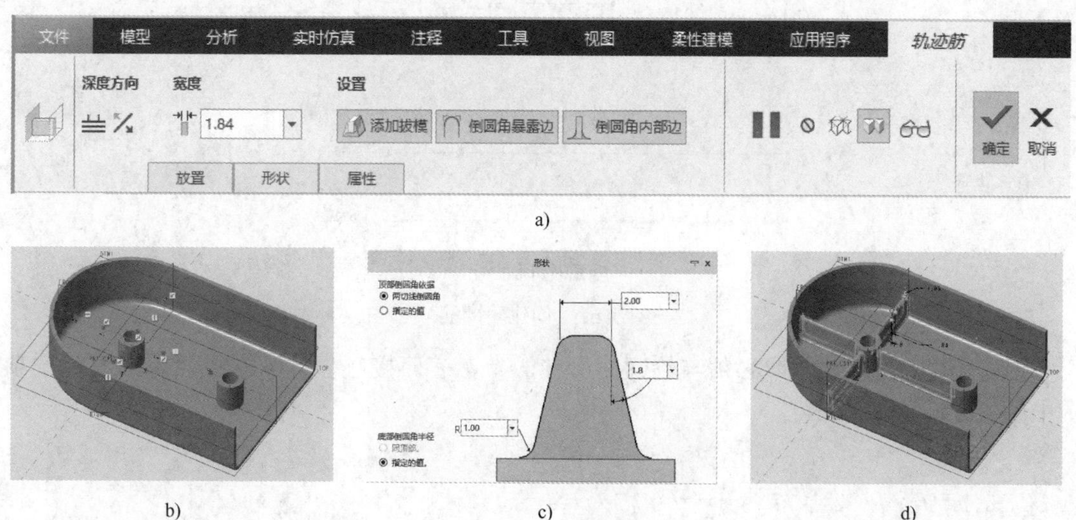

a)

b)　　c)　　d)

图 5-59　创建轨迹筋

创建轨迹筋的草绘曲线只要介于筋所在的两表面即可，无须与表面接触。

5.6.2　轮廓筋

创建图 5-60 所示模型中的轮廓筋。

01 选择“筋”溢出菜单中的“轮廓筋”命令，弹出“轮廓筋”选项卡，选择

FRONT平面为草绘平面，设置显示样式为隐藏线。选择与轮廓筋生成曲线相连接的轮廓线为参考，绘制曲线，标注尺寸，设置轮廓筋的厚度值，单击箭头，使其指向内表面，单击“确定”按钮，如图5-61所示。

02 单击“轮廓筋”按钮，单击“阵列”按钮，选择阵列类型为轴阵列，弹出“阵列”选项卡，选择轴，设置阵列数为3，输入阵列角度为120°，单击“确定”按钮，结束轮廓筋的创建，如图5-60所示。

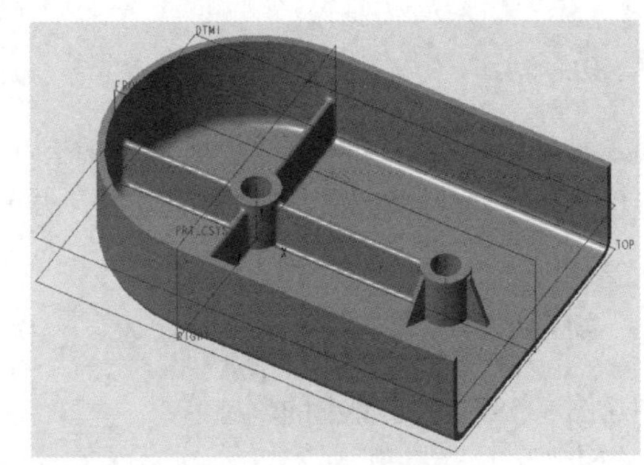

图5-60　轮廓筋

a)“轮廓筋”选项卡

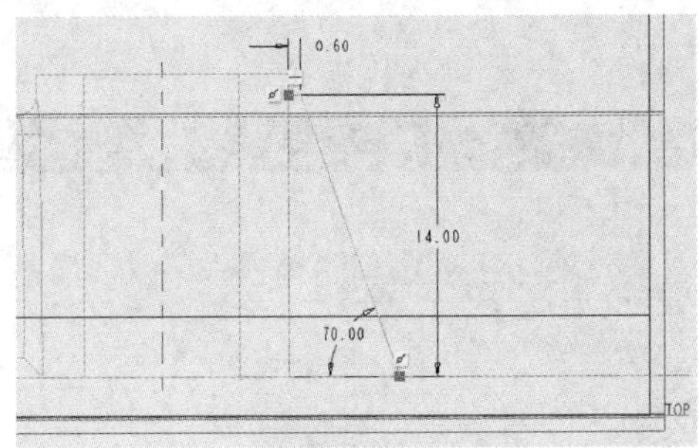

b) 截面图形

图5-61　创建轮廓筋

创建轮廓筋的草绘曲线必须与轮廓筋所在的参考表面接触，且不能在“轮廓筋”选项卡中添加拔模斜度和圆角。

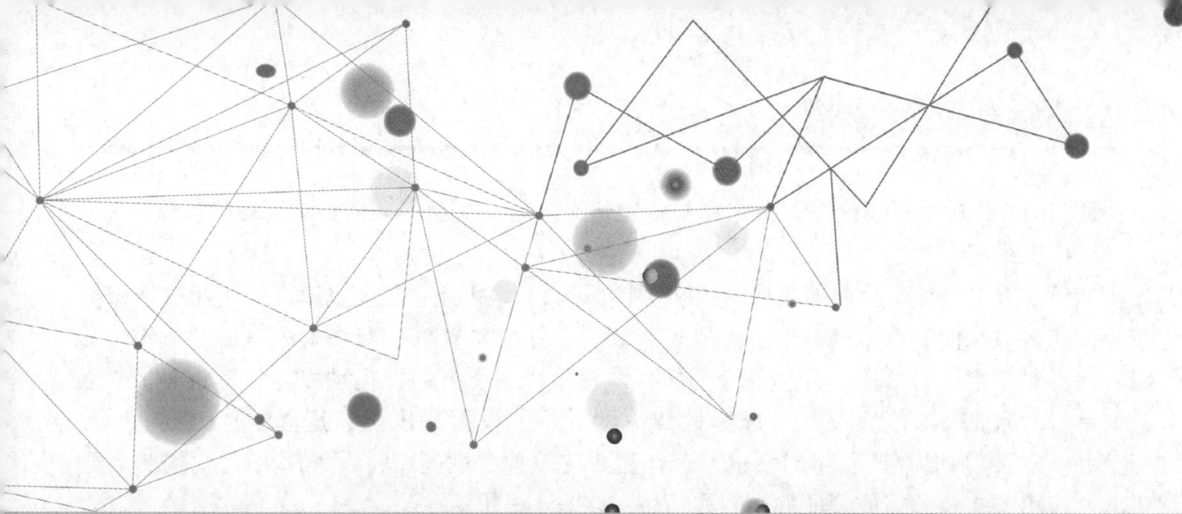

第6章　编　　辑

编辑操作包括复制和粘贴、缩放、阵列、镜像、修剪、合并、延伸、偏移、相交、投影、加厚和实体化等。编辑操作的任务是在基本特征的基础上对模型进行更加深入地编辑，使创建的模型符合设计。

6.1　复制和粘贴

复制和粘贴工具在“模型”选项卡的“操作”选项组中，可在同一模型内复制和粘贴特征、曲线和边链等，也可以在两个不同模型之间复制和粘贴特征，还可以在两个不同版本之间进行复制和粘贴。在进行复制和粘贴操作时，先选择要复制的对象，复制工具随即被激活，系统会将对象保存在粘贴剪切板中，然后单击“粘贴”或“选择性粘贴”按钮，即可将复制对象粘贴到绘图区选定的位置。

6.1.1　复制和粘贴简介

复制和粘贴特征的操作在“拉伸”选项卡和其中的“放置”和“选项”对话框进行，如图 6-1 所示。

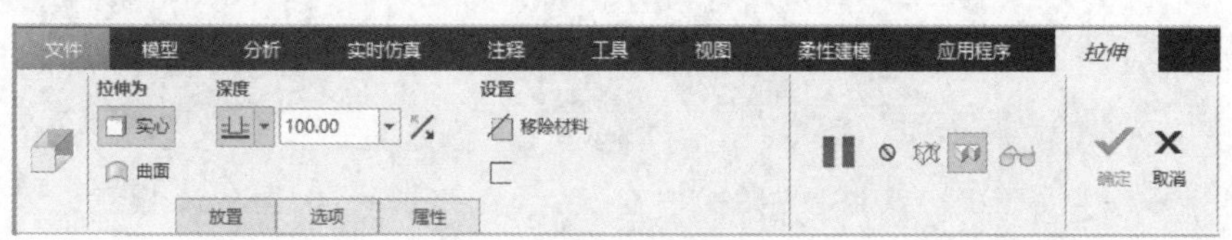

a) “拉伸”选项卡

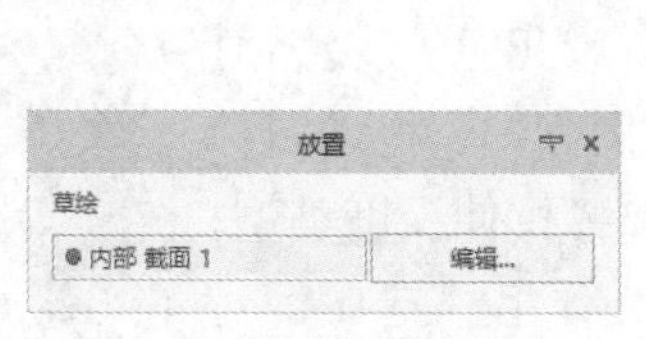

b) “放置” 对话框

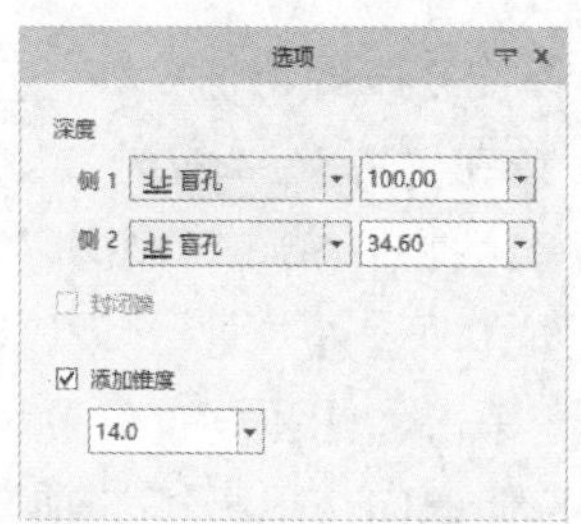

c) “选项” 对话框

图 6-1　复制和粘贴操作的范围

复制图6-2所示壳体模型，粘贴到初始模型的右侧，重新定义粘贴对象的位置和高度。

操作步骤：

从模型树中选择要复制的特征（包括倒角和壳），单击“复制”按钮，单击“粘贴”按钮，弹出“拉伸”选项卡，单击“放置”按钮，弹出“放置”对话框；单击“编辑”按钮，弹出“草绘”对话框，选择草绘平面，设置草绘视图方向，拖动鼠标指针选择放置位置，单击，标注放置位置尺寸，选择拉伸深度类型，设置深度值，选择拉伸方向；单击“选项”按钮，弹出“选项”对话框，选择侧2的拉伸深度类型，设置深度值，添加锥度，单击“应用”按钮，完成特征的复制和粘贴，如图6-3所示。

图6-2　壳体模型

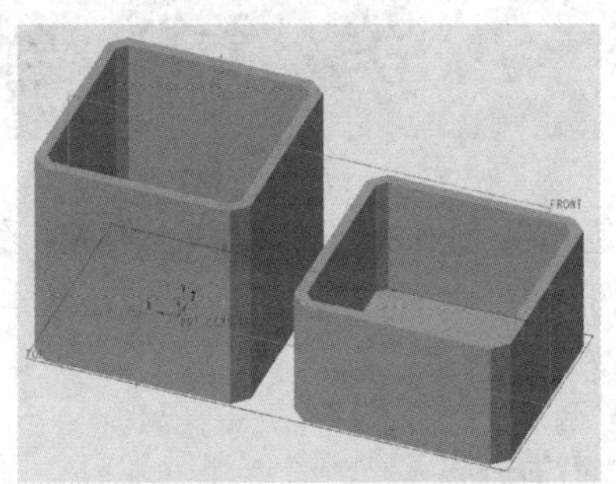

图6-3　复制和粘贴1

在选择要复制的特征时，可以不包括从属该特征的子特征，如倒角和壳，且可在模型树中删除子特征，如图6-4所示。

将图6-5所示模型正面的镂空图案复制到其他面上。

图6-4　复制和粘贴2

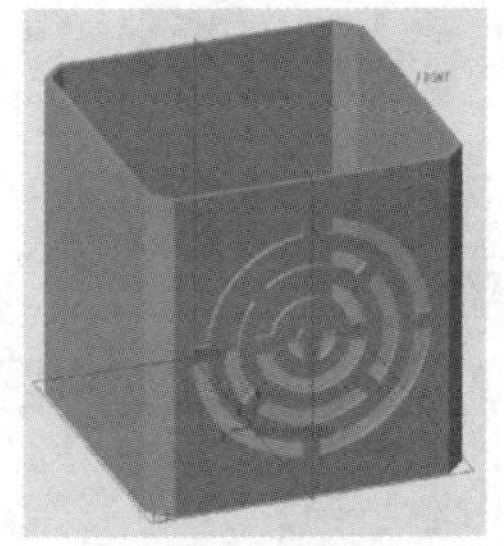

图6-5　模型

操作步骤：

从模型树中选择要复制的特征，即镂空图案，单击“复制”按钮，单击“粘贴”按钮，弹出“拉伸”选项卡，单击“放置”按钮，弹出“放置”对话框；单击“编辑”按钮，弹出“草绘”对话框，选择草绘平面（即放置平面），设置草绘视图方向，拖动鼠标指针选择放置位置，单击，标注放置位置尺寸，选择拉伸深度类型，设置深度值，确定拉伸方向；单击“选项”按钮，弹出“选项”对话框，选择侧2的拉伸深度类型，设置深度值，添加锥度，单击“应用”按钮，完成镂空图案向特定表面的复制粘贴，如图6-6所示。

图6-6　复制和粘贴3

6.1.2 复制和选择性粘贴

复制特征后，除了选择“粘贴”命令外，还可以选择溢出菜单中的“选择性粘贴”命令。当单击“选择性粘贴”按钮时，弹出“选择性粘贴”对话框，其中有“从属副本”“对副本应用移动/旋转变换”“高级参考配置”三个复选框。“从属副本”复选框中有“完全从属于要改变的选项”和“部分从属-仅尺寸和注释元素细节”两个选项，且后者为默认选中状态，如图6-7所示。

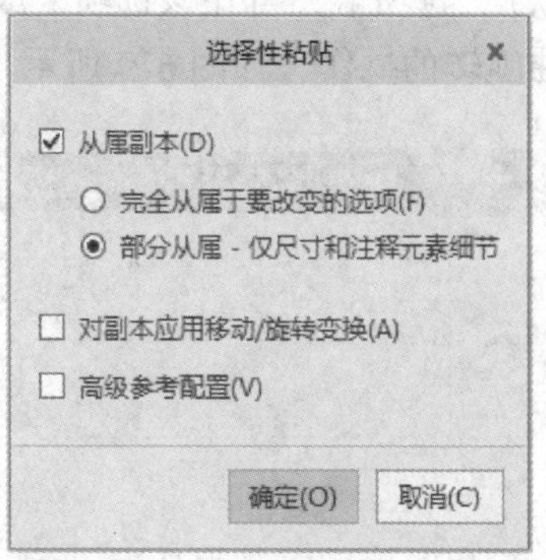

图6-7 “选择性粘贴”对话框

在“部分从属-仅尺寸和注释元素细节”为默认被选中状态下进行特征的复制和选择性粘贴时，操作过程与复制和粘贴相同，即通过“拉伸”选项卡、“放置”和“选项”对话框对粘贴特征的位置和尺寸等进行定义。

当选中“从属副本”中的“完全从属于要改变的选项”时，复制和选择性粘贴特征的所有属性不发生变化，即不能通过“拉伸”选项卡、“放置”和“选项”对话框对粘贴特征的位置和尺寸等进行定义。

复制图6-5所示壳体模型的镂空图案，粘贴到模型相邻表面上，位置不变，仅改变镂空尺寸。

操作步骤：

从模型树中选择要复制的特征，即镂空图案，单击“复制”按钮，选择“粘贴”溢出菜单中的“选择性粘贴”命令，选中“部分从属-仅尺寸和注释元素细节”选项，弹出“拉伸”选项卡，单击“放置”按钮，弹出“放置”对话框，单击“编辑”按钮，弹出“草绘”对话框，选择草绘平面，即放置平面进行草绘，标注放置位置尺寸，修改镂空尺寸，选择拉伸深度类型，设置深度值，选择拉伸方向，单击“应用”按钮，完成镂空图案向特定表面的选择性粘贴和尺寸修改，如图6-8所示。

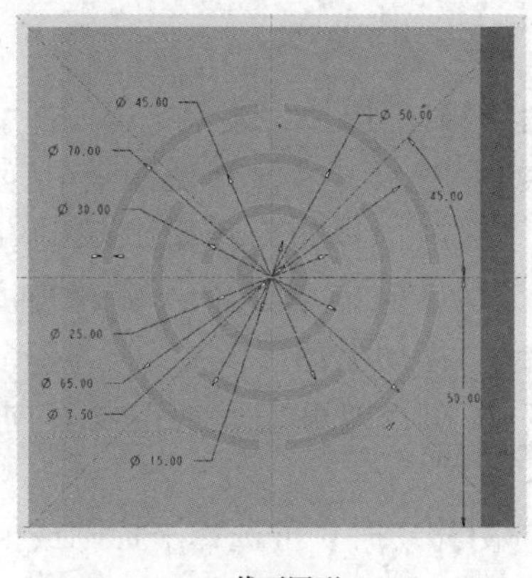

a) 截面图形

b) 壳体

图6-8 部分从属副本粘贴

在“选择性粘贴”对话框中，选择对副本应用移动/旋转变换时，弹出“移动（复制)”选项卡，可在该选项卡或“变换”对话框中进行粘贴特征沿某方向移动或围绕某旋转轴旋转的操作，如图 6-9 所示。

图 6-9　“移动（复制)”选项卡

将图 6-5 所示壳体模型正面的镂空图案复制旋转 45°粘贴到相邻表面上。

01 单击“基准”选项组中“坐标系”按钮，弹出“坐标系”对话框，选择相邻表面作为坐标系参考平面，标注对 FRONT 和 TOP 面的偏移参考尺寸（0，50)，单击“确定”按钮，如图 6-10 所示。

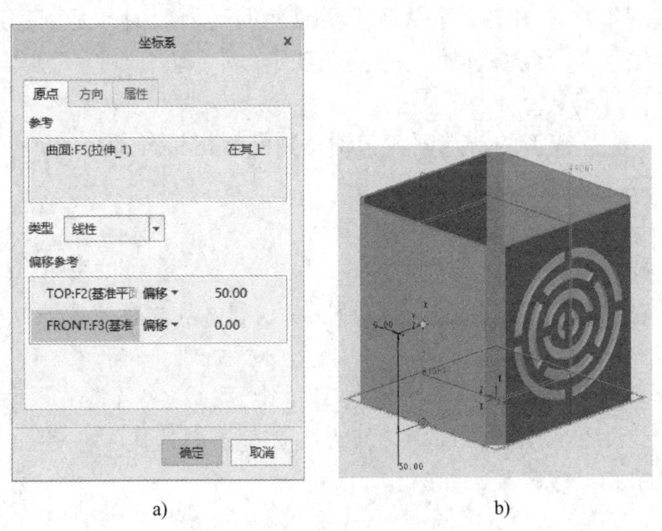

a)　　　　　　b)

图 6-10　在相邻表面创建坐标系

02 从模型树中选择要复制的特征，即镂空图案，选择“复制”单击“粘贴”溢出菜单中的“选择性粘贴”命令，选中“部分从属–仅尺寸和注释元素细节”选项，勾选“对副本应用移动/旋转变换”复选框，单击“确定”按钮，弹出“移动（复制)”选项卡，选择“移动类型”为旋转，选择 Y 轴作为方向参考，输入旋转角度（90°）选择“变换”对话框中的“新移动”选项，设置“移动类型”为旋转，选择 Z 轴作为方向参考，输入旋转角度（45°)，单击“应用”按钮，即可完成镂空图案向相邻表面的选择性粘贴，如图 6-11 所示。

在“选择性粘贴”对话框中，选择对副本应用移动时，可选择坐标轴或模型上的边作为方向参考，通过输入平移值或拖动控制滑块确定移动的距离。

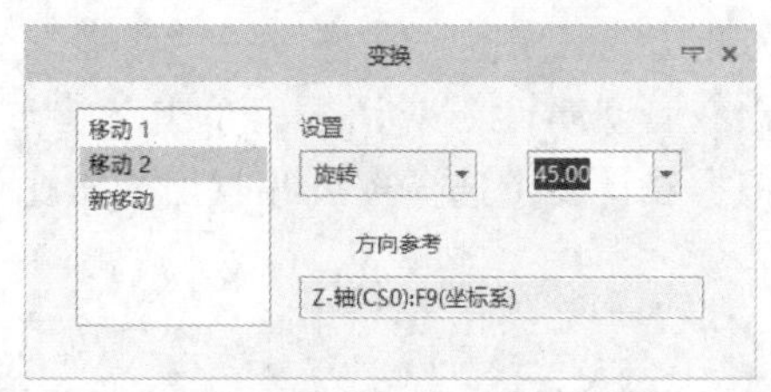

a)

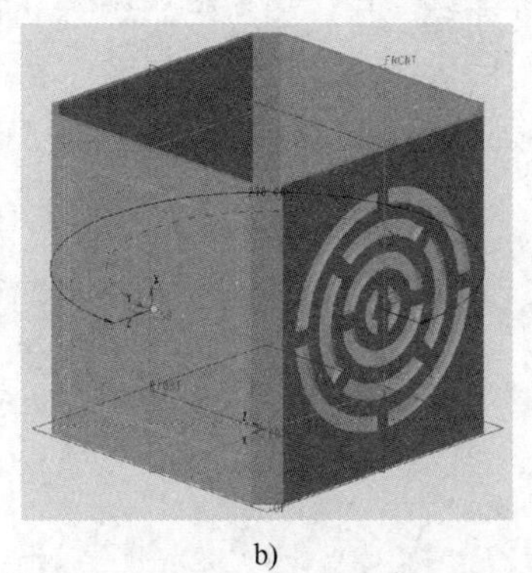

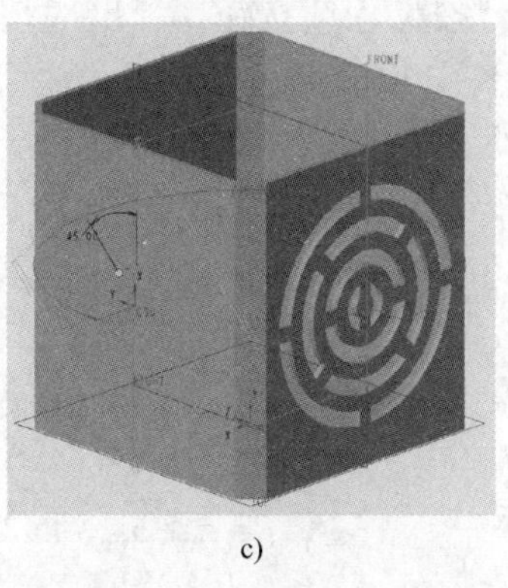

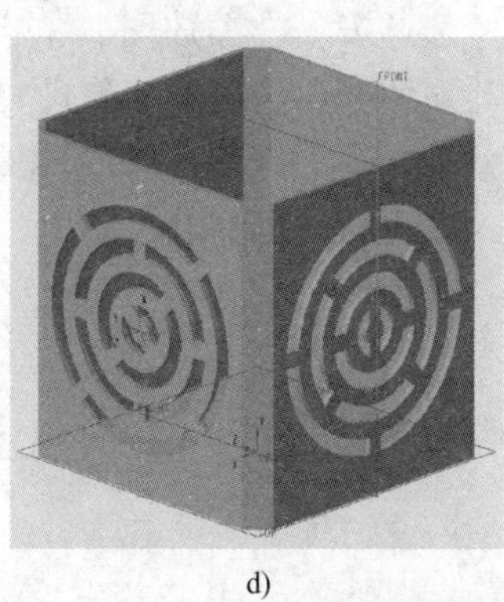

b) c) d)

图 6-11 选择性旋转复制粘贴

6.2 缩放模型

缩放模型工具是按照一定的尺寸或比例对模型进行放大或缩小。

缩放模型时，从模型树中选择要缩放的模型，单击“模型”选项卡中的“操作选项”按钮，单击下拉菜单中的“缩放模型”按钮，弹出“缩放模型”对话框，选择比例因子或输入值重新生成模型，单击“确定”按钮，完成模型缩放，如图 6-12 所示。

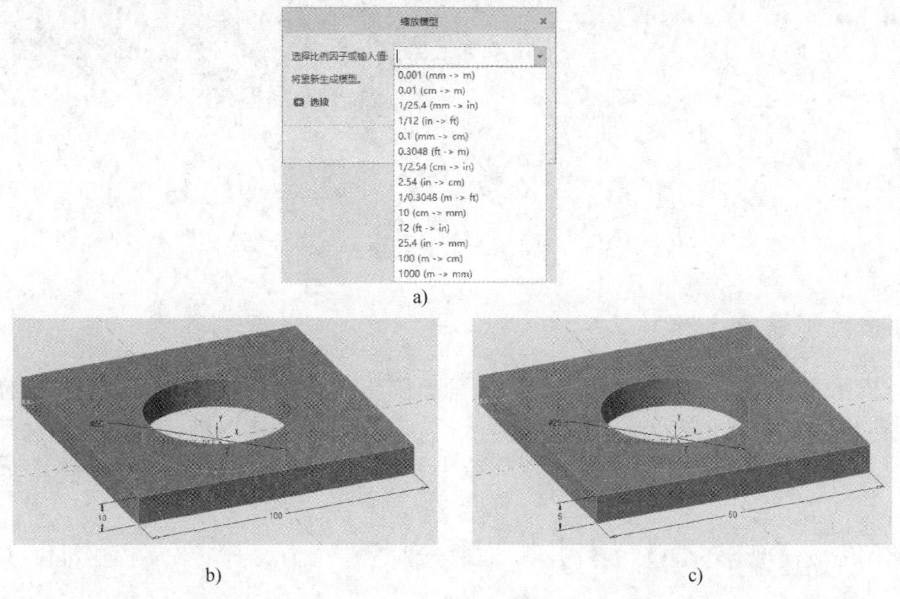

a)

b) c)

图 6-12 缩放模型

定义缩放模型属性时，选择功能区中的“文件”→“准备”→“模型”“属性”命令，弹出“模型属性”对话框，单击“更改”按钮，弹出菜单管理器，可根据设计要求选择按尺寸收缩或按比例收缩，如图6-13所示。

菜单管理器
▼ 收缩
按尺寸
按比例
完成/返回

图6-13　缩放模型属性菜单管理器

6.2.1　按尺寸缩放

选择按尺寸缩放时，单击“按尺寸”按钮，弹出“按尺寸缩放”对话框，选择收缩公式1+S或1/(1-S)（前者为放大，后者为缩小），单击模型，将缩放的尺寸插入表中或按<Ctrl>键将选定特征的所有尺寸插入表中，输入比率，单击“应用”按钮，完成模型缩放，如图6-14所示。

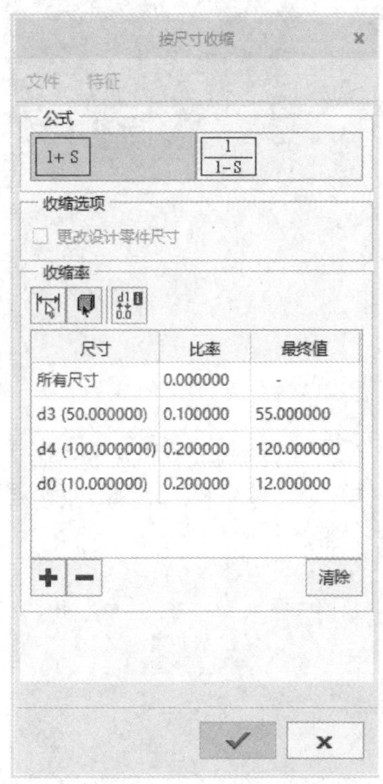

a) “按尺寸收缩”对话框

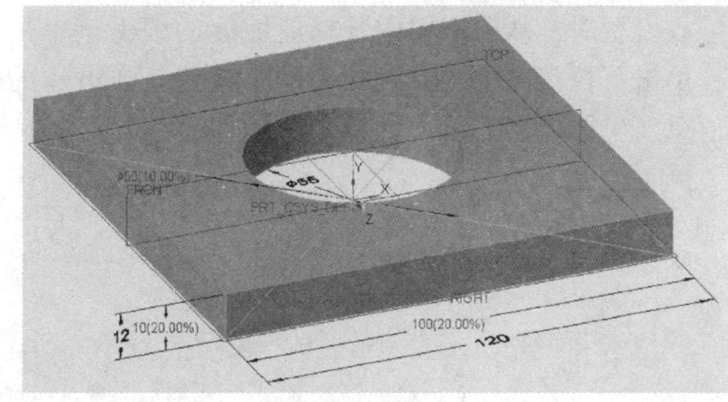

b) 实体

图6-14　按尺寸缩放

6.2.2　按比例缩放

选择按比例缩放时，单击“按比例”按钮，弹出“按比例收缩”对话框，选择收缩公式1+S或1/(1-S)（前者为放大，后者为缩小），选择坐标系，默认状态下勾选“各向同性”和“前参考”复选框，输入收缩率，单击“确定”按钮，完成模型缩放，如图6-15所示。

按比例缩放模型且不勾选“各向同性”复选框时，可为X、Y、Z设置不同的数值进行不等比缩放模型。

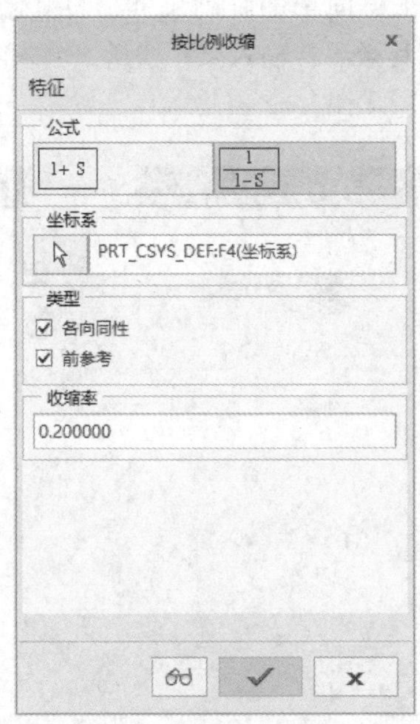

a)“按比例收缩”对话框

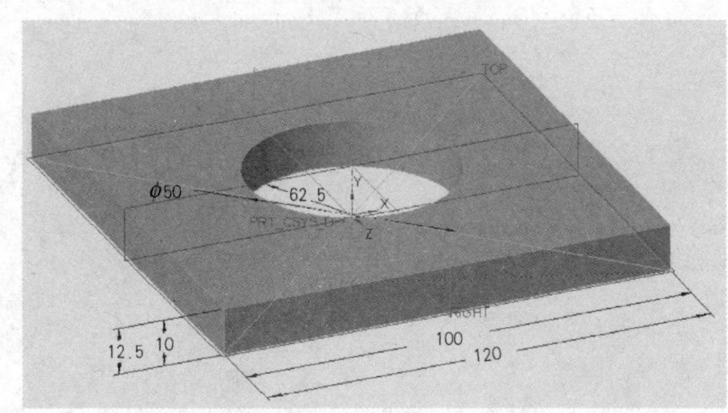

b) 实体

图 6-15　按比例缩放

6.3　阵列

阵列工具是按照一定的排列方式对原始特征进行复制。根据阵列的形式可分尺寸阵列、方向阵列、轴阵列、填充阵列、表阵列和曲线阵列等。

阵列分为特征阵列、曲面和曲线阵列、特征的几何阵列等。其中几何阵列是阵列的简化模式，是对特征中分离出来的几何进行的复制排列，无须创建局部组，阵列数据小，运算速度快，能更快地创建阵列。

用户在进行阵列操作时有以下注意事项：

1）阵列特征的位置和大小可随设定的关系变化。

2）删除阵列特征时，原始特征也被删掉。如果要保留原始特征，则应使用“删除阵列”命令。

3）阵列预览中的黑点代表阵列特征的位置，单击黑点使其变为白点，表示此位置不需要阵列特征。

4）阵列操作只能对单个特征进行。当阵列的特征有多个时，须将这些特征组合在一起进行阵列。

6.3.1　尺寸阵列

尺寸阵列指的是通过使用驱动尺寸并指定阵列的增量变化来创建的阵列。

创建尺寸阵列时，选择要阵列的原始特征 1，如图 6-16 所示，单击“编辑”选项组中的“阵列”按钮，打开“阵列”

图 6-16　原始特征 1

选项卡，单击“尺寸”按钮，弹出“尺寸”对话框，单击方向1的阵列尺寸，将其激活，输入尺寸增量，输入阵列数，单击方向2的阵列尺寸，将其激活，输入尺寸增量，输入阵列数，单击“确定”按钮，完成尺寸阵列的创建，如图6-17所示。

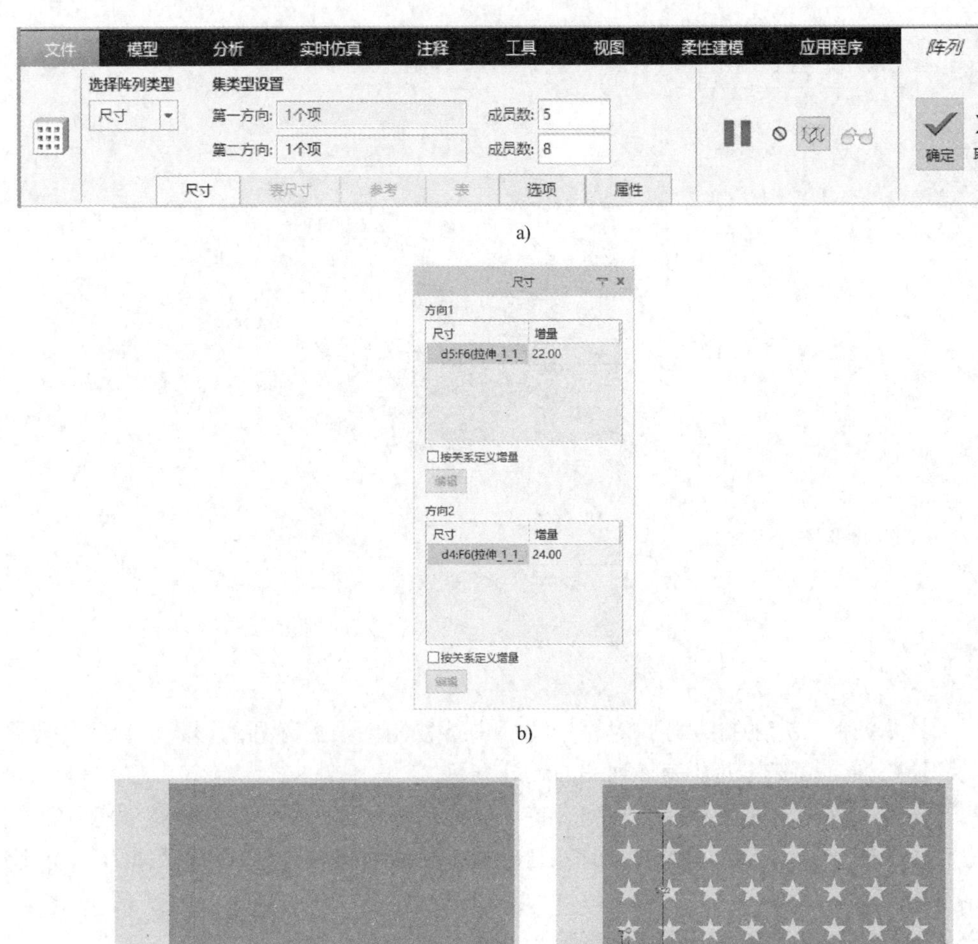

a)

b)

c)　　　　d)

图6-17　尺寸阵列

在两个方向上对特征的半径添加增量时，所创建的阵列如图6-18所示。

特征的阵列还可以按关系定义增量，阵列关系符号用法如图6-19所示。

添加关系时，单击“阵列”选项卡中的“尺寸”按钮，弹出“尺寸”对话框，在绘图区单击要建立关系的尺寸，设置参数，勾选“按关系定义增量”复选框，单击“编辑”按钮，弹出“关系”对话框，按阵列关系符号用法说明创建增量关系（如memb_v = lead_v + 10 * sin（45 * idx1）），单击“应用”按钮，创建的按关系定义增量的阵列如图6-20所示。

6.3.2　方向阵列

方向阵列指的是通过模型的直角边（平整面或直线）和坐标轴指定的方向创建的阵列。

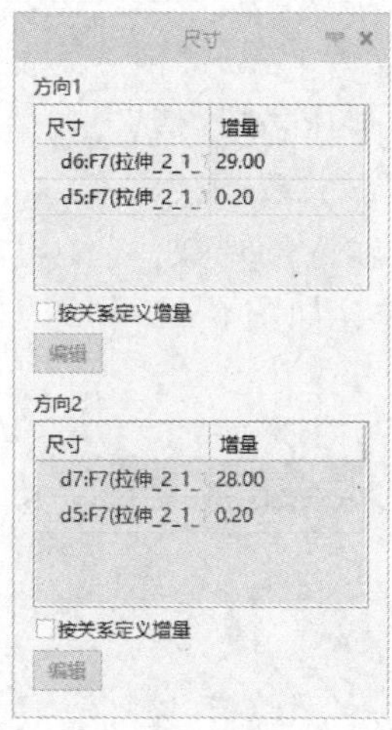

a)　　　　b)

图 6-18　添加增量的尺寸阵列

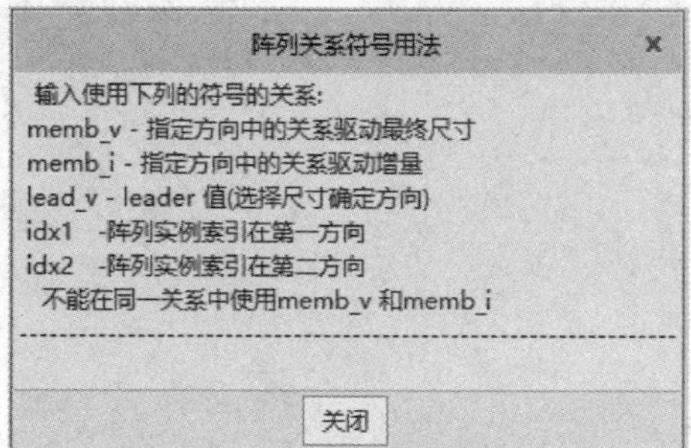

图 6-19　阵列关系符号用法

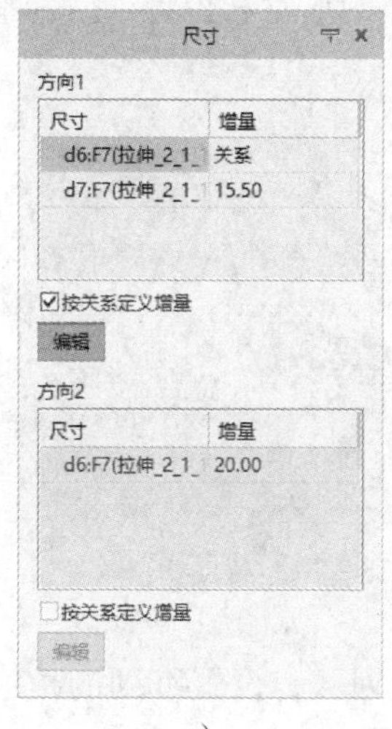

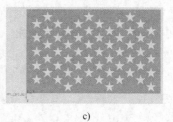

a)　　　　b)　　　　c)

图 6-20　按关系定义增量的阵列

创建方向阵列时，选择要阵列的原始特征2，如图6-21所示，单击“编辑”选项组中的“阵列”按钮，打开“阵列”选项卡，在“阵列类型”溢出菜单中选择“方向阵列”选项，转换到“方向阵列”选项卡，单击模型上方向1的边或坐标轴（可反向），输入阵列数，输入阵列间距，单击模型上方向2的边或坐标轴（可反向），输入阵列数，输入阵列间距，单击“确定”按钮，完成方向阵列的创建，如图6-22所示。

图6-21　原始特征2

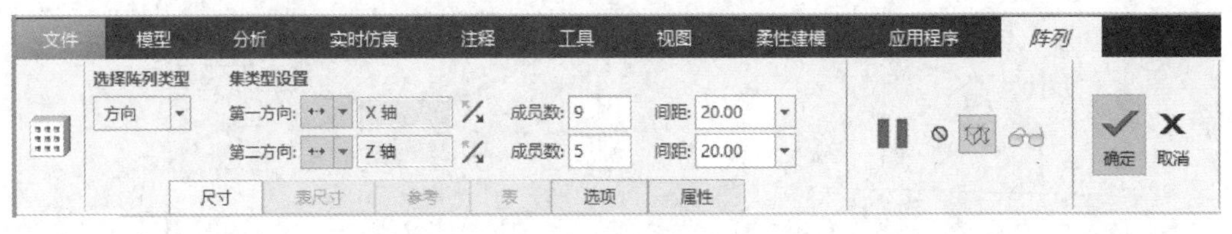

a)

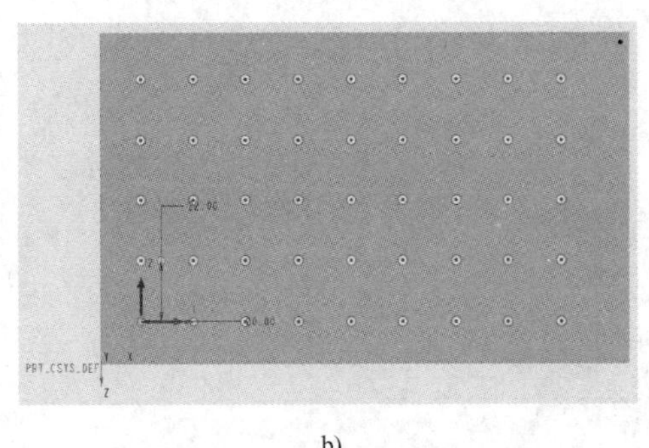

b)

c)

图6-22　方向阵列

除了平移阵列，还可以设置“阵列类型”为旋转阵列和坐标系阵列。

与尺寸阵列一样，方向阵列也可以使用尺寸增量来定义特征的形状和位置，或为特征阵列创建增量关系。

6.3.3　轴阵列

轴阵列指的是通过旋转轴或基准轴、角增量和径向增量所创建的阵列。轴阵列的同时添加轴向增量，可创建螺旋阵列。

创建轴阵列时，选择要阵列的原始特征3，如图6-23所示，单击“编辑”选项组中的“阵列”按钮，打开“阵列”选项卡，在“阵列类型”溢出菜单中选择轴阵列选项，切换到“轴阵列”选项卡，选择Y轴作为基准轴，输入阵列数，设置阵列的角度为均布，单击“确定”按钮，完成轴阵列的创建，如图6-24所示。

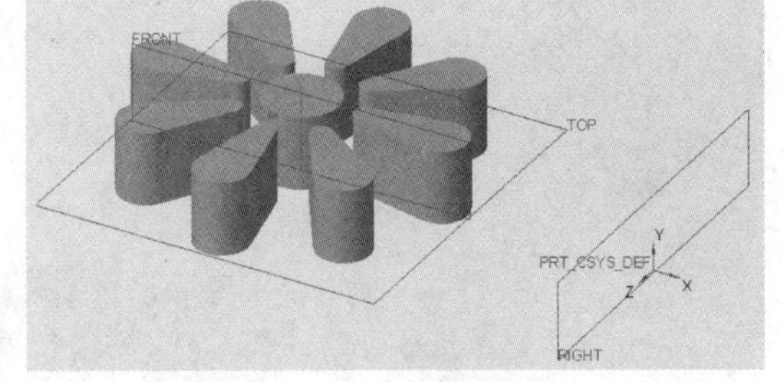

图6-23　原始特征3

在“阵列”选项卡中增加第二方向的特征数，输入阵列特征间的径向间距，且在“尺寸”对话框中添加轴向增量时，所创建的轴阵列如图6-25所示。

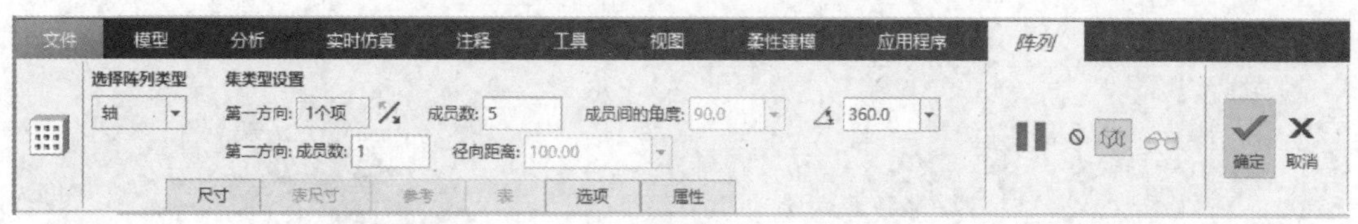

a)

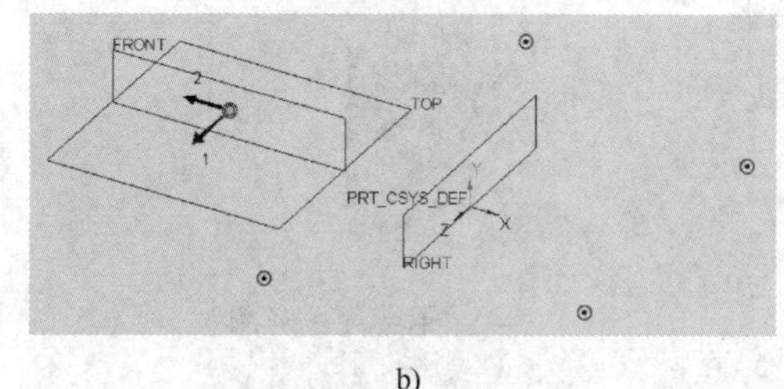

b)

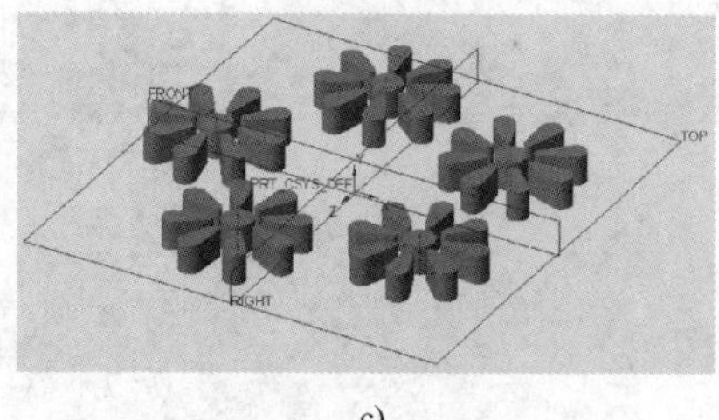

c)

图 6-24 轴阵列

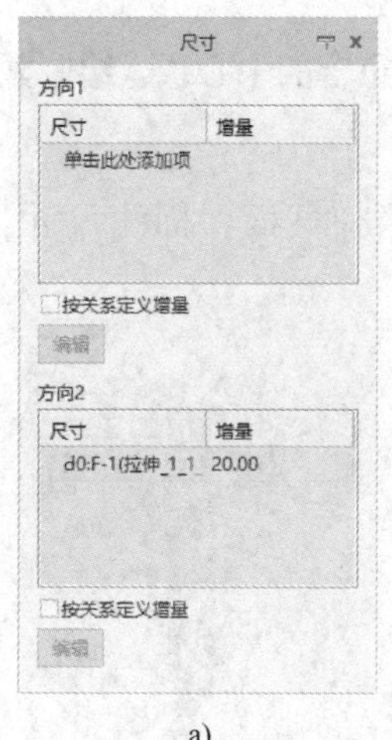

a)

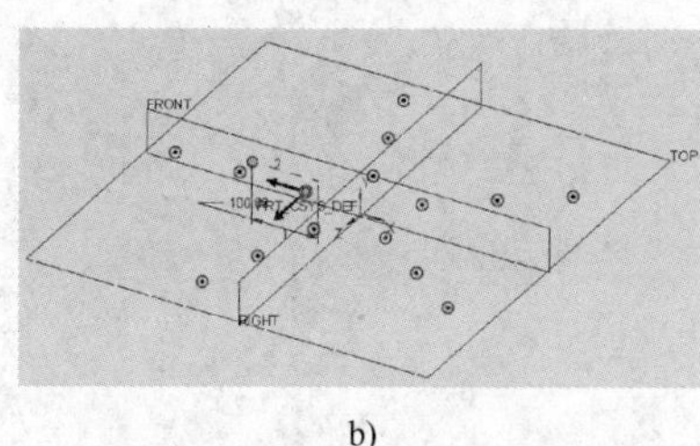

b)

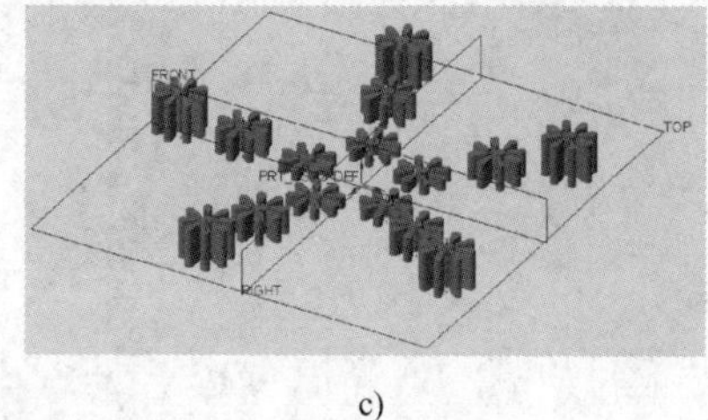

c)

图 6-25 方向 2 上增加特征数的轴阵列

轴阵列时，还可以单击“阵列”选项卡上的“选项”按钮，在弹出的“选项”对话框中设置阵列特征是否跟随轴旋转，如图 6-26所示。

为阵列特征与旋转轴之间的距离（径向距离）添加增量，并且在“选项”对话框中设置阵列特征跟随轴旋转，创建的轴阵列为平面螺旋形，如图 6-27所示。

轴阵列时，添加阵列特征轴向增量，所创建的轴阵列为三维形体。

创建图 6-28 所示的旋转楼梯。

a) 不旋转

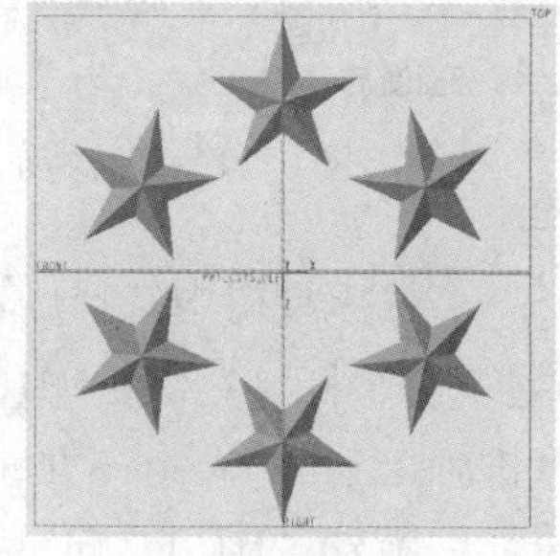

b) 旋转

图 6-26 阵列跟随轴不旋转和旋转

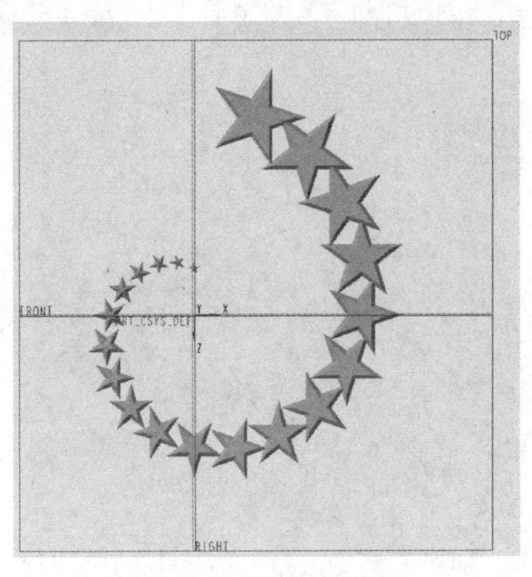

图 6-27　平面螺旋阵列

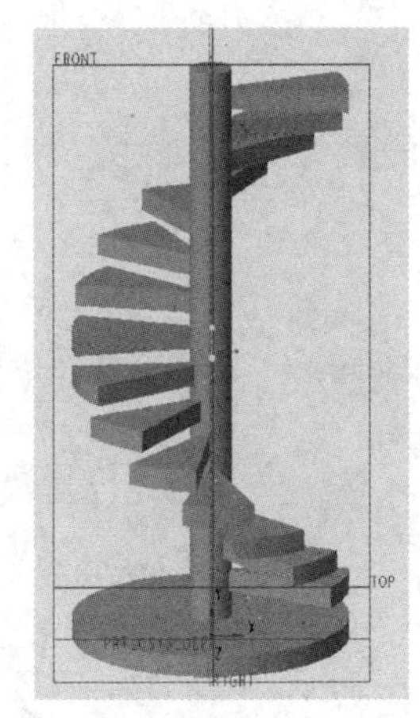

图 6-28　三维螺旋阵列（楼梯）

01 单击“旋转”按钮，选择 FRONT 平面为草绘平面，绘制与 X 轴重合的中心线，绘制截面，标注尺寸，单击“确定”按钮，如图 6-29 所示。

02 单击“旋转”按钮，选择 FRONT 平面，选择旋转轴，绘制楼梯截面，标注尺寸，输入角度值，单击“确定”按钮，如图 6-30 所示。

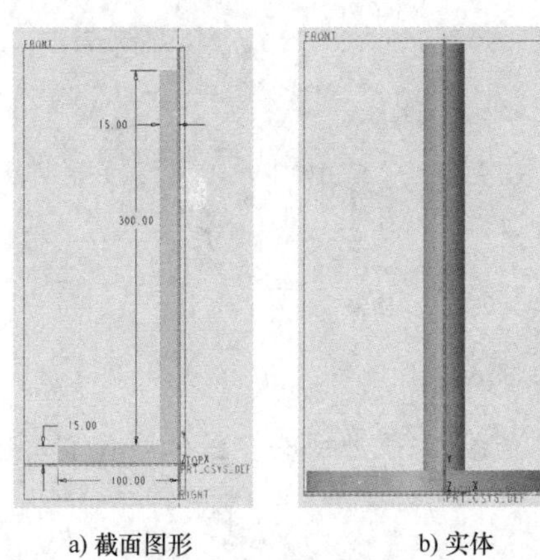

a) 截面图形　　b) 实体

图 6-29　旋转特征 1

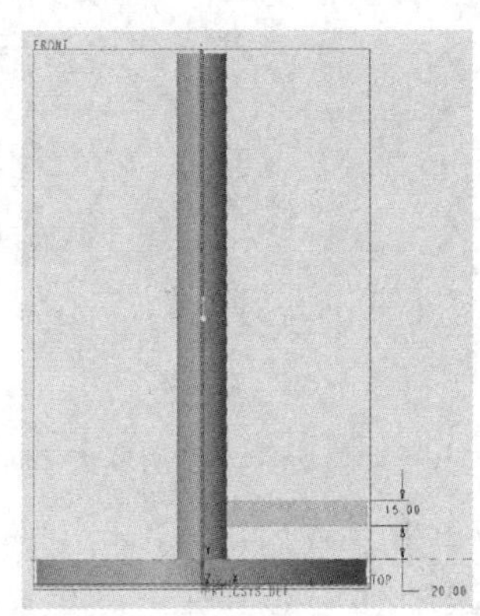

a) 截面图形

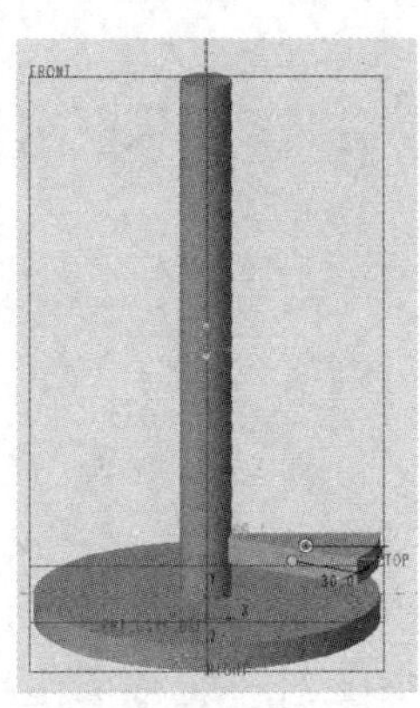

b) 实体

图 6-30　旋转特征 2（楼梯）

03 从模型树中选择旋转特征 2，单击“阵列”按钮，打开“阵列”选项卡，在“阵列类型”（尺寸）溢出菜单中选择“轴阵列”选项，切换到“轴阵列”选项卡，选择中心轴（基准轴 Y），输入第一方向的阵列数（15），设置阵列角度为均布（360°/15 = 24°）。单击“尺寸”按钮，弹出“尺寸”对话框在“方向 1”选项区域选择楼梯轴向尺寸值为增量，输入增量尺寸值，单击“确定”按钮，如图 6-31 所示。

6.3.4　填充阵列

填充阵列指的是将某特征按一定的排列方式填充到选定的区域所创建的阵列。Creo 6.0

提供了六种形式的填充阵列，分别是方形、菱形、六边形、同心圆形、沿螺旋线和沿草绘曲线等。填充区域内，特征的间距和旋转角度可进行设置。填充阵列无须考虑初始特征的位置。

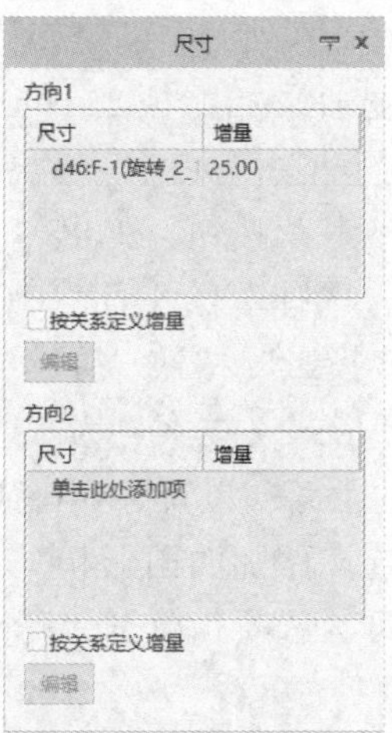

a) 截面图形

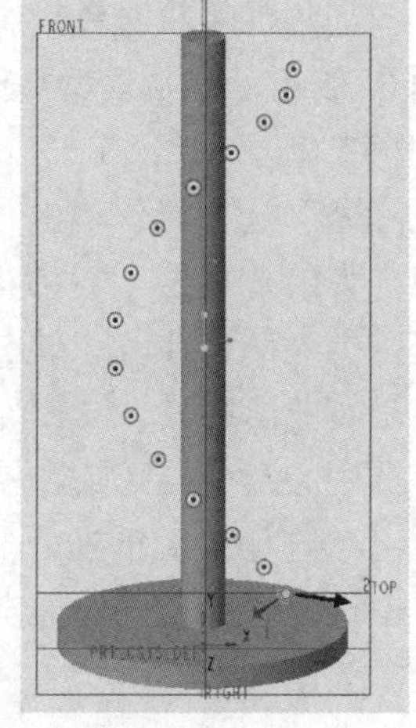

b) 实体

图 6-31　三维旋转阵列

创建填充阵列时，选择要阵列的原始特征 1，如图 6-32 所示，单击“编辑”选项组中的“阵列”按钮，弹出“阵列”选项卡，在“阵列类型”（尺寸）溢出菜单中选择“填充阵列”选项，切换到“填充阵列”选项卡，单击“参考”按钮，弹出“参考”对话框，设置数值，单击“草绘”按钮，弹出“草绘”对话框，选择草绘平面（FRONT），设置草绘视图方向，绘制阵列区域（200 × 200），设置阵列特征的栅格模板（方形阵列分隔各特征为默认选项），输入阵列特征中心两两之间的间隔值，设置阵列特征中心到草绘区域边界的距离，设置阵列特征相对原点的旋转角度，单击“确定”按钮，完成填充阵列的创建，如图 6-33所示。

图 6-32　原始特征 1

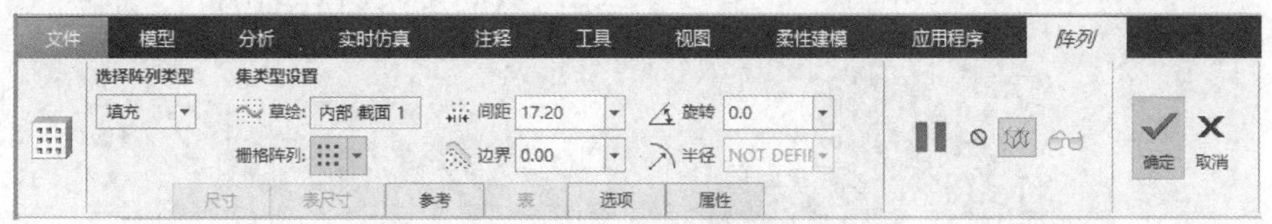

a)

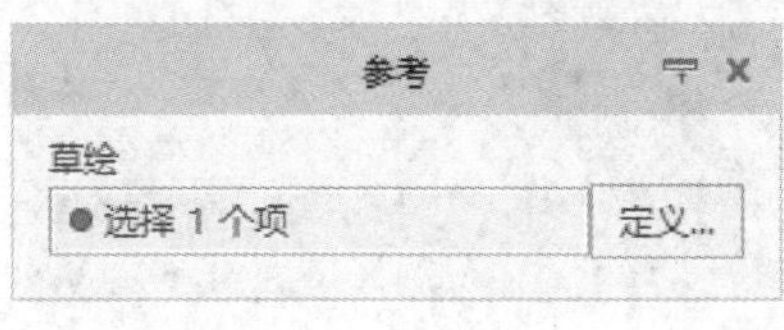

b)

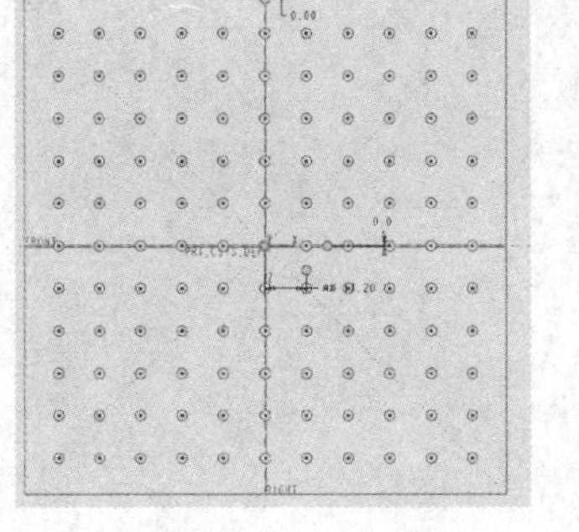

c)

d)

图 6-33　填充特征

创建跟随曲面形状的填充阵列时，创建旋转曲面，如图6-34所示，创建原始特征2，如图6-35所示，从模型树中选择原始特征2，单击“编辑”选项组中的“阵列”按钮，弹出“阵列”选项卡，在“阵列类型（尺寸）”溢出菜单中选择“填充阵列”选项，切换到“填充阵列”选项卡，单击“参考”按钮，弹出“参考”对话框，设置数值，单击“草绘”按钮，弹出“草绘”对话框，选择草绘平面（TOP），设置草绘视图方向，单击“草绘”按钮，进入草绘环境，单击“投影”按钮，弹出“类型”对话框，按<Ctrl>键的同时依次选择旋转曲面边界，设置阵列形式（本案例为六边形阵列），输入阵列特征间隔值，设置阵列特征中心到草绘区域边界的距离，设置阵列特征相对原点的旋转角度。单击“选项”按钮，弹出“选项”对话框，勾选“跟随曲面形状”复选框，单击旋转曲面，在“间距”溢出菜单中选择“映射到曲面空间”选项，单击“确定”按钮，完成跟随曲面形状填充阵列的创建，如图6-36所示。

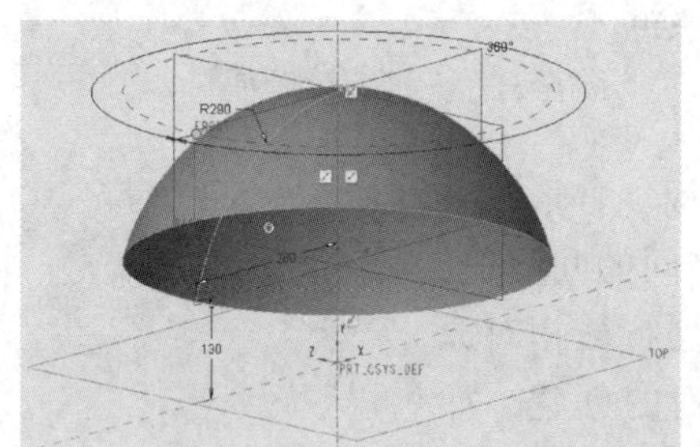

图6-34　创建旋转曲面

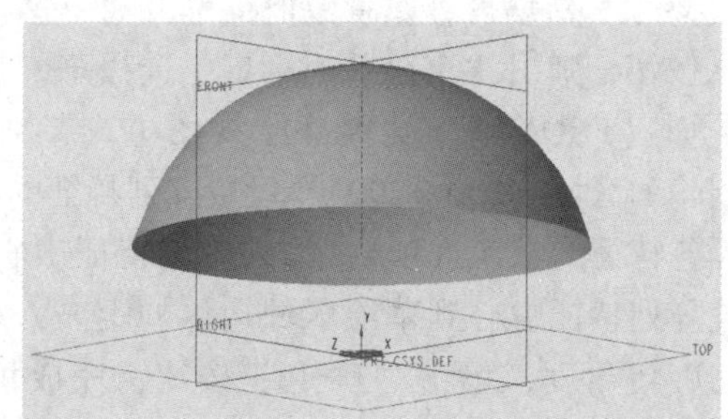

图6-35　创建原始特征2

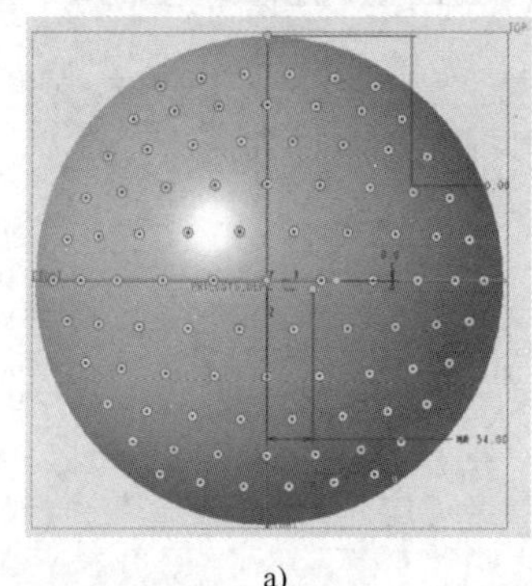

a)

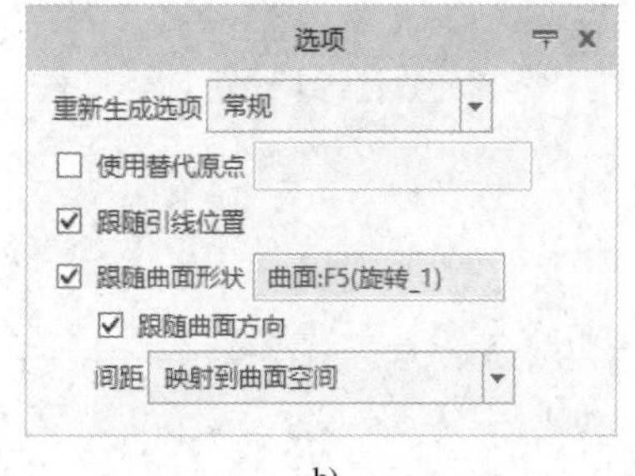

b)

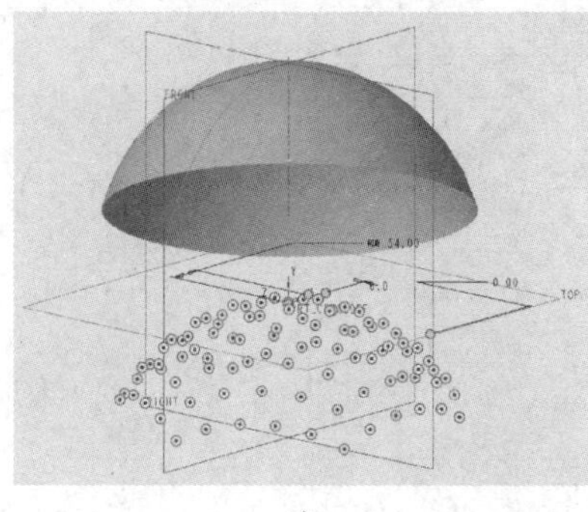

c)

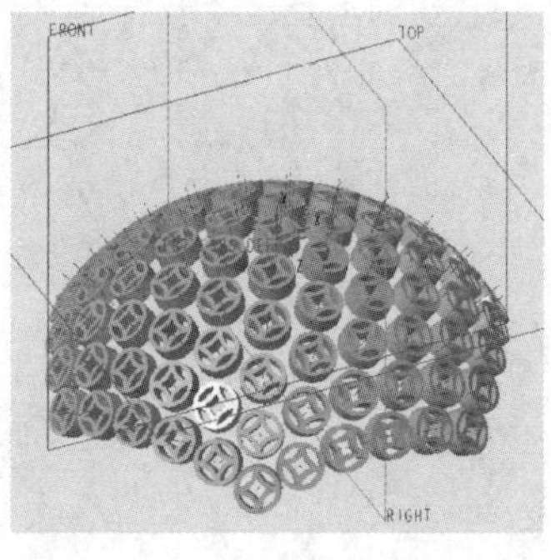

d)

图6-36　跟随曲面形状的填充阵列

创建特征随曲面形状填充阵列时，“选项”对话框中“间距”溢出菜单中有三种选项：

1）将特征直接投影到曲面：阵列特征从草绘平面直接投影到曲面，间距不会被调整，投影不到曲面上的阵列特征会从阵列中被移除。

2）将特征映射到曲面空间：阵列特征被直接从草绘平面映射投影到曲面上，阵列特征在曲面上的间距与草绘间距匹配。

3）将特征映射到曲面 UV 空间：阵列特征从草绘平面被映射到曲面 UV 空间。

6.3.5 表阵列

表阵列工具是以表格的形式为每一个特征指定空间位置（X、Y 和 Z 方向）尺寸和自身尺寸，从而创建阵列。一个阵列可以由多个表格创建，变更表格内的驱动尺寸便可改变阵列的形式。

根据原始特征在三维空间的位置，表阵列可分为基于初始坐标系的表阵列和基于基础特征的表阵列。

1. 基于初始坐标系的表阵列

01 创建原始特征，如图 6-37 所示。

02 选择原始特征，单击“操作”选项组中的“复制”按钮，选择“粘贴”溢出菜单中的“选择性粘贴”选项，弹出“选择性粘贴”对话框，如图 6-38 所示，勾选“对副本应用移动/旋转变换”复选框，单击“确定”按钮，弹出“移动（复制）”选项卡，单击“变换”按钮，弹出“变换”对话框，选择 X 轴，创建 X 方向移动，单击“新移动”按钮，选择 Y 轴，创建 Y 方向移动，单击“新移动”按钮，选择 Z 轴，创建 Z 方向移动，单击“确定”按钮，如图 6-39 所示。

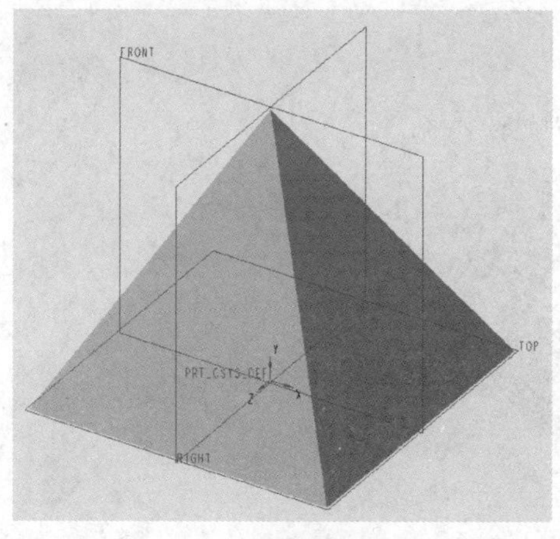

图 6-37 原始特征

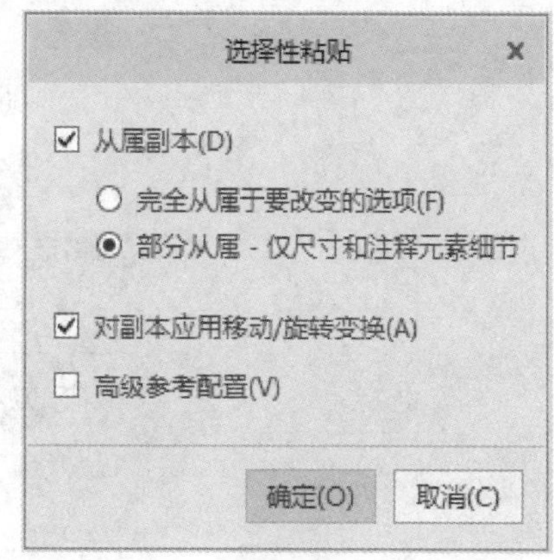

图 6-38 “选择性粘贴”对话框

03 按 <Ctrl> 键的同时，选择原始特征和已移动副本 1，右击，在弹出的快捷菜单中选择“创建局部组”（LOCAL_GROUP）命令。

04 选择局部组，单击“阵列”按钮，在溢出菜单中选择，“表阵列”选项，弹出“表

图 6-39 “移动（复制）”选项卡

阵列”选项卡，单击“表尺寸”按钮，弹出“表尺寸”对话框，按 <Ctrl> 键的同时添加 X、Y 和 Z 方向的移动，如图 6-40 所示。单击“编辑”按钮，弹出阵列表格，输入各阵列特征的序号和 X、Y、Z 方向位置移动距离，如图 6-41 所示。关闭阵列表格，单击“确定”按钮，完成基于初始坐标系的表阵列创建，如图 6-42 所示。

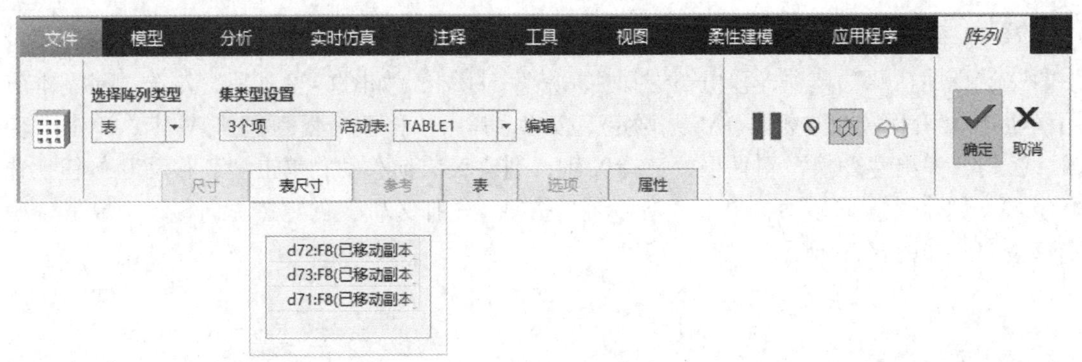

a) “阵列”选项卡

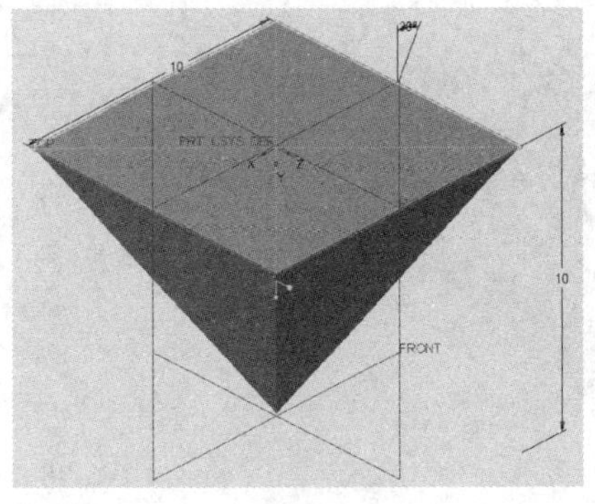

b) 实体

图 6-40 添加 X、Y 和 Z 方向的移动

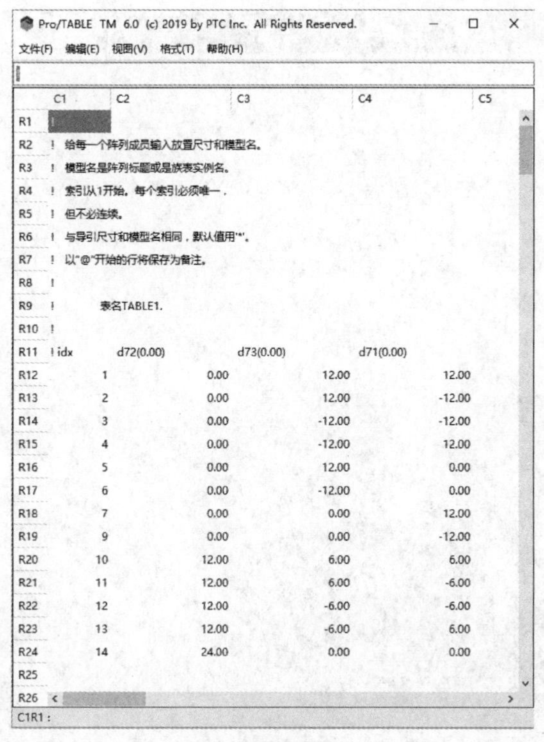

Pro/TABLE TM 6.0 (c) 2019 by PTC Inc. All Rights Reserved.

文件(F) 编辑(E) 视图(V) 格式(T) 帮助(H)

	C1	C2	C3	C4	C5
R1	!				
R2	! 给每一个阵列成员输入放置尺寸和模型名。				
R3	! 模型名是阵列标题或是族表实例名。				
R4	! 索引从1开始，每个索引必须唯一，				
R5	! 但不必连续。				
R6	! 与导引尺寸和模型名相同，默认值用"*"。				
R7	! 以"@"开始的行将保存为备注。				
R8	!				
R9	!	表名TABLE1.			
R10	!				
R11	! idx	d72(0.00)	d73(0.00)	d71(0.00)	
R12	1	0.00	12.00	12.00	
R13	2	0.00	12.00	-12.00	
R14	3	0.00	-12.00	-12.00	
R15	4	0.00	-12.00	12.00	
R16	5	0.00	12.00	0.00	
R17	6	0.00	-12.00	0.00	
R18	7	0.00	0.00	12.00	
R19	9	0.00	0.00	-12.00	
R20	10	12.00	6.00	6.00	
R21	11	12.00	6.00	-6.00	
R22	12	12.00	-6.00	-6.00	
R23	13	12.00	-6.00	6.00	
R24	14	24.00	0.00	0.00	
R25					
R26					

C1R1 :

a) 阵列表格

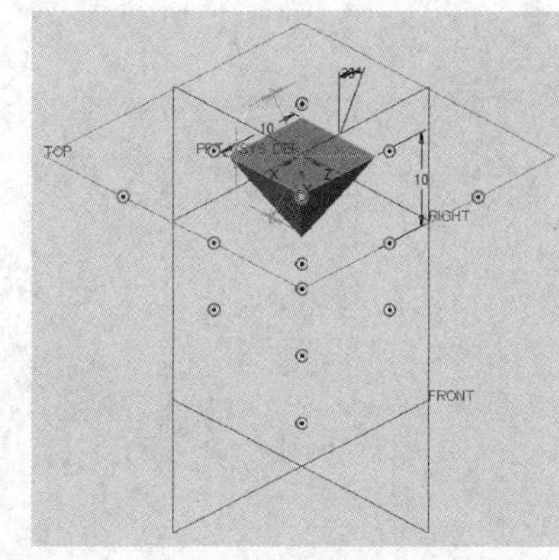

b) 实体

图 6-41　输入 X、Y 和 Z 方向的移动距离

2. 基于基础特征的表阵列

01 创建基础特征，如图 6-43 所示的平板。

02 创建基准平面 DTM1。

03 在 DTM1 上创建原始特征，如图 6-43 所示的正方形。

04 按 <Ctrl> 键的同时选择 DTM1 和原始特征，右击，在弹出的快捷菜单中选择“创建局部组”（LOCAL_GROUP）命令。

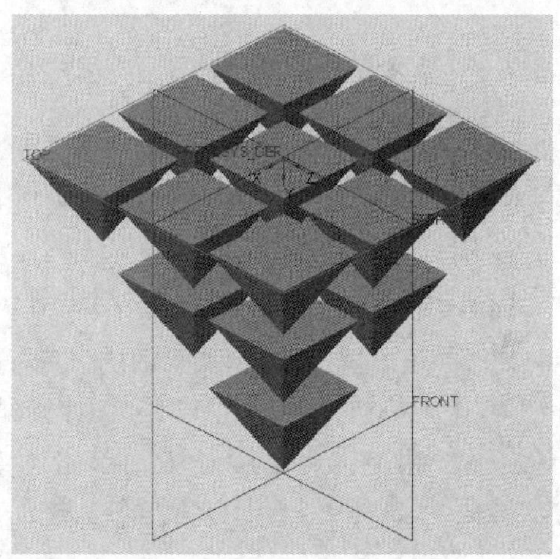

图 6-42　特征的表阵列

05 选择局部组，单击“阵列”按钮，在溢出菜单中选择“表阵列”命令，弹出“表阵列”选项卡，单击“表尺寸”按钮，按住 <Ctrl> 键的同时添加 X、Y、Z 方向的移动和变更特征大小的尺寸，如图 6-43 所示。单击“编辑”按钮，弹出阵列表格，输入各阵列特征的序号，X、Y、Z 方向位置移动距离和变更特征的尺寸，如图 6-44 所示。关闭阵列表格，单击“应用”按钮，完成基于基础特征的表阵列创建，如图 6-45 所示。

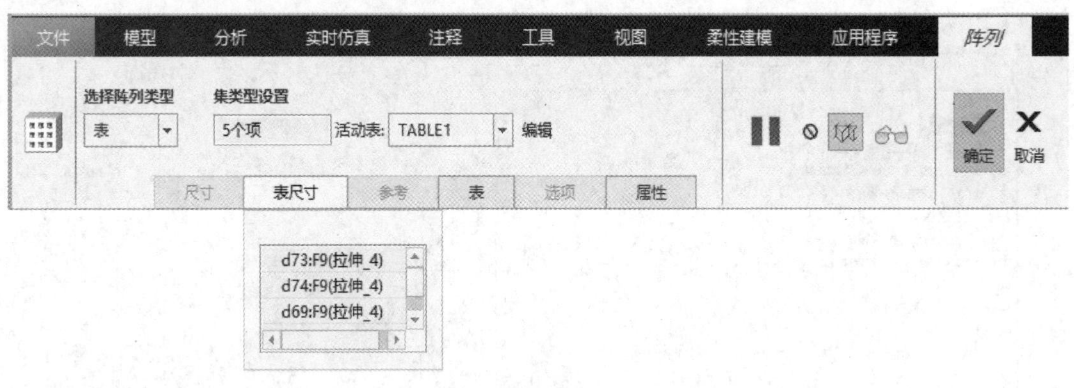

a)“阵列”选项卡

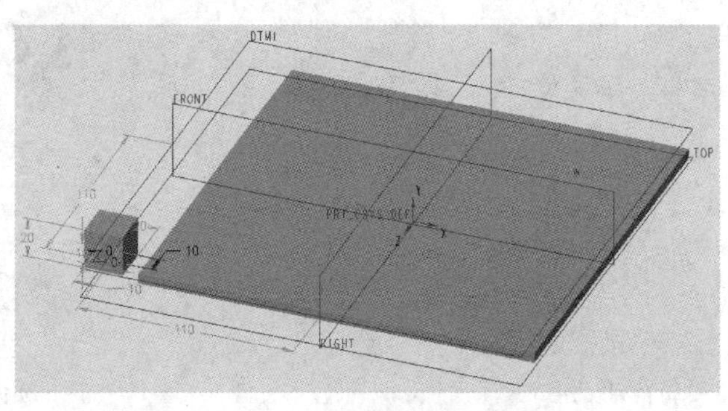

b) 实体

图 6-43 添加 X、Y、Z 方向的移动和变更特征的尺寸

6.3.6 参考阵列

参考阵列工具是通过参考另一个阵列来创建阵列。参考阵列工具一般情况下为不可用状态，除非所创建阵列的特征与初始阵列的特征有定位尺寸关系，即参考阵列的参考是初始阵列的参考时，系统会默认进入参考阵列。

根据图 6-46 所示初始阵列，创建图 6-47 所示的参考阵列。

01 单击“拉伸”选项卡中的“放置”按钮，弹出“放置”对话框，设置数值，单击“草绘”按钮，弹出“草绘”对话框，选择草绘平面，设置草绘视图方向，单击“草绘”按钮，进入草绘环境，单击“参考”按钮，选择 TOP 和 RIGHT（即初始特征的基准面为参考）平面绘制草绘截面，标注尺寸，单击“确定”按钮，如图 6-48 所示。

02 选择创建的特征，单击“编辑”选项组中的“阵列”按钮，弹出“阵列”选项卡，阵列类型默认为参考现有阵列创建新阵列，即“参考”阵列，单击“确定”按钮，如图 6-49 所示。

Pro/TABLE TM 6.0 (c) 2019 by PTC Inc. All Rights Reserved.

文件(F)　编辑(E)　视图(V)　格式(T)　帮助(H)

	C1	C2	C3	C4	C5	C6	C7
R1							
R2	!	给每一个阵列成员输入放置尺寸和模型名。					
R3	!	模型名是阵列标题或是族表实例名。					
R4	!	索引从1开始。每个索引必须唯一，					
R5	!	但不必连续。					
R6	!	与导引尺寸和模型名相同，默认值用"*"。					
R7	!	以"@"开始的行将保存为备注。					
R8	!						
R9	!	表名TABLE1.					
R10	!						
R11	! idx	d73(110.00)	d74(110.00)	d69(20.00)	d68(20.00)	d39(10.00)	
R12	1	10.00	-10.00	40.00	40.00	110.00	
R13	2	30.00	-30.00	30.00	30.00	80.00	
R14	3	30.00	20.00	30.00	30.00	80.00	
R15	4	-20.00	20.00	30.00	30.00	80.00	
R16	5	-20.00	-30.00	30.00	30.00	80.00	
R17	6	40.00	-40.00	20.00	20.00	60.00	
R18	7	40.00	40.00	20.00	20.00	60.00	
R19	8	-40.00	40.00	20.00	20.00	60.00	
R20	9	-40.00	-40.00	20.00	20.00	60.00	
R21	10	50.00	-50.00	20.00	20.00	40.00	
R22	11	50.00	50.00	20.00	20.00	40.00	
R23	12	-50.00	-50.00	20.00	20.00	40.00	
R24	13	-50.00	50.00	20.00	20.00	40.00	
R25	14	60.00	-60.00	20.00	20.00	20.00	
R26	15	60.00	60.00	20.00	20.00	20.00	
R27	16	-60.00	60.00	20.00	20.00	20.00	
R28	17	-60.00	-60.00	20.00	20.00	20.00	
R29	18	70.00	-70.00	20.00	20.00	0.00	
R30	19	-70.00	70.00	20.00	20.00	0.00	
R31	20	70.00	70.00	20.00	20.00	0.00	
R32	21	-70.00	-70.00	20.00	20.00	0.00	
R33							

C1R1 :

a) 阵列表格

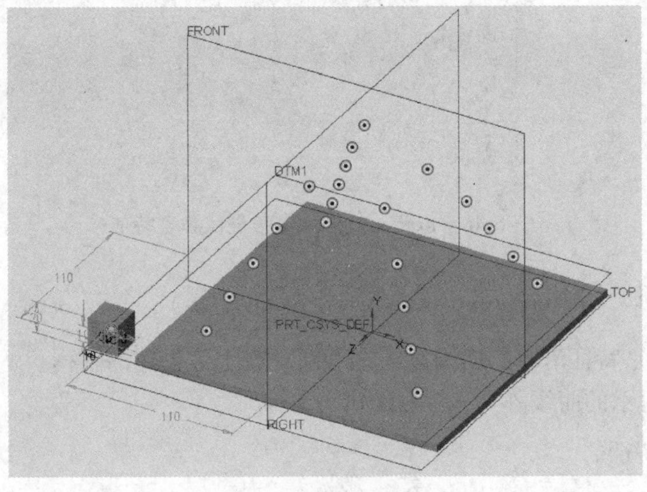

b) 实体

图6-44　输入X、Y和Z方向的移动距离和变更特征的尺寸

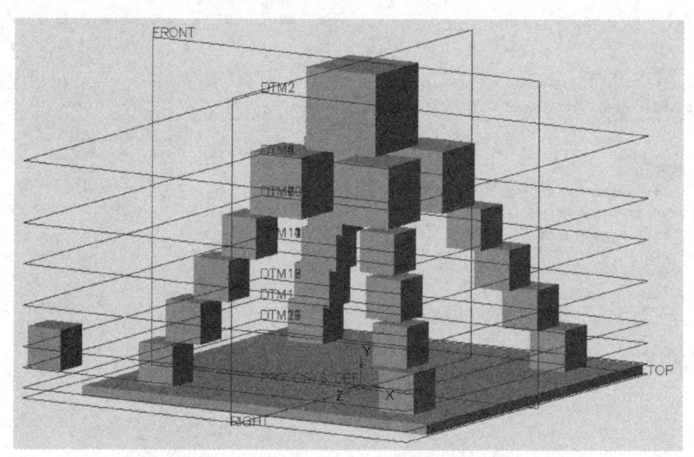

图 6-45　基于基础特征的表阵列

图 6-46　初始阵列

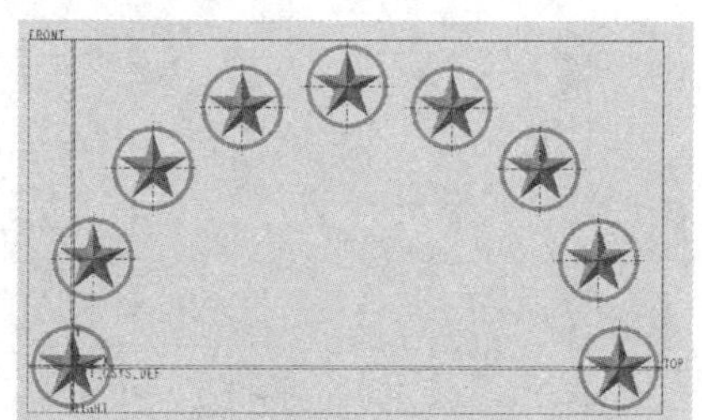

图 6-47　参考阵列

图 6-48　以初始特征为参考创建参考特征

6.3.7　曲线阵列

曲线阵列指的是特征沿草绘曲线以一定的间距或个数创建的阵列。

创建图 6-50 所示的曲线阵列。

01 创建原始特征。

02 选择创建的原始特征，单击“编辑”选项组中的“阵列”，在弹出“阵列”溢出菜单中选择“曲线阵列”命令，弹出“阵列”选项卡，单击“参考”按钮，弹出“参考”对话框，设置数值，单击“草绘”按钮，弹出“草绘”对话框，选择草绘平面（FRONT），设置草绘视图方向，单击“草绘”按钮，绘制曲线，标注尺寸，单击“确定”按钮，变更曲线阵列起始点到特征所在位置，输入阵列特征间距或阵列特征数目，单击“选项”按钮，

a) “阵列”选项卡

b) 阵列结果

图 6-49　创建参考阵列

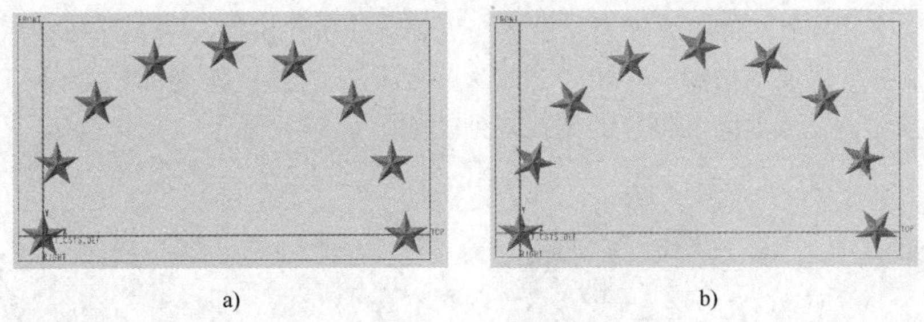

a)　　　　　　　　　　b)

图 6-50　曲线阵列

弹出“选项”对话框，取消勾选“跟随曲线方向”复选框，单击“确定”按钮，如图 6-51 和图 6-52 所示。

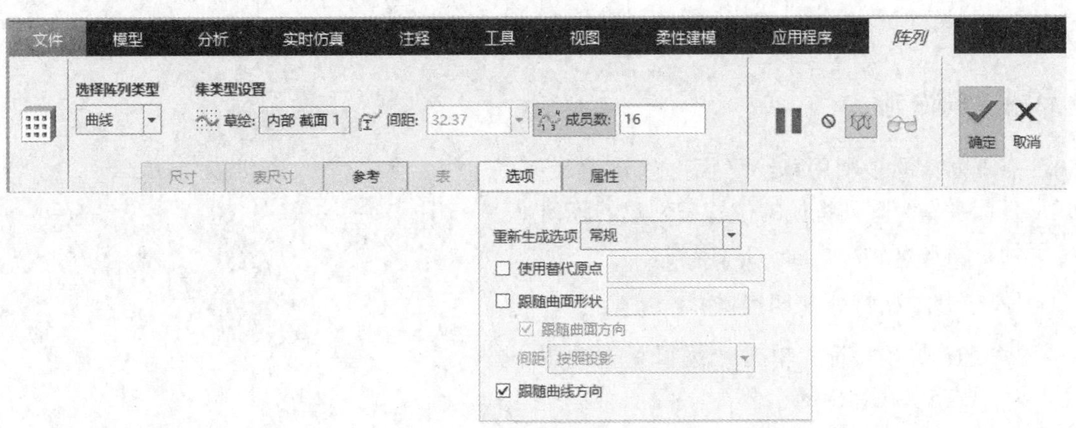

图 6-51　曲线“阵列”选项卡

在图 6-53 所示基础特征曲面上创建曲线阵列。

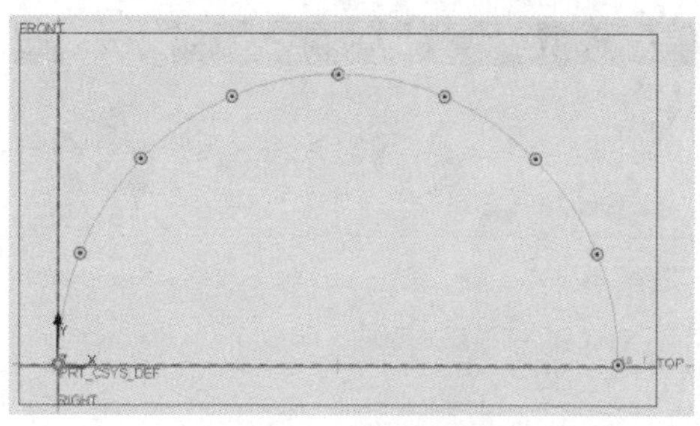

图 6-52　创建曲线阵列

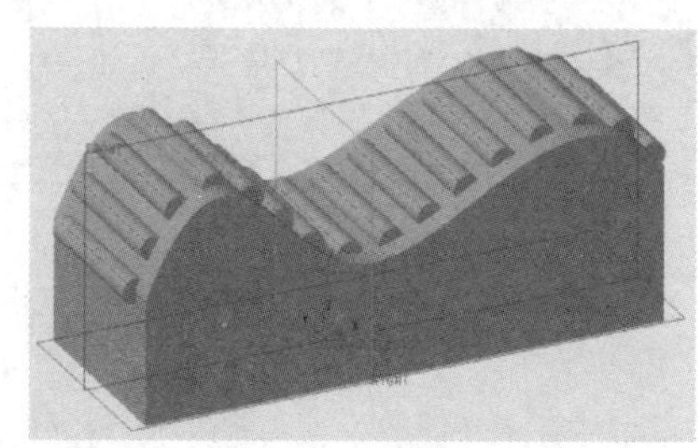
图 6-53　曲面上创建曲线阵列

01 创建基础特征和曲线阵列的原始特征，如图 6-54 所示。

02 选择原始特征，单击“编辑”选项组中的“阵列”按钮，在弹出的“阵列”溢出菜单中选择“曲线阵列”命令，弹出“阵列”选项卡，单击“参考”按钮，弹出“参考”对话框，设置数值，单击“草绘”按钮，弹出“草绘”对话框，选择草绘平面（FRONT），设置草绘视图方向，单击“草绘”按钮，单击“投影”（或“偏移”）按钮，选择曲面上的边，投影到草绘平面上，将曲线阵列起始点变更到特征所在位置，输入阵列特征间距或阵列特征数目。单击“选项”按钮，弹出“选项”对话框，勾选“跟随曲线方向”复选框，单击“应用”按钮，完成曲面上创建的曲线阵列，如图 6-55 所示。

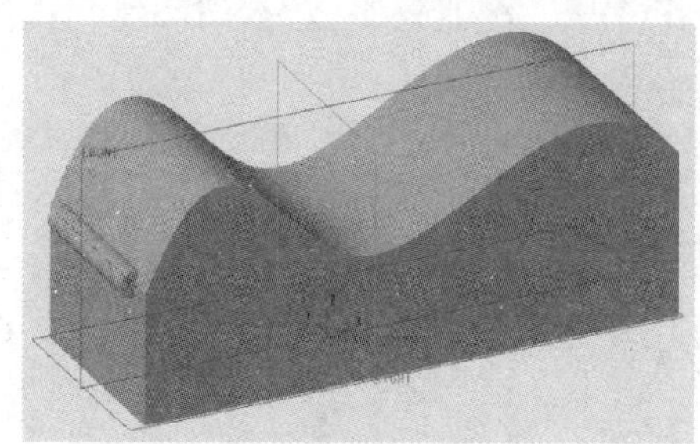
图 6-54　基础特征与曲线阵列的原始特征

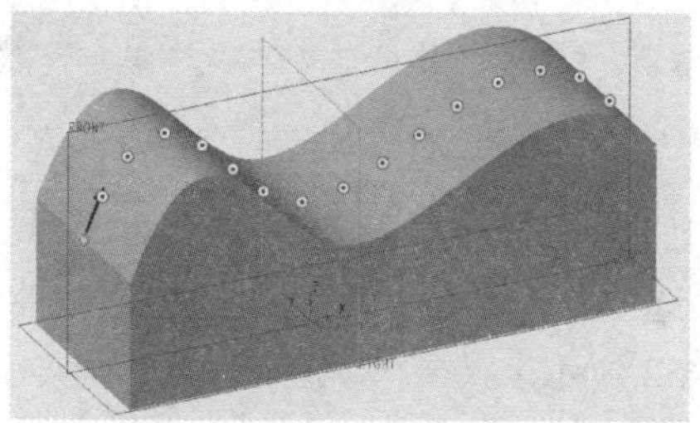
图 6-55　曲面上创建的曲线阵列

6.3.8　点阵列

点阵列指的是利用草绘平面上创建的几何点、几何坐标系作为阵列特征的位置来创建的阵列。

创建图 6-56 所示特征的点阵列。

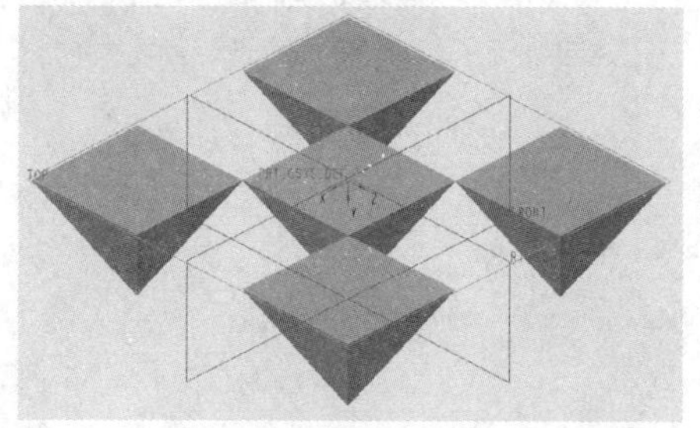
图 6-56　特征的点阵列

01 创建原始特征（四棱锥）。

02 选择原始特征，单击“编辑”选项组中的“阵列”按钮，在弹出的“阵列”溢出菜单中选择“点阵列”命令，弹出“阵列”选项卡，单击“参考”按钮，弹出“参考”对话框，设置数值，单击“草绘”按钮，弹出“草绘”对话框，选择草绘平面（TOP），设置草绘视图方向，单击“草绘”按钮，绘制内部草绘几何点，标注尺寸，单击“确定”按钮，如图6-57所示，完成特征的点阵列的创建。

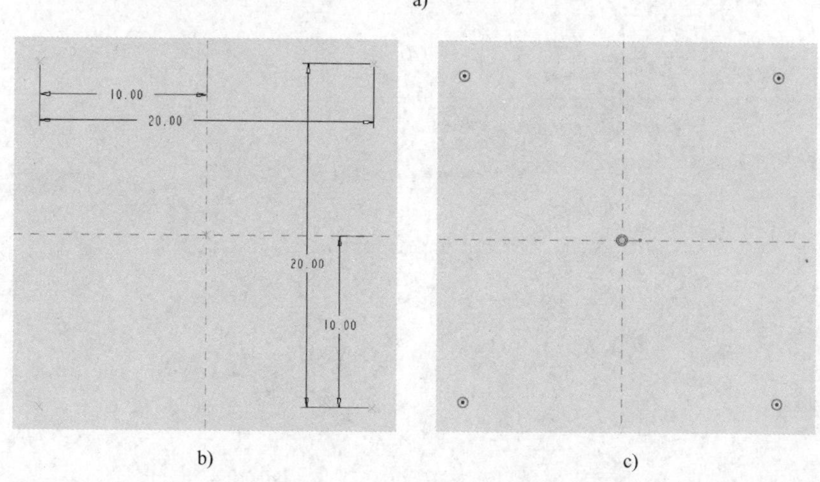

图6-57 创建特征的点阵列

点阵列具有较大的自由度。点可以是内部草绘的几何点，也可以是外部草绘的几何点、基准点或几何坐标系。

在点“阵列”选项卡中可以选择替代原点，也可以单击“选项”按钮，在弹出的“选项”对话框中对点阵列进行跟随引线位置、跟随曲面形状和跟随曲线方向的设置，如图6-58所示。

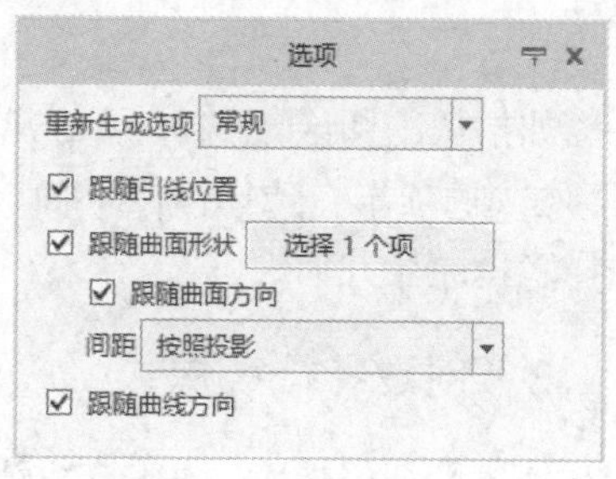

图6-58 点阵列选项对话框

6.4 镜像

镜像工具是以一个平面为对称面，创建原始几何或特征副本，即对原始几何或特征进行镜像复制。对称面可以是基准面，也可以是特征中的某一平面。镜像副本可以独立于原始几何或特征，也可以从属于原始几何或特征。从属于原始几何或特征的镜像副本，可随原始几何或特征的更改而重新生成。

6.4.1 创建几何镜像

创建几何镜像时，先创建原始几何，如图6-59所示。

从模型树中选择原始几何，单击“编辑”选项组中的“镜像”按钮，打开“镜像”选项卡，选择镜像平面

图6-59 原始几何

(RIGHT)。单击“选项”按钮，弹出“选项”对话框，设置是否从属副本，单击“确定”按钮，完成原始几何的镜像副本创建，如图4-60所示。

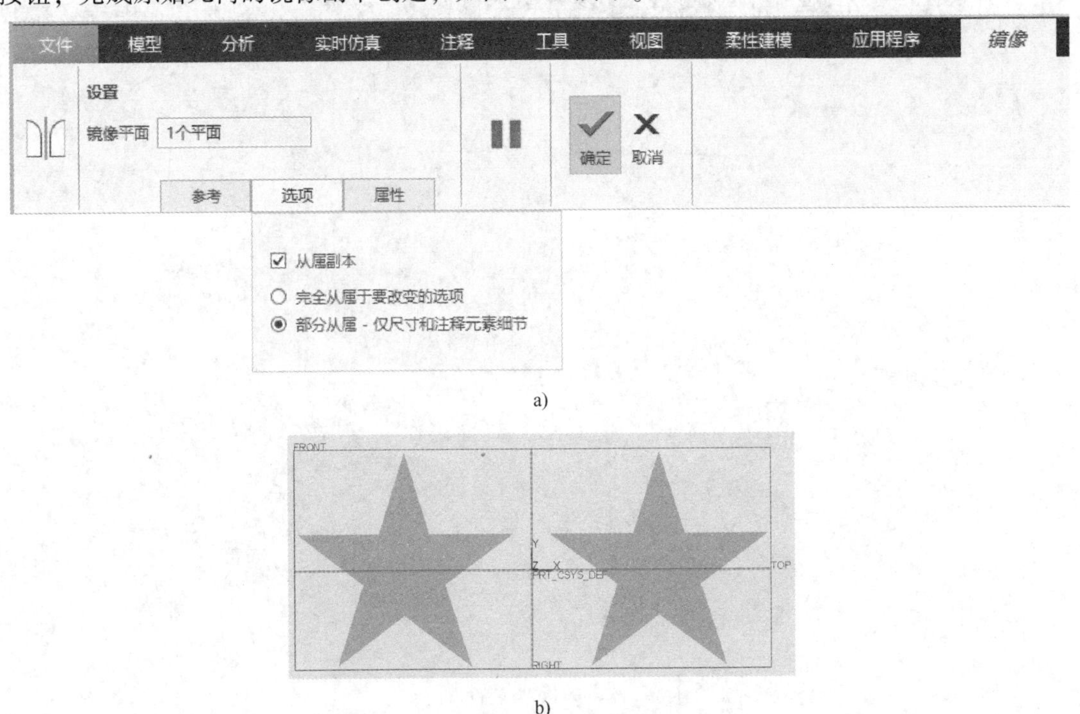

a)

b)

图6-60　几何镜像

如果从绘图区中选择原始几何，则可单击“编辑”选项组中的“镜像”按钮，打开“镜像”选项卡，选择镜像平面（RIGHT)。单击“选项”按钮，弹出“选项”对话框，可选择隐藏原始几何。

6.4.2　创建特征镜像

创建特征镜像时，先创建原始特征，如图6-61所示。

从模型树中选择原始特征，单击“编辑”选项组中的“镜像”按钮，打开“镜像”选项卡，选择镜像平面（RIGHT)。单击“选项”按钮，弹出“选项”对话框，设置从属副本，单击“确定”按钮，完成特征副本的镜像创建，如图6-62所示。

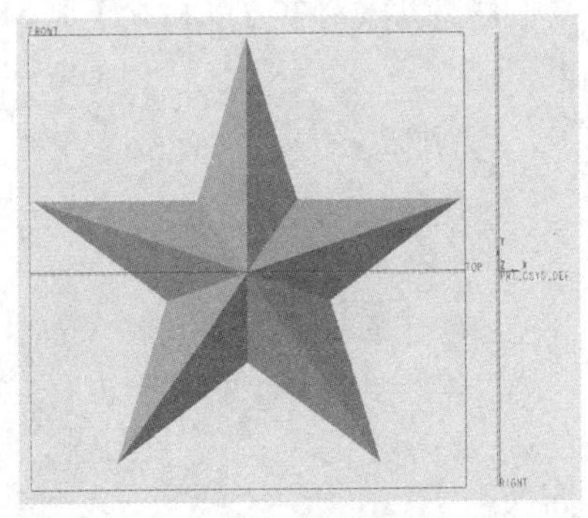

图6-61　原始特征

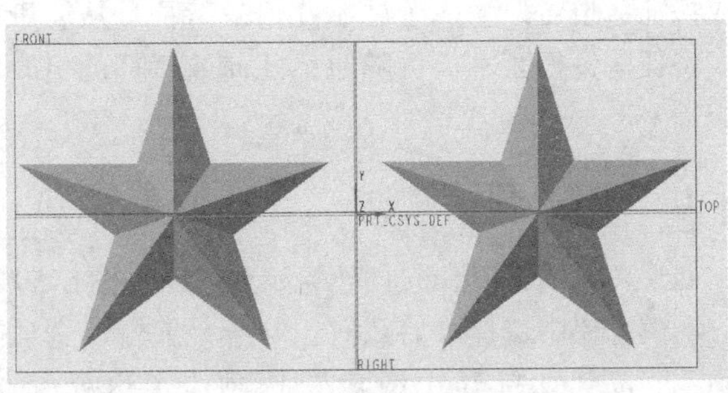

图6-62　特征镜像

镜像的原始几何或特征可以是一个或多个。镜像几何时，为了提高镜像对象的准确性，先在过滤器中选择“几何”或“基准”，然后选择要镜像的几何或基准。

镜像整个零件时，选择模型树最顶部的零件名称，单击“镜像”按钮，弹出“镜像”选项卡，选择镜像平面，进行选项设置，单击“应用”按钮，即可完成整个零件的镜像副本创建。

6.5　修剪

修剪工具是用来分割曲线或曲面的。

修剪操作时，选择要修剪的曲线或曲面，单击“编辑”选项组中的“修剪”按钮，选择修剪对象（点、曲线、曲面或基准平面），根据设计需要指定被修剪曲线或曲面中要保留的部分，单击“应用”按钮，即可完成曲线或曲面的修剪。

6.5.1　修剪曲线

修剪曲线时，修剪对象要与曲线相交。

用基准面 RIGHT 修剪图 6-63 所示弧线。

选择要修剪的弧线，单击“编辑”选项组中的“修剪”按钮，打开“曲线修剪”选项卡，单击修剪对象基准面（RIGHT），指定要保留的弧线（当双侧保留时，弧线从修剪处分割为两段），单击“确定”按钮，如图 6-64 所示。

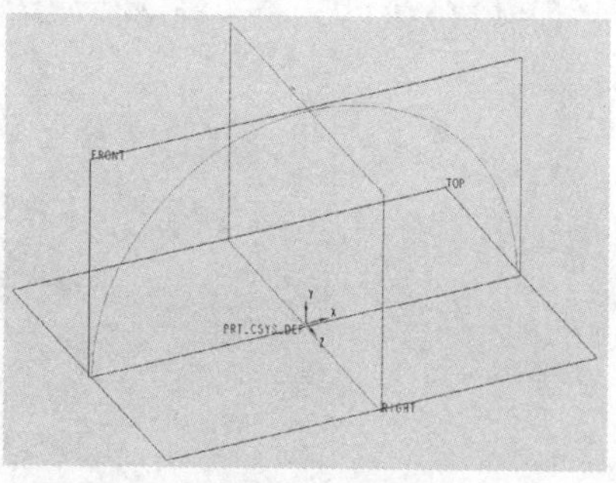

图 6-63　弧线

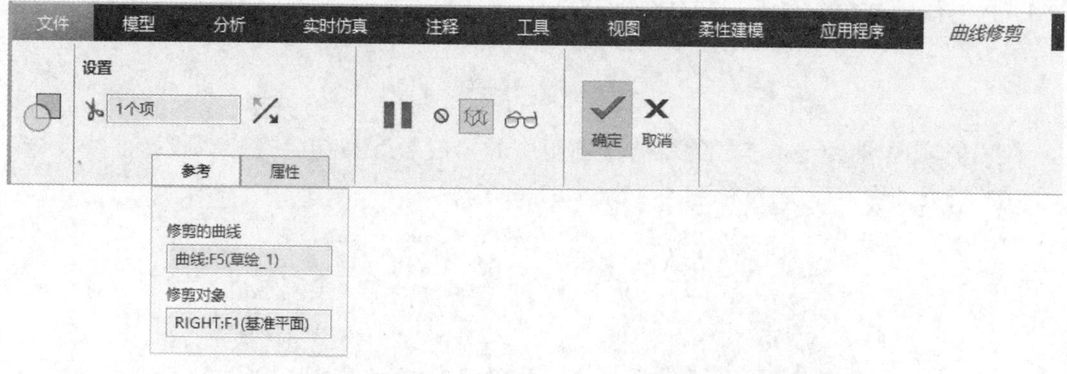

a)

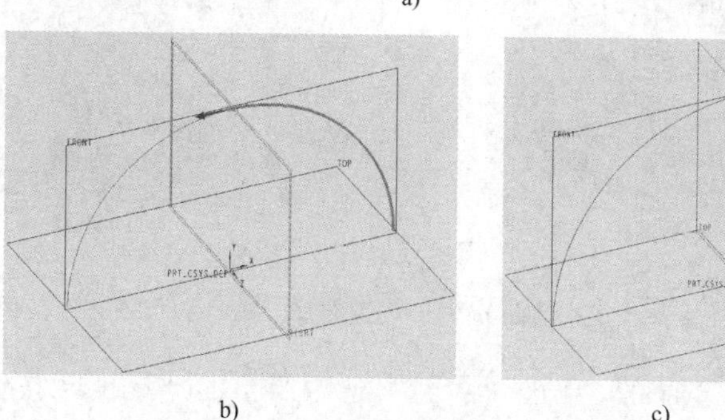

b)　　　　c)

图 6-64　弧线被基准面 RIGHT 修剪

6.5.2 修剪曲面

曲面可以利用其上的曲线进行修剪，也可以利用与曲面相交曲面或基准面进行修剪。

1. 曲线修剪曲面

利用曲线在圆筒曲面上修剪出一个椭圆孔，如图6-65所示。

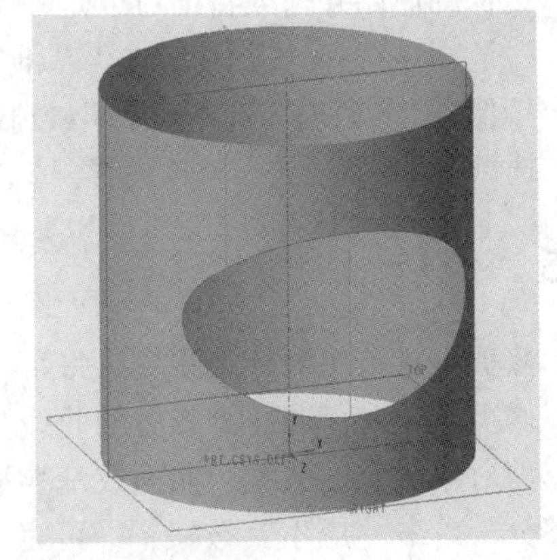

图6-65 在圆筒曲面上修剪出一个椭圆孔

01 创建圆筒曲面。

02 单击“草绘”选项组中的“椭圆”按钮，从溢出菜单中选择“中心和轴椭圆”命令，选择草绘平面（FRONT），绘制椭圆，如图6-66所示。

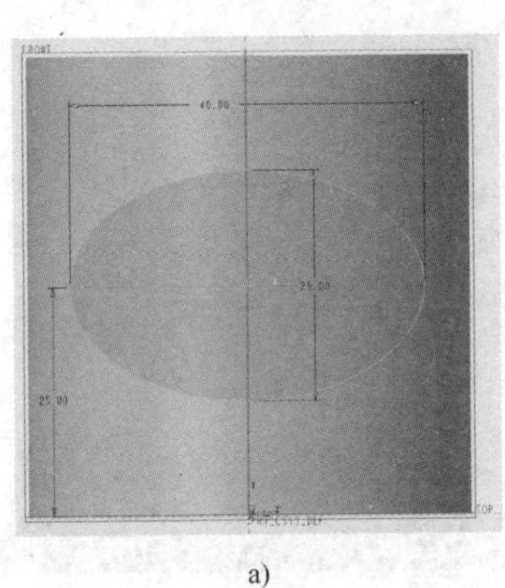

a)

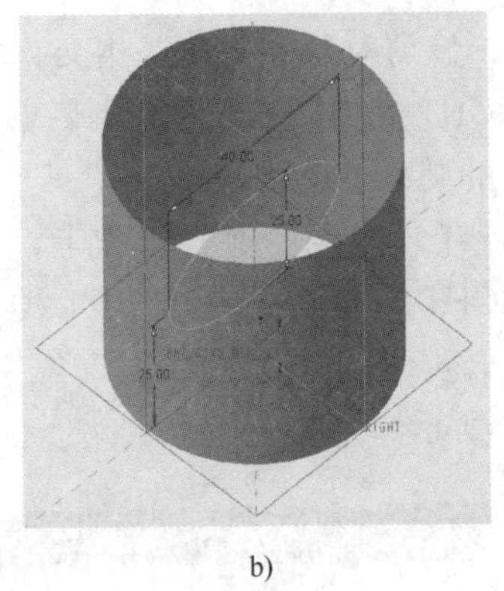

b)

图6-66 绘制椭圆

03 选择草绘曲线，单击“编辑”选项组中的“投影”按钮，打开“投影曲线”选项卡，选择图元曲面，单击“确定”按钮，如图6-67所示。

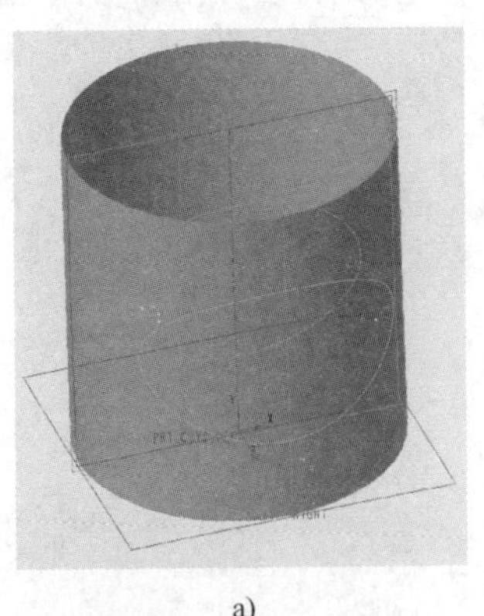

a)

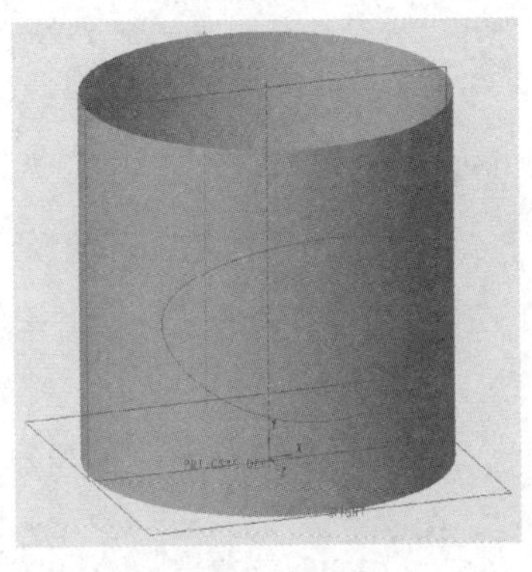

b)

图6-67 投影曲线

04 选择要修剪的圆筒曲面，单击“编辑”选项组中的“修剪”按钮，打开“曲面修剪”选项卡，单击修剪曲线，指定要保留的一侧（带网格的表面为保留曲面），单击“确定”按钮，如图6-68所示。

a)

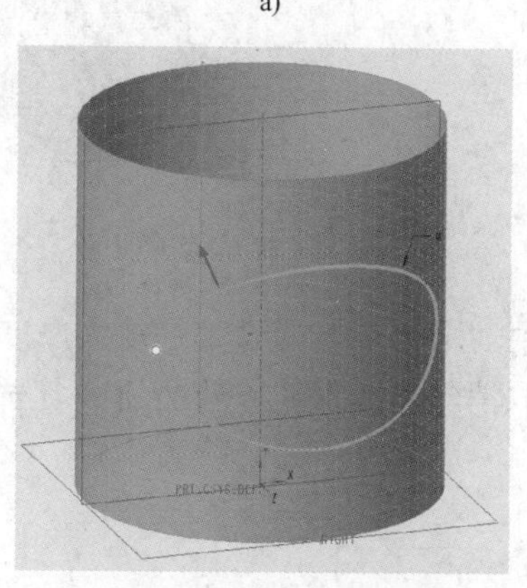

b)

图 6-68 利用曲线修剪曲面

2. 相交曲面修剪曲面

利用拉伸曲面修剪图 6-69 所示的圆筒曲面。

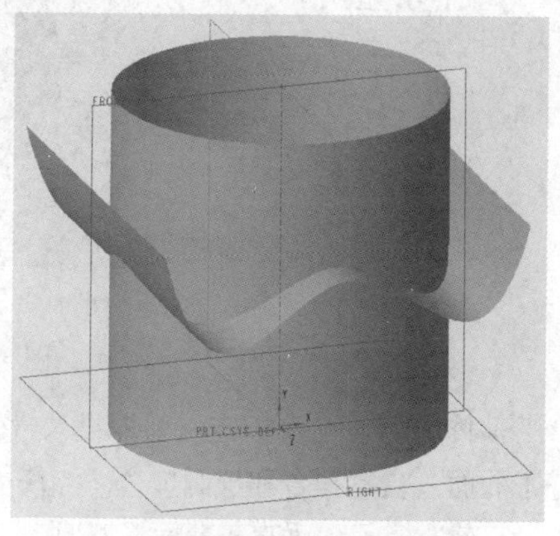

图 6-69 圆筒曲面

01 选择要修剪的圆筒曲面，单击“编辑”选项组中的“修剪”按钮，打开“曲面修剪”选项卡，选择修剪曲面，即拉伸曲面，指定要保留的一侧（带网格的表面为保留曲面），单击“确定”按钮，如图 6-70 所示。

02 相交曲面修剪时，单击“选项”按钮，弹出“选项”对话框，指定要保留的一侧，取消勾选“保留修剪曲面”复选框（默认保留修剪曲面），单击“确定”按钮，修剪的圆筒曲面如图 6-71 所示。

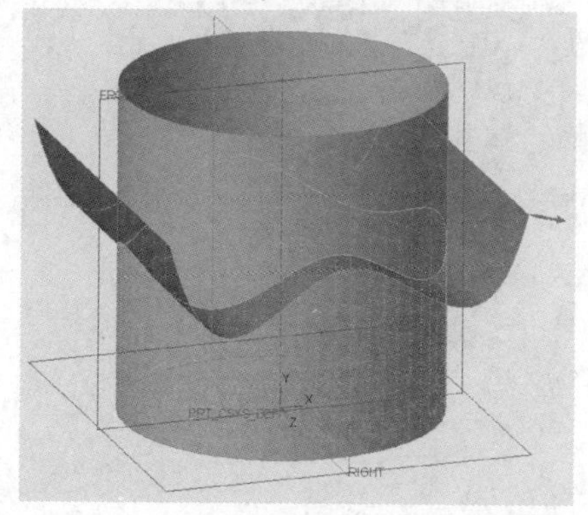

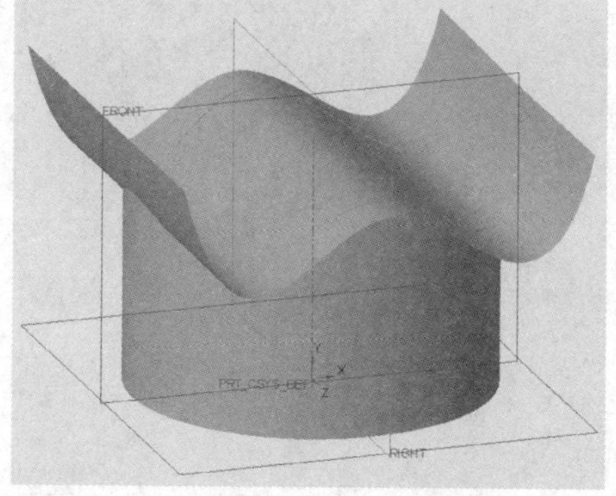

图 6-70 相交曲面修剪

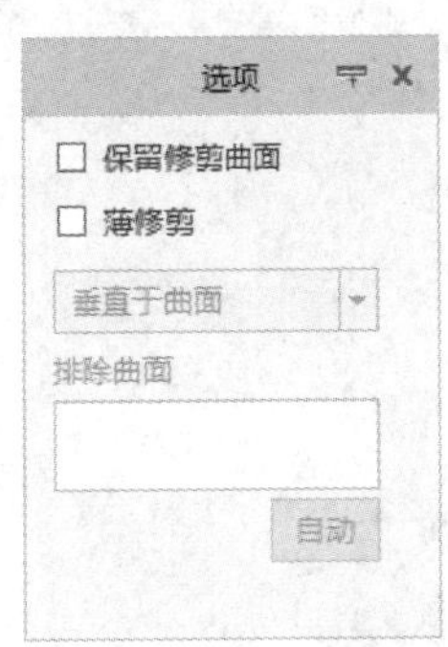

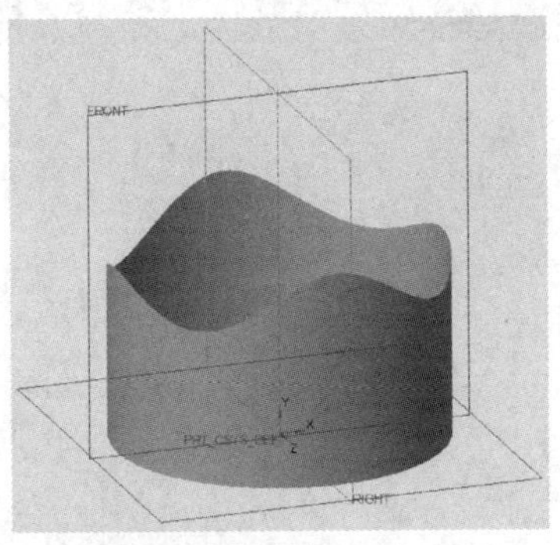

图 6-71　不保留修剪曲面

03 勾选“选项”对话框中“薄修剪”复选框，输入厚度值，指定要保留的一侧，勾选“保留修剪曲面”复选框（或取消勾选“保留修剪曲面”复选框），单击“确定”按钮，修剪的圆筒曲面如图 6-72 所示。

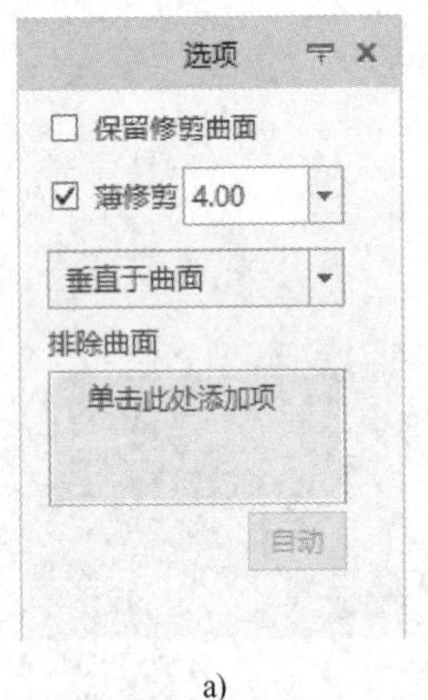

a)

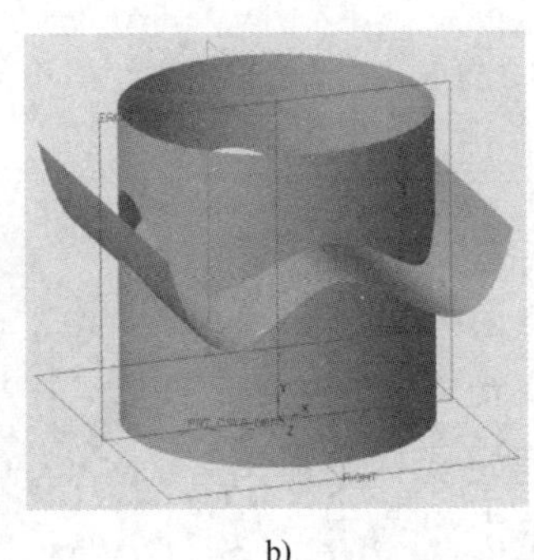

b)

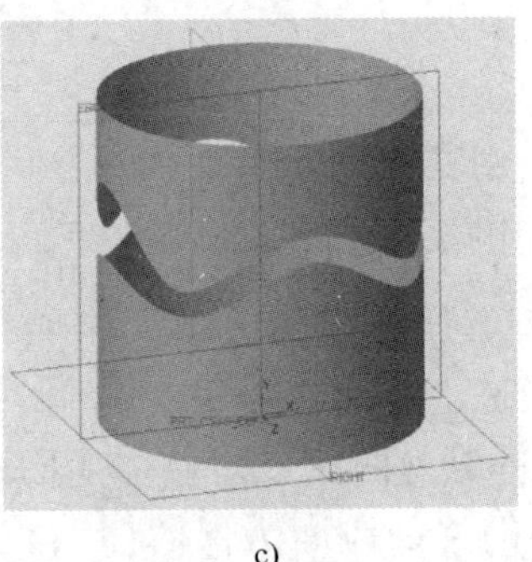

c)

图 6-72　相交曲面薄修剪

薄修剪时，允许指定修剪厚度尺寸和控制曲面拟合。控制曲面拟合有三个选项，分别为垂直于曲面、自动拟合和控制拟合。当修剪曲面为折面（由多个平面组合而成），在进行薄修剪操作时，若选择了“垂直于曲面”选项，则可从修剪曲面排除指定的修剪曲面，如图 6-73 所示。

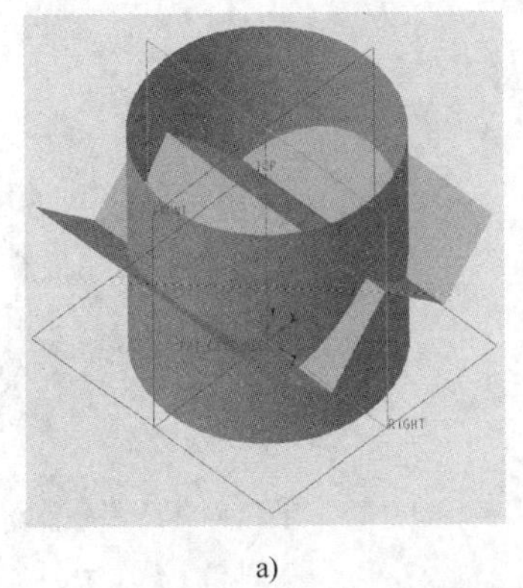

a)

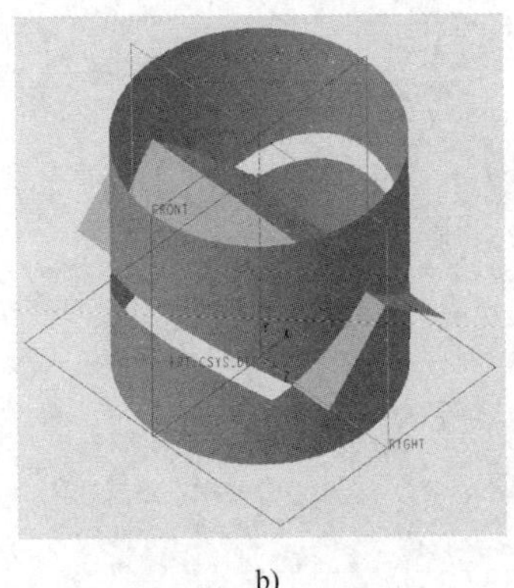

b)

图 6-73　薄修剪操作中排除修剪曲面

6.6　合并

合并工具是用来对两个相交或相邻的曲面或面组进行合并。合并后的面组是一个单独的特征，生成的面组为主面组，是合并特征的父项。

合并操作时，选择两个相交或相邻的曲面或面组，单击“编辑”选项组中的“合并”按钮，打开“合并”选项卡，更改第一面组和第二面组中要保留的一侧（带网格的表面为要保留的一侧），单击“确定”按钮，如图6-74所示。

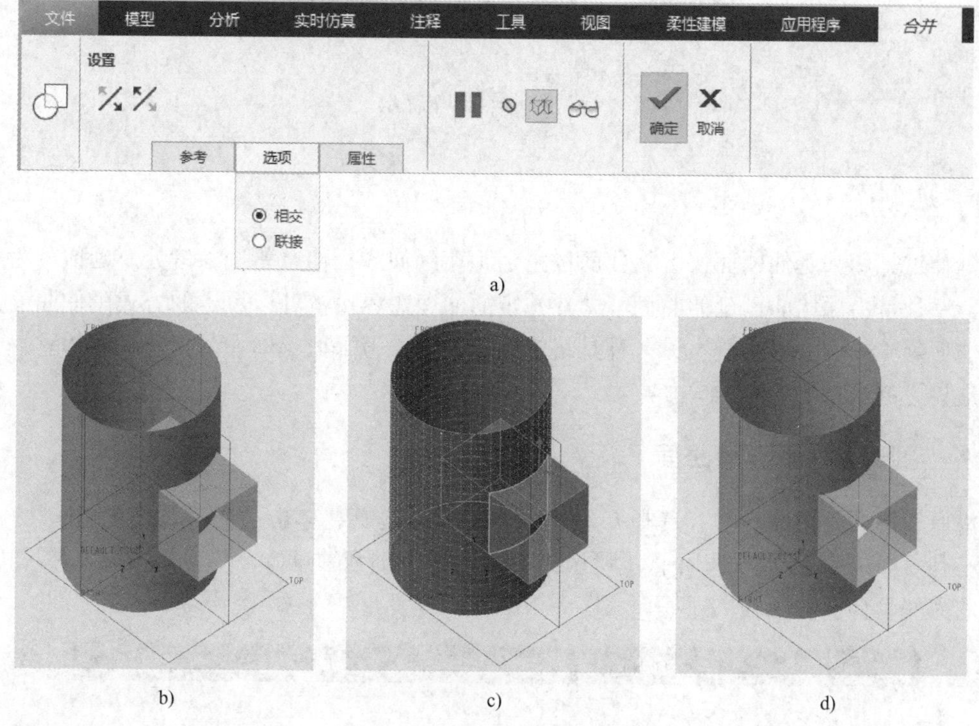

a)

b)　　c)　　d)

图6-74　合并相交曲面或曲面组

在“选项”溢出菜单中，默认选项为“相交”，用于合并两个相交的曲面或面组；“联接”选项用于合并两个相邻的面组，其中一个面组至少有一个单侧边位于另一个面组上，如图6-75所示。

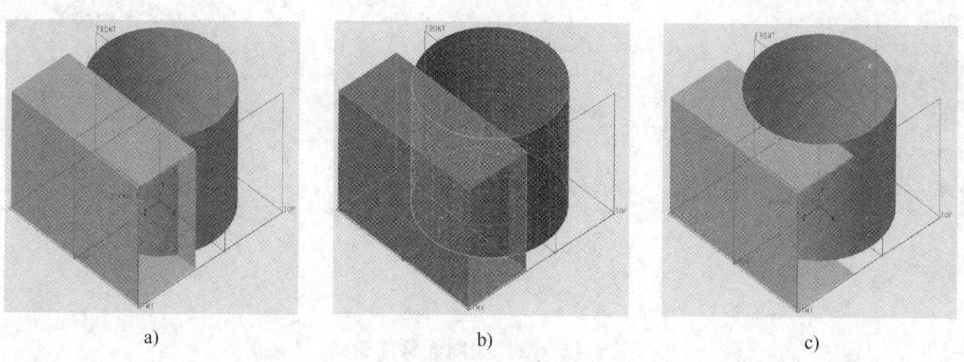

a)　　b)　　c)

图6-75　合并联接曲面或曲面组

当合并多个面组，这些面组的边必须彼此邻接，且可在“参考”对话框中重新排序面组，最上部的面组为主参考面组，如图6-76所示。

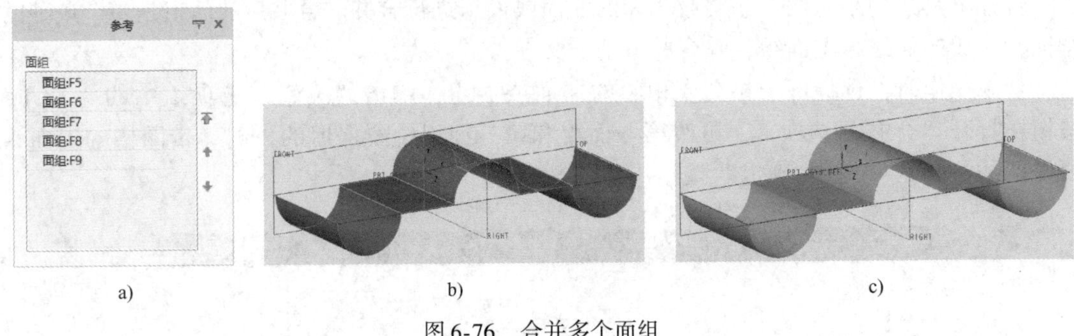

a) b) c)

图6-76　合并多个面组

6.7　延伸

延伸工具用来延伸曲面，可将曲面按指定距离延伸或延伸至所选参考处。延伸分为两种类型，一种是沿原始曲面延伸曲面，即在选定的曲面边界边链处以设定的方式延伸曲面，沿原始曲面延伸曲面边界边链；另一种是将曲面延伸到参考平面，即在与指定平面的垂直方向延伸边界边链至指定的平面。

6.7.1　沿原始曲面延伸曲面

沿原始曲面延伸曲面时，选择要延伸曲面的边界边链，单击“编辑”选项组中的“延伸”按钮，打开“延伸”选项卡（默认为沿原始曲面延伸曲面），单击“确定”按钮，完成沿曲面的延伸，如图6-77所示。

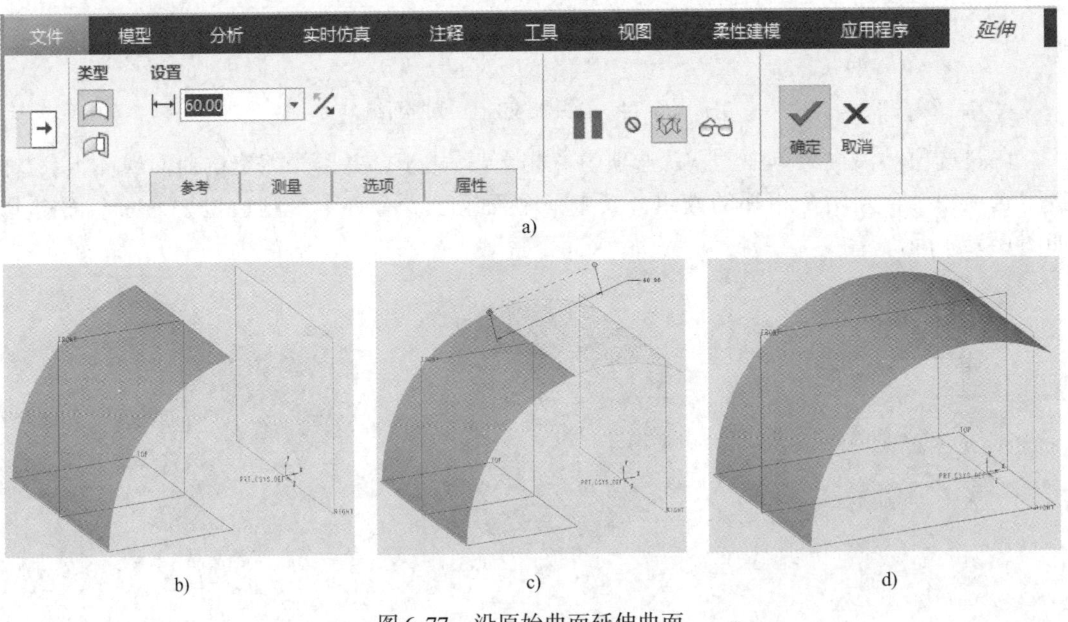

a)

b) c) d)

图6-77　沿原始曲面延伸曲面

单击“延伸”选项卡中的“选项”按钮，弹出“选项”对话框，从“方法”溢出菜单中可选择曲面延伸方式为“相同”“相切”“逼近”。其中“相同”为默认项。选择“相同”选项时，由原始曲面边界边链创建的延伸曲面与原始曲面保持相同的类型；相切选项时，由原始曲面边界边链创建的直纹曲面与原始曲面相切；逼近选项时，由原始曲面的边界边链与延伸曲面的边链之间创建边界混合，如图6-78所示。

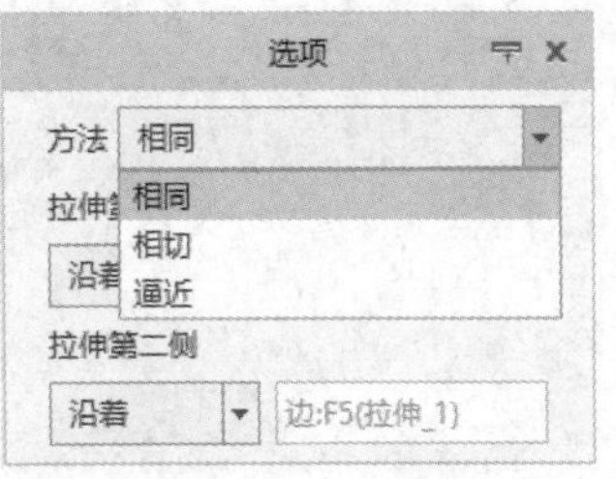

图6-78 延伸“选项”对话框

6.7.2 将曲面延伸到参考平面

将曲面延伸到参考平面时，在绘图区选择延伸曲面的边界边链，单击“编辑”选项组中的“延伸”按钮，打开“延伸”选项卡，单击绘图区中的参考平面，单击“确定”按钮，完成曲面延伸到参考平面，如图6-79所示。

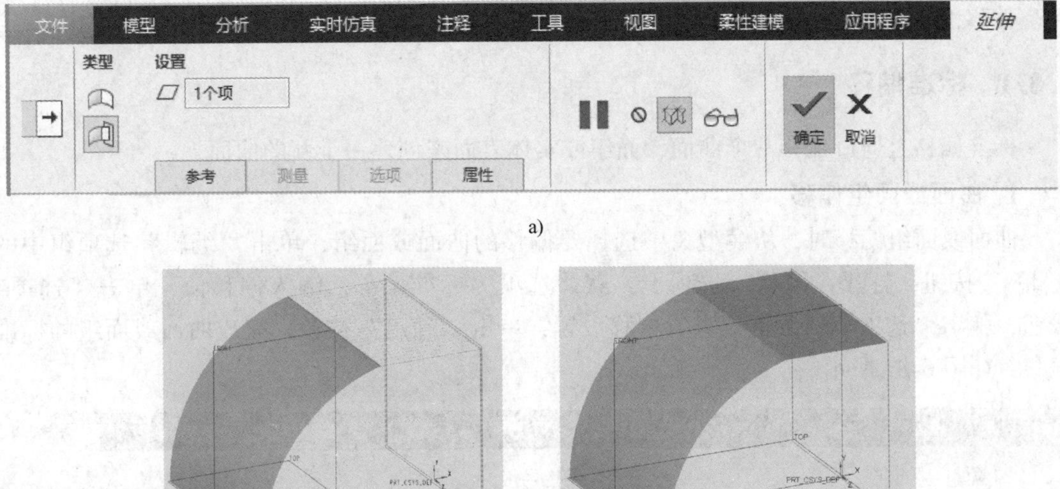

a)

b) c)

图6-79 将曲面延伸到参考平面

6.7.3 可变距离延伸曲面

创建可变距离延伸曲面时，在绘图区选择延伸曲面的边界边链，单击“编辑”选项组中的“延伸”按钮，打开“延伸”选项卡，单击“测量”按钮，弹出“测量”对话框。将鼠标指针置于列表框空白处，右击，在弹出的快捷菜单中选择“添加”命令，输入延伸点距离，选择距离类型（分别为垂直于边、沿边、至顶点平行或至顶点相切等），确定延伸点位置（可根据设计需要添加多个延伸点），单击“应用”按钮，完成可变距离延伸曲面，如图6-80所示。

“测量”对话框的左下角的选择按钮分别用于测量参考曲面中的延伸距离和测量选定平面中的延伸距离。

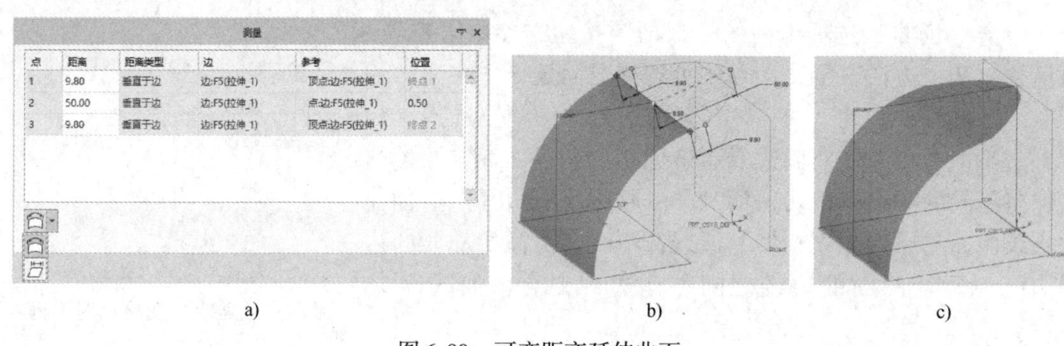

a) b) c)

图 6-80　可变距离延伸曲面

6.8　偏移

偏移工具是用来将选定的曲面、面组或实体表面向指定方向偏移恒定距离或可变距离来创建新的曲面，使用偏移工具也可以创建偏移曲线。

偏移工具提供了标准偏移、拔模偏移、展开偏移和替换曲面四种偏移方式。

6.8.1　标准偏移

标准偏移是通过偏移一个曲面、面组或实体表面来创建一个新的曲面。

1. 曲面或面组偏移

曲面或面组偏移时，从模型树中选择要偏移的曲面或面组，单击“编辑”选项组中的“偏移”按钮，打开“偏移”选项卡，默认选项为标准偏移，输入偏移值，单击“选项”按钮，弹出“选项”对话框，进行偏移设置，单击“确定”按钮，完成曲面或面组的标准偏移，如图 6-81 所示。

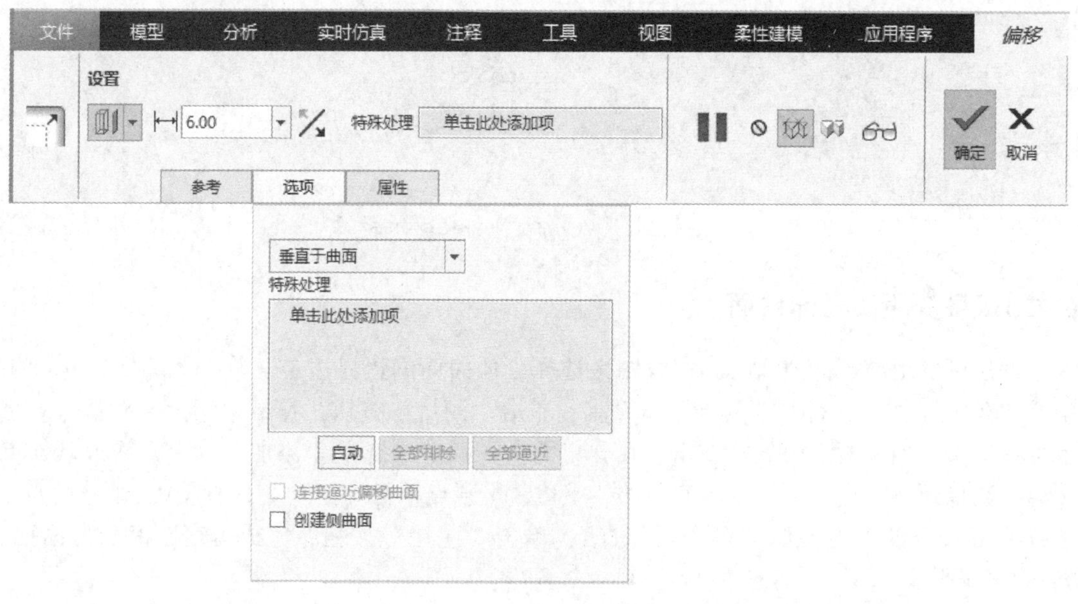

a)

图 6-81　曲面的标准偏移

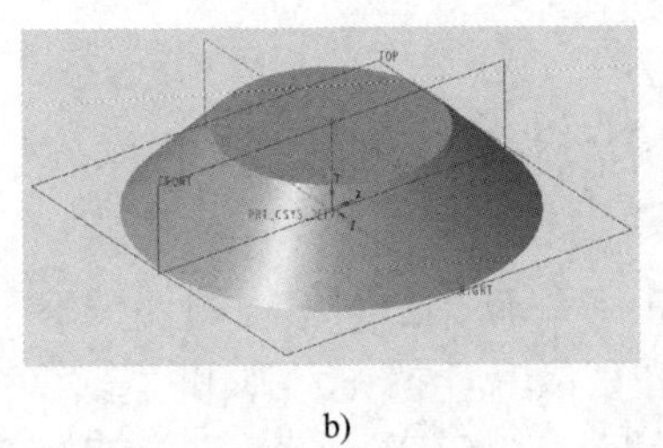

b)

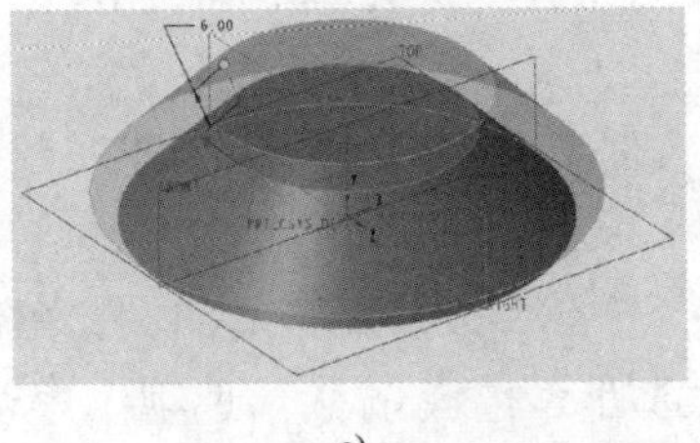

c)

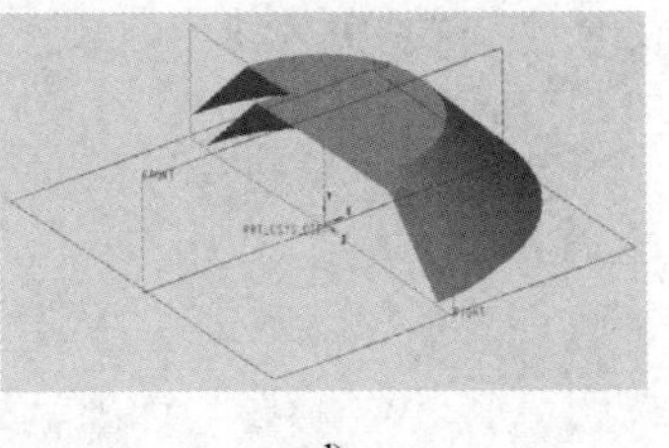

d)

图 6-81　曲面的标准偏移（续）

当“选项”对话框中的“特殊处理”选择排除曲面组中的圆形平面或选择创建侧曲面时，曲面偏移如图 6-82 所示。

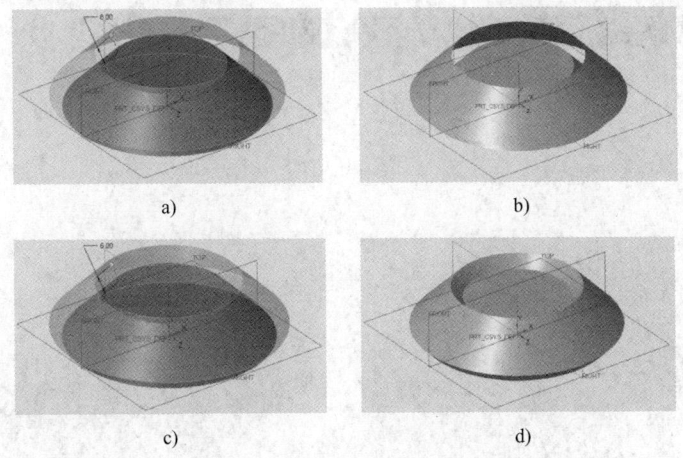

a)　b)　c)　d)

图 6-82　排除曲面和创建侧曲面的偏移曲面

在“选项”对话框中，除“垂直于曲面”的曲面偏移选项外，还可以选择“自动拟合”或“控制拟合”的曲面偏移。

2. 实体表面偏移

实体表面偏移时，在绘图区选择要偏移的实体表面，单击“编辑”选项组中的“偏移”按钮，打开“偏移”选项卡，输入偏移值。单击“选项”按钮，弹出“选项”对话框，进行偏移设置（选择创建的侧曲面），单击“确定”按钮，完成实体表面偏移，如图 6-83 所示。

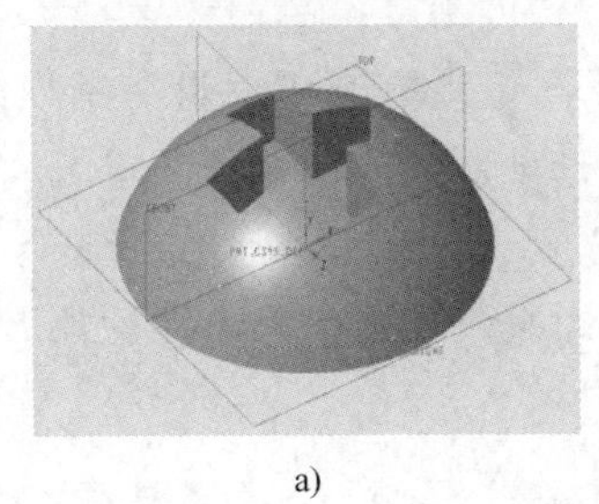

a)

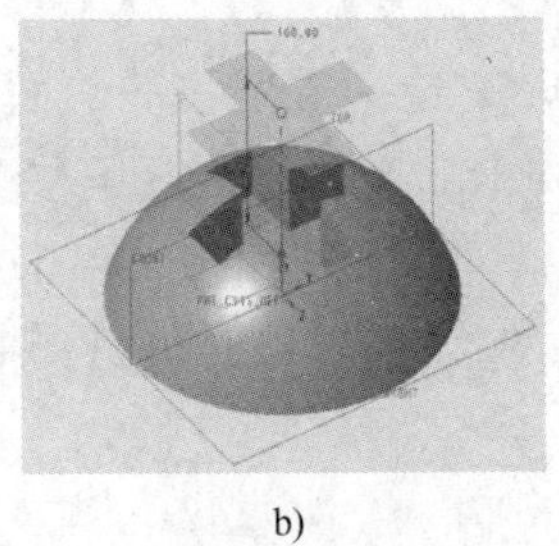

b)

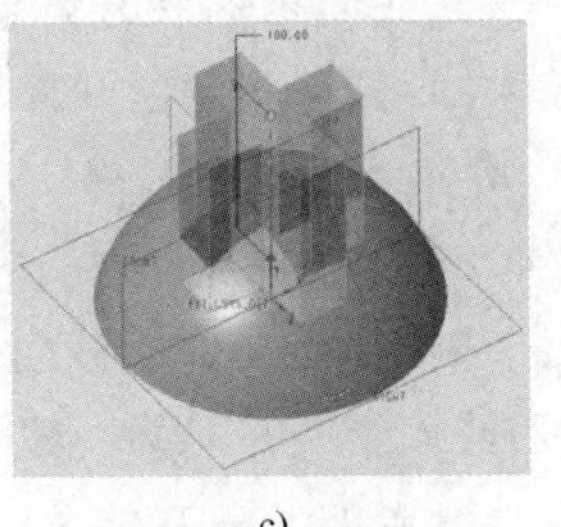

c)

图 6-83　创建实体表面偏移

实体表面偏移时，仅选实体上的一个表面，否则系统会自动切换到展开特征选项。

6.8.2 拔模偏移

拔模偏移是通过草绘曲面或面组在实体表面上创建凹凸和拔模侧曲面的工具，拔模角度范围为0°~60°。

创建拔模偏移时，在绘图区选择要拔模偏移的曲面，单击“编辑”选项组中的“偏移”按钮，打开“偏移”选项卡，选择“拔模偏移”选项。单击“参考”按钮，弹出“参考”对话框，设置数值，单击“草绘”按钮，弹出“草绘”对话框，选择草绘平面（与偏移曲面重合或平行的曲面），绘制偏移曲面，输入偏移值和拔模角度，更改偏移方向。单击“选项”按钮，弹出“选项”对话框，进行侧曲面垂直与侧面轮廓设置，单击“确定”按钮，完成拔模偏移，如图6-84所示。

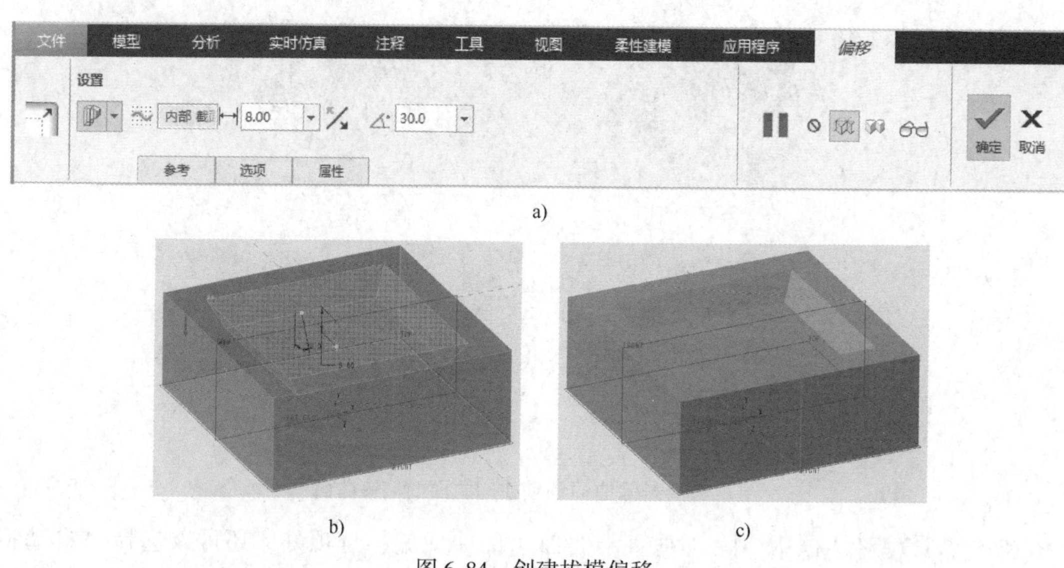

a)

b)

c)

图6-84　创建拔模偏移

6.8.3 展开偏移

展开偏移是在曲面或面组基础上创建连续特征或通过实体表面上的草绘图形创建特征的工具。

1. 曲面或面组的展开偏移

创建曲面或面组的展开偏移时，选择要偏移的曲面或面组，单击“编辑”选项组中的“偏移”按钮，打开“偏移”选项卡，选择“展开偏移”选项，输入偏移值。单击“选项”按钮，弹出“选项”对话框，选择曲面或曲面组，单击“草绘”按钮，弹出“草绘”对话框，绘制草绘图形（内部截面），输入偏移值，进行侧曲面垂直设置，单击“应用”按钮，完成曲面或面组展开偏移，如图6-85所示。

2. 实体表面的展开偏移

创建实体表面的展开偏移时，选择要展开偏移的曲面，单击“编辑”选项组中的“偏移”按钮，打开“偏移”选项卡，选择“展开偏移”选项。单击“选项”按钮，弹出“选项”对话框，选择展开区域作为草绘区域，选择基准面（或实体与偏移方

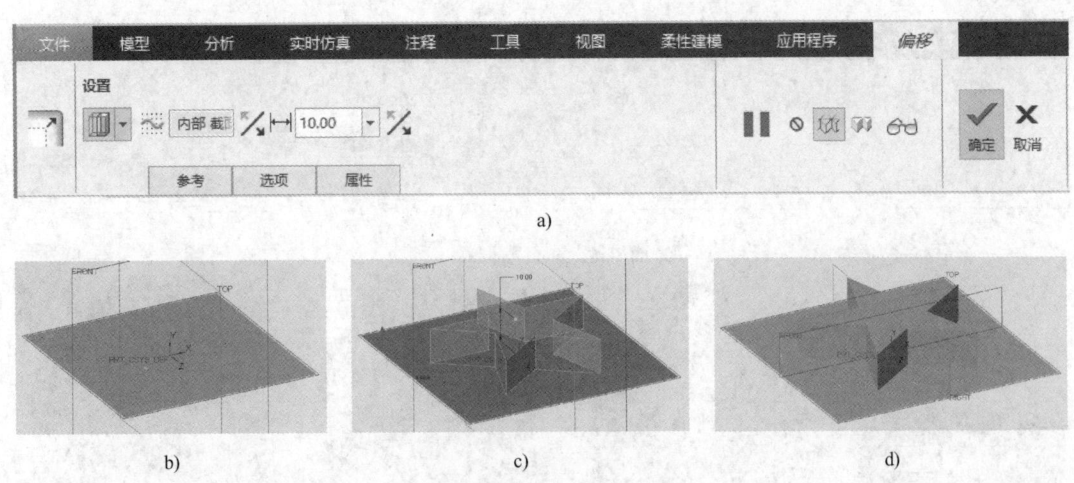

a)

b)　　c)　　d)

图 6-85　曲面或面组展开偏移

向垂直的表面)，弹出“草绘”对话框，绘制草绘图形（内部截面)，输入偏移值，进行侧曲面垂直设置，单击“应用”按钮，完成实体表面的展开偏移，如图 6-86 所示。

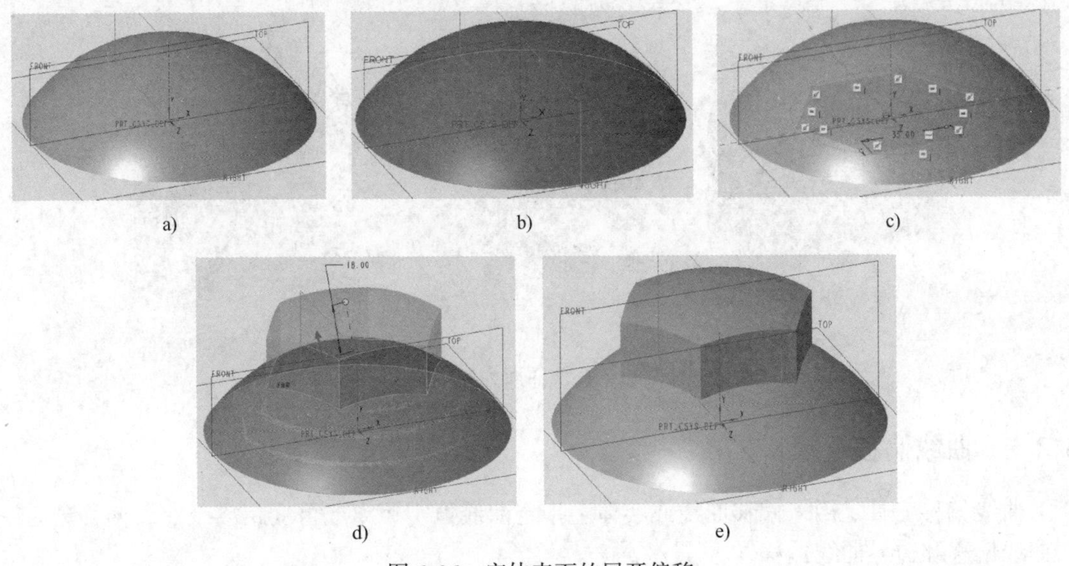

a)　　b)　　c)

d)　　e)

图 6-86　实体表面的展开偏移

6.8.4　替换曲面

替换曲面工具是用选定的基准面或面组替换实体上指定曲面。

创建替换曲面时，选择要替换的曲面，单击“编辑”选项组中的“偏移”按钮，打开“偏移”选项卡，选择替换曲面，单击替换曲面或面组，单击“确定”按钮，完成实体表面替换，如图 6-87 所示。

当替换曲面为三维曲面时，其在实体上要替换表面的投影必须大于实体表面，即把实体表面全部覆盖，否则实体表面不能被替换，如图 6-87 所示；当替换曲面为二维曲面时，对

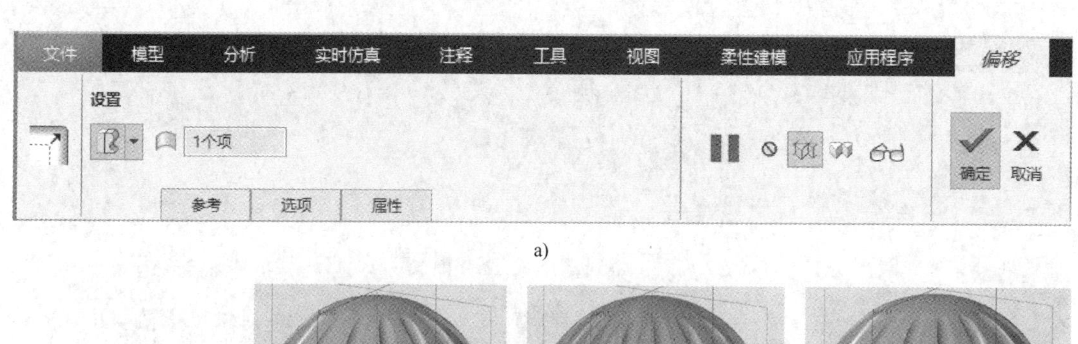

a)

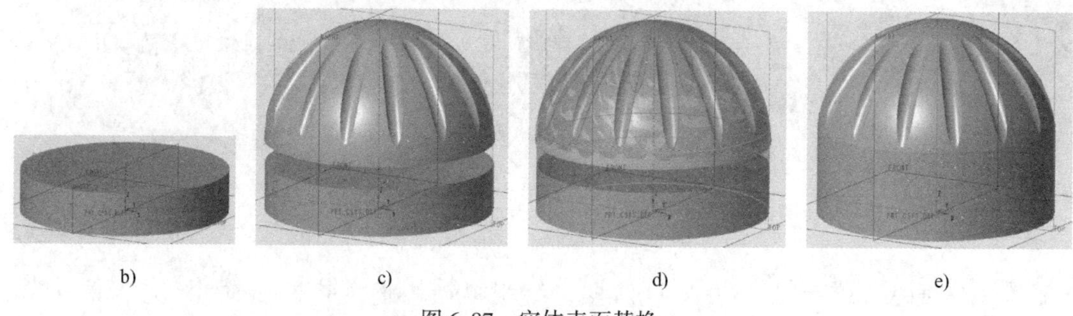

b) c) d) e)

图 6-87 实体表面替换

其在实体上要替换表面的投影大小没有要求，如图 6-88 所示。

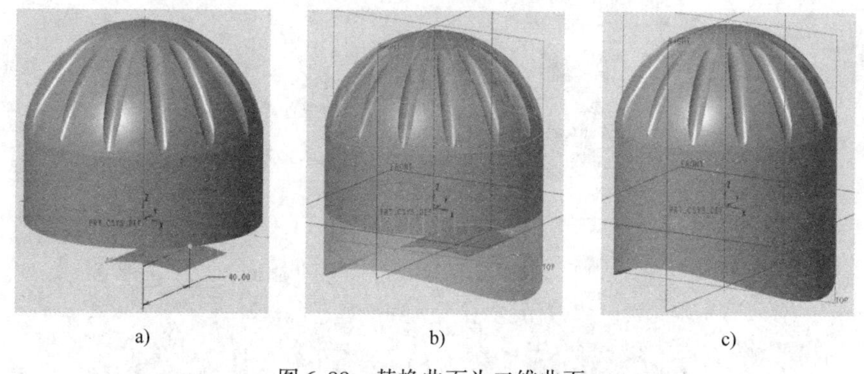

a) b) c)

图 6-88 替换曲面为二维曲面

6.8.5 曲线偏移

曲线偏移工具是用来偏移曲线或实体上指定曲线恒定距离或可变距离。曲线偏移分为一般曲线偏移和边界曲线偏移。

1. 一般曲线偏移

创建一般曲线偏移时，选择一般曲线，单击“编辑”选项组中的“偏移”按钮，打开“偏移”选项卡，默认沿参考曲面偏移曲线，选择曲线所在基准面，输入偏移值，单击“确定”按钮，完成一般曲线沿参考曲面的偏移，如图 6-89 所示。

对于沿参考曲面偏移的曲线，可添加偏移点。操作时，单击“测量”按钮，弹出“测量”对话框，在框内空白处右击，在弹出的快捷菜单中选择“添加”命令（可添加多个偏移点），输入偏移距离和偏移位置，如图 6-90 所示。需要注意的是，垂直于参考曲面的偏移曲线上不能添加偏移点。

当偏移曲线在曲面上时，选择曲面上的曲线，单击“编辑”选项卡中的“偏移”按钮，

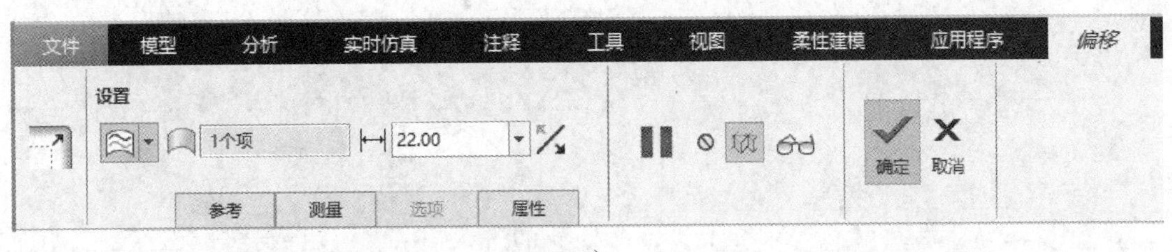

a)

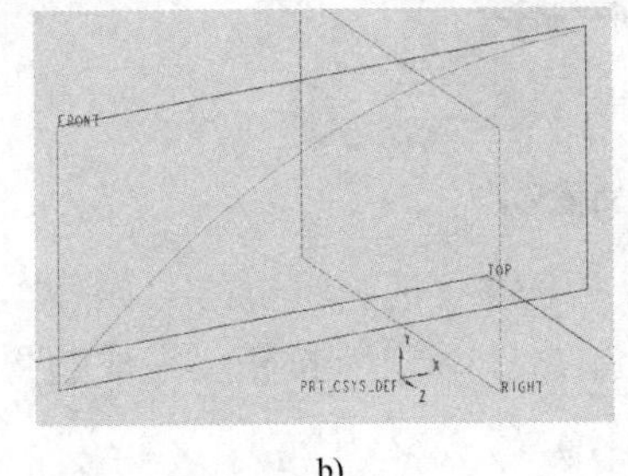

b)

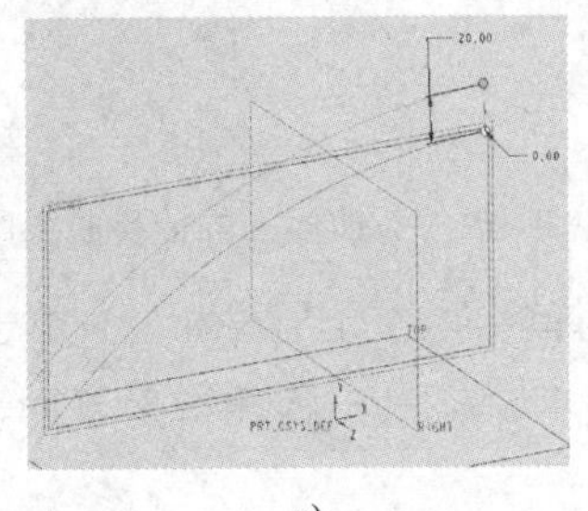

c)

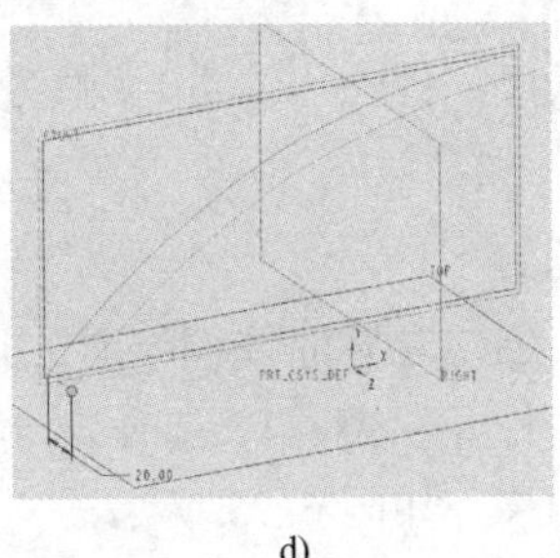

d)

图 6-89　一般曲线偏移

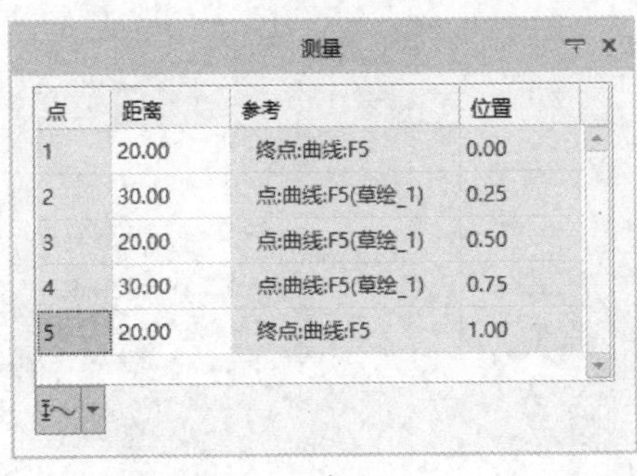

测量

点	距离	参考	位置
1	20.00	终点:曲线:F5	0.00
2	30.00	点:曲线:F5(草绘_1)	0.25
3	20.00	点:曲线:F5(草绘_1)	0.50
4	30.00	点:曲线:F5(草绘_1)	0.75
5	20.00	终点:曲线:F5	1.00

a)

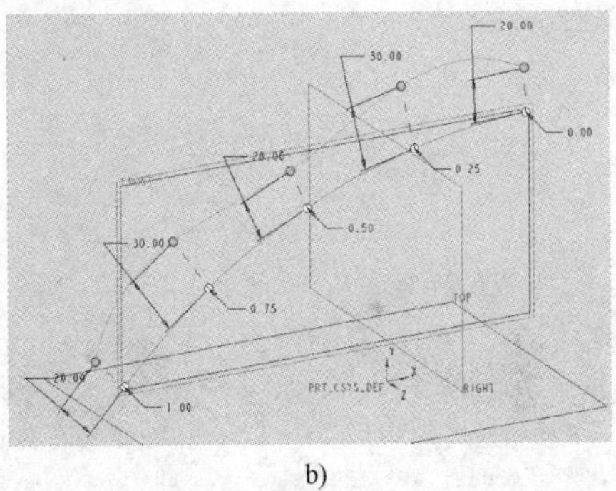

b)

图 6-90　沿参考曲面偏移的曲线上添加偏移点

弹出“偏移”选项卡，默认沿参考曲面偏移曲线，输入偏移值，单击“确定”按钮，完成曲面上曲线的偏移，如图 6-91 所示。

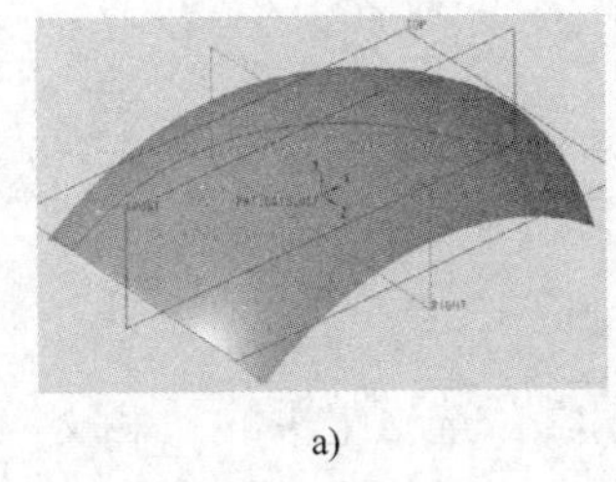

a)

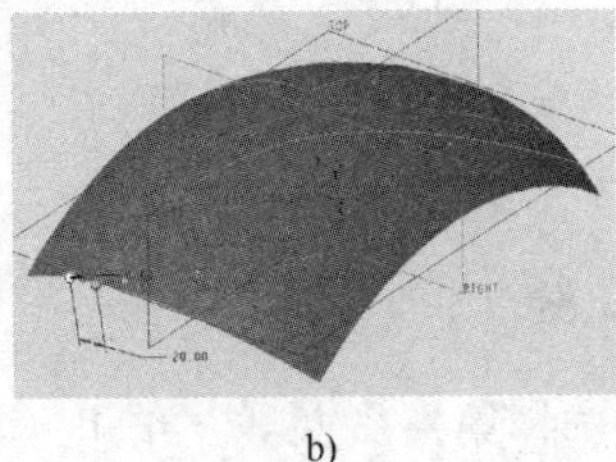

b)

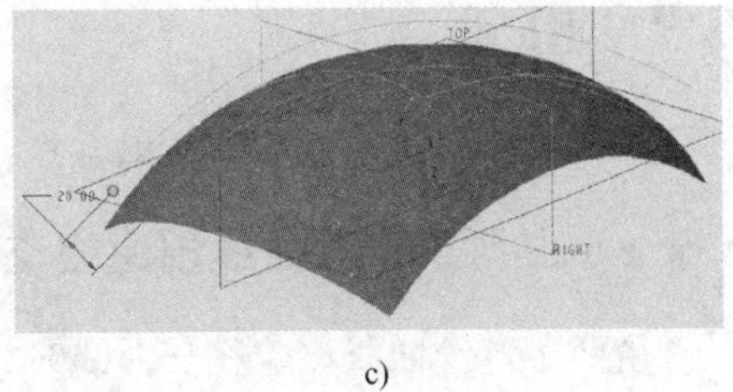

c)

图 6-91　沿曲面上的偏移曲线

参考曲面偏移的偏移曲线可以添加偏移点，如图 6-92 所示。而垂直于参考曲面的偏移曲线上不能添加偏移点。

2. 边界曲线偏移

当曲面需要延伸或修剪时，经常会使用边界曲线偏移。

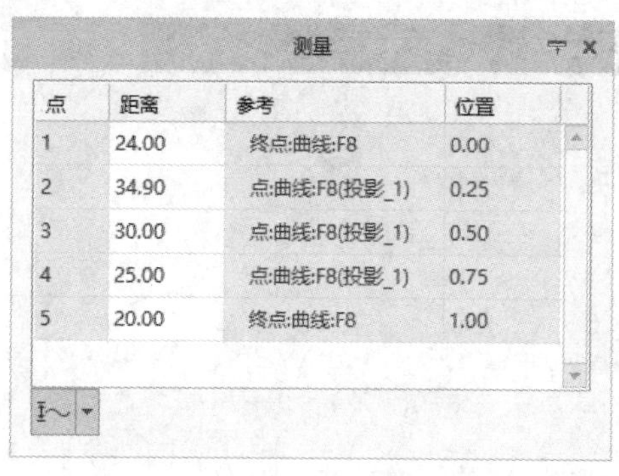

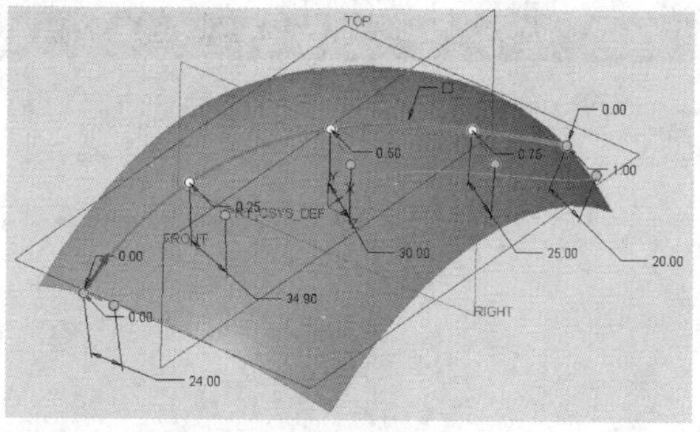

图 6-92　沿参考曲面上的偏移曲线添加偏移点

创建边界曲线偏移时，选择曲面上的边界曲线，单击“编辑”选项组中的“偏移”按钮，打开“偏移”选项卡，输入偏移值，选择偏移方向，单击“确定”按钮，完成边界曲线偏移，如图 6-93 所示。

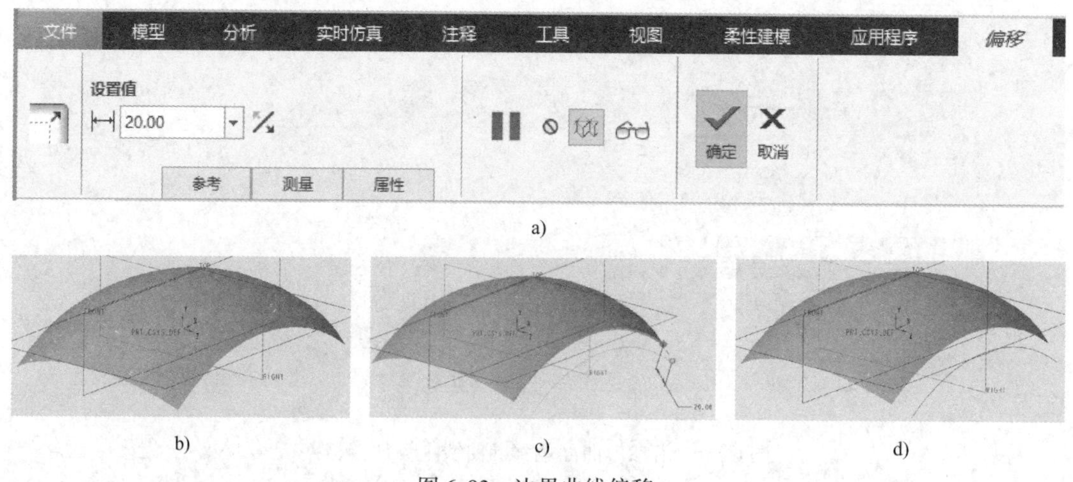

a)

b)　　c)　　d)

图 6-93　边界曲线偏移

用户可以在偏移的边界曲线上添加偏移点。

6.9　相交

相交工具是用来创建曲线的。

6.9.1　由两条草绘曲线创建相交曲线

由两条草绘曲线创建相交曲线时，选择第一条曲线，单击“编辑”选项组中的“相交”按钮，弹出“曲线相交”选项卡，单击“参考”按钮，弹出“参考”对话框，设置数值，单击“草绘”按钮，选择草绘平面，设置草绘视图方向，进入草绘环境绘制第二条草绘曲线，单击“确定”按钮，完成相交曲线创建，如图 6-94 所示。

用户也可以先绘制好两条曲线，然后按 < Ctrl > 键的同时，选择两条草绘曲线，单击“编辑”选项组中的“相交”按钮，完成相交曲线创建。

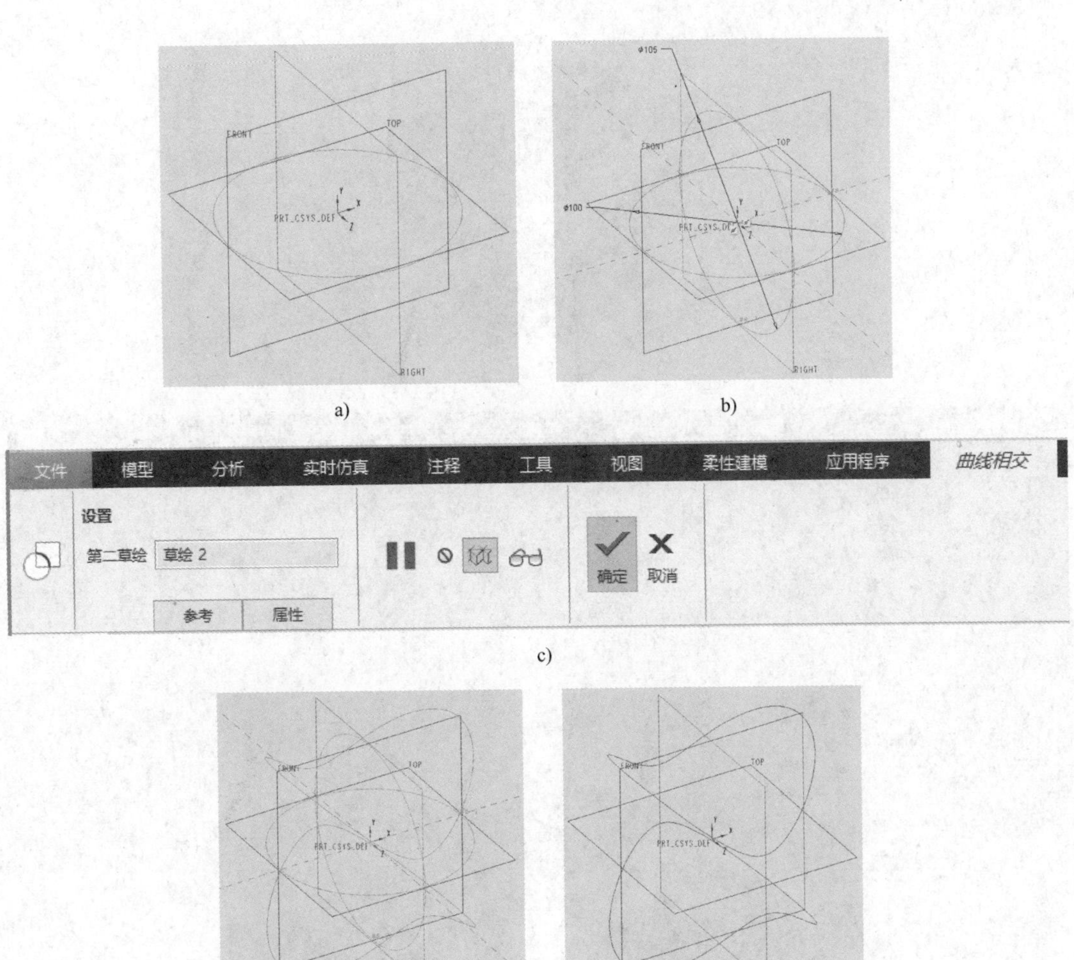

图 6-94　由两条草绘曲线创建相交曲线

6.9.2　由两个相交曲面创建相交曲线

由两个相交曲面创建曲线时，选择第一个曲面，单击“编辑”选项组中的“相交”按钮，打开“相交”选项卡，单击“参考”按钮，弹出“参考”对话框，按 < Ctrl > 键的同时，选择第二个曲面，单击“确定”按钮，完成相交曲线创建，如图 6-95 所示。

用户也可以先绘制好两个曲面，然后按 < Ctrl > 键的同时，选择两个曲面，单击“编辑”选项组中的“相交”按钮，完成相交曲线创建。

综上所述，由两条草绘曲线创建相交曲线是两个相交曲面创建相交曲线的简化形式。

6.10　投影

投影工具是用来在曲面、面组和实体或基准平面上创建投影曲线的，所创建的投影曲线可以用于曲面修剪，也可以作为扫描的轨迹等。创建投影曲线的方法有两种，即投影曲线和投影草绘。

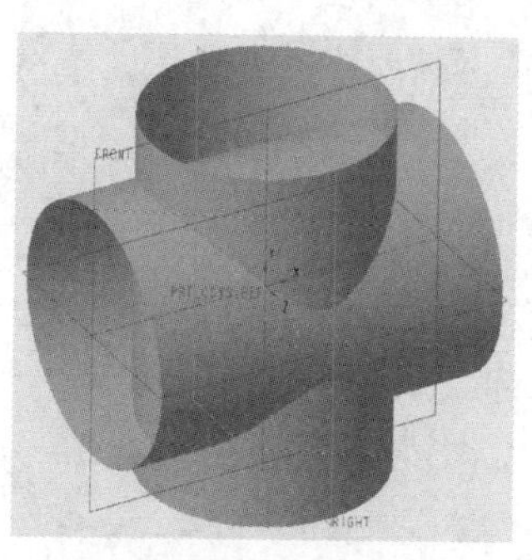

a)

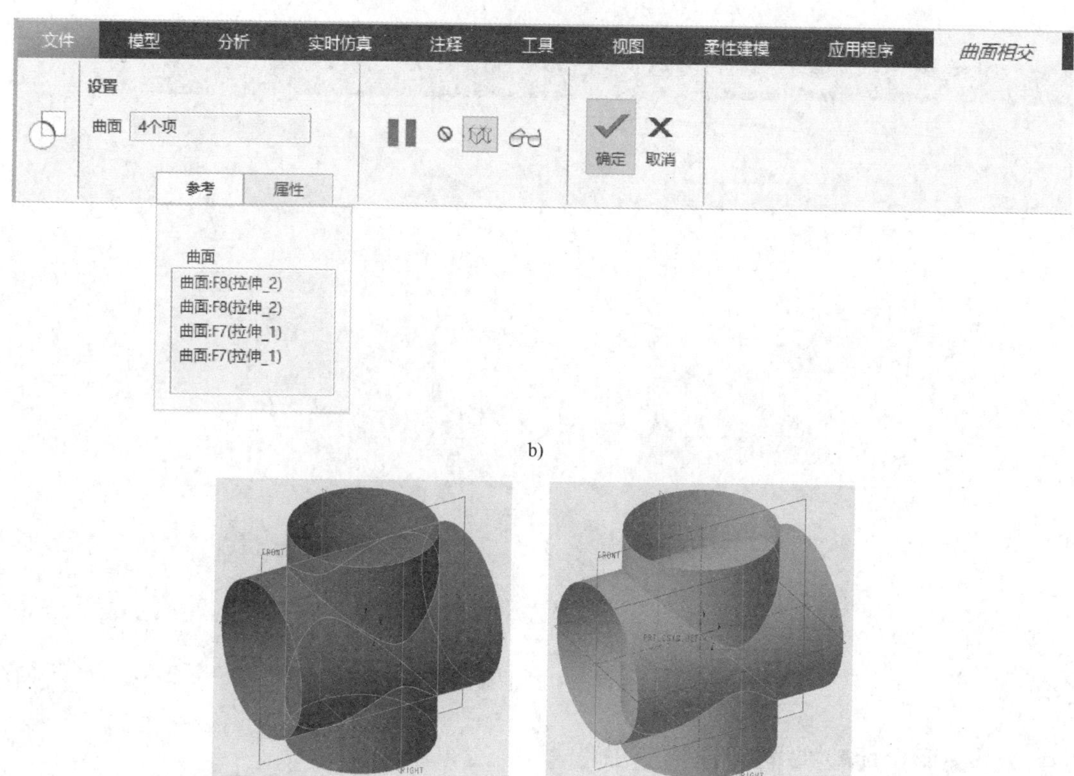

b)

c)　　d)

图 6-95　由两个相交曲面创建相交曲线

6.10.1　投影曲线

创建投影曲线时，选择曲线，单击“编辑”选项组中的“投影”按钮，打开“投影曲线”选项卡，在绘图区选择曲面，设置投影方向，单击“确定”按钮，完成曲线向曲面的投影，如图 6-96 所示。

如果要修改投影曲线，可在“投影曲线”选项卡中单击“参考”按钮，弹出“参考”对话框，将投影链改选为投影草绘，断开链接，单击“编辑”按钮进入草绘环境，修改投影曲线。选择曲面，设置投影方向参考，单击“确定”按钮，如图 6-97 所示。

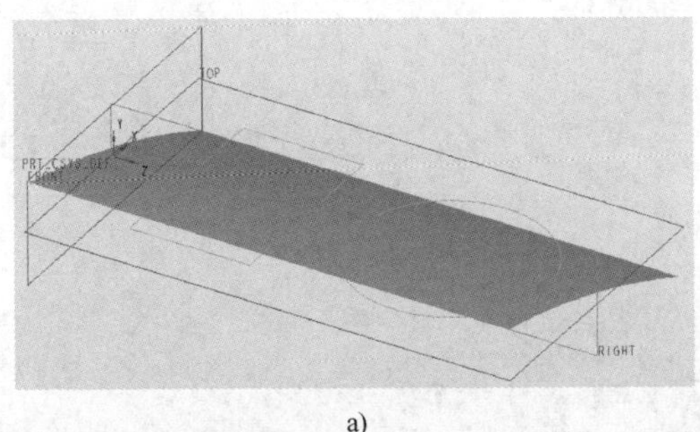

a)

b)

c)

d)

图 6-96 曲线向曲面的投影

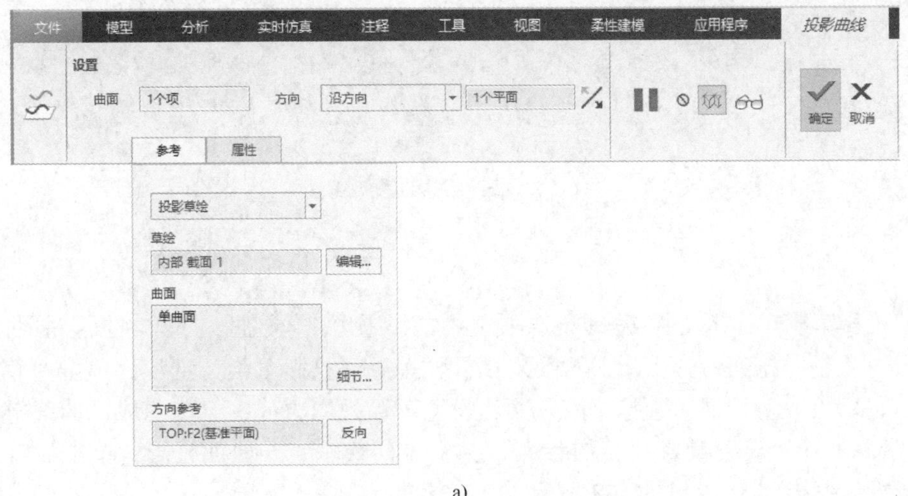

a)

图 6-97 修改投影曲线

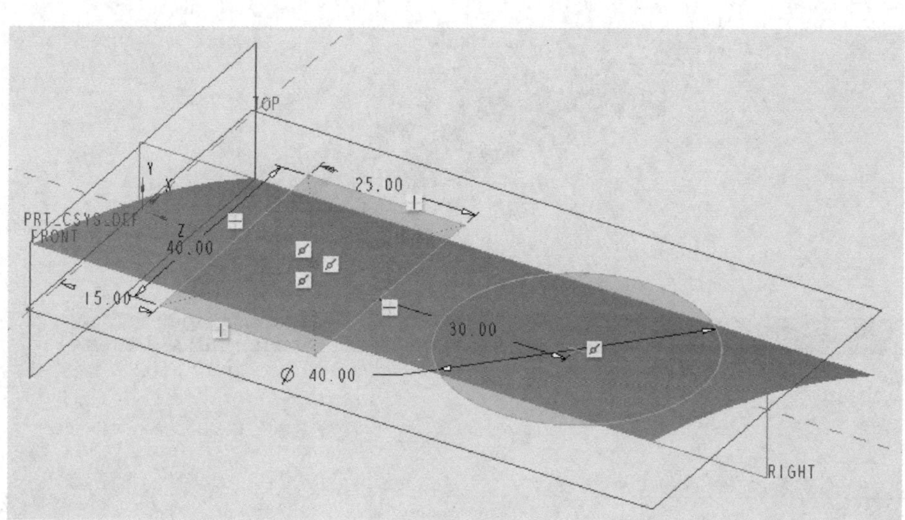

b)

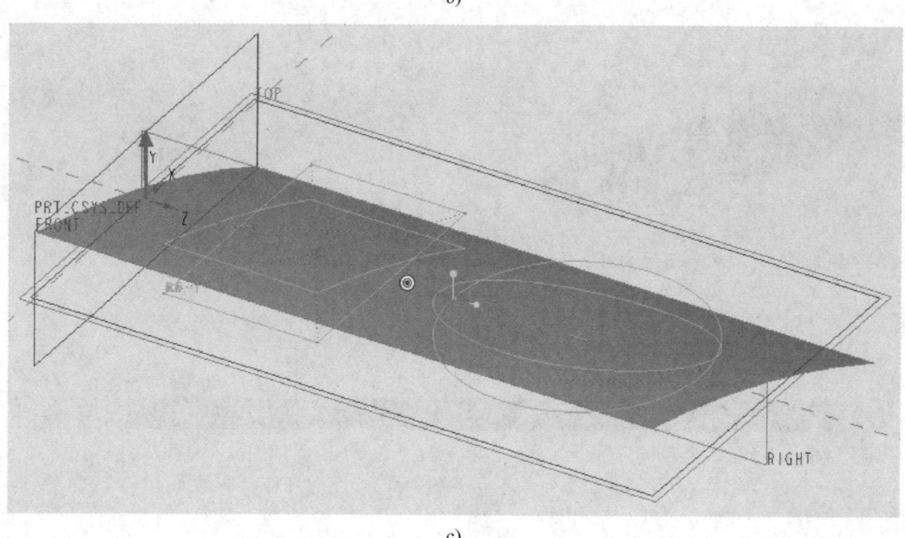

c)

图 6-97　修改投影曲线（续）

6.10.2　投影草绘

创建投影草绘时，单击“编辑”选项组中的“投影”按钮，打开“投影曲线”选项卡，单击“参考”按钮，弹出“参考”对话框，选择“投影草绘”选项，单击“草绘”按钮，弹出“草绘”对话框，选择草绘平面，设置草绘视图方向，绘制曲线或曲线链（内部草绘）。选择曲面，设置投影“方向参考”为沿方向或垂直于曲面投影，单击“确定”按钮，完成投影草绘创建，如图 6-98 所示。

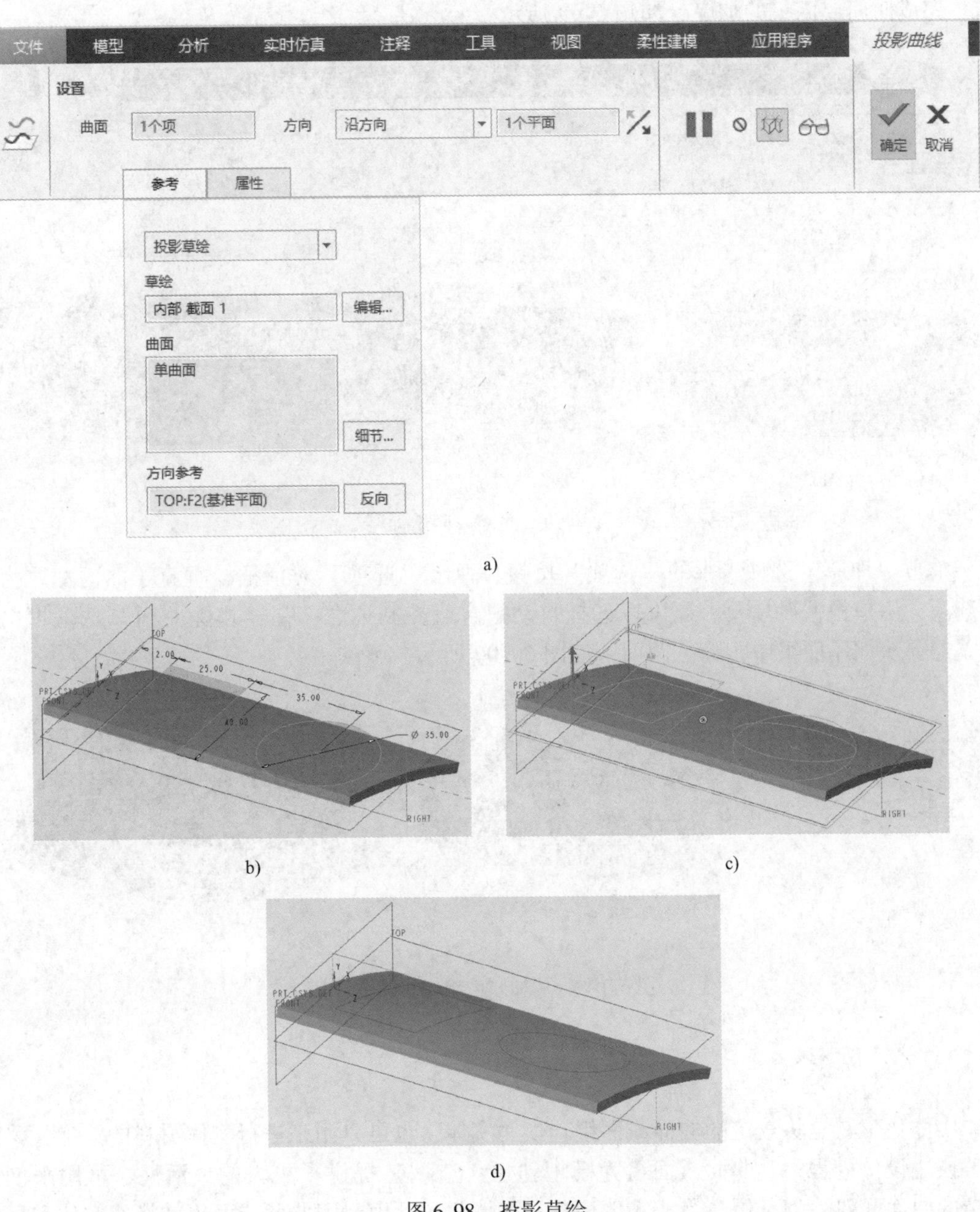

a)

b)

c)

d)

图 6-98　投影草绘

6.11　加厚

加厚工具是将选定的曲面或面组向指定方向填充实体材料来创建实体的，通常被用来创建壳体。

创建加厚时，选择要加厚的曲面或面组，单击“编辑”选项组中的“加厚”按钮，打开“加厚”选项卡，输入加厚偏移值，选择加厚方向（内表面为绿色时，由曲面向外加厚；外表面为绿色时，由曲面向内加厚；曲面为网格时，由曲面向两侧加厚），单击“确定”按钮，完成曲面或面组的加厚，如图 6-99 所示。

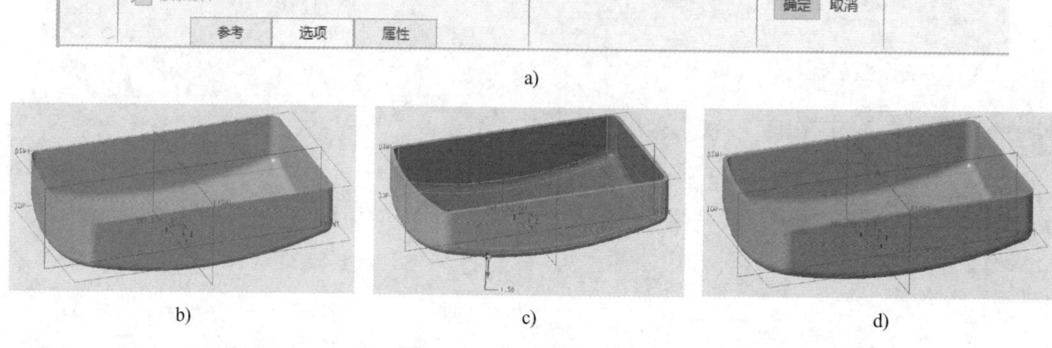

a)

b) c) d)

图 6-99　曲面或面组加厚

单击“加厚”选项卡中的“选项”按钮，弹出“选项”对话框，垂直于曲面加厚为默认选项，用户根据设计要求还可以选择自动拟合或控制拟合；在“排除曲面”选项框中可以添加要从加厚面组中排除的曲面，如图 6-100 所示。

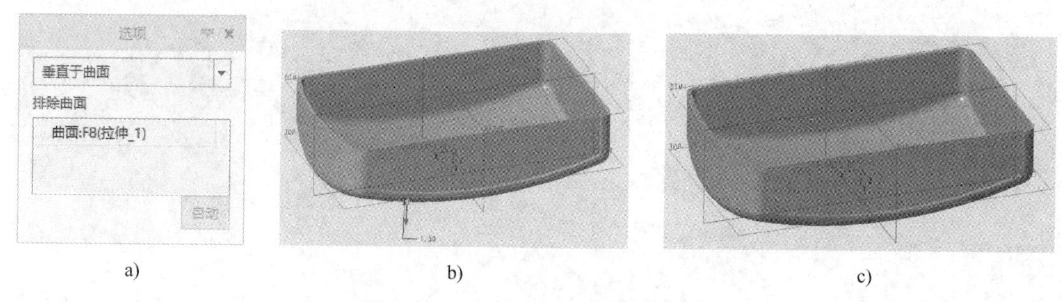

a) b) c)

图 6-100　从加厚面组中排除曲面

6.12　实体化

实体化工具是将选定的曲面或面组转换为实体，也可以用来进行实体材料的添加、移除和替换。设计过程中，曲面或面组为模型创建（造型）提供了更大的灵活性，可用来创建复杂的曲面几何造型，再转换成实体模型。实体化包括由封闭曲面或面组转换成实体和用曲面裁剪切割实体两种形式。

6.12.1　由封闭曲面或面组创建实体

由封闭曲面或面组创建实体时，选择封闭曲面或面组，单击“编辑”选项组中的“实体化”按钮，打开“实体化”选项卡，单击“确定”按钮，完成封闭曲面或面组的实体化，如图 6-101 所示。

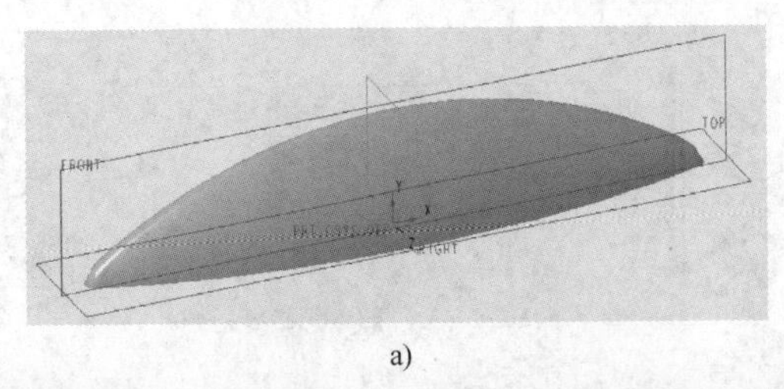

a)

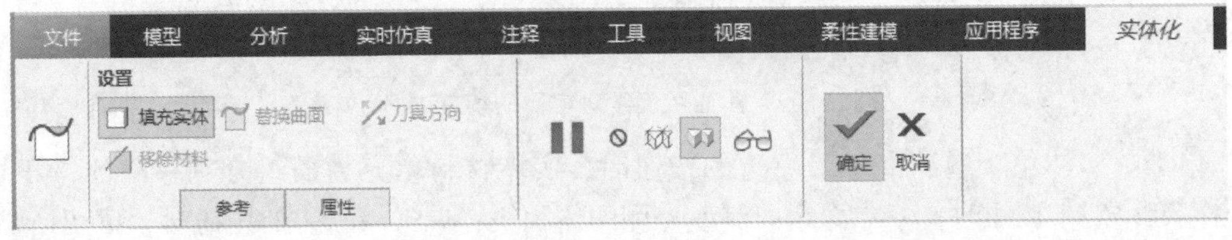

b)

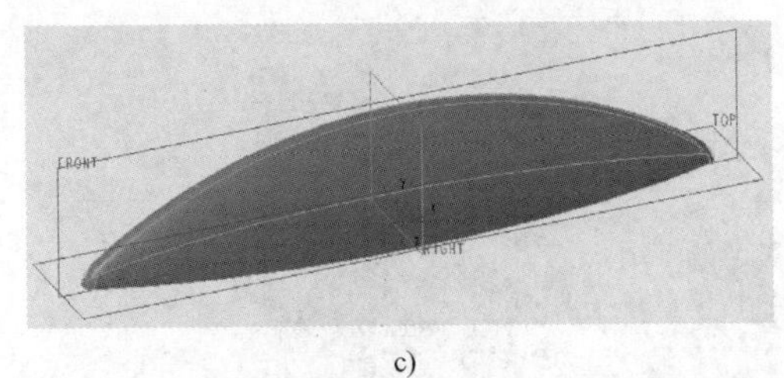

c)

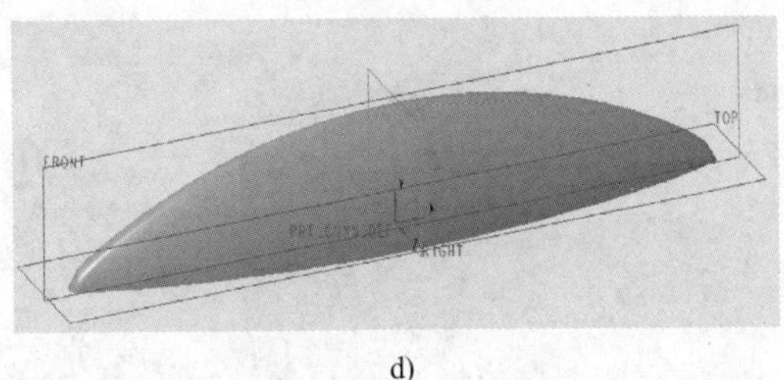

d)

图 6-101 由封闭曲面或面组创建实体

6.12.2 用曲面和面组裁剪切割实体

用曲面或面组切割实体时，选择与实体相交的曲面或面组，单击“编辑”选项组中的“实体化”按钮，打开“实体化”选项卡，单击“确定”按钮，完成曲面或面组对实体的切割，曲面或面组可以被隐藏，如图 6-102 所示。

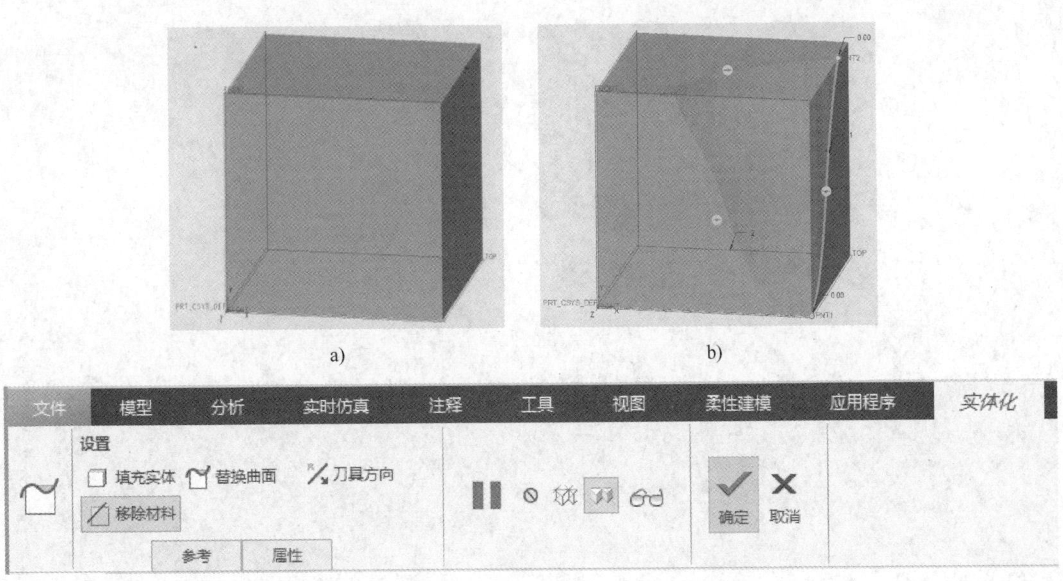

a) b) c)

图 6-102 曲面或面组对实体的切割

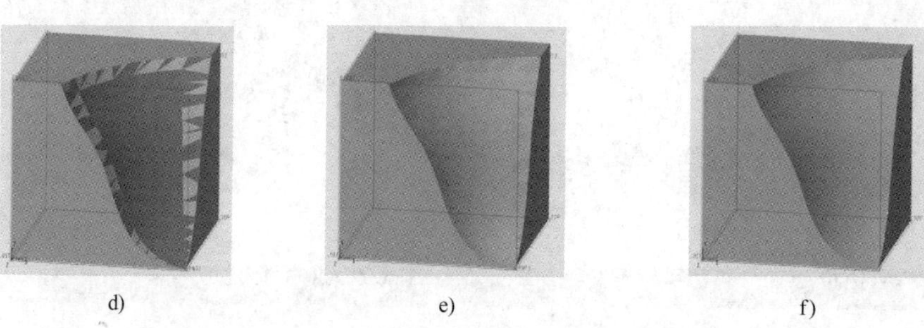

d) e) f)

图 6-102 曲面或面组对实体的切割（续）

单击“实体化”选项卡中最左边的按钮时，实体材料填充为面组分割移除的体积块；单击左起第二个按钮时，移除面组内侧或外侧的体积块；单击最右边的按钮时，可切换要保留的体积块，如图 6-103 所示。

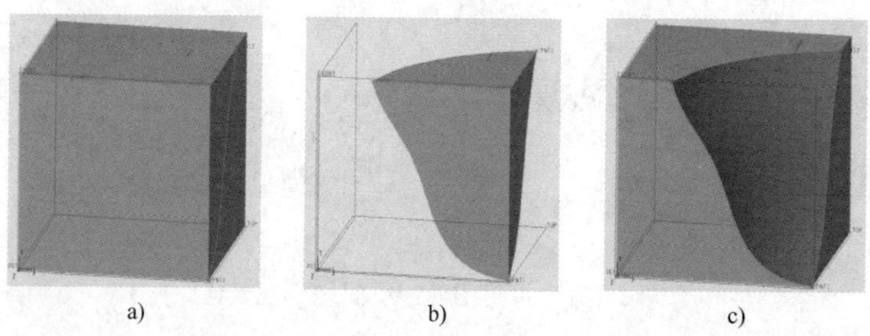

a) b) c)

图 6-103 填充为面组分割移除的体积块、切换要保留的移除体积块

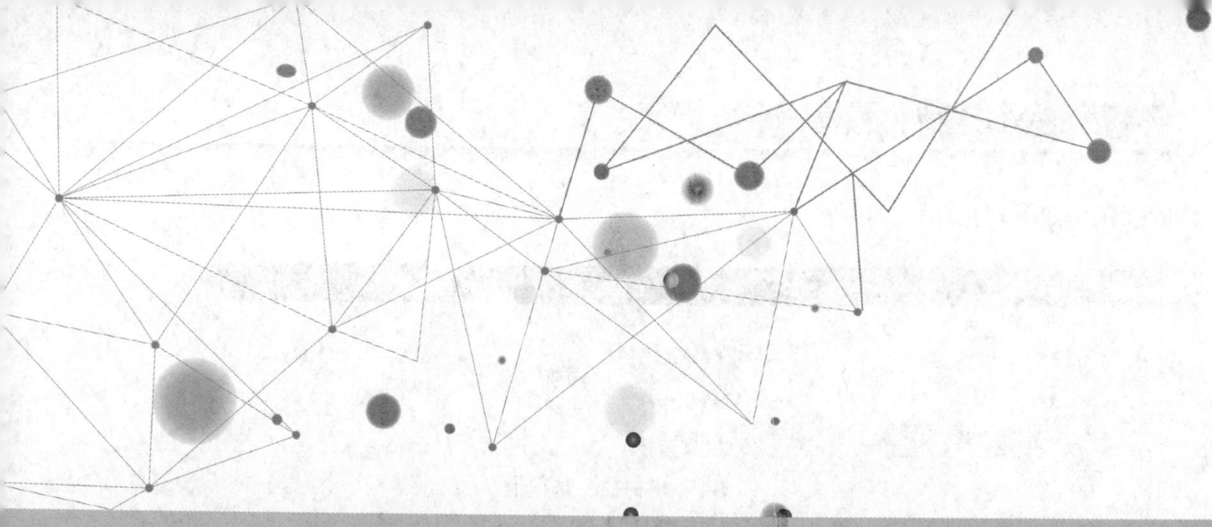

第7章　扫描与螺旋扫描

7.1　扫描

7.1.1　扫描简介

扫描是沿着单一或多个选定轨迹扫描截面，并且通过控制截面的方向、旋转和尺寸创建模型的工具。创建扫描的截面沿轨迹可以是恒定的，也可以是可变的。当截面沿着单一轨迹（原点轨迹）扫描时，模型截面不变；当截面沿多个轨迹扫描时，其中的一个轨迹为扫描轨迹（原点轨迹），其他为截面约束轨迹（辅助轨迹），模型截面沿约束轨迹变化。轨迹可以是草绘平面上的曲线，也可以是实体或曲面的边（轮廓线）。使用轨迹参数关系（trajpar）也可以定义草绘截面沿轨迹为恒定或可变。

扫描操作时，根据所选轨迹数量，扫描截面类型会自动设置为恒定或可变。如果向扫描模型添加或从中移除轨迹时，扫描类型会相应调整。用户也可以选择截面恒定或可变来设置扫描类型。

创建扫描时需要注意下列限制条件：

1）扫描轨迹可以是单一或多个开放或封闭的曲线。

2）扫描轨迹为单一轨迹时，截面轮廓线可以与轨迹重合，也可以不重合；扫描轨迹为多个轨迹时，截面轮廓线要与约束轨迹重合。

3）扫描截面轮廓线为封闭曲线时，模型可以是实体（实心），也可以是曲面。当模型为实体时，单击“扫描”选项卡中的“创建薄壁”按钮，可将实体转换为薄板。当扫描截面为开放曲线时，模型为几何曲面，如果要将曲面创建为实体，可单击“编辑”选项组中的“加厚”按钮。

4）相对于扫描截面，扫描轨迹的弧或样条半径不能太小，否则扫描截面通过该弧与自身相交，导致扫描失败。

使用扫描工具创建模型的一般步骤为：根据模型的形状和尺寸绘制扫描轨迹，单击“形状”选项组中的“扫描”按钮，打开“扫描”选项卡，选择扫描轨迹和约束轨迹，绘制截面图形，设置参考、选项等，单击“确定”按钮，即可完成扫描模型创建。

“扫描”选项卡中有创建扫描模型的工具，以及“参考”“选项”“相切”等深入设置的按钮，如图 7-1 所示。

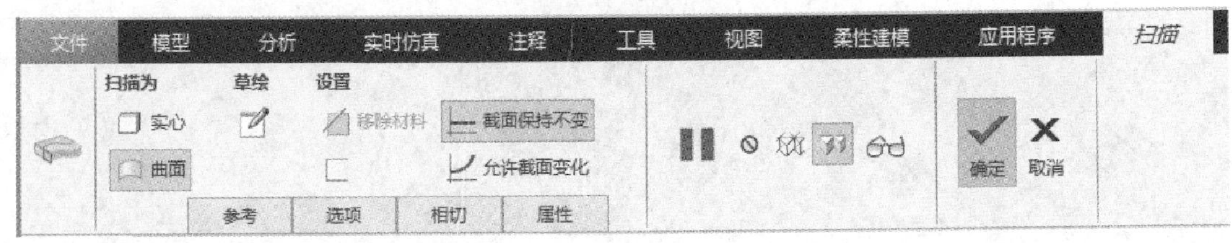

图 7-1 “扫描”选项卡

1. 参考

“参考”对话框列出了扫描轨迹及其控制选项。恒定截面扫描时，只有一个扫描轨迹，即原点轨迹；可变截面扫描时，选择的第一个轨迹为原点轨迹，其他轨迹为截面约束轨迹。扫描轨迹可以是草绘曲线、基准曲线，也可以是模型的边，如图 7-2 所示。

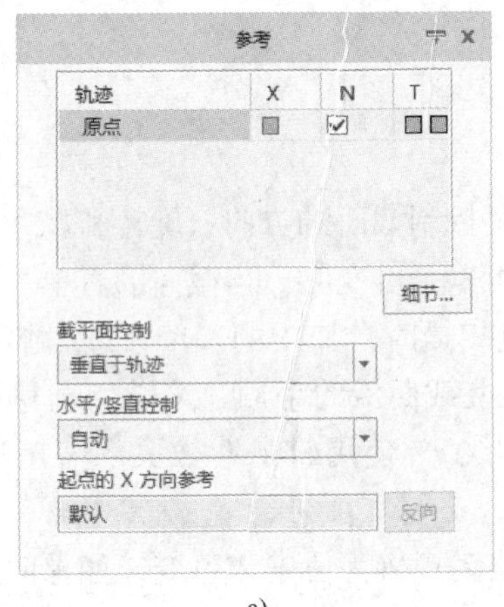

a)

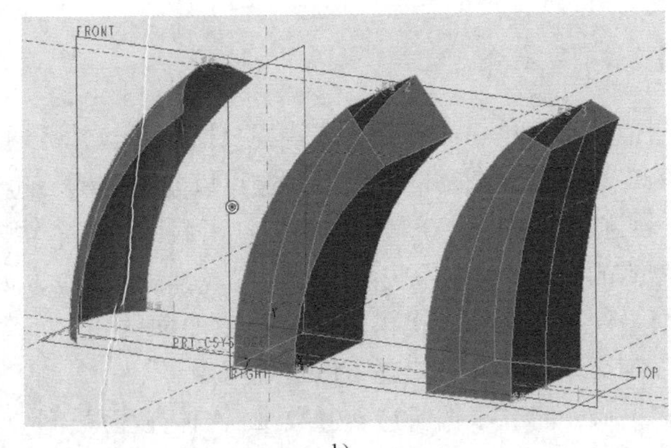

b)

图 7-2 扫描轨迹与截面

截面控制方式有以下三种：

1）垂直于轨迹，即截面始终垂直于轨迹。

2）垂直于投影，即截面垂直于轨迹在平面上的投影。

3）恒定法向，即截面的法向始终与给定的方向平行（方向可以是轴、曲线和平面）。

2. 选项

（1）封闭端　创建的扫描为曲面时，勾选对话框中的“封闭端”复选框可封闭扫描模型的起始端和终止端，如图 7-3 所示。

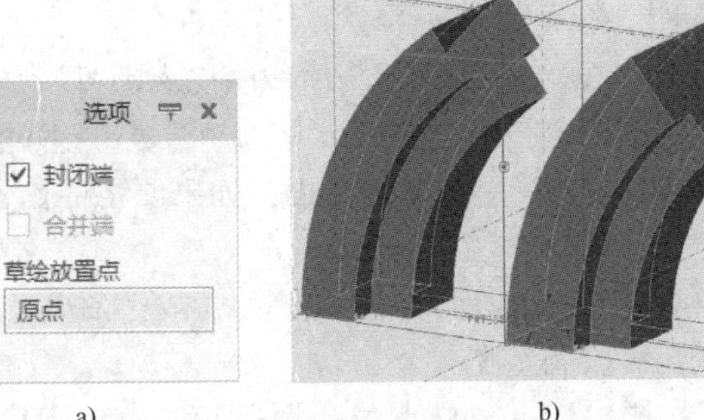

a)　　b)

图 7-3 封闭扫描曲面端部

（2）合并端　勾选对话框中的“合并端”复选框可消除扫描实体轨迹端点与邻近实体的缝隙，如图 7-4 所示。

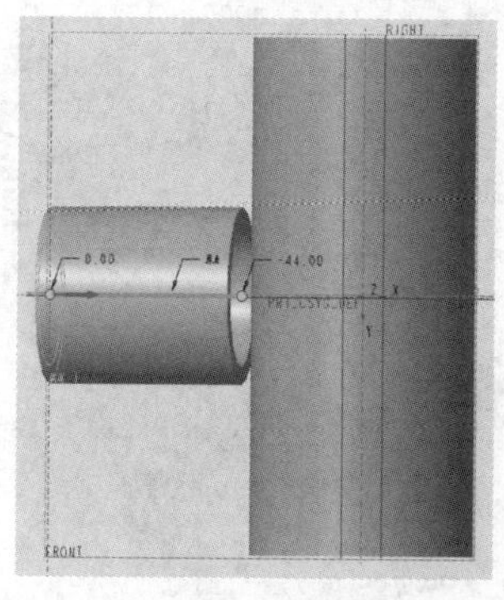

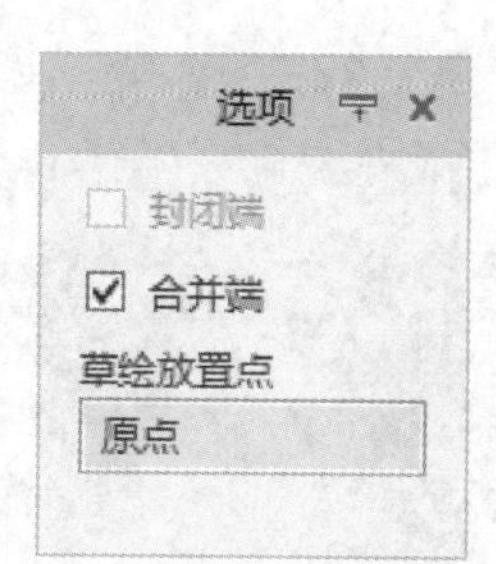

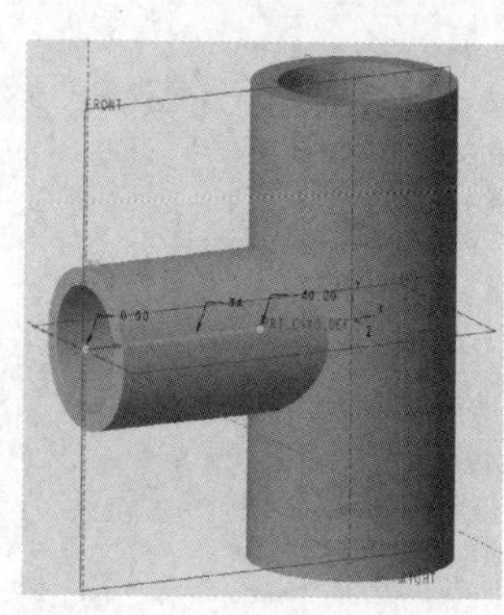

图 7-4　扫描实体端与邻近实体合并

合并端在以下情况中可用：扫描截面为恒定、存在开放的平面轨迹、截面控制选择的是垂直于轨迹、水平/竖直控制选择的是自动，并且起点的 X 方向参考选择的是默认，以及附近项至少包含一个实体，并且扫描实体与邻近实体相交。

扫描截面可以放在扫描轨迹任何位置，但首先要在该位置创建一个基准点，如图 7-5 中 PNT0：F6。操作时，单击“形状”选项组中的“扫描”按钮，打开“扫描”选项卡，选择扫描轨迹，单击“选项”按钮，打开“选项”对话框，激活草绘放置点（原点），单击截面所在位置的基准点，进入草绘环境，绘制扫描截面，标注尺寸，单击“确定”按钮，如图 7-5 所示。扫描截面的位置不影响扫描的起点和终点。如果草绘放置点为原点，则扫描轨迹的起点为扫描截面的默认位置。

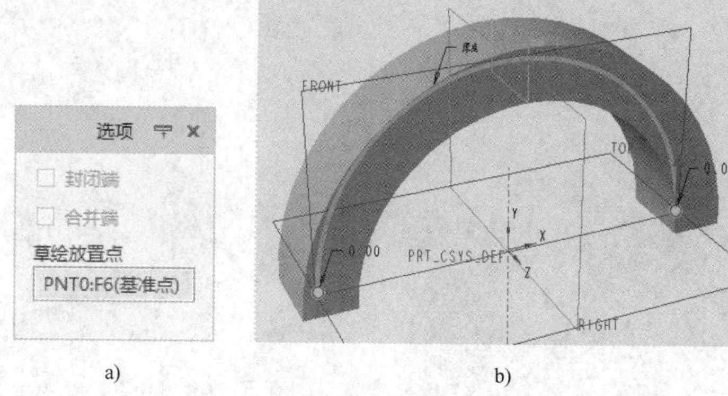

a)　　　　b)

图 7-5　扫描截面位于轨迹的某点处

3. 相切

当可变截面扫描曲面与基础模型曲面有相切要求时，可使用相切轨迹的可变截面扫描，即将轨迹指定为相切轨迹。

以图 7-6 模型为例，相切轨迹的可变截面扫描步骤如下所述。

01 创建基础模型，绘制扫描轨迹，如图 7-7 所示。

02 单击“形状”选项组中的“扫描”按钮，打开“扫描”选项卡，选择扫描轨迹，按< Ctrl >键添加截面约束轨迹。单击“参考”按钮，弹出“参考”对话框，勾选“链 1”和“链 2”所在“T”列的复选框，即相切轨迹，单击“草绘”按钮，进入草绘环境，绘制扫描截面，单击“确定”按钮，如图 7-8 所示。

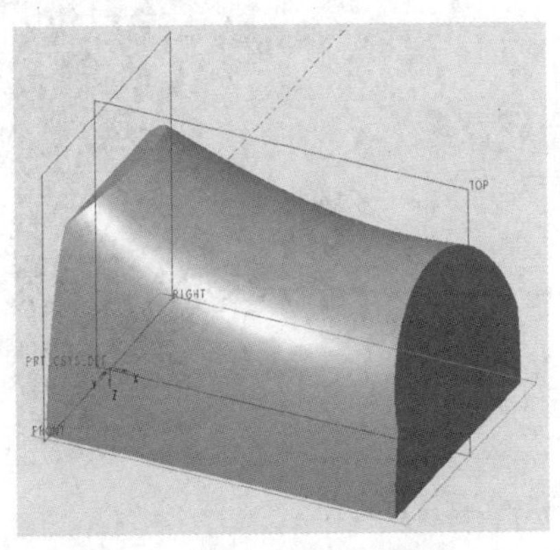

图 7-6　相切轨迹的可变截面扫描

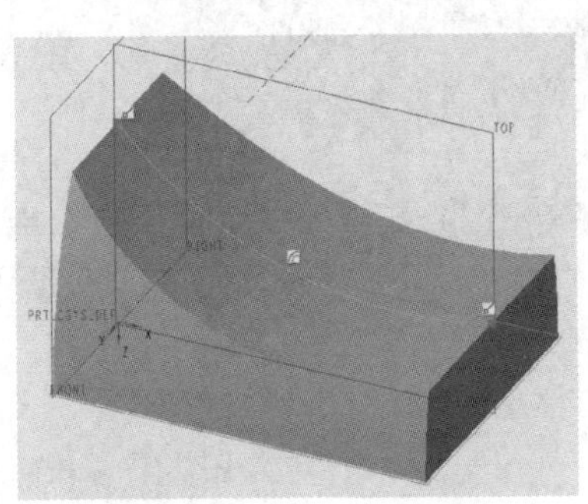

图 7-7　基础模型与扫描轨迹

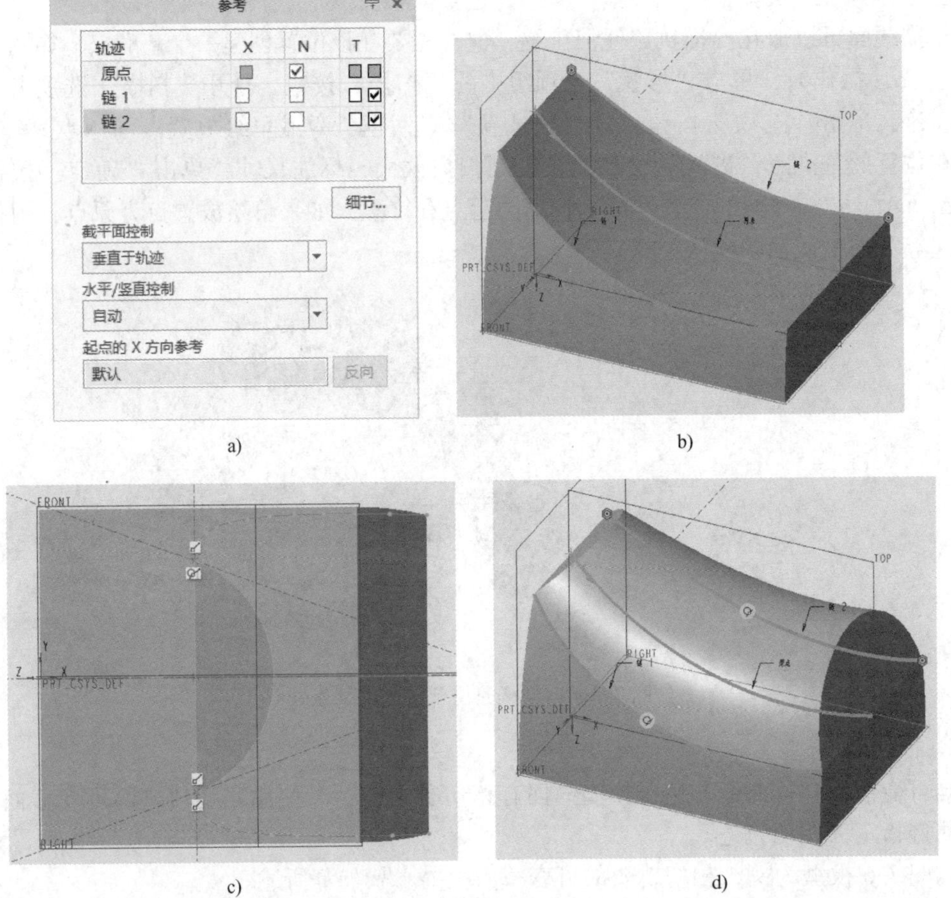

图 7-8　相切轨迹的可变截面扫描步骤 1

相切轨迹的可变截面扫描还可以通过相切对话框来指定与轨迹相切的曲面来实现。

01 创建基础模型，绘制扫描轨迹。

02 单击“形状”选项组中的“扫描”按钮，打开“扫描”选项卡，选择扫描轨迹，

按 <Ctrl> 键添加截面约束轨迹。单击“相切”按钮，弹出“相切”对话框，依次选择“轨迹”选框中的“链 1”和“链 2”，选择“参考”溢出菜单中的“选定”选项，选择基础模型的要相切曲面，如图 7-9 所示。单击“草绘”按钮，进入草绘环境，绘制扫描截面，单击“确定”按钮，完成相切轨迹的可变截面扫描。

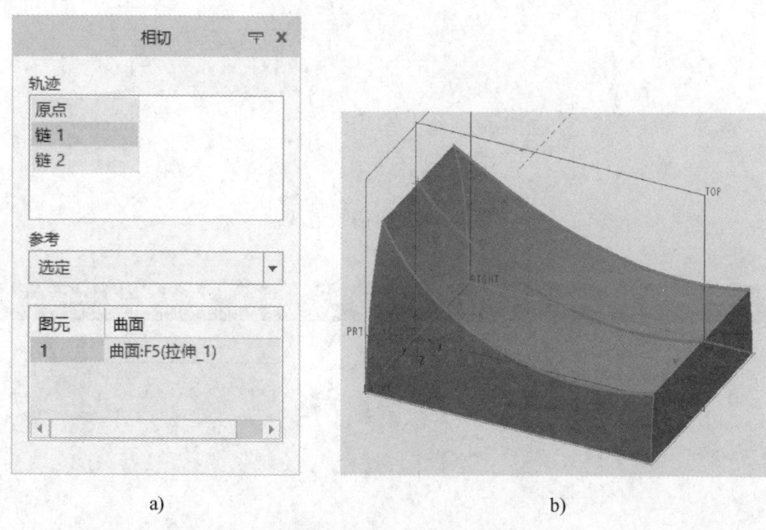

a)　　　　　　　　　　b)

图 7-9　相切轨迹的可变截面扫描步骤 2

对于每个指定的相切轨迹，都会在草绘界面显示中心线，任何约束到该中心线的截面在扫描过程中都与轨迹保持相切。

在“参考”对话框中，每个相切轨迹有两个不同的“T”列复选框。切换所选复选框会将相切由侧 1 切换至侧 2，反之亦然。取消勾选“参考”对话框中的“T”列复选框，其效果等同于从“相切”对话框的“参考”下拉列表中选择“无”选项。

7.1.2　恒定截面扫描

恒定截面（截面保持不变）扫描指的是一个或多个截面沿一条轨迹以不变的截面扫描而创建模型的方法。创建恒定截面扫描时，分别绘制扫描轨迹和扫描截面，使用扫描工具才能完成模型的创建。当扫描截面为封闭线框时，创建的模型可以是实体，也可以是曲面；当扫描截面为开放曲线时，扫描截面要转换为曲面才能进行扫描，如果要创建薄板或壳体（实体），则先要将曲面转换成实体，再单击“创建薄板”按钮，输入厚度值。

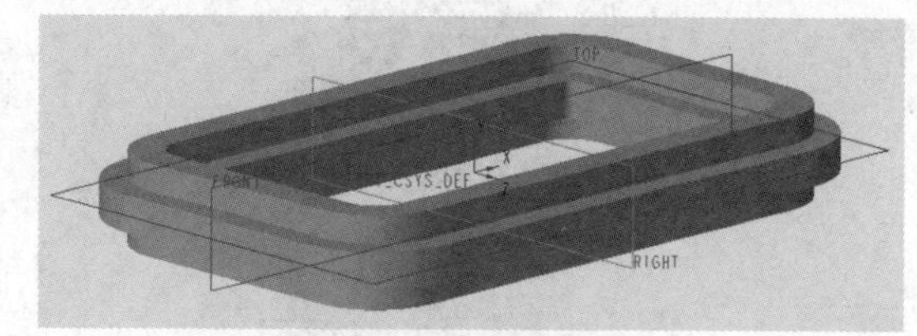

图 7-10　恒定截面扫描模型

以图 7-10 模型为例，封闭式恒定截面扫描步骤如下所述。

01 绘制扫描轨迹，如图 7-11 所示。

02 单击“形状”选项组中的“扫描”按钮，打开“扫描”选项卡（默认为实体），选择扫描轨迹。单击“草绘”按钮（创建或编辑扫描截面），进入草绘环境，绘制扫描截面，单击“确定”按钮，如图 7-12 所示。

图 7-11　扫描轨迹 1

a)

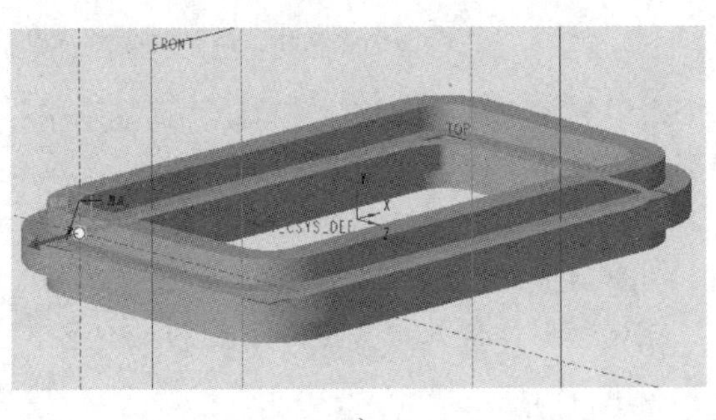

b)　　　　c)

图 7-12　恒定封闭截面扫描

以图 7-13 模型为例，开放式恒定截面扫描步骤如下所述。

01 绘制扫描轨迹，如图 7-14 所示。

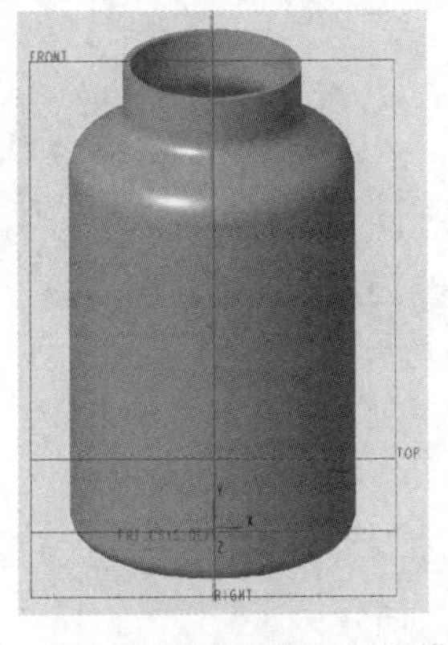

图 7-13　恒定开放截面扫描模型

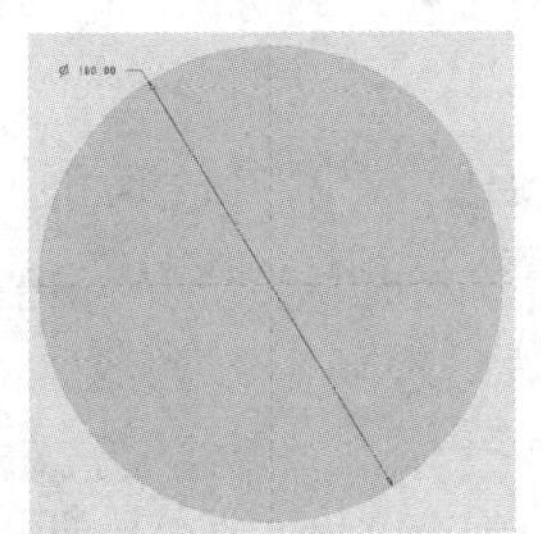

图 7-14　扫描轨迹 2

02 单击“形状”选项组中的“扫描”按钮，打开“扫描”选项卡，选择扫描轨迹，单击“草绘”按钮，进入草绘环境，绘制扫描截面，将开放截面更改为曲面，设置扫描为实体（实心），单击“创建薄板”按钮，输入厚度值，单击“确定”按钮，如图7-15所示。

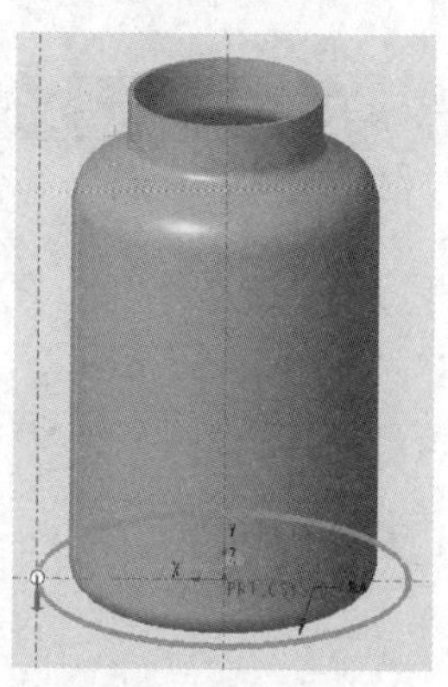

图7-15　恒定开放截面扫描

7.1.3　可变截面扫描

可变截面（允许截面变化）扫描指的是截面扫描沿轨迹（原点轨迹）扫描时，受到约束轨迹的控制发生变化而创建模型的方法。可变截面扫描可以创建实体，也可以创建曲面。创建可变截面扫描时，不但要绘制扫描轨迹，还要绘制控制截面走向的约束轨迹，使用扫描工具才能完成模型的创建。与恒定截面扫描一样，当扫描截面为封闭线框时，创建的模型可以是实体，也可以是曲面；当扫描截面为开放曲线时，要转换为曲面才能进行扫描，如果要创建薄板或壳体（实体），则先将曲面转换成实体，再单击“创建薄板”按钮，输入厚度值。

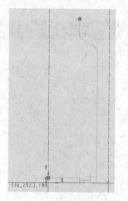

创建可变截面扫描时，在绘图区选择的第一条轨迹为扫描轨迹（原点轨迹），按<Ctrl>键的同时选择的其他轨迹为截面约束轨迹。选择多条轨迹时，系统会自动切换到可变截面扫描模式。

以图7-16模型为例，封闭式可变截面扫描步骤如下所述。

01 绘制截面扫描轨迹和约束轨迹，如图7-17所示。

图7-16　可变截面扫描模型

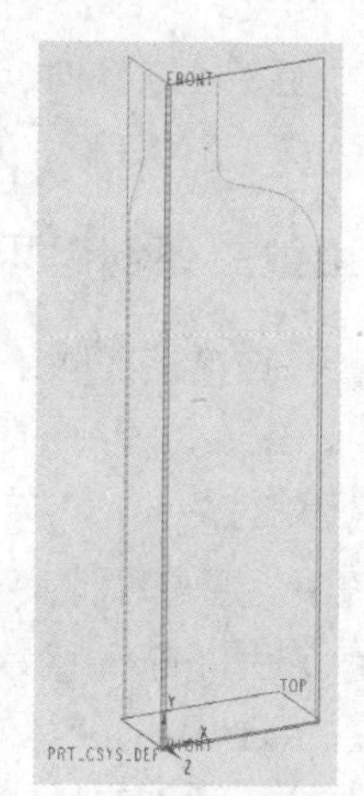

图7-17　可变截面扫描轨迹

02 单击“形状”选项组中的“扫描”按钮，打开“扫描”选项卡（默认为实体，系统自动转换到允许截面变化模式），依次选择扫描轨迹和约束轨迹，单击“草绘”按钮，进入草绘环境，绘制扫描截面，使约束截面轮廓线与约束轨迹重合，单击“确定”按钮，如图7-18所示。

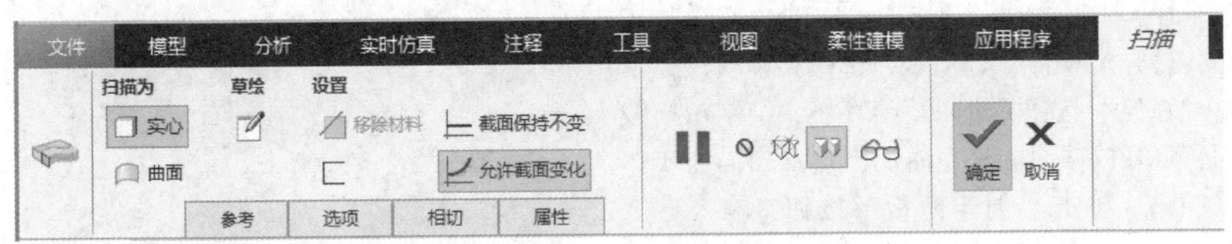

a)

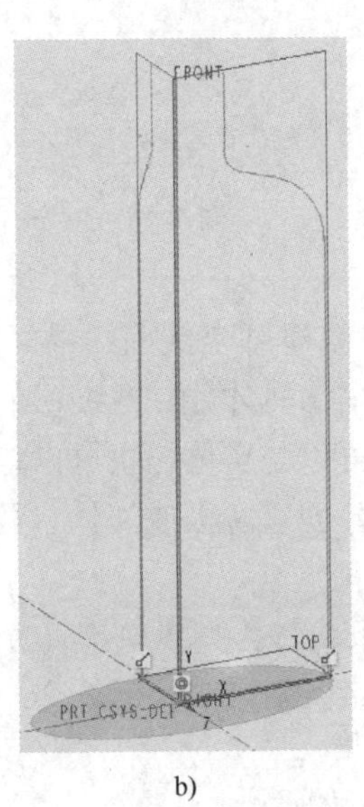

b)

c)

图 7-18　可变截面扫描

当选中扫描轨迹（原点轨迹）时，轨迹起点有一个扫描路径指向箭头，单击该箭头，起点更改为轨迹的另一个端点。

选择多个图元组成的轨迹（链）时，用户可以按 <Shift> 键的同时依次选取，也可以单击“参考”对话框中的“细节”按钮，在弹出的“链”对话框添加轨迹（链）。

7.1.4　使用 trajpar 函数关系创建可变截面扫描

创建可变截面扫描时，扫描截面除了受到约束轨迹控制以外，还可以用函数关系和图形关系来控制。

1. 函数关系可变截面扫描

在可变截面扫描过程中，用户可将截面尺寸创建为 trajpar 函数关系，利用这种函数关系控制扫描过程中截面的变化。使用 trajpar 函数关系可以非常方便地创建出形体有规律变化的模型。

用户可使用函数关系结合 trajpar 参数来控制截面参数的变化。Trajpar 参数是 Creo 系统设定轨迹参数，它是一个从 0 到 1 的呈线性变化的变量，代表扫出形体的长度百分比。在扫出的开始时，trajpar 的值是 0；结束时为 1。

例如：在草绘关系中加入关系式 sd# = trajpar + n，此时尺寸 sd#受到 trajpar + n 控制。在扫描开始时值为 n，结束时值为 n + 1。截面的高度尺寸呈线性变化。若截面的高度尺寸受 sd# = sin（trajpar * 360）+ n 控制，则截面的高度尺寸呈现 sin 曲线变化。

以图 7-19 所示的环形正玄径向折叠模型为例，函数关系可变截面扫描步骤如下所述。

01 绘制直径为 60 和 30 的同心圆作为截面扫描轨迹和约束轨迹，如图 7-20 所示。

02 单击“扫描”按钮，打开“扫描”选项卡，选择直径为 60 的圆作为扫描轨迹（原点轨迹），按 <Ctrl> 键的同时选择直径为 30 的圆作为约束轨迹，系统自动转换到允许截面变化模式。单击“草绘”按钮，进入草绘环境，绘制过直径为 30 的圆的构造中心线，绘制距 TOP 面有一定尺寸（图 7-21）的截面。单击“工具”选项卡上“模型意图”选项组中的“d = 关系”按钮，弹出“关系”对话框，在对话框关系框中填写 sd# = sin（trajpar ∗ 360 ∗ 16）∗ 3，关闭“关系”对话框，单击“确定”按钮，退出草绘环境。转换为曲面，单击“实心”创建薄板，输入厚度值，单击“确定”按钮，如图 7-21 所示。

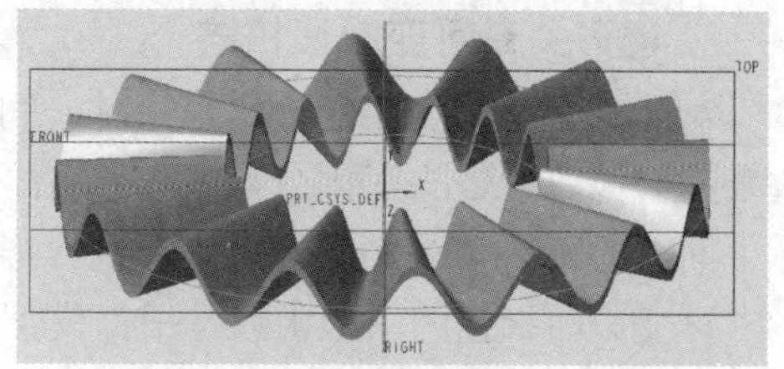

图 7-19　环形正玄径向折叠模型

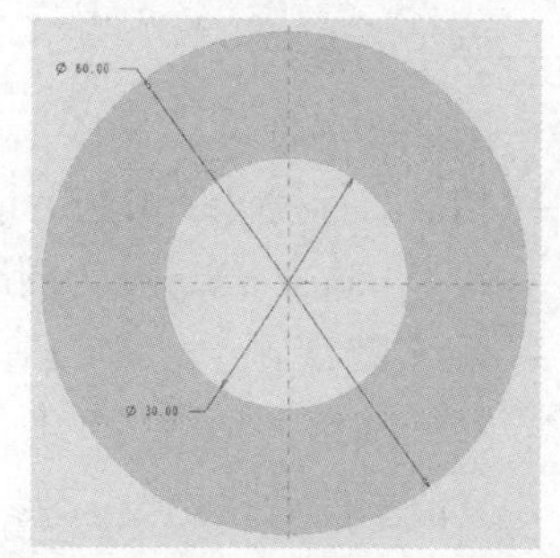

图 7-20　环形扫描轨迹与约束轨迹

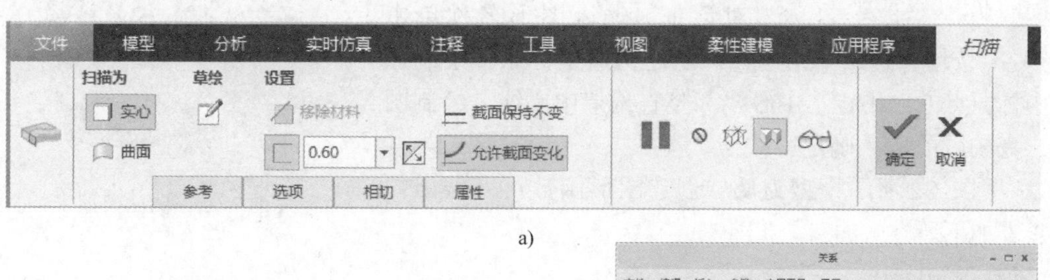

a)

b)

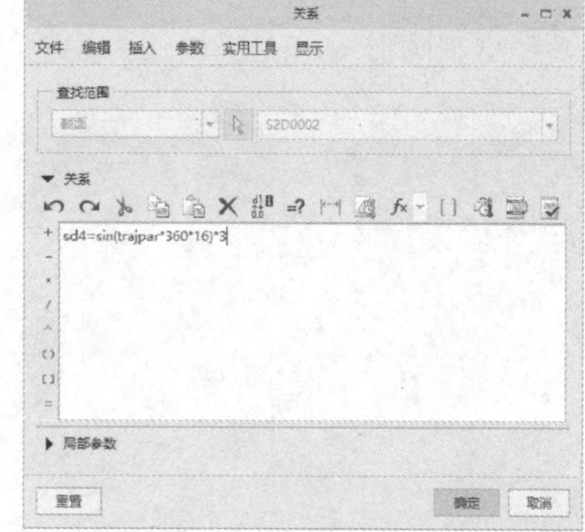

c)

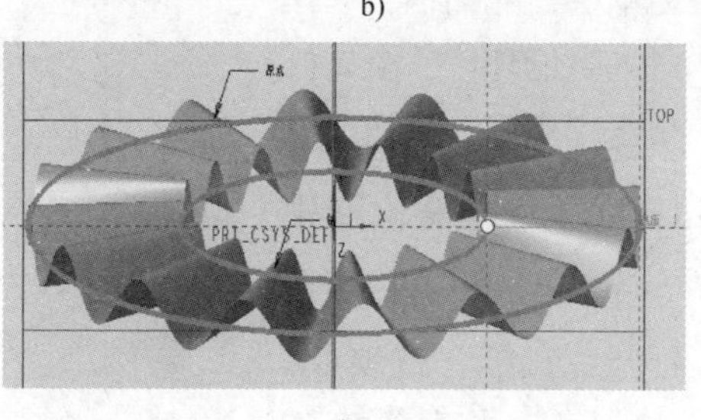

d)

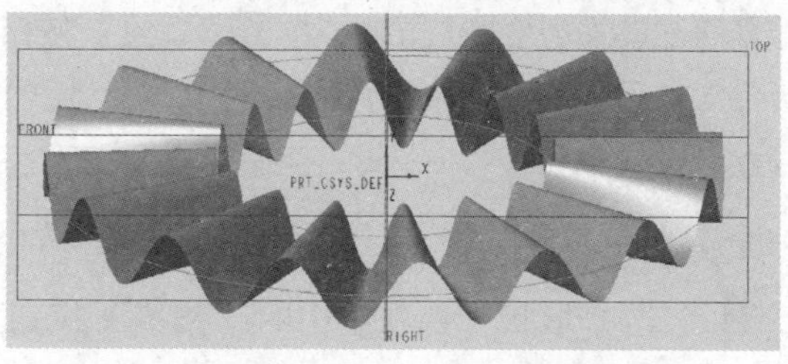

e)

图 7-21　函数关系可变截面扫描

2. 图形关系可变截面扫描

对于截面为非线性变化扫描形体，可采用二维图形函数，即利用基准图形和 trajpar 参数来控制截面参数的变化，实现三维实体或曲面模型形体的变化。图形函数不能是多值，坐标平面上的每一个 X 值只能有唯一的 Y 值与之对应，曲线在某点的 Y 值是变量值。

可变截面扫描的图形函数是根据模型形状在直角坐标系创建的。

图形函数式：

sd# = evalgraph（"graph_name"，x_value）

式中　sd#——变化的参数名称；

graph_name——图形的名称（绘制图形时系统要求输入名称）；

x_value——扫描的行程（一般与 trajpar 参数搭配，形式为 trajpar * X，X 为图形中的 X 值）；

evalgraph——系统默认函数，为 Evaluate Graph 的缩写，其意义是由图形取得对应于 X 值的 Y 值，然后指定给 sd#参数。

创建图形函数时，单击“基准”选项组中的“图形”按钮，弹出“图形名称”对话框，输入图形名称单击“接受”按钮，进入草绘环境，创建构造坐标系，绘制通过坐标原点的水平构造中心线和竖直构造中心线，绘制图形，完成后单击“确定”按钮。

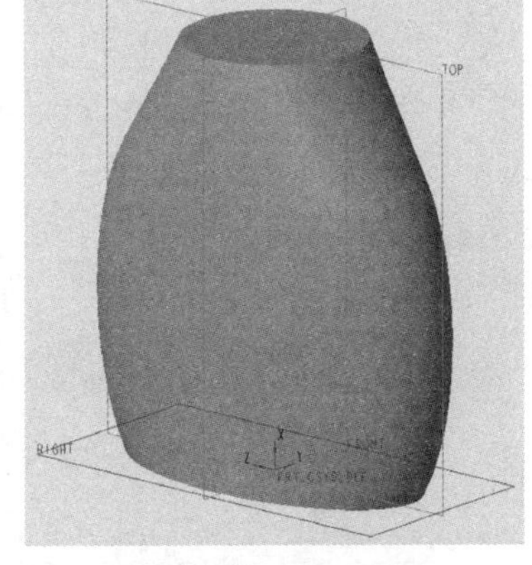

图 7-22　曲面模型

以图 7-22 所示模型为例，创建图形函数可变截面扫描步骤如下所述。

01 绘制图形 A 和 B，如图 7-23 所示。

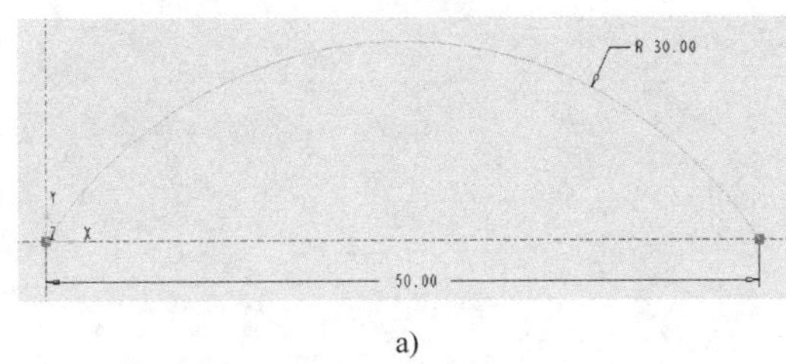

a)

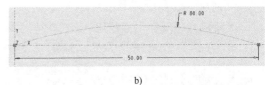

R 80.00
50.00
b)

图 7-23　图形

02 单击“基准”选项组中“草绘”按钮，弹出“草绘”对话框，选择草绘平面，设置草绘视图方向，单击“草绘”按钮，进入草绘环境，由坐标原点沿 X 轴绘制长度为 80 的扫描轨迹（原点曲线），单击“确定”按钮。

03 单击“基准”选项组中的“基准点”按钮，在轨迹任意位置放置一个基准点（PNT0）单击“确定”按钮，如图 7-24 所示。

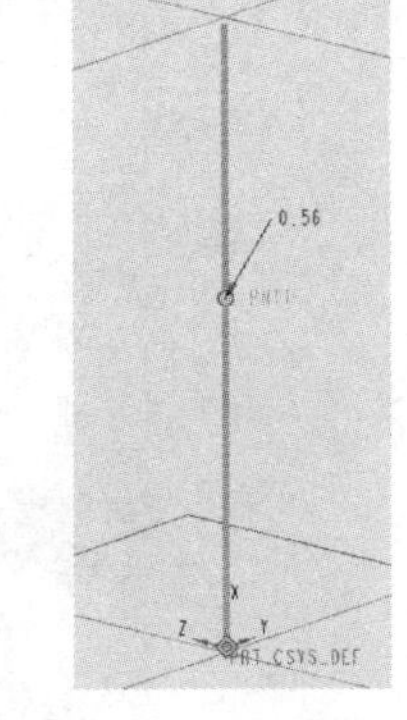

图 7-24　扫描轨迹

04 单击“形状”选项组中的“扫描”按钮，打开“扫描”选项卡，选择扫描轨迹。单击“选项”按钮，弹出“选项”对话框，将草绘放置点的原点更改为 PNT0，单击“草绘”按钮，进入草绘环境。在“椭圆”

溢出菜单中的选择“中心和轴”选项，以坐标原点为圆心绘制椭圆。单击“工具”选项卡上“模型意图”选项组中的“d = 关系”按钮，弹出“关系”对话框，在对话框“关系”框中填写图形关系式 sd3 = 35 + evalgraph（"B"，trajpar * 50）和 sd4 = 65.2 + evalgraph（"A"，trajpar * 70），关闭关系对话框，单击“确定”按钮，退出草绘环境，允许截面变化，单击“确定”按钮，完成图形关系可变截面扫描，如图 7-25 所示。

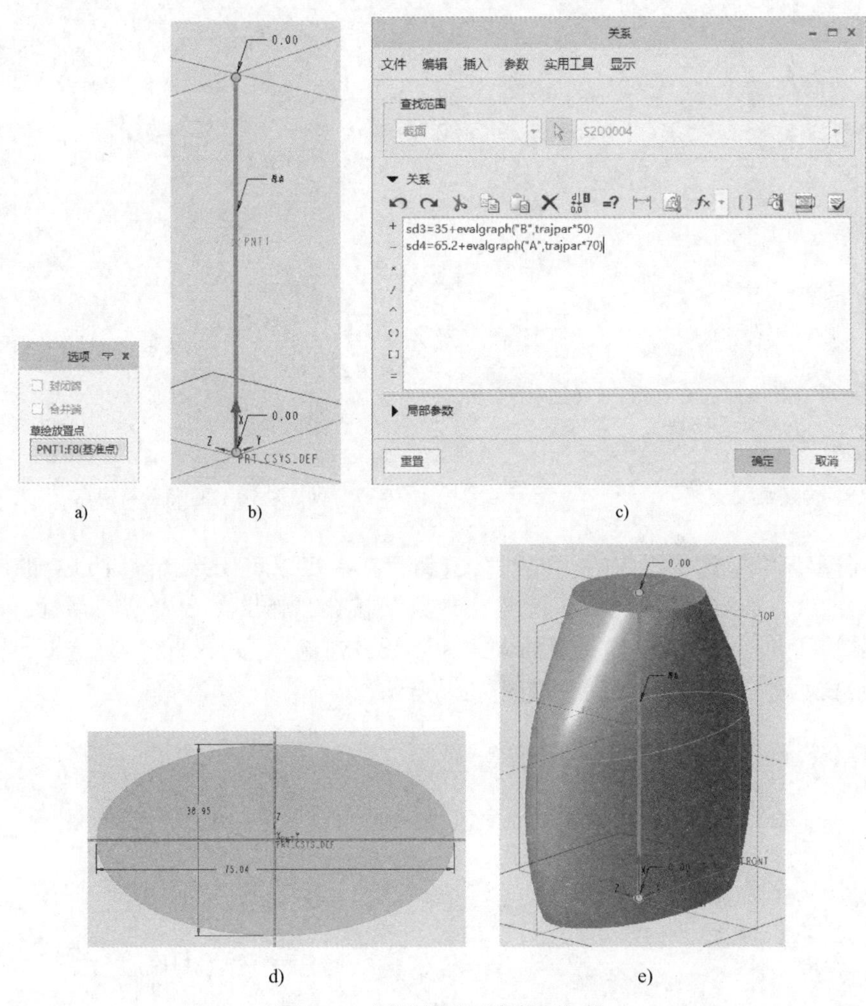

图 7-25　图形关系可变截面扫描

7.1.5　创建扫描方法

创建恒定截面扫描和可变截面扫描模型的步骤基本相同，以图 7-26 所示恒定截面支架模型为例。

该支架是由方形恒定截面沿扫描轨迹创建成的，可分为三个步骤：首先绘制扫描轨迹，再绘制截面图形，最后扫描。在 Creo 6.0 中，将后两步结合在一起进行。扫描轨迹可以在草绘环境绘制，也可以在三维绘图环境创建，本例采用后者。

01 新建文件，选择“mmns_part_solid”模板，单击“确定”按钮，进入零件模式下的绘图环境。

02 根据支架形状，在 RIGHT 面上创建轨迹上的端点和拐点。选择创建的基准点，单击“操作”选项组中的“复制”按钮，在“粘贴”溢出菜单中选择“选择性粘贴”选项，弹出“选择性粘贴”对话框，勾选“对副本应用移动/旋转变换”复选框，单击“确定”按钮，打开“移动（复制）”选项卡，选择 X 轴，输入平移值（400），单击“确定”按钮，如图 7-27 所示。

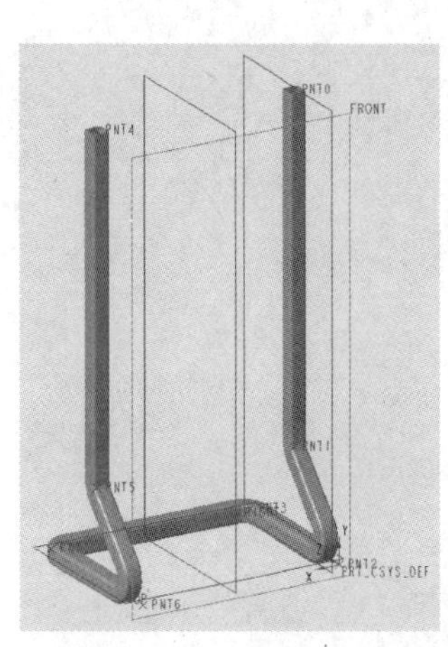

图 7-26　恒定截面支架

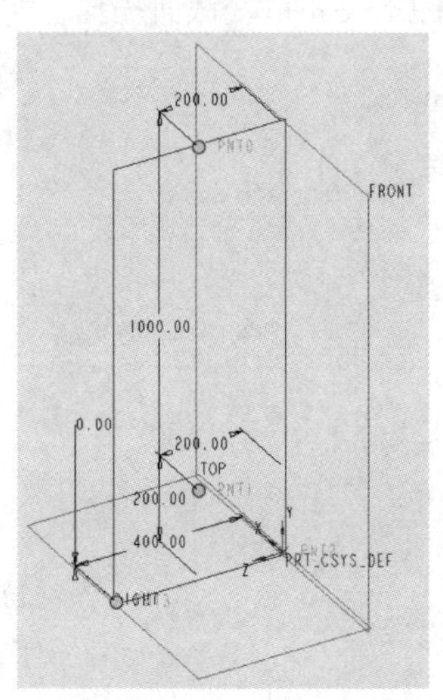

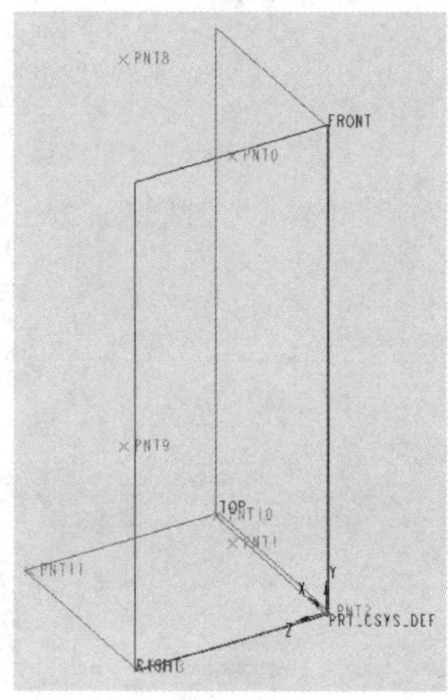

图 7-27　创建轨迹上的端点和拐点

03 单击“基准”选项组中的“曲线”按钮，在溢出菜单中选择“通过点的曲线”选项，打开“曲线：通过点”选项卡，单击“放置”按钮，弹出“放置”对话框，按扫描轨迹顺序添加基准点，选择连接前一点的方式为直线，勾选“添加圆角”复选框，输入曲率半径值（30），单击“确定”按钮，如图 7-28 所示。

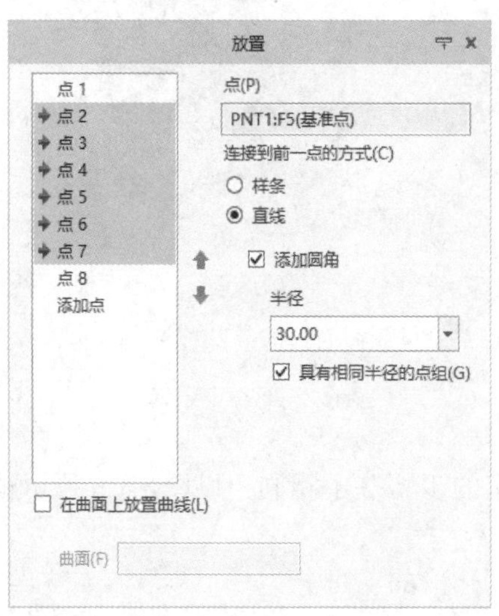

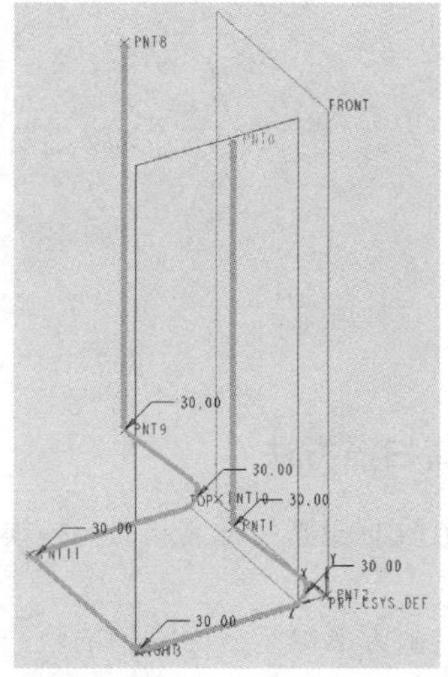

图 7-28　创建通过点的曲线（轨迹）

04 单击“扫描”按钮，打开“扫描”选项卡，选择扫描轨迹，单击“草绘”按钮，进入草绘环境，以基准点 PNT0 为原点，绘制截面图形，标注尺寸，创建薄板，输入厚度值（3），单击“确定”按钮，如图7-29所示。

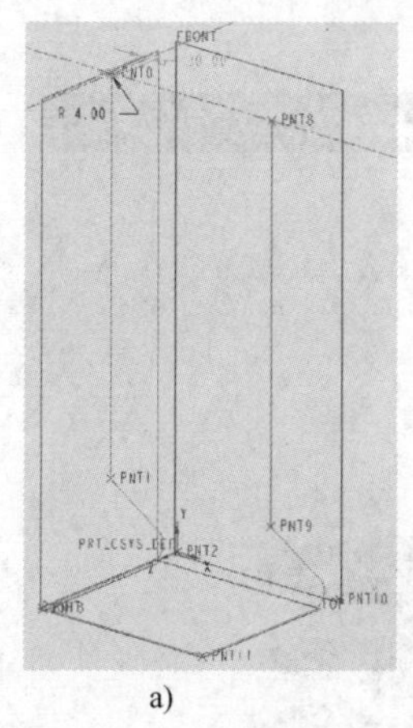

a)

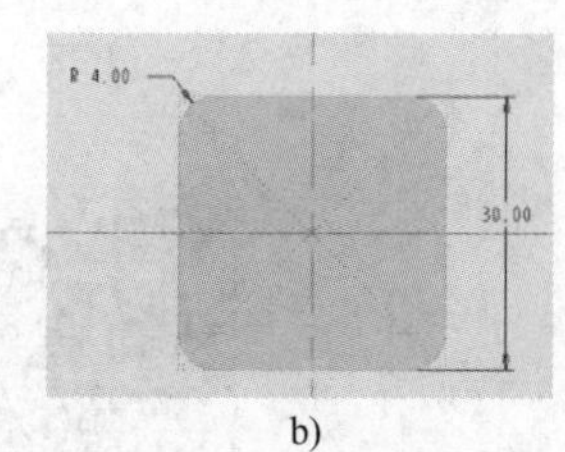

b)

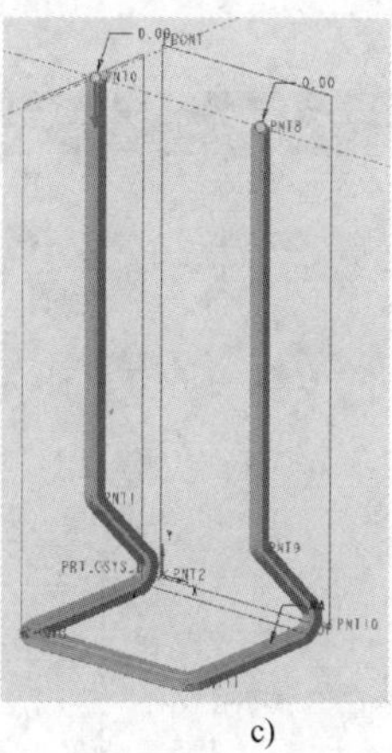

c)

图7-29　创建恒定截面扫描

根据模型形状和用户的操作习惯，创建扫描的过程会有一定的差异。

7.2　螺旋扫描

7.2.1　螺旋扫描简介

螺旋扫描是通过一个或多个截面沿螺旋轨迹以一定螺距围绕回转轴扫描来创建模型。

创建螺旋扫描时需注意以下问题：

1）沿螺旋轨迹扫描截面时，必须要有螺旋轴，即中心线。中心线可以是几何中心线，也可以是构造中心线。

2）螺旋扫描轮廓决定螺旋的走向和长度，单击轮廓起始点位置的箭头，可将起点变更到轮廓的另一端。

3）螺旋的截面可以在扫描轮廓上，也可以不在扫描轮廓上。通常截面放置在扫描轮廓的起点位置。

4）螺旋扫描截面可以是封闭的，也可以是开放的。封闭的截面可创建实体（实心）、曲面和薄板；开放的截面只能是曲面，并且截面必须是连续的，通过加厚可转换为实体。

创建螺旋扫描时，要根据设计要求添加螺旋轴，绘制扫描轮廓和截面图形，并在“螺旋扫描”选项卡、“参考”对话框、“间距”对话框和“选项”对话框等进行更深入的设置。

以图7-30模型为例，螺旋扫描步骤如下所述：

01 新建文件，进入零件模式下的绘图环境。

02 单击“基准”选项组中的“草绘”按钮，弹出“草绘”对话框，选择草绘平面，设置草绘视图方向，进入草绘环境，创建螺旋轴，绘制螺旋扫描轮廓。选择螺旋扫描轮廓，单击“螺旋扫描”按钮，打开“螺旋扫描”选项卡，单击“草绘”按钮，进入草绘环

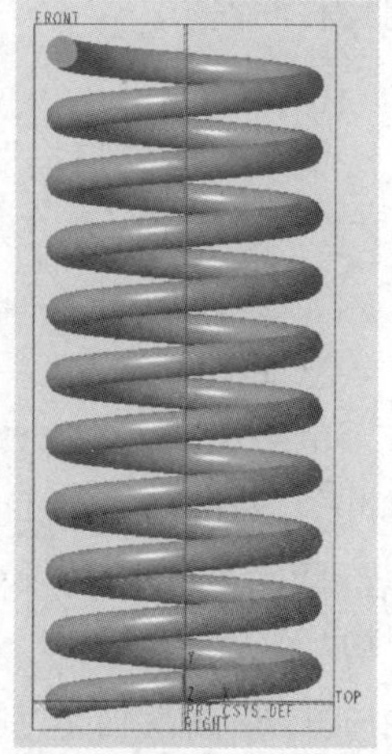

图7-30　螺旋（弹簧）

境，绘制扫描截面，退出草绘环境，输入螺旋间距，单击“确定”按钮，完成螺旋扫描，如图 7-31 所示。

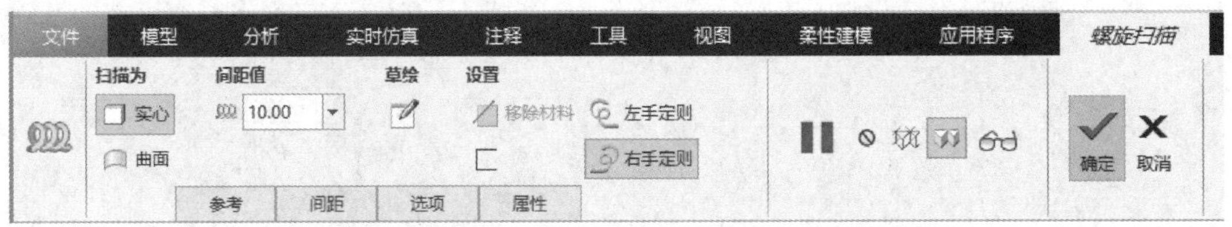

a)

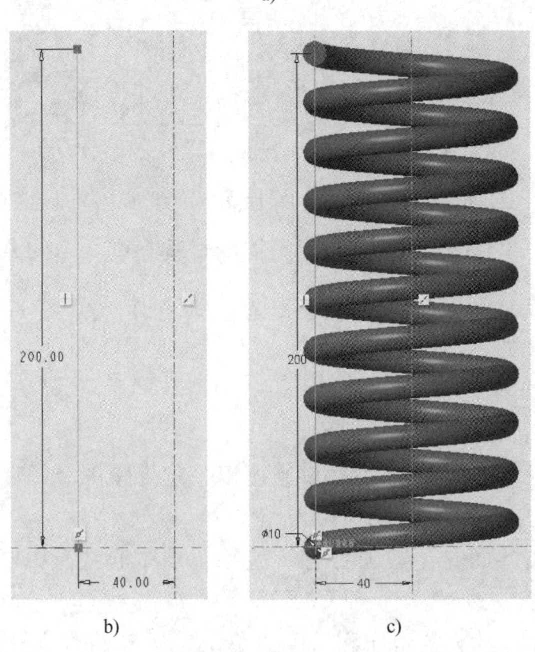

b) c)

图 7-31 螺旋扫描

在“螺旋扫描”选项卡中还可以为创建的螺旋选择实体、曲面（薄板）或左旋；

在“参考”对话框、“间距”对话框和“选项”对话框中，还能对螺旋进行更深入的定义和设置。

1. 参考

单击“螺旋扫描”选项卡中的“参考”按钮，弹出“参考”对话框，可在其中编辑螺旋扫描轮廓，变更轮廓起点，设置或创建螺旋轴和变更截面方向，如图 7-32 所示。

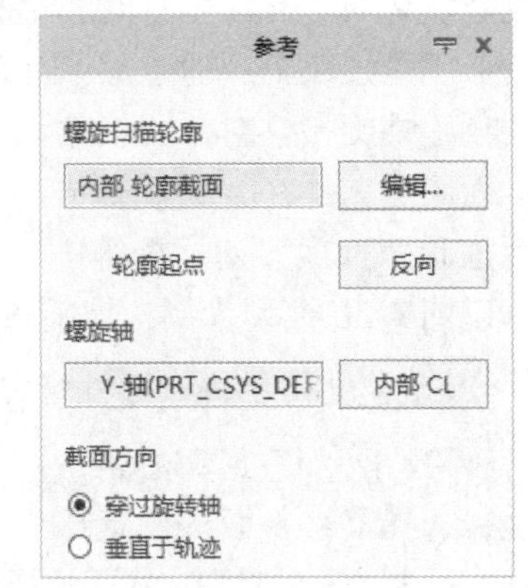

图 7-32 （螺旋扫描）“参考”对话框

2. 间距

单击“螺旋扫描”选项卡中的“间距”按钮，弹出“间距”对话框，在其中设置螺距及变螺距点的位置。设置螺距时，单击“添加间距”按钮，即可激活“间距”“位置类型”“位置”选项，然后输入螺距尺寸及变螺距点的位置。用户可以在螺旋轴起点和终点之间的任何位置定义变螺距点，使用比率或尺寸定义变螺距点的位置，如图 7-33 所示。

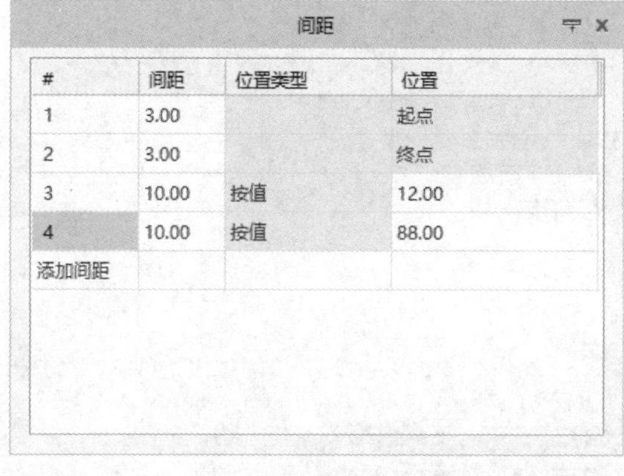

间距

#	间距	位置类型	位置
1	3.00		起点
2	3.00		终点
3	10.00	按值	12.00
4	10.00	按值	88.00
添加间距			

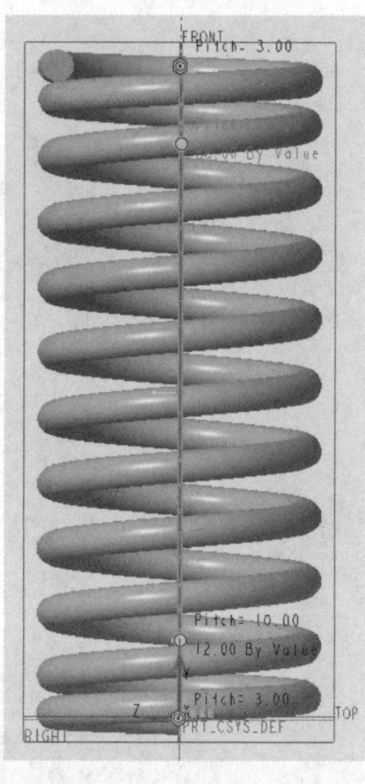

a)　　　　　　　　b)

图 7-33　可变螺距的螺旋扫描

3. 选项

单击“螺旋扫描”选项卡中的“选项”按钮，弹出“选项”对话框，可在其中设置曲面螺旋为封闭端，螺旋截面沿轨迹为常量（恒定截面）或按约束条件发生变化。图 7-34 所示的螺旋截面在扫描过程中沿轨迹按约束条件发生了变化。

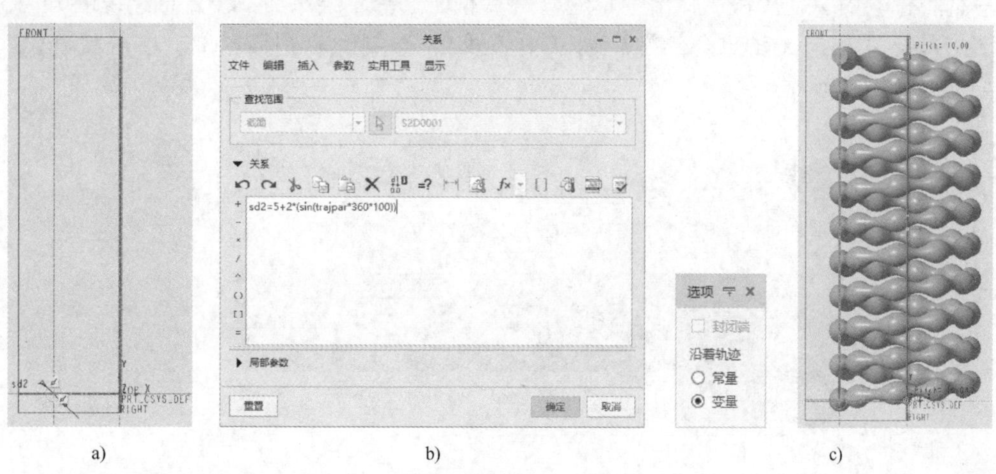

a)　　　　　　　　b)　　　　　　　　c)

图 7-34　螺旋截面沿扫描轨迹变化

7.2.2　创建螺旋扫描方法

图 7-35 所示的六角头螺栓是常用机械零件，模型的螺纹部分可利用螺旋扫

描创建。

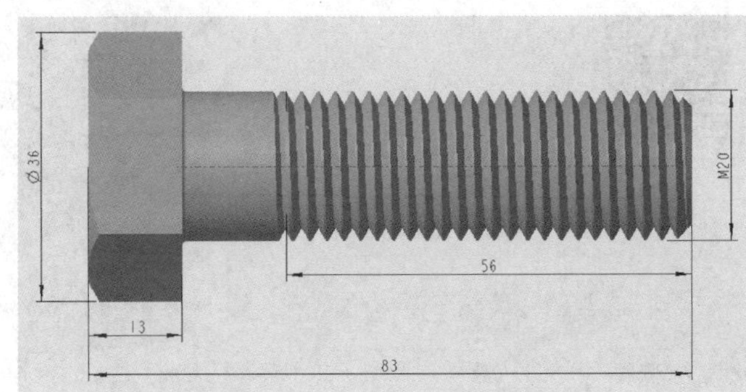

图 7-35　六角头螺栓模型

01 新建文件，进入零件模式下的绘图环境。

02 创建螺栓基础模型，如图 7-36 所示。

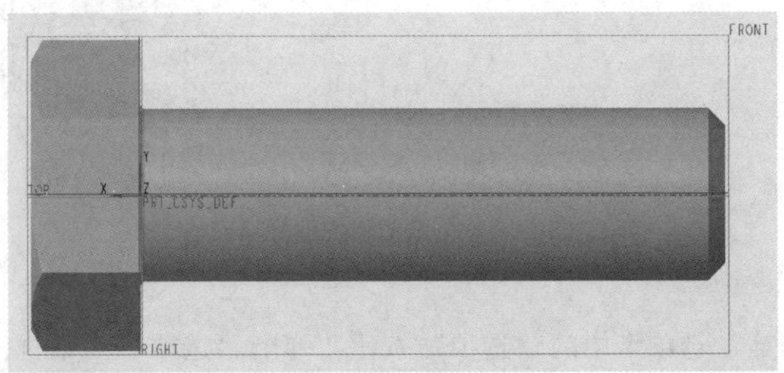

图 7-36　六角头螺栓基础模型

03 单击“草绘”按钮，弹出“草绘”对话框，选择草绘平面，设置草绘视图方向，进入草绘环境，添加与 X 轴重合的螺旋轴（中心线），绘制螺旋扫描轮廓，单击“确定”按钮，如图 7-37 所示。

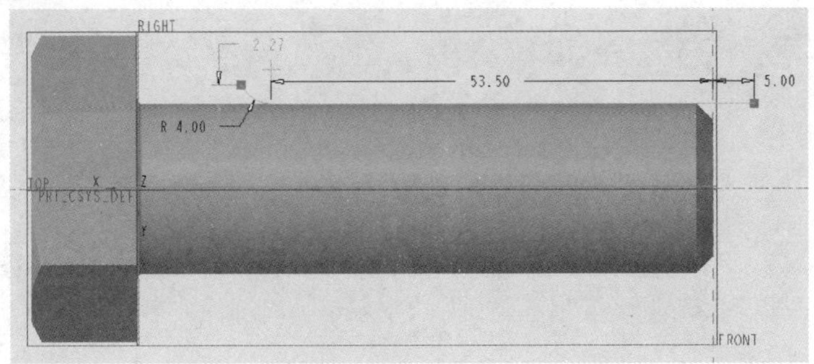

图 7-37　添加旋转轴、绘制螺旋扫描轮廓

04 单击“螺旋扫描”按钮，打开“螺旋扫描”选项卡，选择螺旋扫描轮廓，单击“草绘”按钮，进入草绘环境，绘制三角形螺纹截面，移除材料，输入螺旋间距，选择旋向，单击“确定”按钮，如图 7-38 所示。

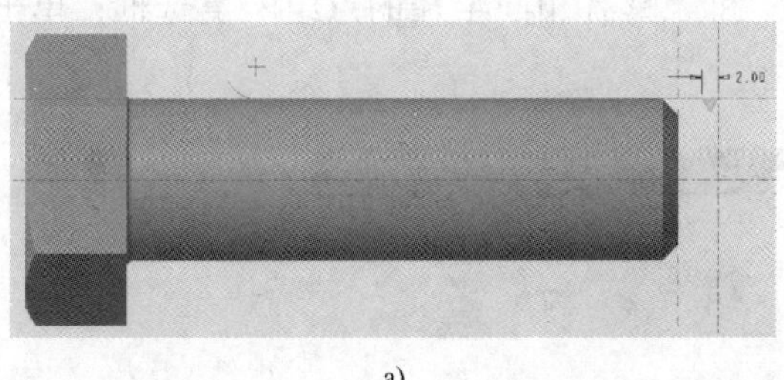

a)

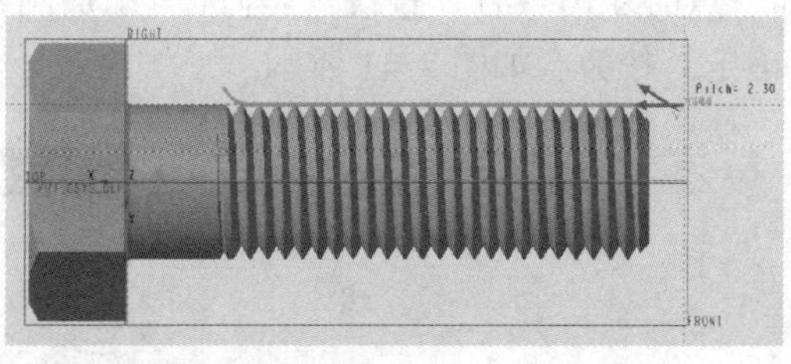

b)

图 7-38 沿螺旋扫描轮廓扫描截面

7.3 范例

1. 创建图 7-39 所示挂架模型

挂架由折弯管件和固定圆盘组成，其中折弯管件直径不变。该挂架左右对称，用户可先创建左侧的部分，再镜像即可。

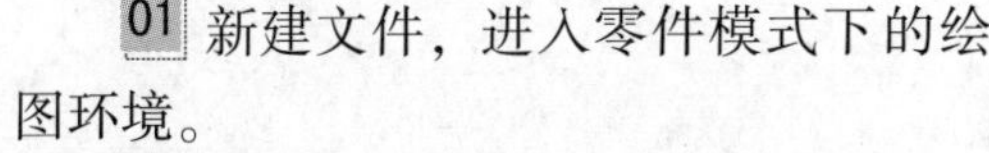

01 新建文件，进入零件模式下的绘图环境。

02 创建基准平面 DTM1，弹出“基准平面”对话框，选择 RIGHT，设置偏移值（200），单击“确定”按钮。

03 创建基准点，弹出“基准点”对话框，在基准面 RIGHT 和 DIM1 上创建基准点 PNT0 ~ PNT5，单击“确定”按钮，如图 7-40所示。

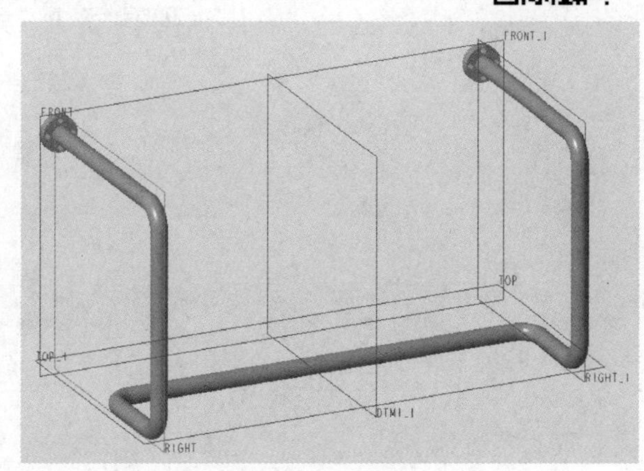

图 7-39 挂架

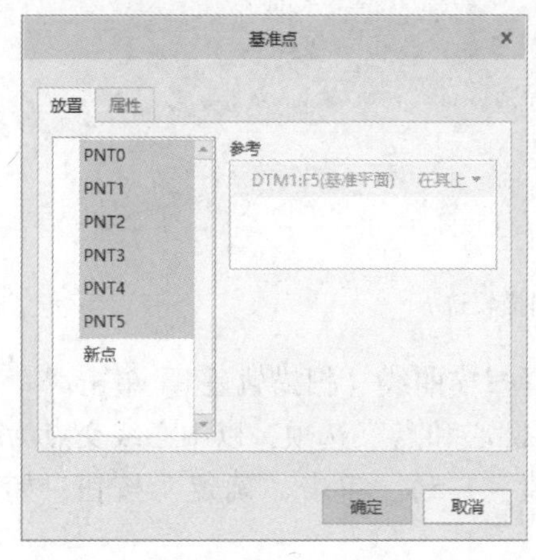

a)

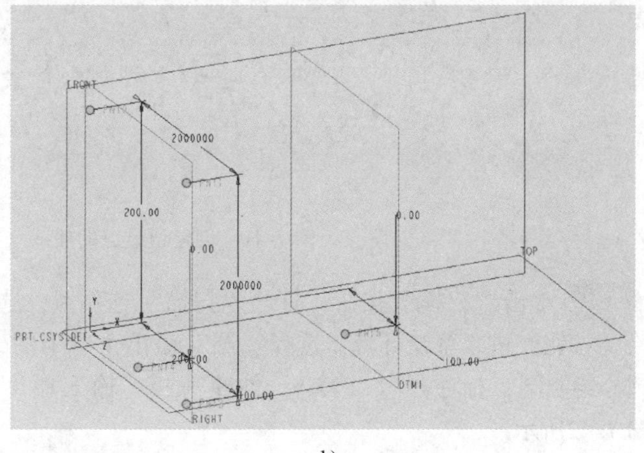

b)

图 7-40 创建基准点

04 选择“曲线”溢出菜单中的“通过点的曲线”选项，打开“曲线：通过点”选项卡，单击“放置”按钮，弹出“放置”对话框，依次选择点 PNT0 ~ PNT5，设置“连接到前一点的方式”为“直线”，勾选“添加圆角”和“具有相同半径的点组”复选框，单击“确定”按钮，如图7-41所示。

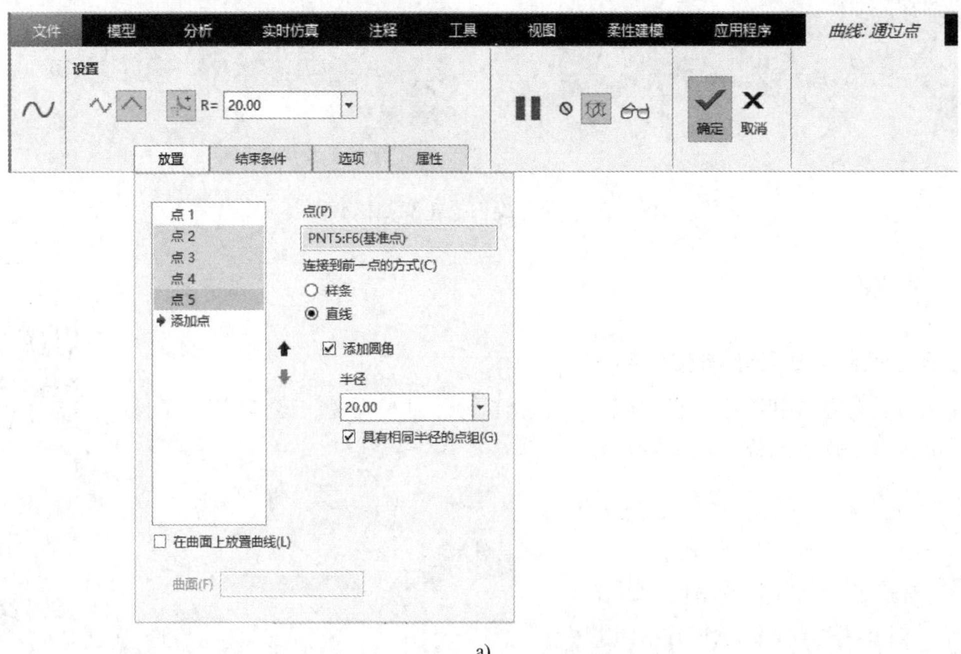

a)

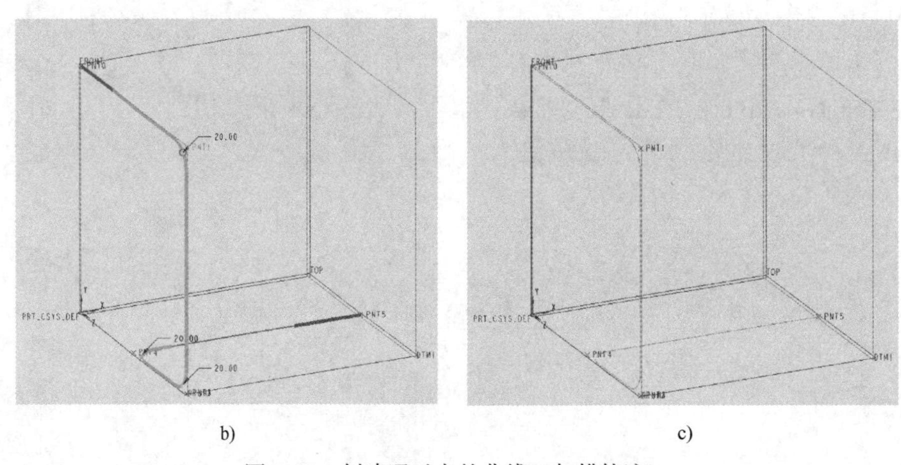

b) c)

图7-41 创建通过点的曲线（扫描轨迹）

05 单击“扫描”按钮，打开“扫描”选项卡，选择扫描曲线（扫描轨迹）。单击“草绘”按钮，进入草绘环境，选择“圆”溢出菜单中的“圆心和点”选项，以中心线交点为圆心绘制圆，标注尺寸（15）。创建薄板，输入厚度值（1.5），单击“确定”按钮，如图7-42所示。

06 在管件端部创建圆盘，如图7-43所示。

07 在模型树中选择支架名称，单击“镜像”按钮，打开“镜像”选项卡，选择DIM1，单击“确定”按钮，完成支架模型创建。

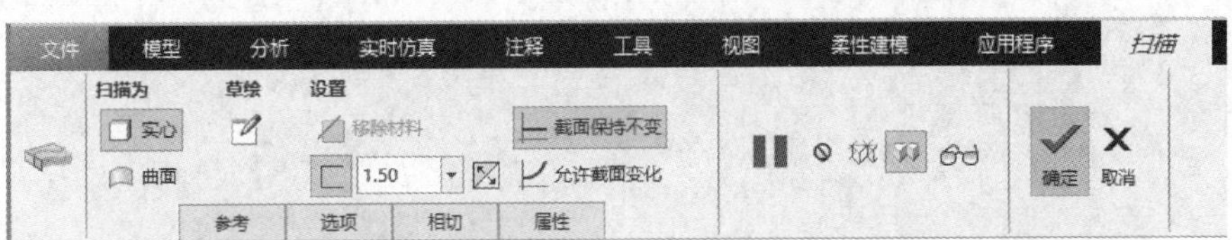

a)

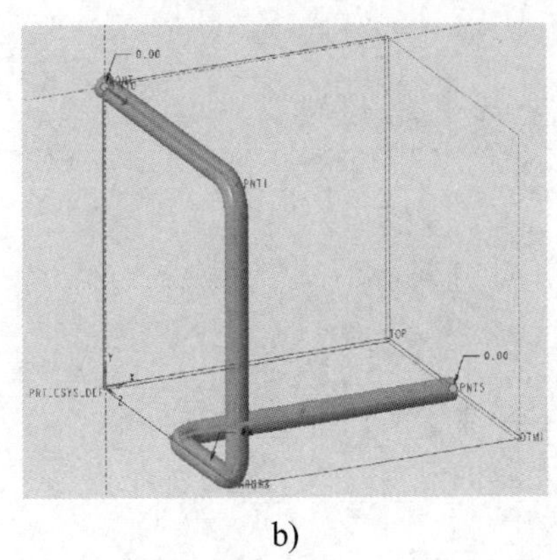

b)

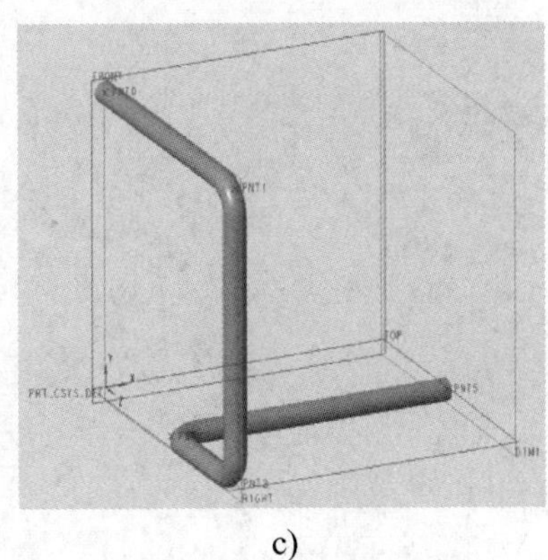

c)

图 7-42　恒定截面扫描

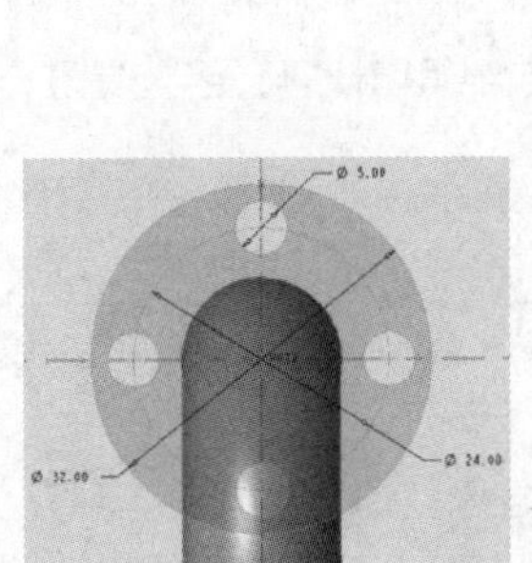

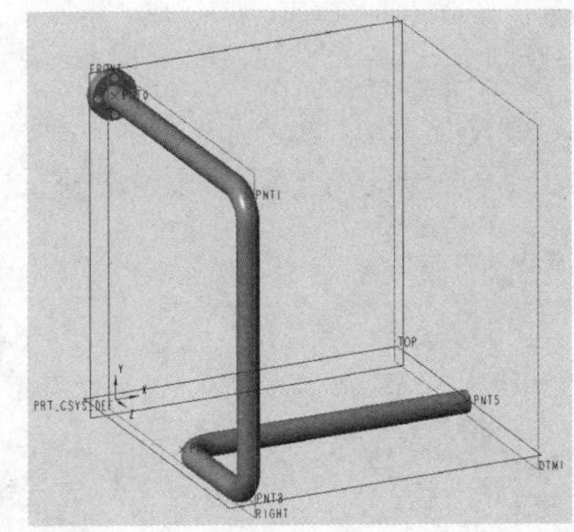

图 7-43　创建管件端部圆盘

2. 创建图 7-44 所示洗发液瓶模型

洗发液瓶的横截面为椭圆形，并且由底部向上逐渐变小，可用约束轨迹确定的可变截面扫描创建。

01 新建文件，进入零件模式下的绘图环境。

02 单击“草绘”按钮，弹出“草绘”对话框，选择草绘平面 FRONT，设置草绘视图方向。单击“草绘”按钮，进入草绘环境，绘制扫描轨迹和截面约束轨迹 1，标注尺寸，单击“确定”按钮，如图 7-45 所示。

03 单击“草绘”按钮，弹出“草绘”对话框，选择草绘平面 RIGHT，设置草绘视图方向。单击“草绘”按钮，进入草绘环境，绘制截面约束轨迹 2，标注尺寸，添加中心线，执行镜像操作，单击“确定”按钮，如图 7-46 所示。

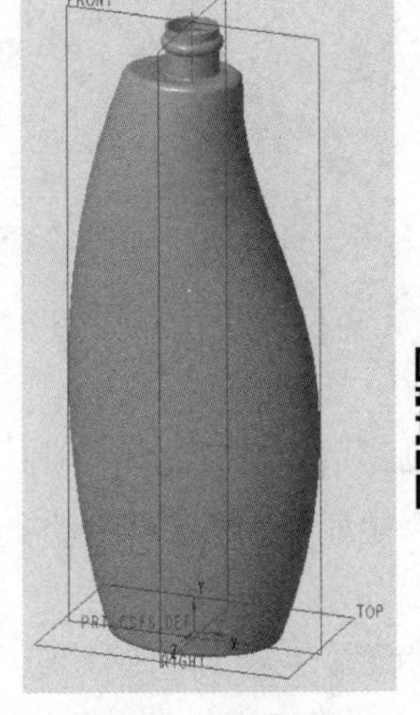

图 7-44　洗发液瓶

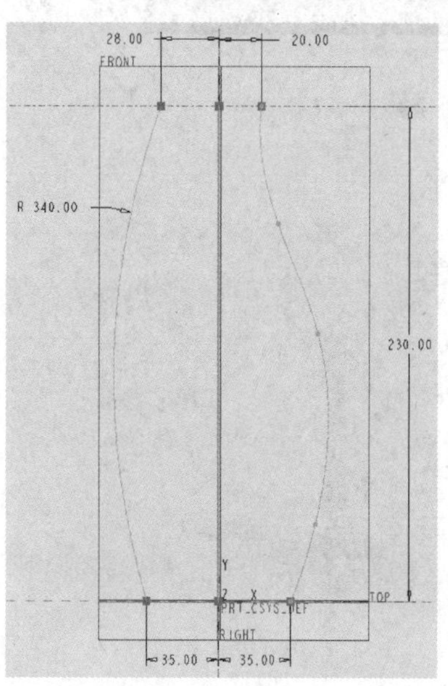

图 7-45　扫描轨迹和截面约束轨迹 1

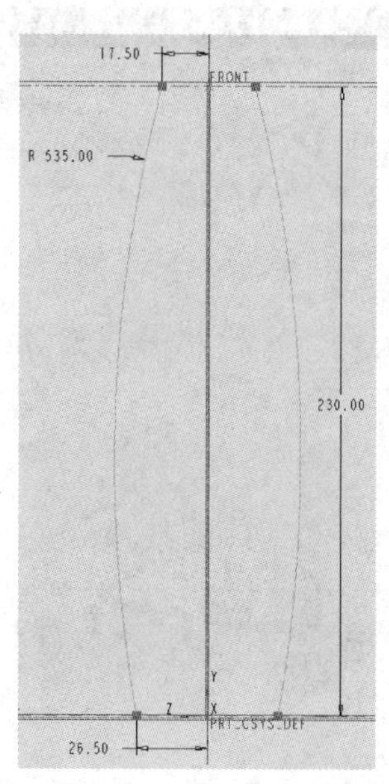

图 7-46　截面约束轨迹 2

04 单击“扫描”按钮，打开“扫描”选项卡，按 < Ctrl > 键的同时依次选择扫描轨迹和截面约束轨迹。单击“草绘”按钮，进入草绘环境，选择“中心和轴椭圆”选项，以坐标原点为圆心绘制椭圆，使长轴和短轴的端点与截面约束轨迹重合，单击“确定”按钮，如图 7-47 所示。

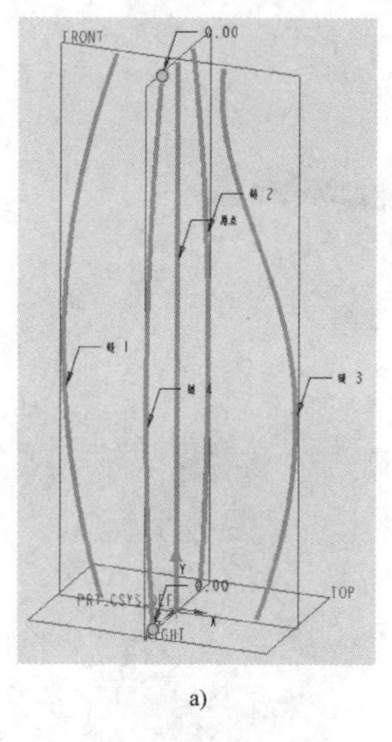

a)

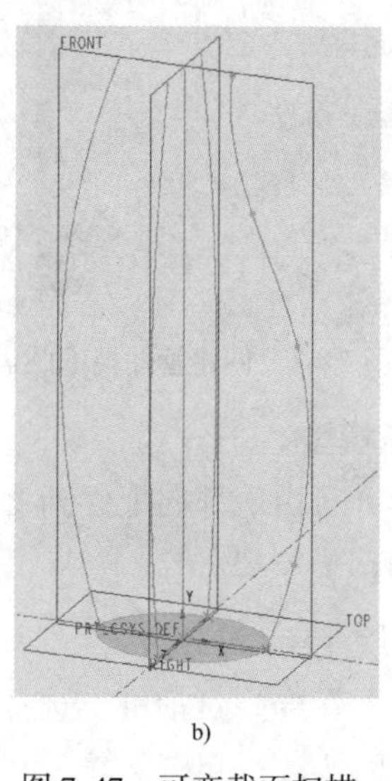

b)

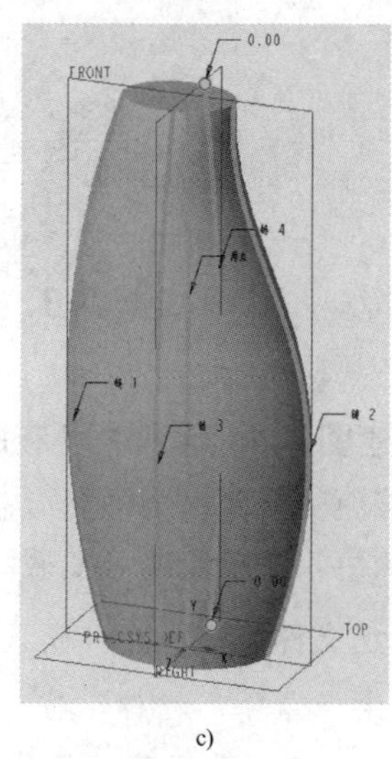

c)

图 7-47　可变截面扫描

05 创建口部圆柱（步骤略）。

06 创建底部凹陷（步骤略）。

07 倒圆角（步骤略）。

3. 创建图 7-48 所示圆形盘子模型

圆形盘子的口部为起伏形花边，可用函数关系确定的可变截面扫描创建。

01 新建文件，进入零件模式下的绘图环境。

02 创建一个曲面圆，如图 7-49 所示。

03 创建扫描轨迹。单击“草绘”按钮，弹出“草绘”对话框，选择曲面圆，设置草绘视图方向。单击“草绘”按钮，

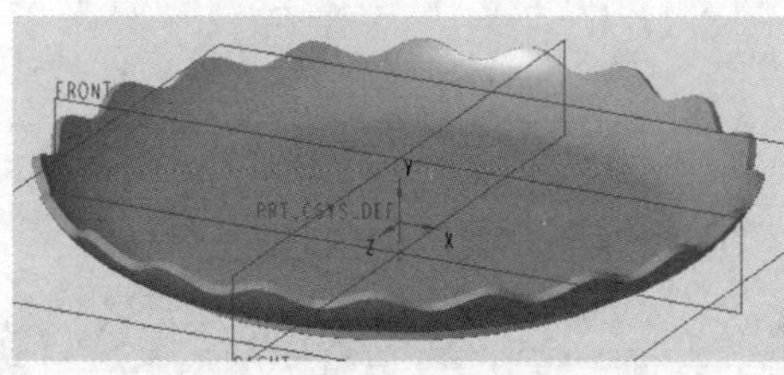

图 7-48　盘子

进入草绘环境。单击“投影”按钮，打开“投影曲线”选项卡，选择使用边为环，选择曲面圆，单击“确定”按钮，如图 7-50 所示。

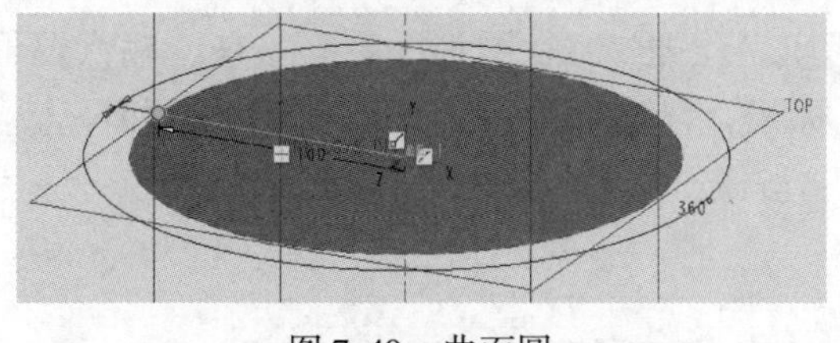

图 7-49　曲面圆

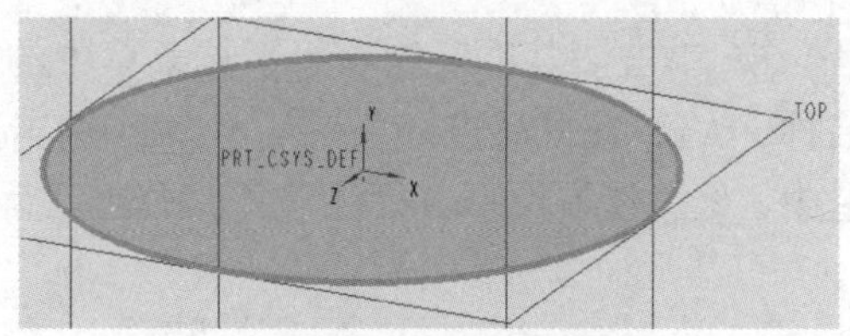

图 7-50　投影轨迹

04 单击“扫描”按钮，打开“扫描”选项卡，选择扫描轨迹（投影圆），单击“允许截面变化”按钮，单击“草绘”按钮，进入草绘环境，绘制扫描截面。单击“工具”选项卡上“模型意图”选项组中的“关系”按钮，弹出“关系”对话框，输入关系式，单击“确定”按钮，返回草绘环境，单击“确定”按钮，如图 7-51 所示。

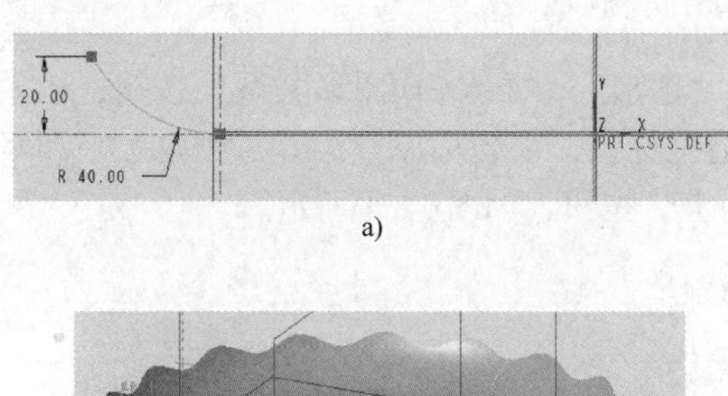

a)

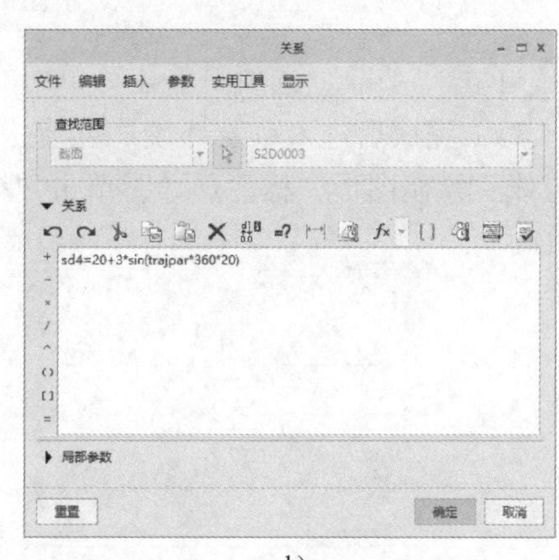

b)

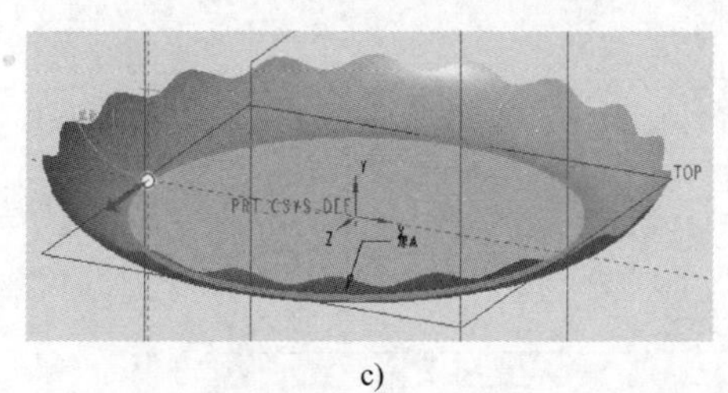

c)

图 7-51　函数关系可变截面扫描

05 合并曲面（步骤略）。

06 加厚（步骤略）。

07 创建盘底凸缘（步骤略）。

08 倒圆角（步骤略）。

4. 创建图 7-52 所示牙膏管模型

牙膏管的一端为圆形，另一端被压扁，可用图形关系确定的可变截面扫描创建。

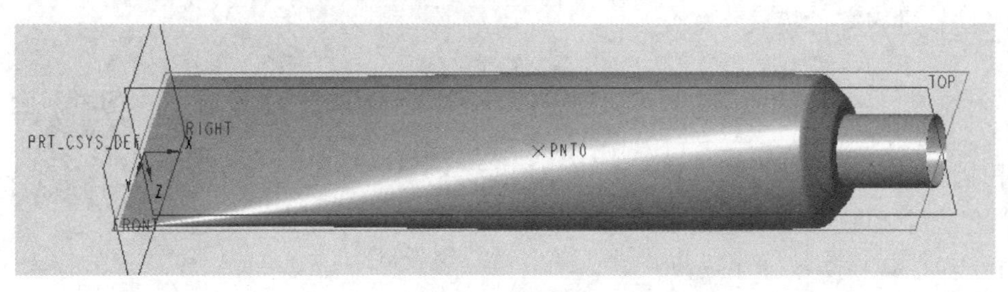

图 7-52　牙膏管

01 新建文件，进入零件模式下的绘图环境。

02 单击“基准”选项组下拉菜单中的“图形”（插入 2D 图形关系）按钮，输入图形名称（A），完成后进入草绘环境。创建构造坐标系，以坐标原点为基点创建水平和竖直构造中心线，绘制图形，标注尺寸，单击“确定”按钮，如图 7-53 所示。

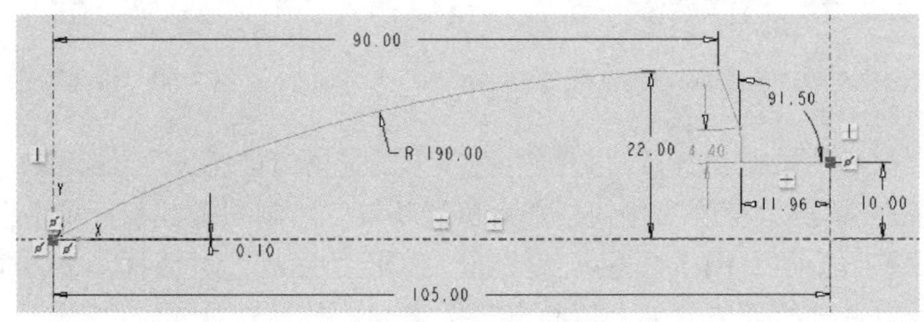

图 7-53　A 图形

03 单击“基准”选项组下拉菜单中的“图形”（插入 2D 图形关系）按钮，输入图形名称（B），完成后进入草绘环境。创建构造坐标系，以坐标原点为基点创建水平和竖直构造中心线，绘制图形，标注尺寸，单击“确定”按钮，如图 7-54 所示。

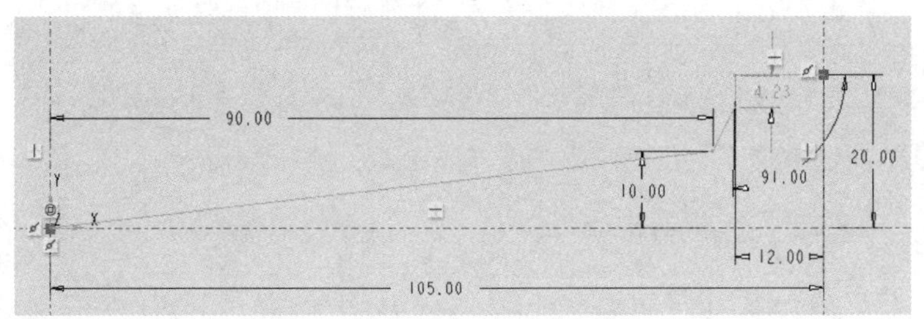

图 7-54　B 图形

04 创建扫描轨迹。单击“草绘”按钮，弹出“草绘”对话框，选择 TOP 为草绘平面，设置草绘视图方向，单击“草绘”按钮，进入草绘环境，由坐标原点向右绘制扫描轨迹，标注尺寸（105），单击“确定”按钮。

05 在扫描轨迹任意长度处创建截面位置基准点（PNT0）。

06 单击“扫描”按钮，打开“扫描”选项卡，选择扫描轨迹。单击“选项”对话框中的“草绘放置点”按钮，单击 PNT0，单击“草绘”按钮，进入草绘环境，选择“中心和轴”选项，以 PNT0 为圆心绘制椭圆。单击“工具”选项卡上“模型意图”选项组中的“关系”按钮，弹出“关系”对话框，输入关系式，单击“确定”按钮，返回草绘环境，单击“确定”按钮，如图 7-55 所示。

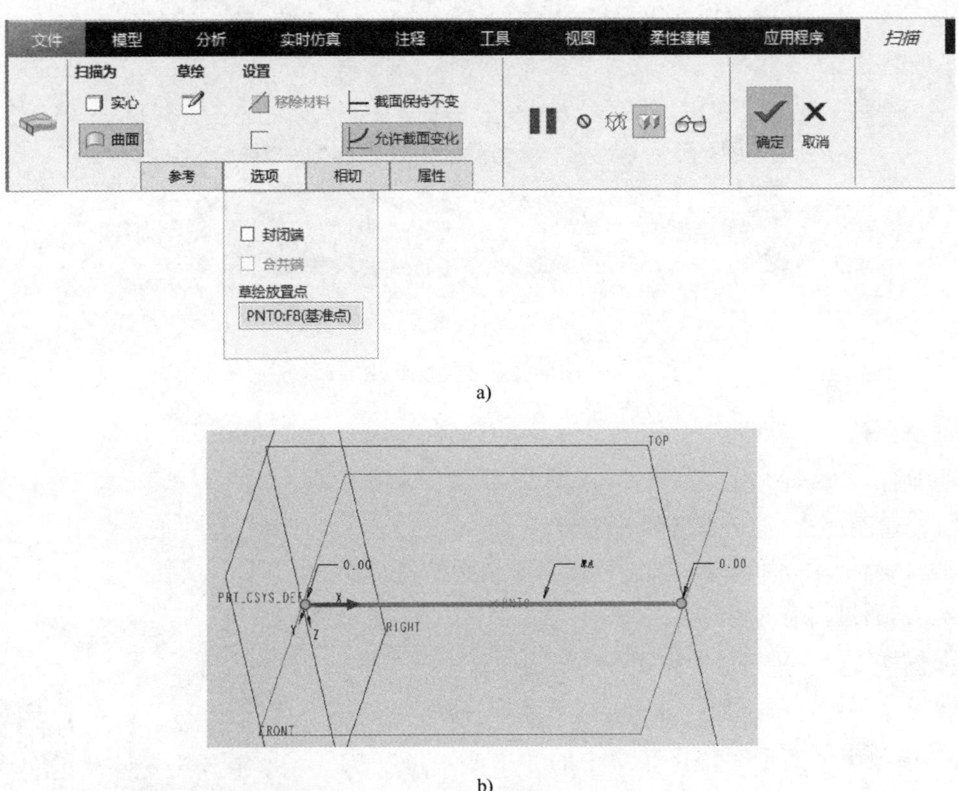

a)

b)

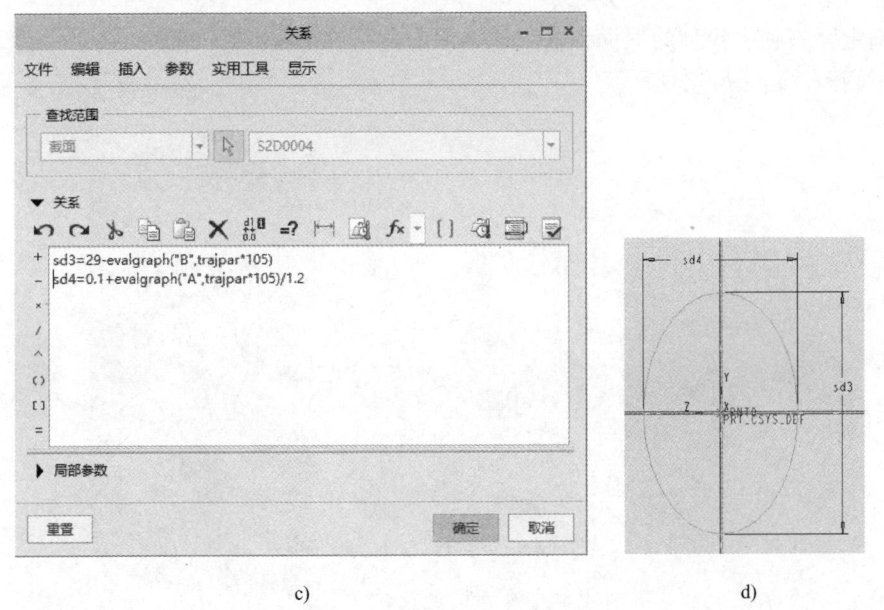

c)　　　　　　　　　　　　d)

图 7-55　图形关系可变截面扫描

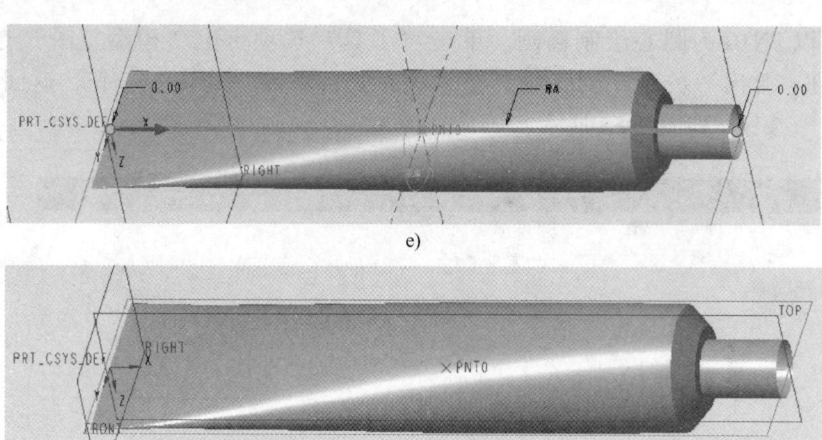

e)

f)

图 7-55　图形关系可变截面扫描（续）

07 倒圆角（步骤略）。

08 加厚（步骤略）。

5. 创建图 7-56 所示矩形弹簧模型

螺旋扫描是在拉伸曲面、螺旋扫描曲面相交得到的曲线基础上，通过扫描创建的。

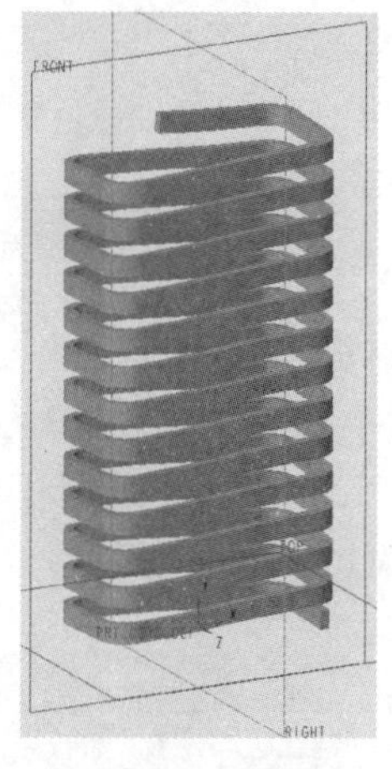

图 7-56　矩形弹簧

01 新建文件，进入零件模式下的绘图环境。

02 单击“拉伸”按钮，选择草绘平面（TOP），单击“草绘”选项组“矩形”溢出菜单中的“中心矩形”按钮，以坐标原点为基准点绘制矩形，倒圆角，标注尺寸，单击“确定”按钮，拉伸为曲面，输入侧 1 深度值，单击“确定”按钮，如图 7-57 所示。

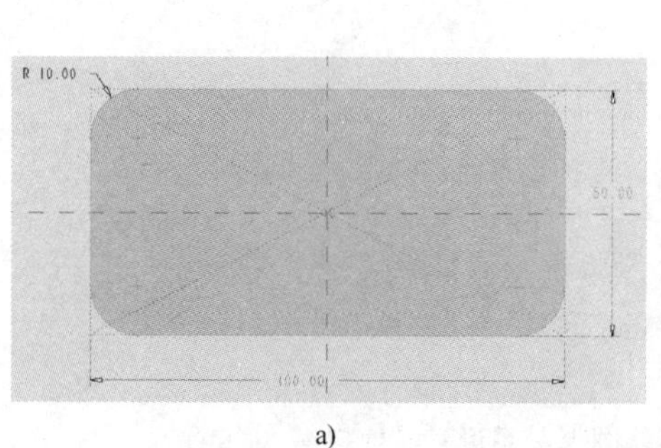

a)

b)

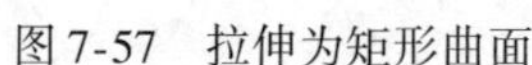

图 7-57　拉伸为矩形曲面

03 单击“草绘”按钮，弹出“草绘”对话框，选择草绘平面，设置草绘视图方向，绘制旋转轴和螺旋扫描轮廓，标注尺寸，单击“确定”按钮，如图 7-58 所示。

04 单击“螺旋扫描”按钮，打开“螺旋扫描”选项卡，选择螺旋扫描轮廓，扫描为曲面，创建或编辑扫描曲面，进入草绘环境，绘制扫描截面，输入间距值，单击“确定”按钮，如图 7-59 所示。

05 按 <Ctrl> 键的同时选择拉伸曲面和螺旋扫描曲面，单击“相交”按钮，隐藏拉伸曲面和螺旋扫描曲面，生成扫描轨迹，如图 7-60 所示。

06 选择扫描轨迹，单击“扫描”按钮，单击“草绘”按钮进入草绘环境，由扫描轨迹起始点绘制中心矩形，标注尺寸，单击“确定”按钮，如图 7-61 所示。

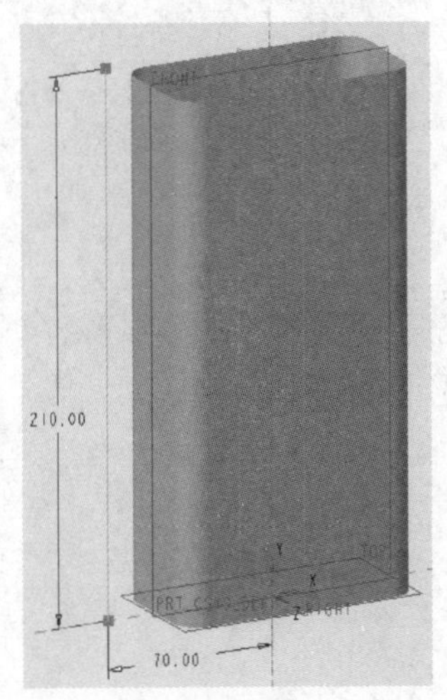

图 7-58 旋转轴与螺旋扫描轮廓

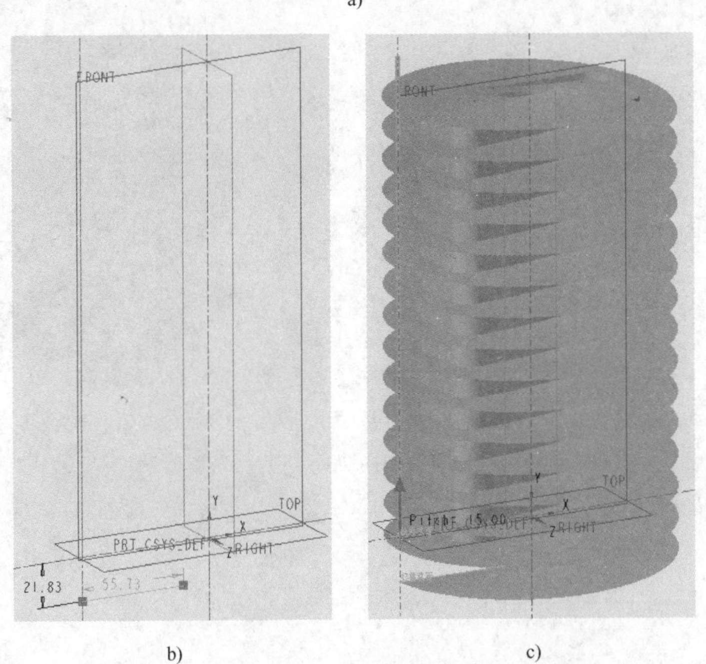

a)

b) c)

图 7-59 螺旋扫描曲面

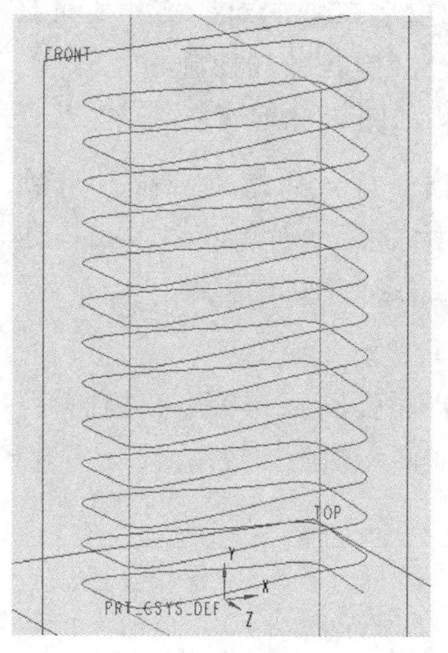

图 7-60　扫描轨迹

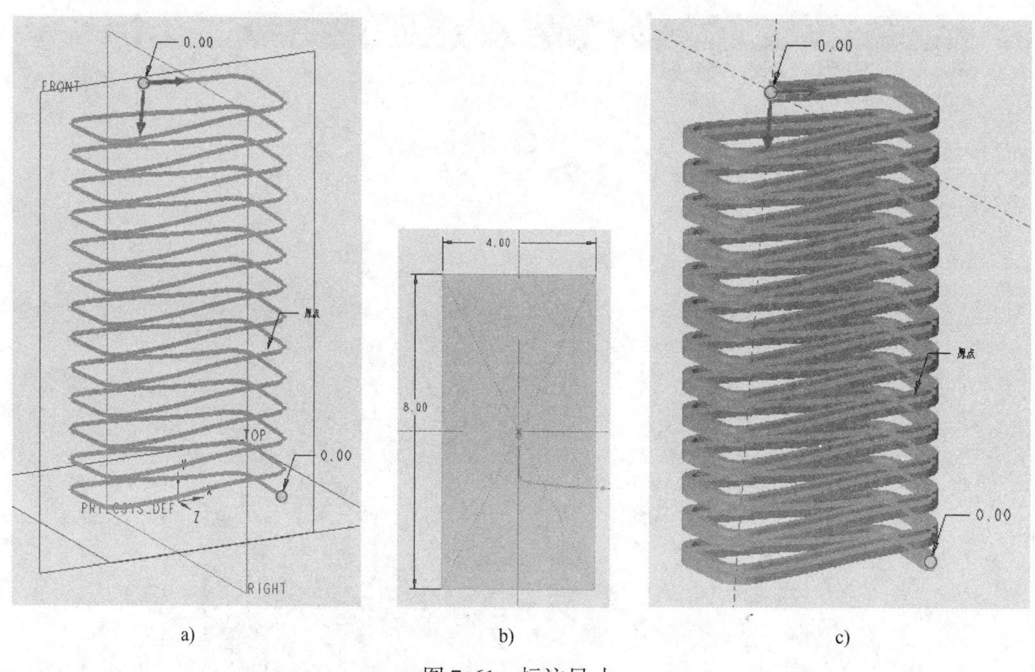

a)　　b)　　c)

图 7-61　标注尺寸

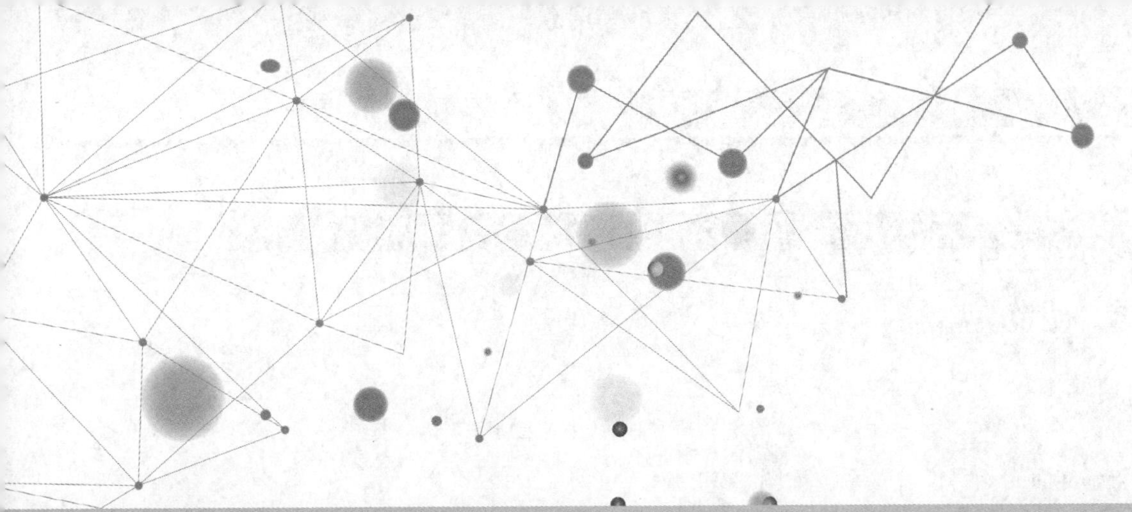

第8章 扫描混合、混合与旋转混合

8.1 扫描混合

8.1.1 扫描混合简介

扫描混合是沿一条或两条轨迹扫描一组扫描截面来创建模型，是扫描与混合的综合。轨迹可以是草绘平面曲线、基准曲线或实体的边（轮廓线）。扫描与扫描混合的共同之处都是扫描截面沿着扫描轨迹来创建模型，但前者只扫描一个截面，模型的横截面是恒定的；而后者至少扫描两个以上的截面，即模型截面沿轨迹是变化的。

创建扫描混合时需要注意下列限制条件：

1）扫描混合可以是一条轨迹，即原点轨迹，也可以是两条轨迹，第一条为原点轨迹，第二条为截面控制轨迹，其中原点轨迹是必需的，控制轨迹是可选的。

2）扫描混合沿扫描轨迹至少要有两个扫描截面。

3）扫描轨迹可以是开放的，也可以是封闭的。

4）扫描截面为封闭曲线时，创建的模型可以是实体（实心），也可以是曲面；扫描截面为开放曲线或线段时，创建的模型为曲面可以通过加厚转换为实体。

5）扫描混合的每个截面必须包含相同数量的图元，当截面没有足够图元时，可以通过添加混合顶点使图元数量相同。

6）扫描混合的第一个和最后一个截面可以是构造点，并且可与一定数量图元的截面混合。

7）混合截面可绕截面中心轴在 -120°~120°范围内旋转。

8）截面曲线可通过分割、改变混合截面起始点位置和方向来控制扫描混合模型的扭曲变形。

使用扫描混合创建模型时，首先要根据模型的形状和尺寸绘制扫描轨迹，然后在“扫描混合”选项卡中打开“参考”“截面”“相切”“选项”等对话框进行相关设置，其中扫描截面可以在模型创建进程中插入、绘制，也可以先绘制好，再在创建进程中选定插入。图 8-1所示为“扫描混合”选项卡。

1. 参考

对于扫描混合，位于扫描轨迹端点的“截平面控制”有三个选项，即“垂直于轨迹”“垂直于投影”“恒定法向”。通过设置截面“起点的 X 方向参考”或“方向参考”可控制

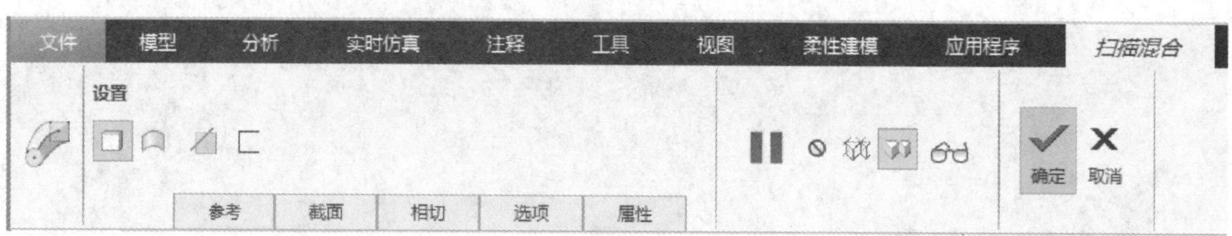

图 8-1　“扫描混合”选项卡

其与基准面的相对位置关系，如图 8-2 所示。

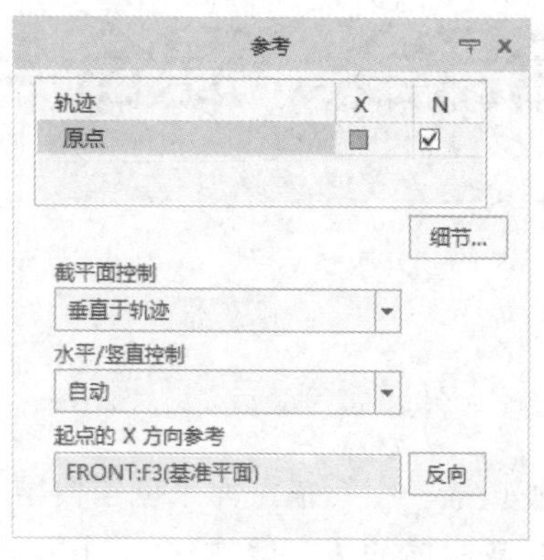

a)

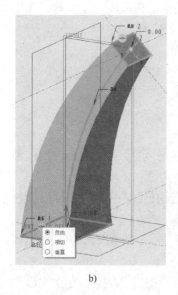

b)

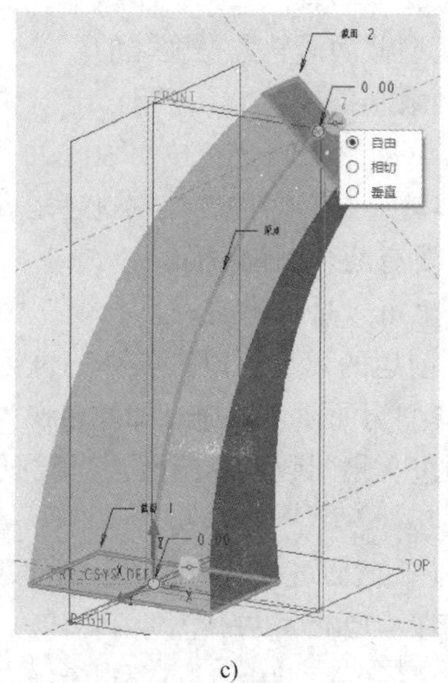

c)

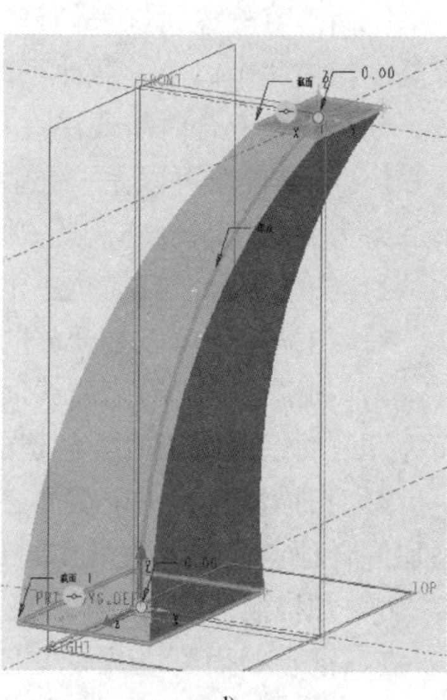

d)

图 8-2　截平面控制

当扫描轨迹为两条时，扫描轨迹（原点轨迹）要比控制轨迹短。操作时先选择扫描轨迹，再添加控制轨迹，然后进行截平面控制，最后草绘截面或选定截面，如图 8-3 所示。

当扫描轨迹为封闭曲线时，其上至少要有两个截面，一个是起点位置的截面，另一个是终点位置的截面。由于扫描轨迹是封闭的，扫描混合模型为截面控制的连续形体，如图 8-4 所示。

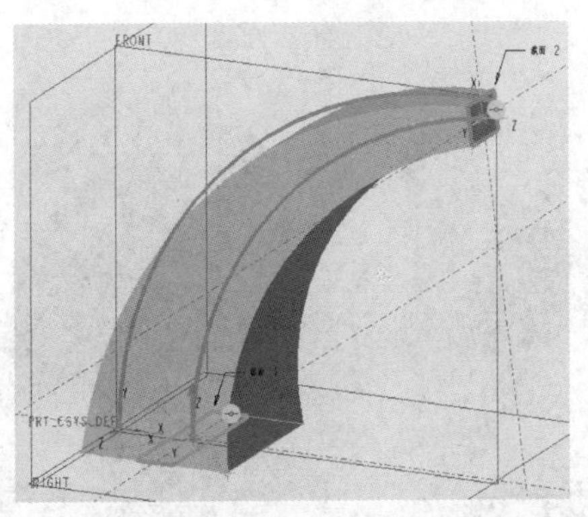

图 8-3　两条扫描轨迹（原点轨迹与控制轨迹）的扫描混合

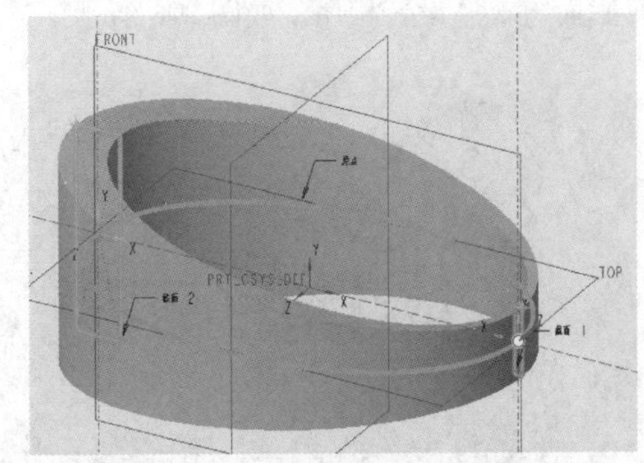

图 8-4　封闭轨迹扫描混合

2. 截面

扫描混合截面有两种定义方式，一是先根据模型的形状和尺寸绘制好，供选用，即选定截面；另一种是模型创建进程中根据模型的形状和尺寸绘制截面，即草绘截面。

当由两个以上的截面扫描混合时，除轨迹的起点和终点外，可根据模型的造型需要在轨迹上创建多个基准点，将中间截面添加在点所在的位置，基准点可以预先设置好，也可以在扫描混合操作进程中插入中间截面时创建，如图 8-5 所示。

图 8-5 中截面 2 是在轨迹预设的基准点上插入的截面，截面 3 是在扫描混合操作进程中添加的基准点上创建的截面。

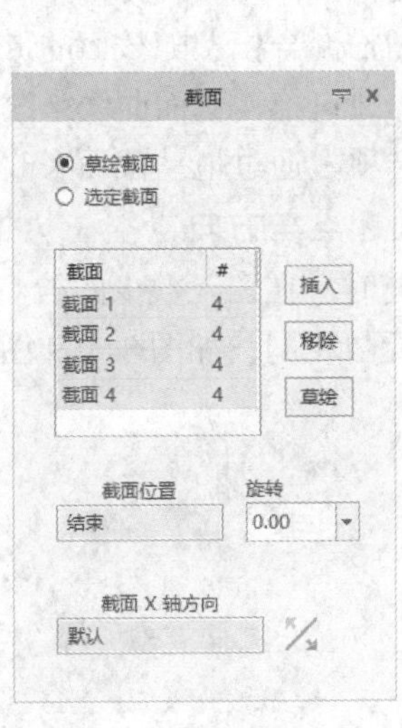

a)

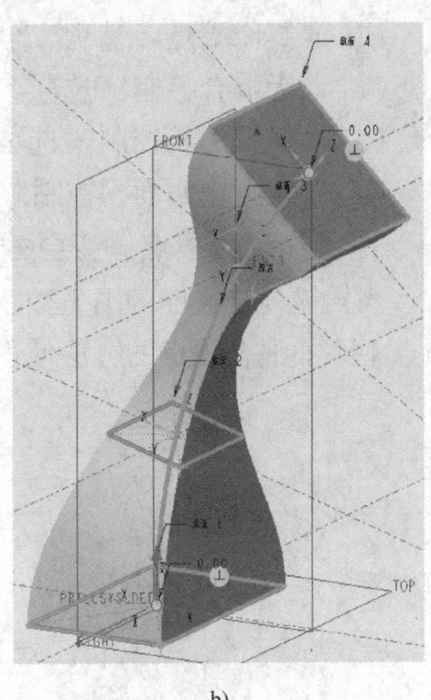

b)

图 8-5　轨迹上的点与截面

在扫描混合操作进程中添加基准点时，先要暂停当前操作，单击“扫描混合”选项卡右侧的“基准”按钮，创建基准点，弹出“基准点”对话框，选择扫描轨迹，输入偏移值。单击“扫描混合”选项卡中的退出暂停模式，返回当前操作，即可完成基准点添加。

扫描混合的任何一个截面可在 －120°～120°范围内围绕扫描轨迹旋转。

3. 相切

在“相切”对话框中可设置混合截面与轨迹端点或其他对象之间的位置关系，系统默认为“自由”选项，还可以选择“相切”和“垂直”选项。选择“自由”选项时，端点处截面的位置由截面形状确定；选择“垂直”选项时，端点处截面与轨迹线垂直；选择“相切”选项时端点处截面可与其他对象呈相切关系，或轨迹与截面之间夹角较小时，也可以将截面与轨迹设置相切，如图 8-6 所示。

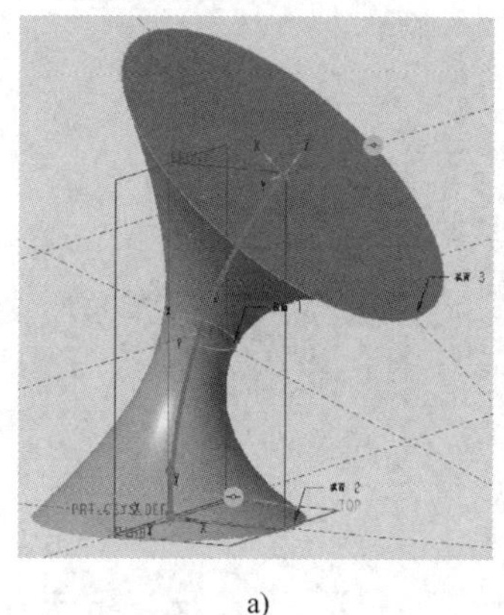

a)

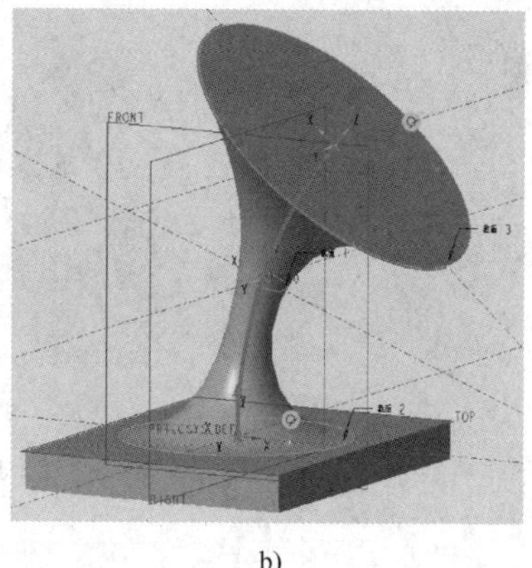

b)

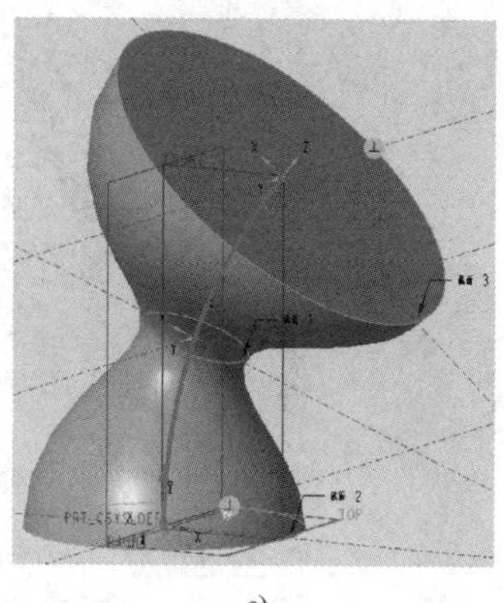

c)

图 8-6　混合截面与扫描轨迹的位置关系

4. 选项

“选项”对话框用来控制截面的形状，包括以四个选项：

（1）“封闭端点”选项　创建扫描混合曲面时封闭两端面。

（2）“无混合控制”选项　扫描混合模型随截面的形状而改变，不产生扭曲。

（3）“设置周长控制”选项　通过拖动截面曲线来改变周长。

（4）“设置截面面积控制”选项　通过拖动截面来改变截面的面积。

5. 添加混合顶点、变更截面起点与方向

当扫描混合截面的图元数不同时，在图元数少的截面上可通过分割图元或在起点以外的顶点上添加混合顶点的方法使图元数相同，如图 8-7 和图 8-8 所示。

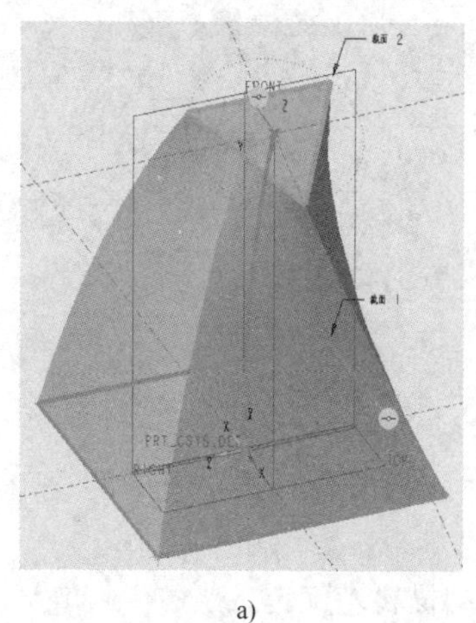

a)

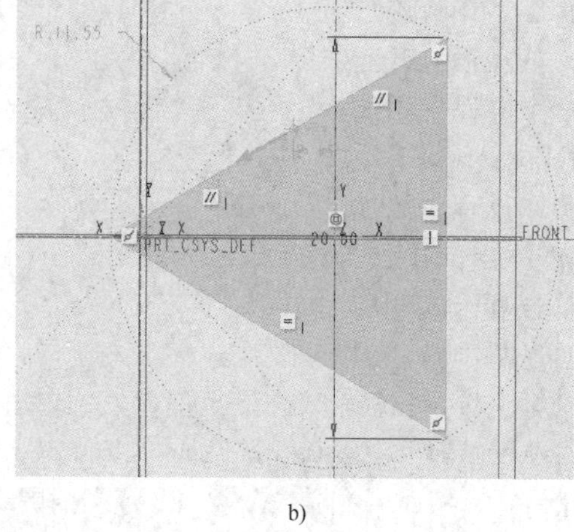

b)

图 8-7　分割图元添加混合顶点

添加分割混合顶点时，单击“编辑”选项组中的“分割”按钮，单击要分割的图元，标注分割点的尺寸，即可完成混合顶点的添加。

在图元端点上再添加混合顶点时，单击除起点以外的顶点（该点表现为红色十字线加圆），再右击，在弹出的快捷菜单中选择“混合顶点”（该点表现为直径稍大一些圆）命令，

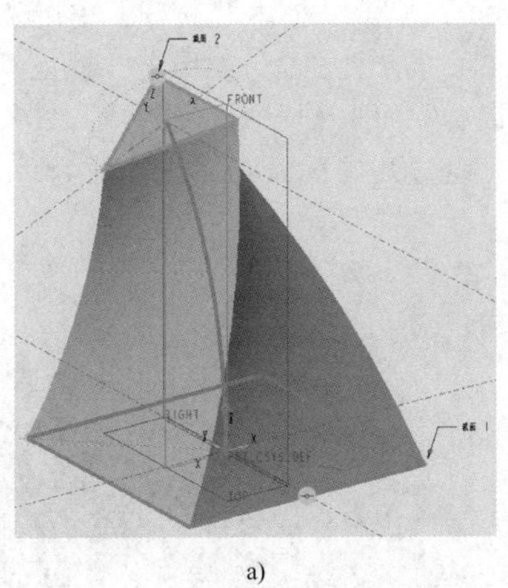

a)

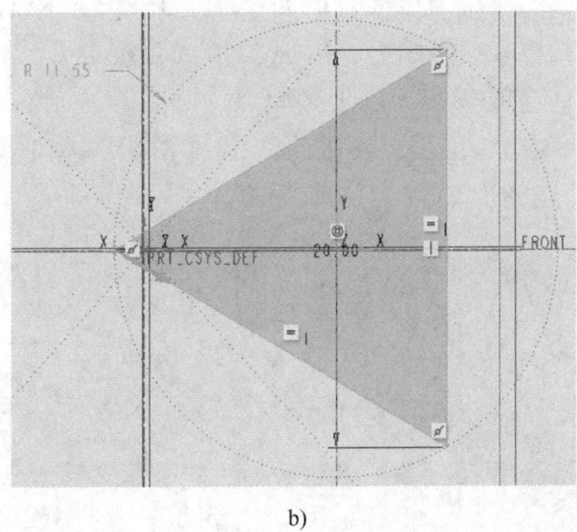

b)

图 8-8　图元端点上添加混合顶点

即可完成混合顶点的添加。

如果在添加了混合顶点的点上再添加混合顶点时，右击该点，在弹出的快捷菜单中选择“混合顶点”（该点又增加一个直径大一些圆）命令，即可添加新的混合顶点。以此类推可添加多个混合顶点。

要删除混合顶点时，在弹出的快捷菜单中选择“删除”命令，即可删除图元及其混合顶点。

改变混合截面起点位置时，右击新起点（该点表现为红色十字线加圆），在弹出的快捷菜单中选择“起点”命令，即可创建混合截面的新起点。

改变混合截面起点方向时，右击起点（该点表现为红色十字线加圆），在弹出的快捷菜单中选择“起点”命令，即可改变截面混合起点的指向。

8.1.2　创建扫描混合方法

以图 8-9 所示的漏斗模型为例，在扫描混合进程中创建草绘截面。

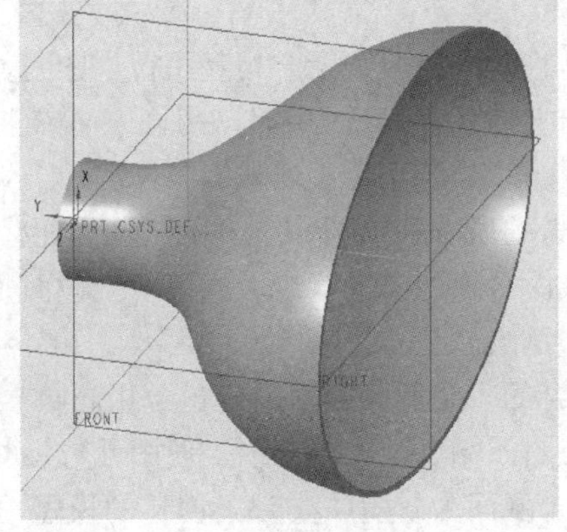

图 8-9　漏斗模型

01 新建文件，选择“mmns_part_solid”模板，进入零件模式下的绘图环境。

02 创建扫描轨迹。单击“基准”选项组中的“草绘”按钮，弹出“草绘”对话框，选择草绘平面，设置草绘视图方向，单击“草绘”按钮，绘制扫描轨迹，标注尺寸（200），单击“确定”按钮。

03 创建基准点。弹出“基准点”对话框，选择扫描轨迹，创建 PNT0，输入偏移比率（0.3），单击“确定”按钮。

04 单击“形状”选项组下拉菜单中的“扫描混合”按钮，打开“扫描混合”选项卡，选择扫描轨迹。单击“截面”按钮，弹出“截面”对话框。单击“草绘”按钮，以坐标原点为圆心，绘制圆形混合截面1，标注尺寸（直径60）。单击“插入”按钮，单击“草绘”按钮，以基准点为圆心，绘制圆形混合截面2，标注尺寸（直径75）。单击“插入”按钮，单击“草绘”按钮，以坐标原点为圆心，绘制椭圆混合截面3（长轴360、短轴220），标注尺寸。单击“相切”按钮，弹出“相切”对话框，设置开始截面和终止截面为垂直单击“应用”按钮，如图8-10所示。

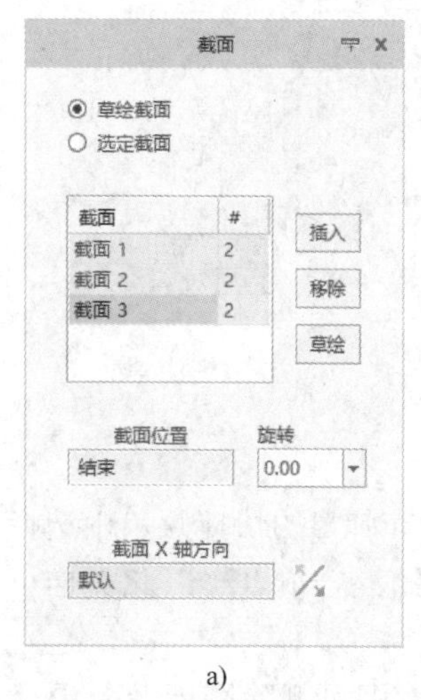

a)

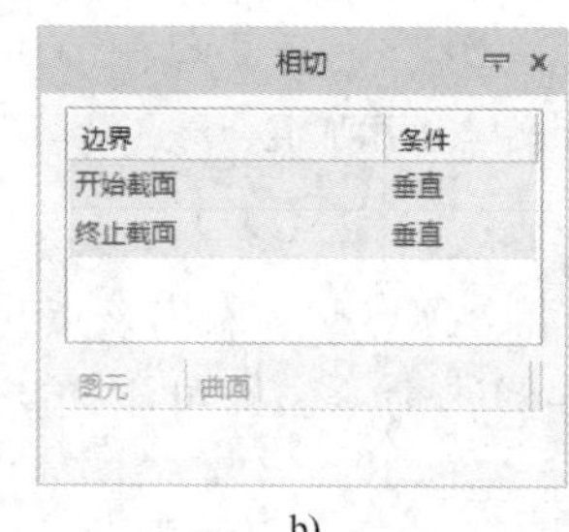

b)

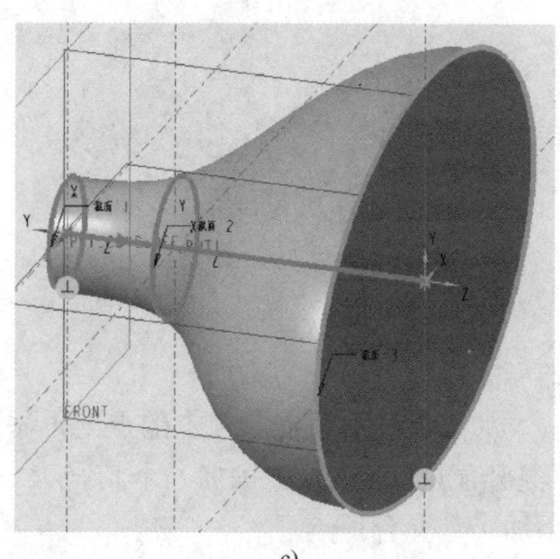

c)

图8-10　漏斗模型的扫描混合

05 单击“抽壳”按钮，打开“壳”选项卡，输入厚度值（2），按<Ctrl>键的同时选择要移除的前后端面，单击“应用”按钮，即可完成漏斗模型的创建。

8.2　混合

8.2.1　混合简介

混合是将两个或两个以上相互平行、图元数量相同的截面用过渡曲面连接在一起来创建模型。其与扫描混合工具的区别在于无扫描轨迹。

创建混合时需要注意下列限制条件：

1）混合的所有截面可以是外部草绘，也可以是内部草绘；当第一个截面是内部草绘时，其余截面必须为内部草绘。当第一个截面是外部草绘时，其余截面可以是内部草绘，也可以是外部草绘。

2）混合的每个截面必须始终包含相同数量的图元，没有足够图元的截面，可以通过分割图元或在图元端点添加混合顶点使图元数量相同。

3）混合截面为封闭曲线时，创建的模型可以是实体（实心），也可以是曲面；混合截面为开放曲线或线段时，创建的模型为曲面可以通过加厚转换为实体。

4）混合截面中仅第一个截面和最后一个截面可以是混合顶点，其图元数等于相邻截面的图元数。

5）可使用与另一截面的偏移值或使用一个参考来定义截面的草绘平面。

6）改变混合截面起始点位置和方向可控制模型的扭曲变形。

创建混合时，单击“形状”选项组下拉菜单中的“混合”按钮，打开“混合”选项卡，先在“截面”对话框中进行截面的绘制和插入，然后在“选项”对话框和“相切”对话框中进行相关设置。“混合”选项卡如图8-11所示。

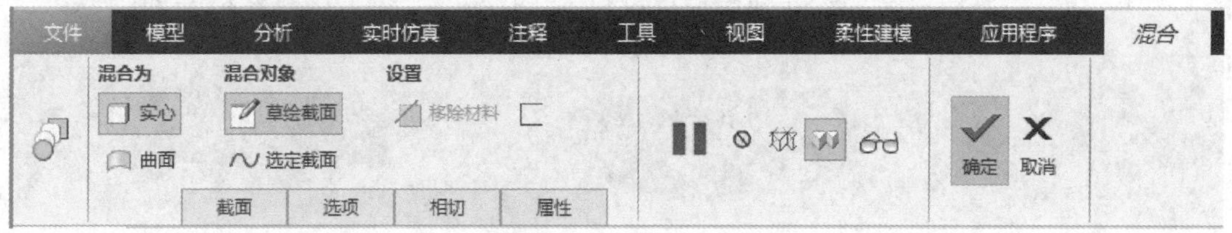

图8-11　“混合”选项卡

1. 截面

混合截面有两种定义方式，一是先根据模型的形状和尺寸绘制好，供选用，即选定截面；另一种是模型创建进程中绘制截面，即草绘截面，截面与截面之间的尺寸通过“偏移尺寸”单选按钮或“参考”单选按钮来定义，如图8-12所示。

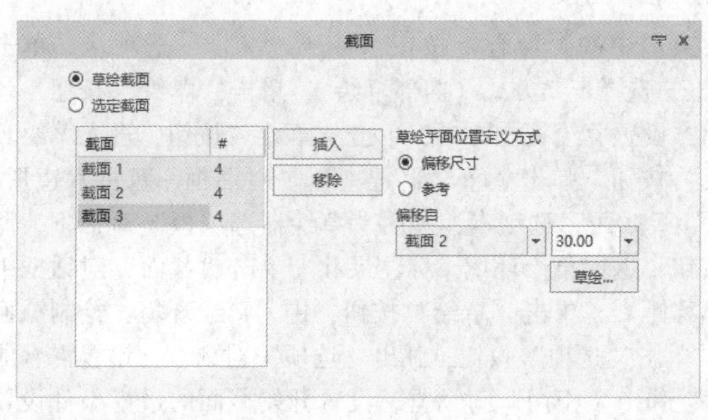

a)

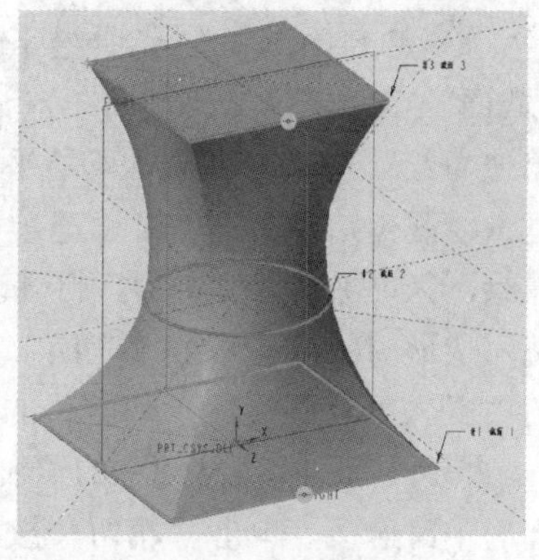

b)

图8-12　混合截面与偏移

2. 选项

混合截面之间可选择“平滑”曲面连接，也可以选择“直”曲面连接。如果模型是曲面，起始截面和终止截面可设置为“封闭端”，如图8-13所示。

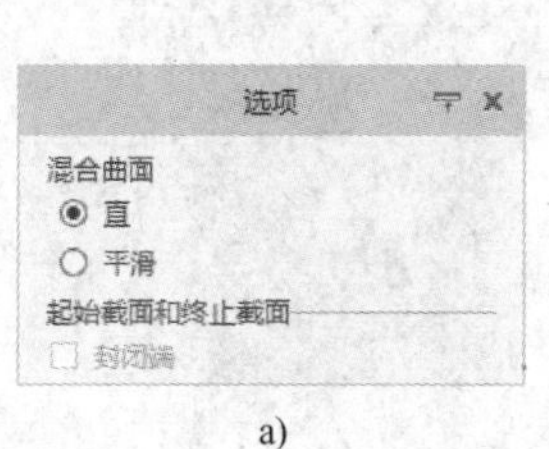

a)

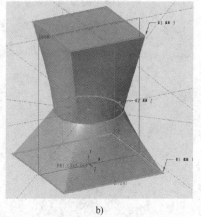

b)

图8-13　混合曲面设置

3. 相切

“相切”对话框用来设置起始截面和终止截面控制条件，默认为“自由”选项，还可以选择“相切”和“垂直”选项，如图8-14所示。

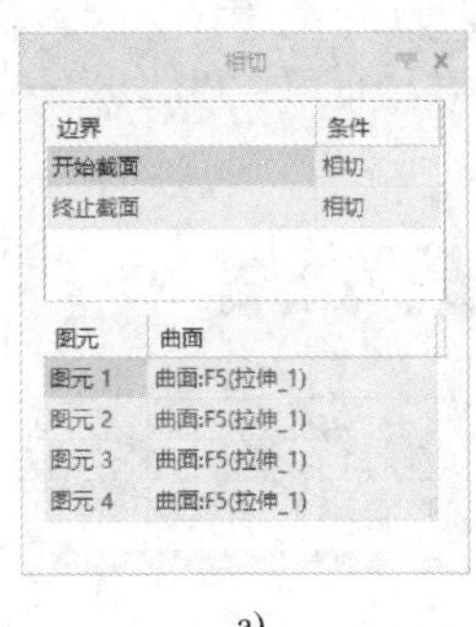

a)

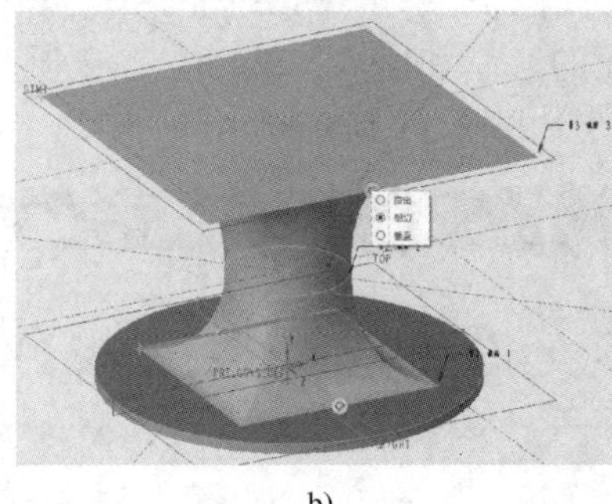
b)

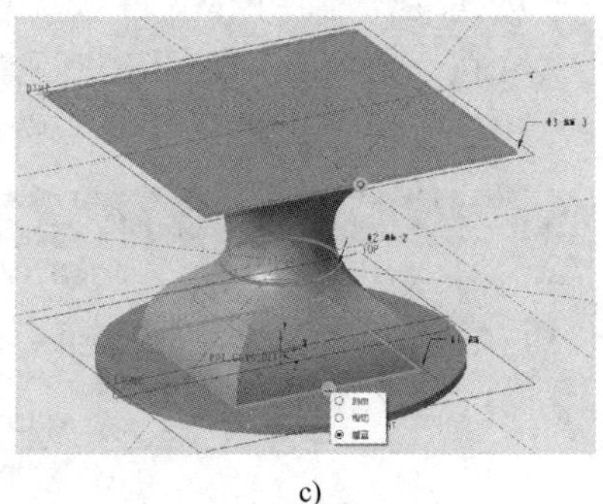
c)

图 8-14　起始截面和终止截面可控制为相切或垂直

8.2.2　创建混合方法

以图 8-15 的花瓶模型为例，所有截面采用内部草绘创建。

01 新建文件，进入零件模式下的绘图环境。

02 单击“形状”选项组下拉菜单中的“混合”按钮，打开“混合”选项卡。单击“截面”按钮，弹出“截面”对话框，选择定义方式（内部草绘），单击“草绘”按钮，弹出“草绘”对话框，选择草绘平面，设置草绘视图方向，单击“草绘”按钮，进入草绘环境，绘制初始截面。单击“选项板”按钮，弹出“草绘器选项板”对话框，双击六边形，在绘图区单击放置六边形，打开“导入截面”选项卡，关闭“草绘器选项板”对话框，调整六边形的位置，单击“应用”按钮，返回草绘环境，标注尺寸。单击“截面”对话框中的“插入”按钮，输入截面 2 的偏移距离，单击“草绘”按钮，进入草绘环境，绘制截面 2。重复操作，完成截面 7 的绘制。单击“选项”按钮，弹出“选项”对话框，设置混合曲面为平滑连接。单击“相切”按钮，弹出“相切”对话框，设置开始截面的边界条件设置为垂直，终止截面的边界条件为自由，单击“确定”按钮，如图 8-16 所示。

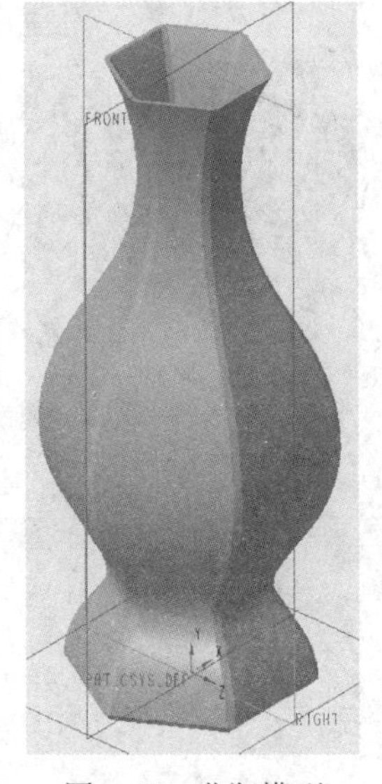

图 8-15　花瓶模型

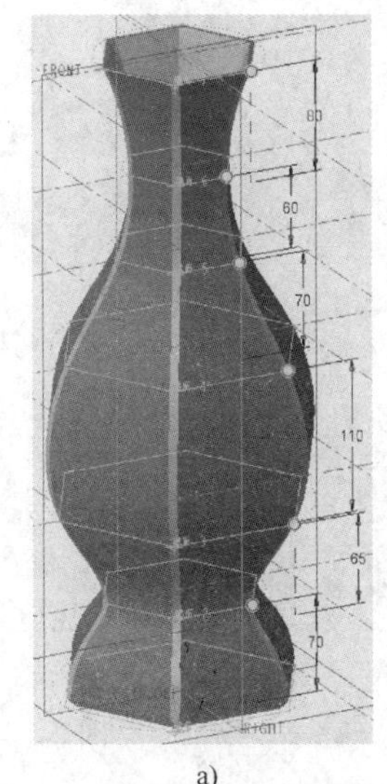

a)

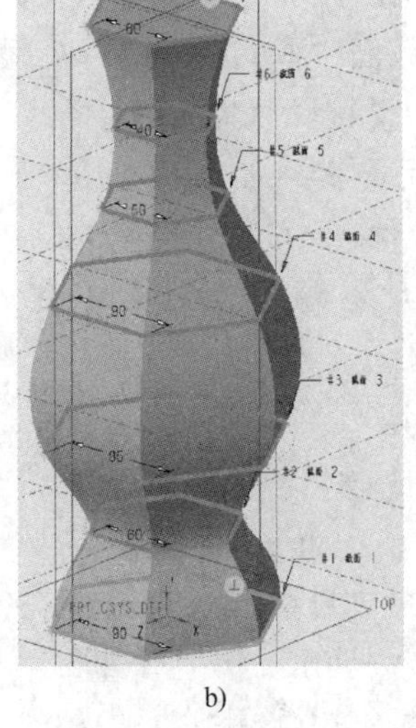

b)

图 8-16　混合操作

其中混合截面位置和尺寸如8-1所示。

表8-1　花瓶模型混合截面位置与尺寸

	截面1	截面2	截面3	截面4	截面5	截面6	截面7
截面位置	0	70	65	110	70	60	80
截面尺寸	90	60	95	90	50	40	60

03 倒角（6.5）（步骤略）。

04 抽壳（3）（步骤略）。

8.3　旋转混合

8.3.1　旋转混合简介

旋转混合是将两个或两个以上绕坐标轴或特定轴在－120°～120°范围内旋转，图元数量相同的截面用过渡曲面连接在一起来创建模型。其与混合的区别在于截面之间不平行。

除了旋转混合截面不相互平行以外，其他限制条件与混合相同。

创建旋转混合的过程与混合一样，单击“形状”选项卡下拉菜单中的“旋转混合”按钮，打开“旋转混合”选项卡，先在“截面”对话框中进行截面的绘制和插入，然后在“选项”对话框和“相切”对话框中进行相关设置。“旋转混合”选项卡如图8-17所示。

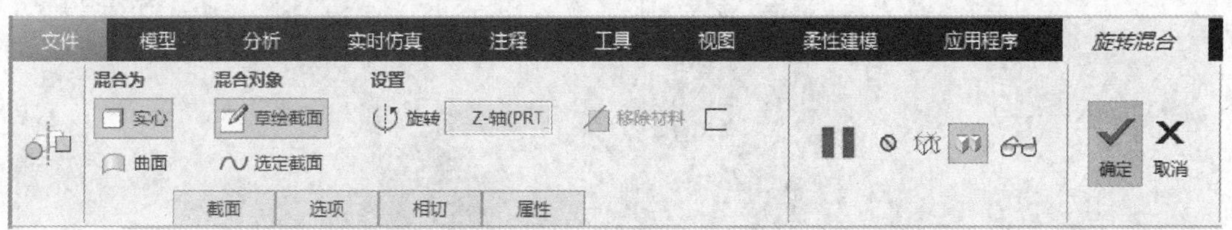

图8-17　“旋转混合”选项卡

1. 截面

旋转混合截面也有两种定义方式，一是先根据模型的形状和尺寸在绕坐标轴或特定轴旋转一定角度的草绘平面上绘制好，供选用，即选定截面；另一种是模型创建进程中绘制截面，即草绘截面，草绘截面在前一截面的基础上绕旋转轴旋转一定的角度，旋转轴可以是基准轴，也可以是模型上的边，如图8-18所示。

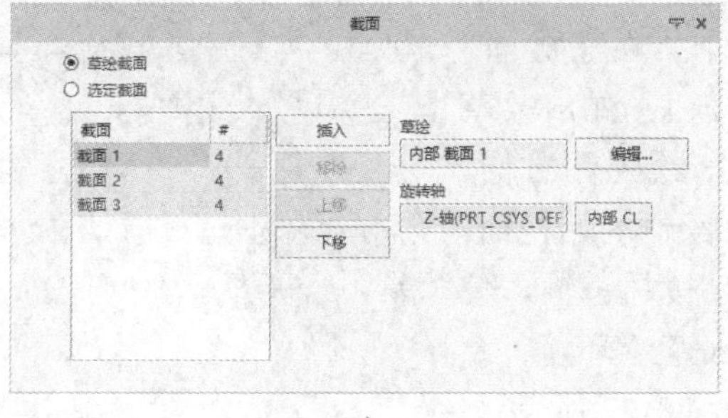

a)

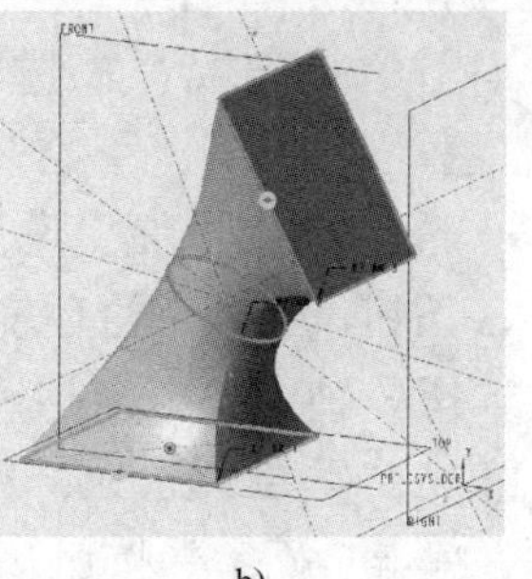

b)

图8-18　旋转混合截面

2. 选项

旋转混合截面之间可选择“平滑”曲面连接，也可以选择“直”曲面连接。如果模型是曲面，起始截面和终止截面可设置为“封闭端”，还可以用曲面“连接起始截面和终止截面”，如图8-19所示。

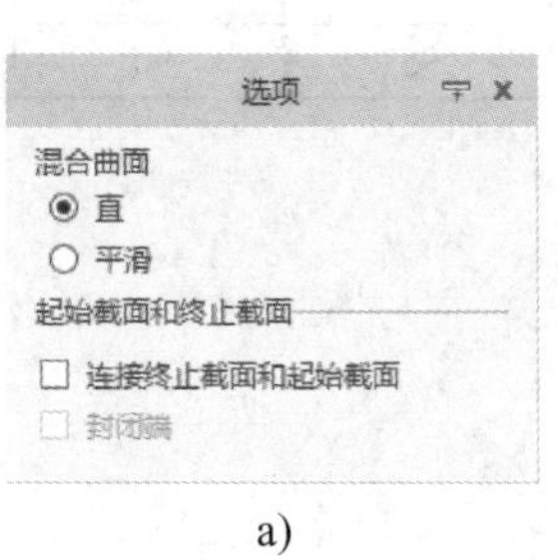

a)

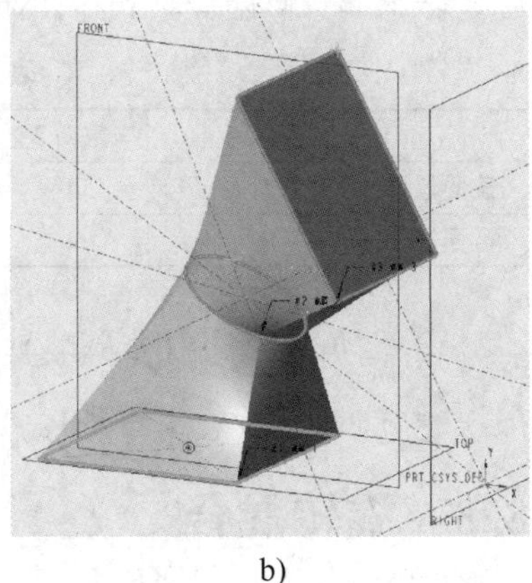

b)

图8-19　混合曲面设置

3. 相切

在“相切”对话框可设置起始截面和终止截面控制条件，默认为“自由”选项，还可以选择“相切”选项和“垂直”选项，如图8-20所示。

8.3.2　创建旋转混合操作方法

以图8-21所示的水龙头模型为例，创建旋转混合，所有截面采用内部草绘的形式创建。

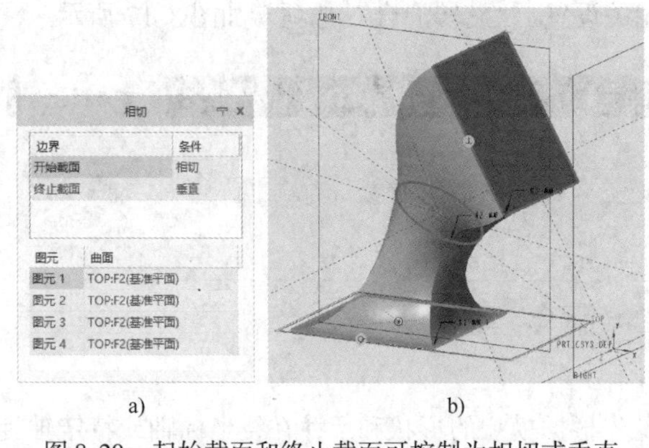

a)　　　　b)

图8-20　起始截面和终止截面可控制为相切或垂直

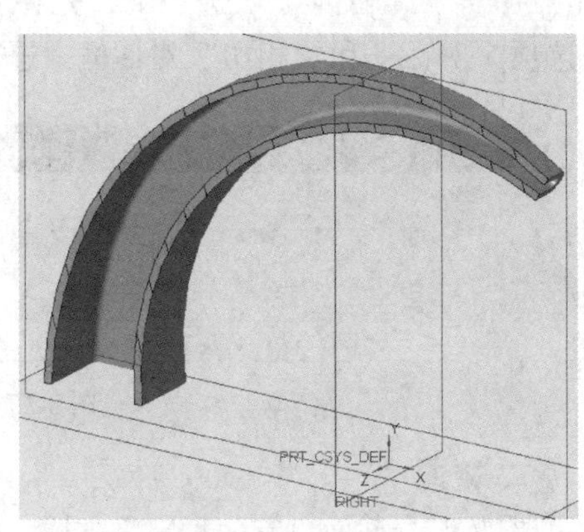

图8-21　水龙头

01 新建文件，进入零件模式下的绘图环境。

02 单击“形状”选项组下拉菜单中的“旋转混合”按钮，打开“旋转混合”选项卡，在“截面”对话框中设置数值，单击“草绘”按钮，弹出“草绘”对话框，选择草绘平面，设置草绘视图方向，单击“草绘”按钮，进入草绘环境，绘制初始截面，标注尺寸。选择Z轴，单击“插入”按钮，输入偏移值120°，单击“草绘”按钮，进入草绘环境，绘制终止截面，单击“确定”按钮，如图8-22所示。

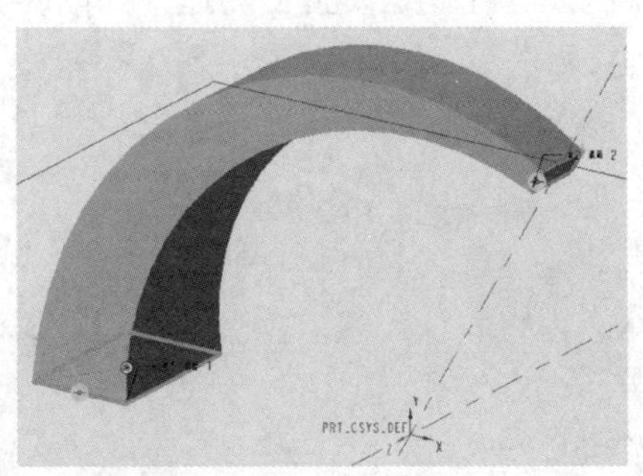

图8-22　旋转混合1

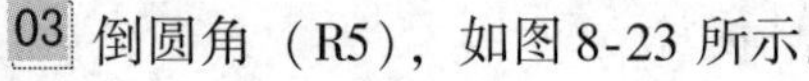

03 倒圆角（R5），如图8-23所示。

04 抽壳（3）。

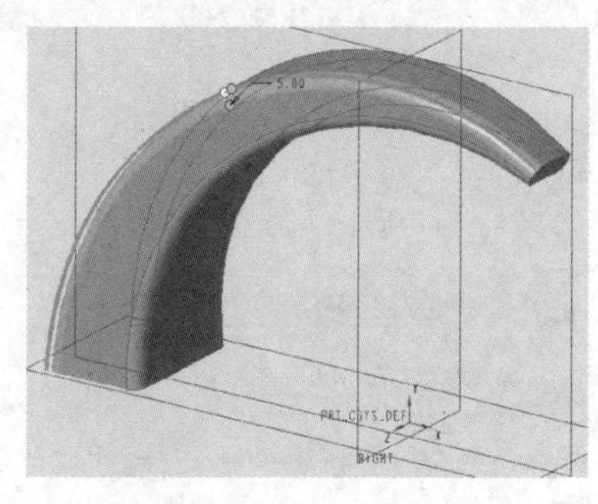

图 8-23　倒圆角

8.4　范例

1. 创建图 8-24 所示的葫芦模型

葫芦模型的横截面为圆形，直径沿弯曲的中心线由下向上不断变化，采用内部草绘截面的扫描混合创建模型。

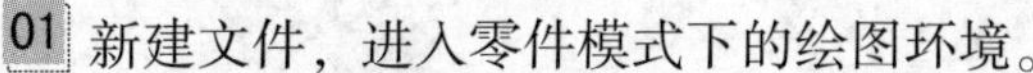

01 新建文件，进入零件模式下的绘图环境。

02 单击“草绘”按钮，弹出“草绘”对话框，选择草绘平面，设置草绘视图方向，单击“草绘”按钮，进入草绘环境。单击“草绘”选项组中的“弧”按钮，在溢出菜单中选择“3 点/相切端”选项，以坐标原点为端点绘制与 Y 轴相切的弧线，标注尺寸，单击“确定”按钮，如图 8-25 所示。

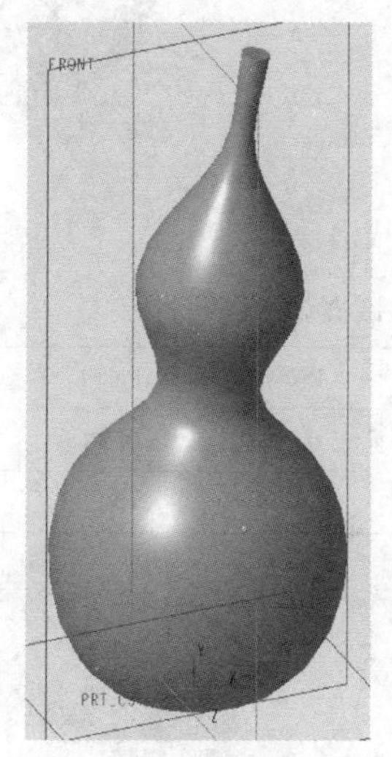

图 8-24　葫芦模型

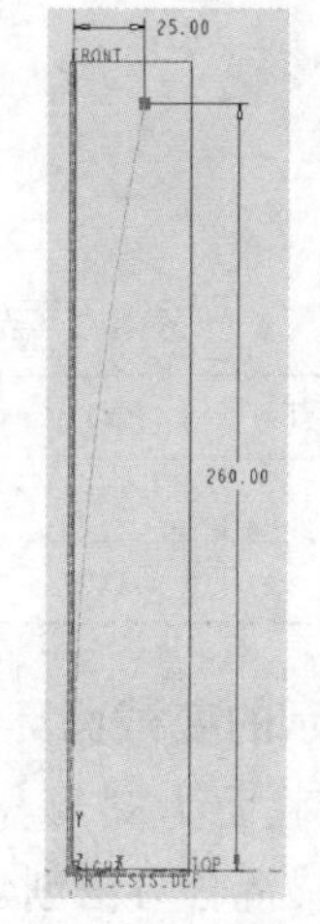

图 8-25　扫描轨迹

03 单击“扫描混合”按钮，打开“扫描混合”选项卡，选择扫描轨迹，调整扫描起点到坐标原点处。单击“截面”按钮，弹出“截面”对话框，单击“草绘”按钮，以坐标原点为圆心，绘制圆形混合截面 1，标注尺寸。单击“扫描混合”选项卡右侧的“基准”按钮，在下拉菜单中选择“点”选项（创建基准点），弹出“基准”对话框，在扫描轨迹上创建五个基准点，输入各点的偏移值（比率），退出暂停模式。单击“截面”按钮，弹出“截面”对话框，单击“草绘”按钮，进入草绘环境，以扫描轨迹起始点为圆心，绘制混合截面 1，标注尺寸。单击“插入”按钮，单击“草绘”按钮，进入草绘环境，以基准点 PNT0 为圆心，绘制截面 2，标注尺寸。重复操作，直至完成截面 7 的绘制。单击“相切”按钮，打开“相切”对话框，将开始截面边界条件设置为相切，终止截面边界条件设置为垂直，单击“确定”按钮，如图 8-26 所示。

其中混合截面位置和尺寸如表 8-2 所示。

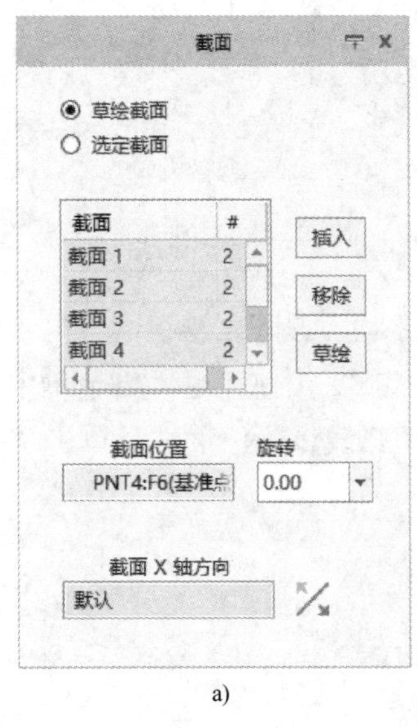

a)

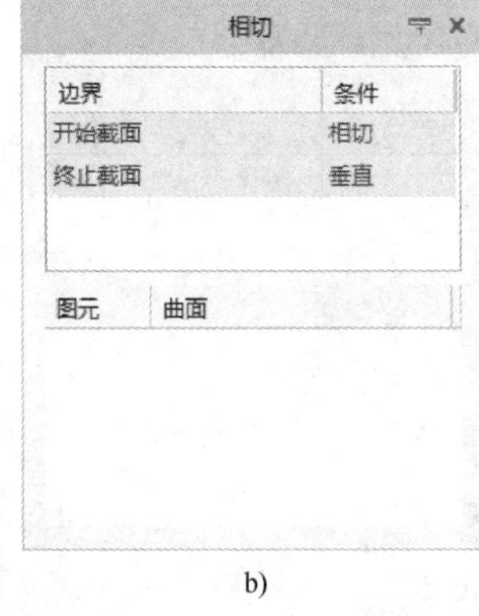

b)

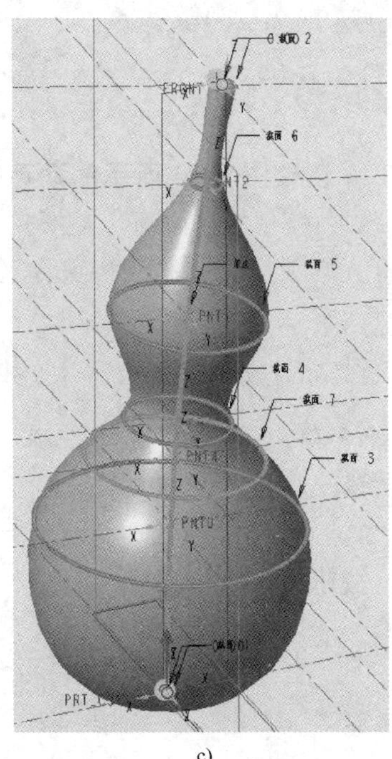

c)

图 8-26　扫描混合

表 8-2　葫芦模型混合截面位置与尺寸

	起始点	PNT1	PNT2	PNT3	PNT4	PNT5	终止点
截面位置（比率）	1	0. 72	0. 61	0. 55	0. 38	0. 16	0
截面尺寸	5	110	75	44	64	14	11

2. 创建图 8-27 所示的变截面环模型

环的轨迹为圆形，截面为圆形与六边形混合，采用内部草绘截面的扫描混合方法创建模型。

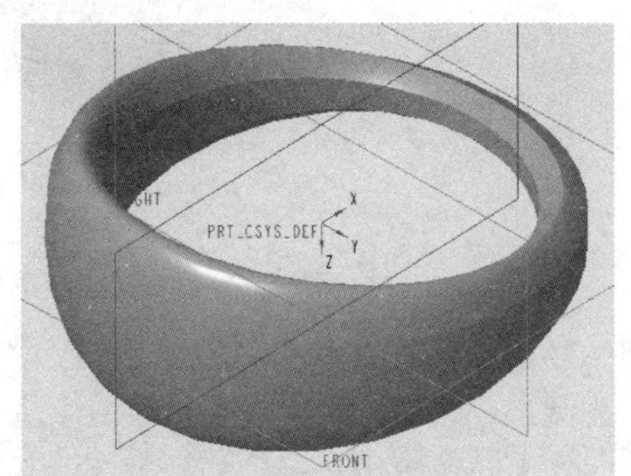

图 8-27　变截面环模型

01 新建文件，进入零件模式下的绘图环境。

02 单击“草绘”按钮，弹出“草绘”对话框，选择草绘平面，设置草绘视图方向，进入草绘环境，单击“草绘”选项组中的“圆”按钮，在溢出菜单中选择“圆心和点”选项，以坐标原点为圆心绘制圆，标注尺寸，单击“确定”按钮，如图 8-28 所示。

03 单击“扫描混合”按钮，打开“扫描混合”选项卡，选择扫描轨迹，单击“截面”按钮，弹出“截面”对话框，单击“草绘”按钮，进入草绘环境，绘制初始截面。单击“选项板”按钮，在弹出的对话框中双击六边形，并将其放置在绘图区。调整六边形的位置，返回草绘环境，标注尺寸。单击“截面”对话框中的“插入”按钮，选择轨迹上的终止点，单击“草绘”按钮，单击“草绘”选项组中“椭圆”按钮，在溢出菜单中选择“中心和轴”选项，以坐标原点为圆心绘制椭圆，标注尺寸，分割为六个图元，调整混合起点位置，单击“确定”按钮，如图 8-28 所示。

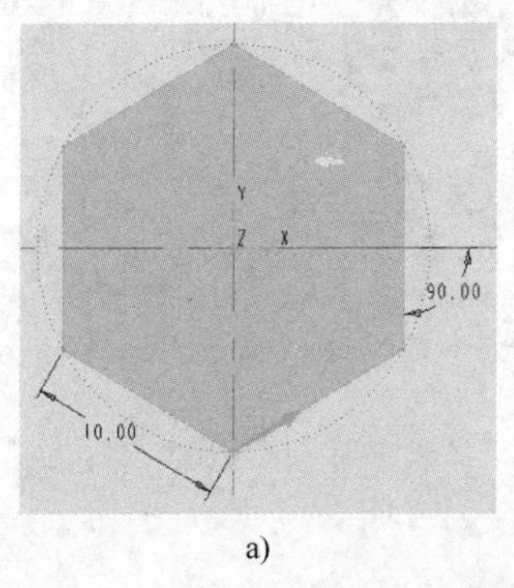

a)

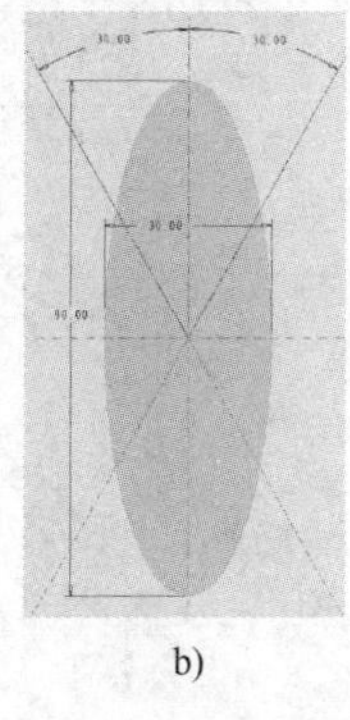

b)

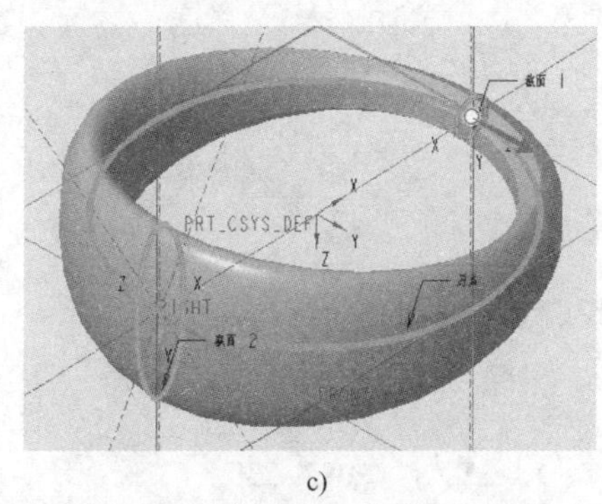

c)

图 8-28　扫描混合

3. 创建图 8-29 所示的花盆模型

花盆的底部为圆形，口部为圆弧多边形，底部与口部由平滑曲面连接，采用内部草绘截面的混合创建模型。

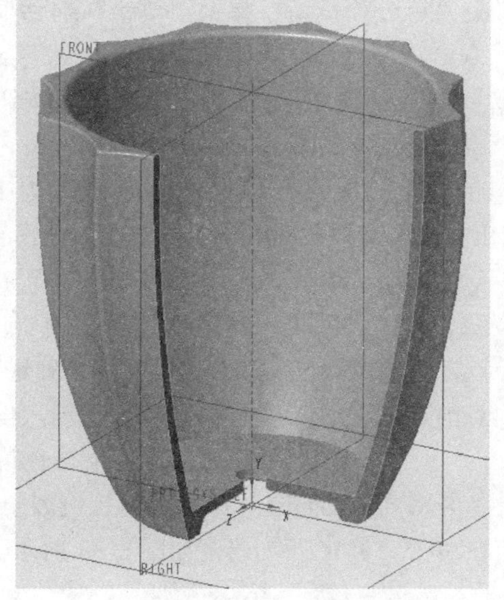

图 8-29　花盆模型

01 新建文件，进入草绘模式下的绘图环境。

02 创建混合截面 1。绘制水平和竖直中心线。单击“草绘”选项组中的“圆”按钮，在溢出菜单中选择“圆心和点”选项，以中心线交点为圆心绘制圆，标注尺寸（ϕ130）。进入构造模式，单击“选项板”按钮，弹出“选项板”对话框，双击十二边形，在绘图区单击放置十二边形，打开“导入截面”选项卡，调整十二边形的位置，返回草绘环境。单击“重合”按钮，选择十二边形的顶点和圆轮廓线，单击“编辑”选项组中的“分割”按钮，单击十二边形图元的交点，关闭构造模式，单击“保存”按钮，如图 8-30 所示。

03 创建混合截面 2。绘制水平和竖直中心线，进入构造模式，单击草绘选项组中的“圆”按钮，在溢出菜单中选择“圆心和点”选项，以中心线交点为圆心绘制圆，标注尺寸（ϕ140），单击“选项板”按钮，弹出“选项板”对话框，双击十二边形，在绘图区点击鼠标左键放置十二边形，打开“导入截面”选项卡，调整十二边形的位置，返回草绘环境。单击“重合”按钮，选择十二边形的顶点和圆轮廓线，关闭构造模式，单击草绘选项组中的弧，绘制弧，标注尺寸（R25），单击“保存”按钮，如图 8-31 所示。

04 创建混合截面 3，方法同创建混合截面 2（标注尺寸 140），结果如图 8-32 所示。

05 新建文件，进入零件模式下的绘图环境。

06 单击“混合”按钮，打开“扫描混合”选项卡，单击“截面”按钮，弹出“截面”

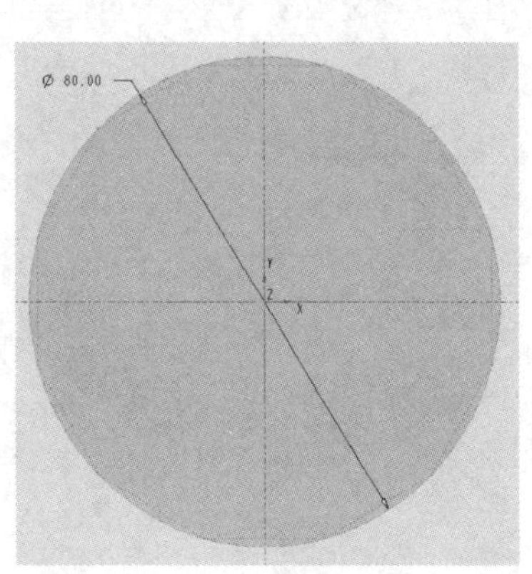

图 8-30　混合截面 1

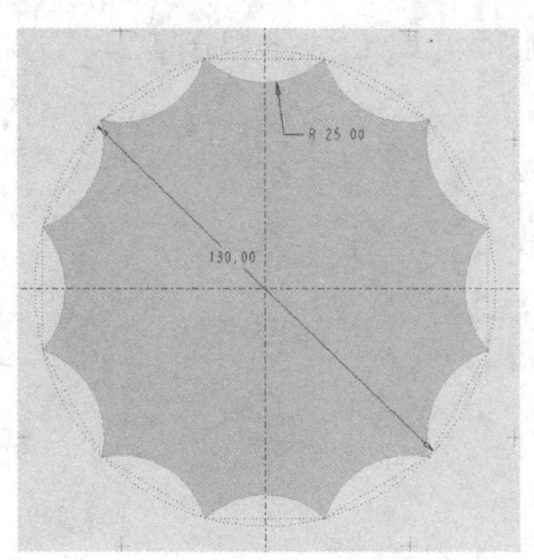

图 8-31　混合截面 2

对话框，单击“草绘”按钮，弹出“草绘”对话框，选择草绘平面（TOP），设置草绘视图方向，进入草绘环境。单击“获取数据”选项组中的“文件系统”按钮，弹出“打开”对话框，选择截面 1，单击“打开”按钮，在绘图区拖动图形到坐标原点，将比例因子值改为 1，单击“确定”按钮，输入偏移截面 1 的值（60）；单击“草绘”按钮，进入草绘环境，单击“获取数据”选项组中的“文件系统”按钮，弹出“打开”对话框选择截面 2，拖动图形到坐标原点，将比例因子值改为 1，单击“确定”按钮，调整混合起点的方位。单击“插入”按钮，输入偏移截面 2 的值（72）；单击“草绘”按钮，进入草绘环境，打开截面 3 文件，并将其拖动至坐标原点，将比例因子值改为 1，单击“确定”按钮，调整混合起点的方位，单击“确定”按钮，如图 8-33 所示。

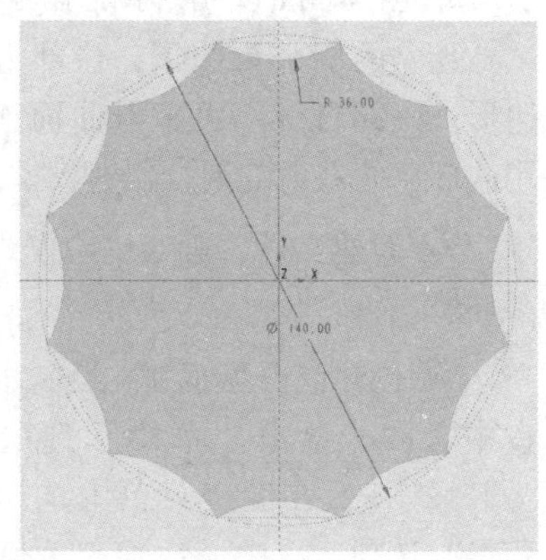

图 8-32　混合截面 3

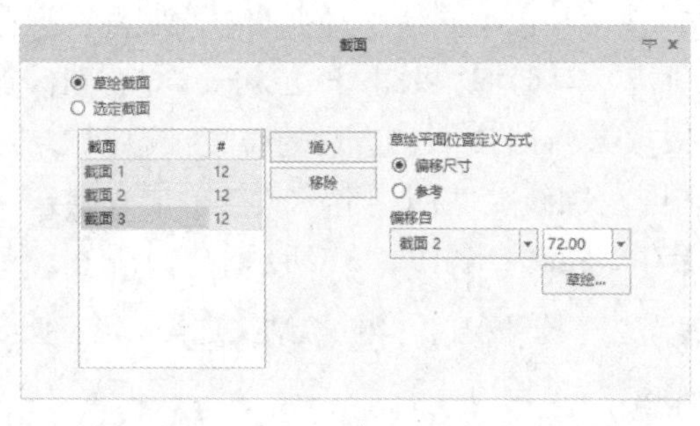

a)

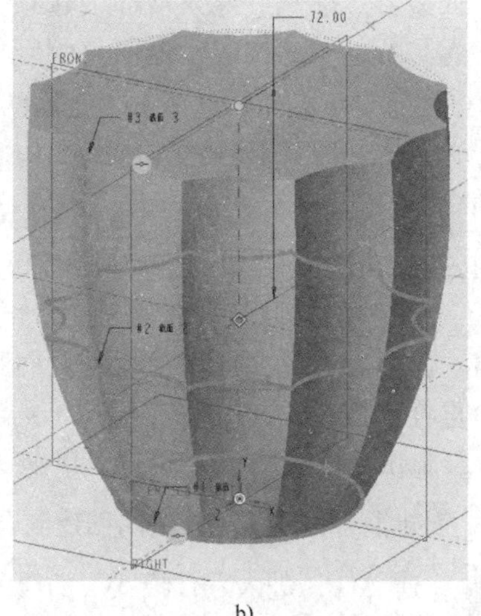

b)

图 8-33　混合

07 利用偏移创建底部圆锥形凹陷和透气孔。

08 创建旋转实体，移除材料，保证一定的壁厚。

09 所有棱边倒圆角。

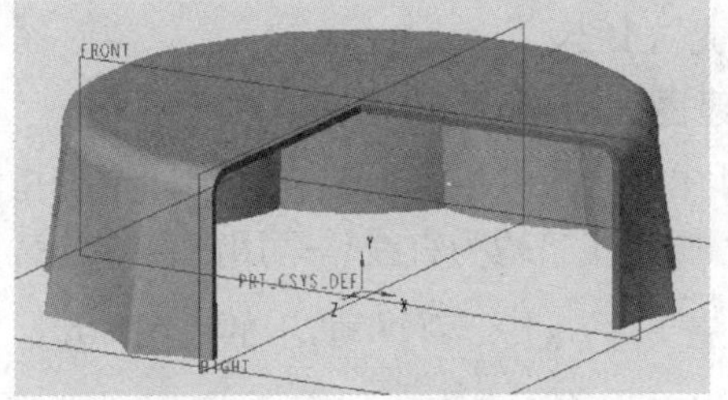

图 8-34　瓶盖模型

4. 创建图 8-34 所示的瓶盖模型

瓶盖的顶部为圆形，口部为圆弧多边形，顶部与口部由平滑曲面连接，采用内部草绘截面的混合创建模型。

01 新建文件，进入零件模式下的绘图环境。

02 单击“混合”按钮，打开“混合”选项卡，单击“截面”，单击“定义”按钮，选择草绘平面（TOP），设置草绘视图方向，单击“草绘”按钮，进入草绘环境，单击“构造模式”，单击选项卡，弹出对话框中双击十二边形，调整十二边形的位置→确定（返回草绘环境）→关闭构造模式→单击草绘选项组中的弧，绘制弧，标注尺寸（边长 20、R22），单击“确定”按钮，输入偏移截面 1 的值（22）；单击“绘图”按钮，进入草绘环境，单击圆（圆心和点），以坐标原点为圆心，绘制圆，单击编辑选项组中的分割，将圆按截面 1 的方位分割为十二等分，单击“确定”按钮，如图 8-35 所示。

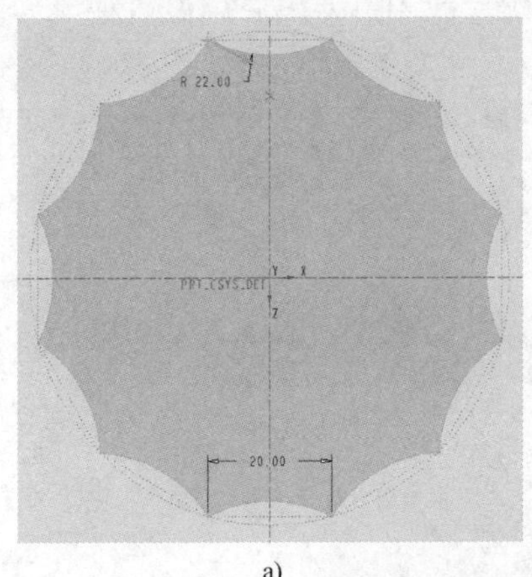

a)

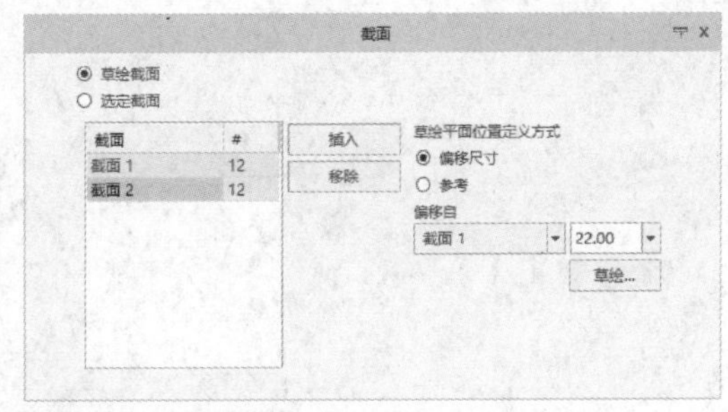

b)

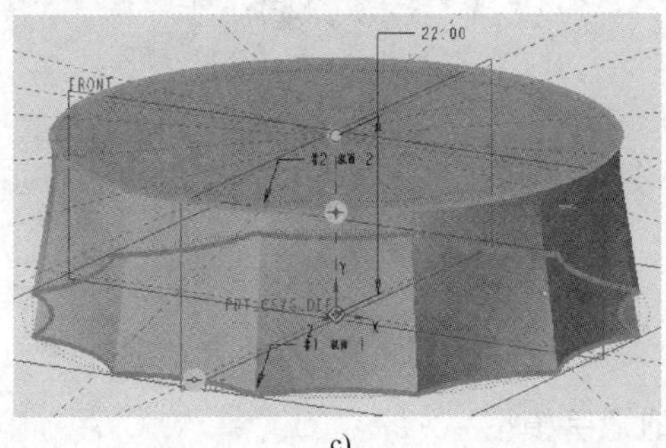

c)

图 8-35　混合

03 顶面与柱面间倒圆角（R3）、多边形柱面间倒圆角（R1）。

04 抽壳（1.2）。

5. 创建图 8-36 所示的指南针模型

指南针由八个指针组合而成，其中四个长指针，四个短指针，指针由尖点向中心隆起集聚成点，各楞面线条均为直线，采用内部草绘截面的混合创建模型。

01 新建文件，进入零件模式下的绘图环境。

02 单击“混合”按钮，打开“混合”选项卡，单击“截面”按钮，单击“定义”按钮，弹出“草绘”对话框，选择草绘平面 TOP，设置草绘视图方向，单击“草绘”按钮，进入草绘环境，创建一个构造点，单击“确定”按钮，输入偏移截面 1 的值 15，单击“草绘”按钮，进入草绘环境，单击“构造模式”按钮，绘制三个构造圆，直径分别设为 100、70 和 40，关闭构造模式。创建构造中心线，与中心线，夹角分别设为 25°和 45°，根据指南针轮廓连接各点，单击“确定”按钮，如图 8-37 所示。

图 8-36　指南针模型

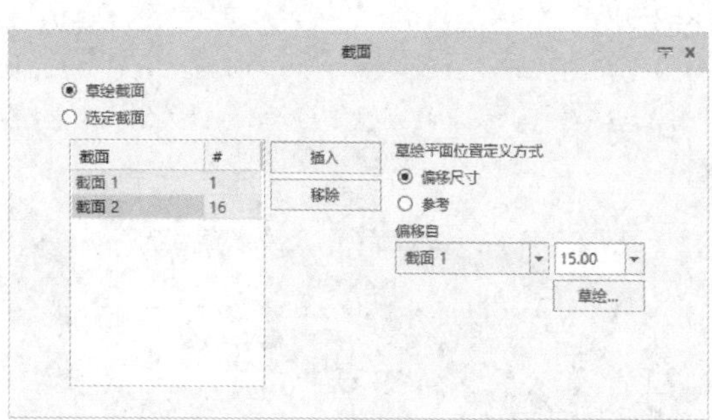

a)

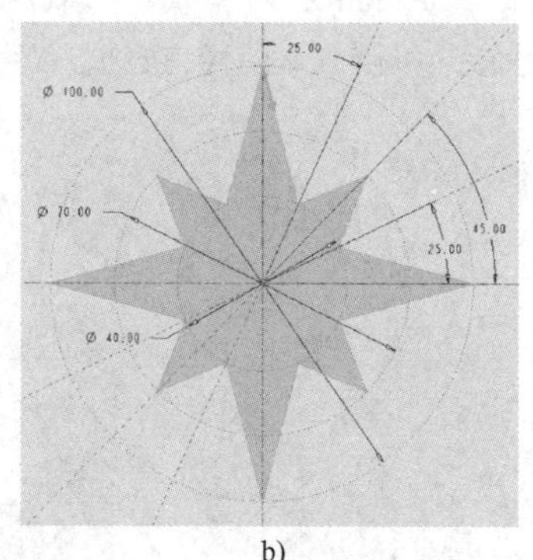

b)

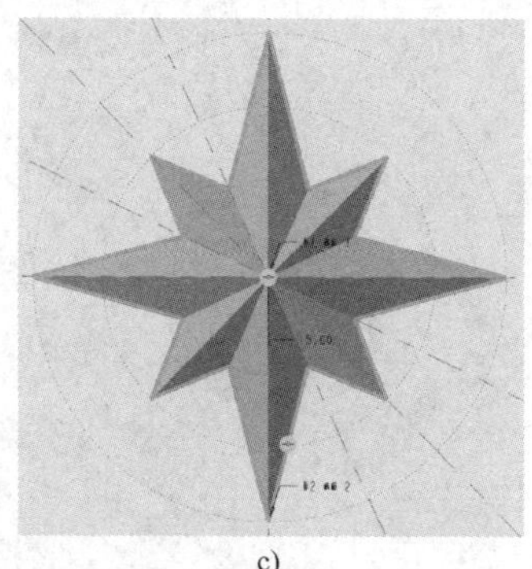

c)

图 8-37　混合

6. 创建图 8-38 所示的把手模型

把手的两端为椭圆截面，中间部位为圆截面，各截面间由平滑曲面连接，采用内部草绘截面的旋转混合创建模型。

01 新建文件，进入零件模式下的绘图环境。

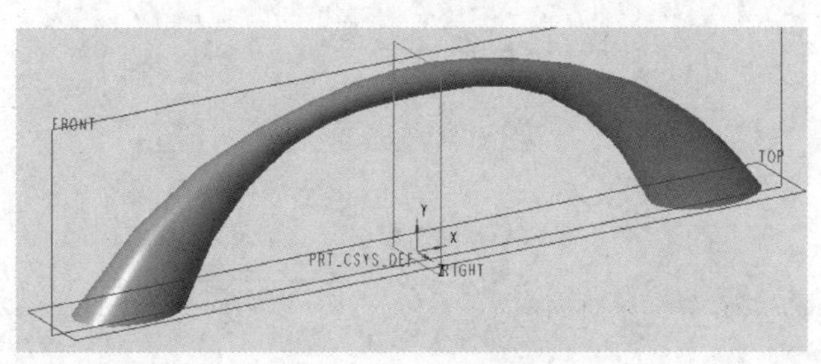

图 8-38　把手模型

02 单击“旋转混合”按钮，打开“旋转混合”选项卡，单击“截面”按钮，弹出“截面”对话框，单击“定义”按钮，弹出“草绘”对话框，选择草绘平面 TOP，设置草绘视图方向，单击“草绘”按钮，进入草绘环境，绘制椭圆（中心和轴椭圆）截面 1，标注尺寸（22 ×15），单击“确定”按钮，选择 Z 轴作为旋转轴，单击“插入”按钮，自截面 1 偏移 90°，单击“草绘”按钮，绘制椭圆（中心和轴椭圆）截面 2，标注尺寸（5. 6 ×5. 5），单击“确定”按钮，单击“插入”按钮，自截面 2 偏移 90°，单击“草绘”按钮，绘制椭圆（5. 6 ×5. 5），单击“椭圆”（中心和轴椭圆）截面 3，标注尺寸（22 ×15），单击“确定”按钮，如图 8-39 和图 8-40 所示。

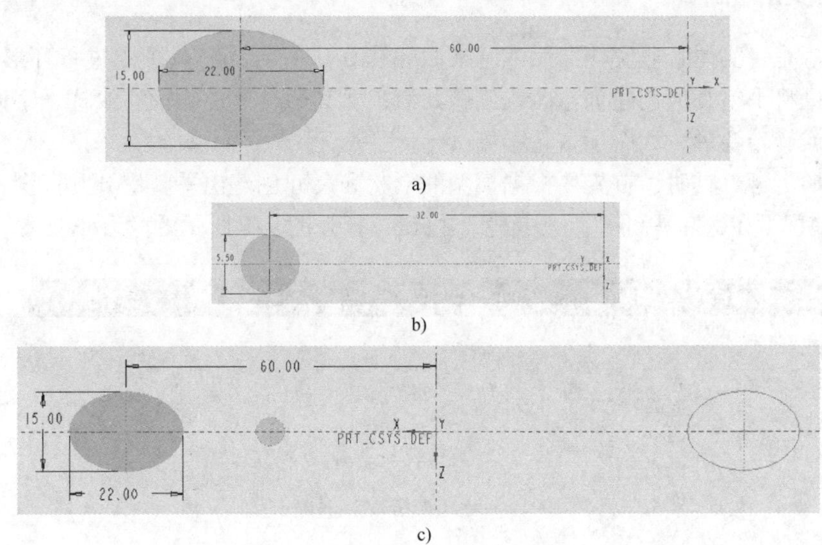

a)

b)

c)

图 8-39　截面 1、截面 2 和截面 3

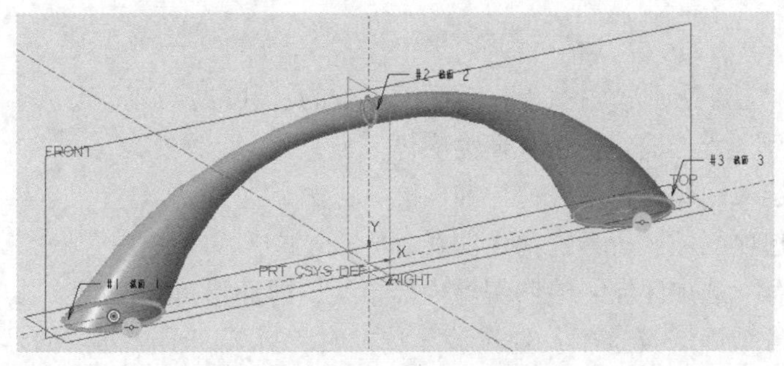

图 8-40　旋转混合

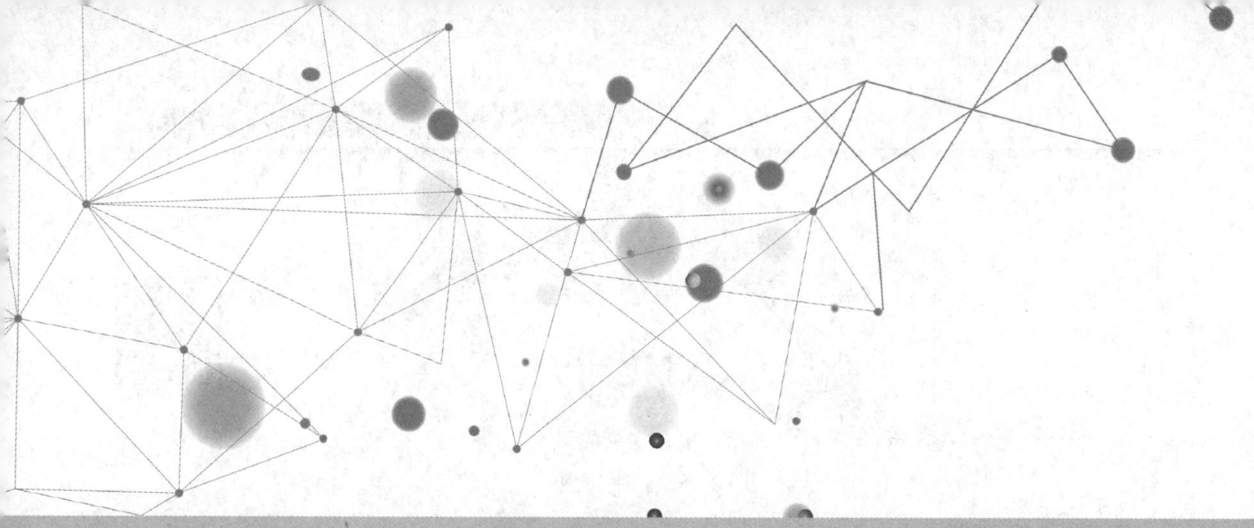

第9章　环形折弯与骨架折弯

9.1　环形折弯

9.1.1　环形折弯简介

环形折弯是将实体、非实体曲面或基准曲线在0.001°～360°范围内进行环形折弯变形。使用该工具可将平整几何创建为弯曲或旋转几何，尤其适合零件表面有纹样、字体和徽标等特征的弯曲或旋转变形，如瓶子、轮胎等。

使用环形折弯工具时，首先要根据模型的形状和尺寸创建出平整展开几何图，然后单击“工程”选项组下拉菜单中的“环形折弯”按钮，打开图9-1所示的“环形折弯”选项卡。

图9-1　“环形折弯”选项卡

其中“内部轮廓截面”按钮是用来确定折弯变形的轮廓截面，即折弯曲线。内部轮廓截面必须包含折弯几何坐标系。

1. 参考

环形折弯操作主要是通过“参考”对话框进行的，其内容如下：

1）“实体几何”复选框：折弯几何为实体。

2）“面组”选项区域：折弯几何为曲面。

3）“曲线”选项区域：折弯几何为曲线。

4）“轮廓截面”选项区域：绘制编辑内部草绘，即环形折弯曲线。

5）“法向参考截面”复选框：勾选该复选框时，折弯变形会随法向参考截面的改变而发生变化。

用户在建模过程中要根据折弯几何类型，在“参考”对话框中选择实体、非实体面组或曲线，然后绘制轮廓截面，即折弯曲线，如图 9-2 所示。

（1）实体环形折弯　使用实体环形折弯工具创建图 9-3 所示实体模型。

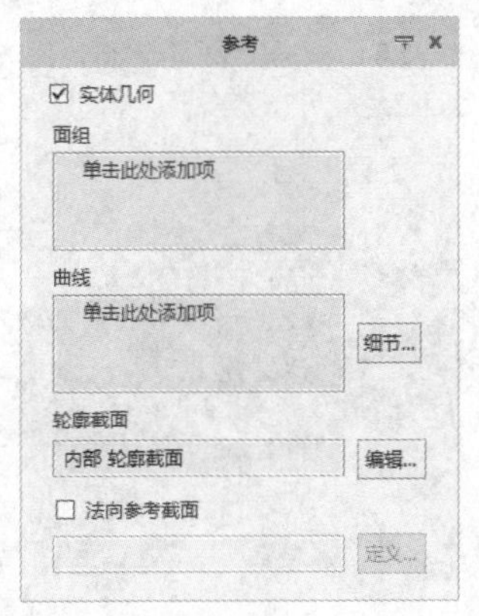

图 9-2　“参考”对话框

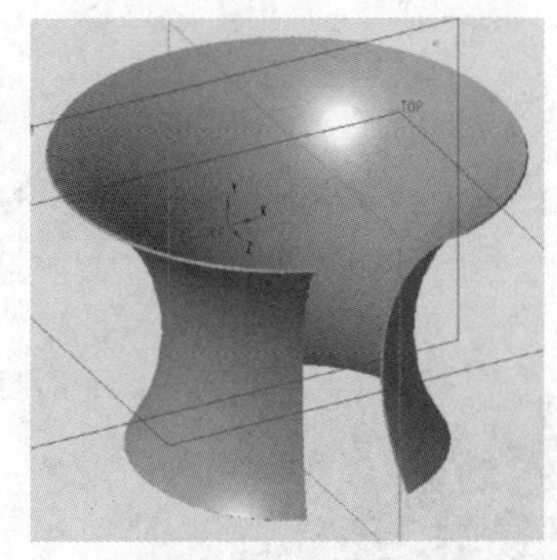

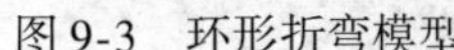
图 9-3　环形折弯模型

创建实体环形折弯时，单击“环形折弯”按钮，单击“参考”按钮，勾选“实体几何”复选框。单击“定义（定义内部轮廓截面）”按钮，进入草绘环境，选择草绘平面和草绘方向，单击“草绘”按钮，创建几何坐标系，绘制折弯轮廓截面，单击“确定”按钮，如图 9-4 所示。

折弯轮廓截面、几何坐标系的位置和折弯位置半径决定折弯实体的形状。

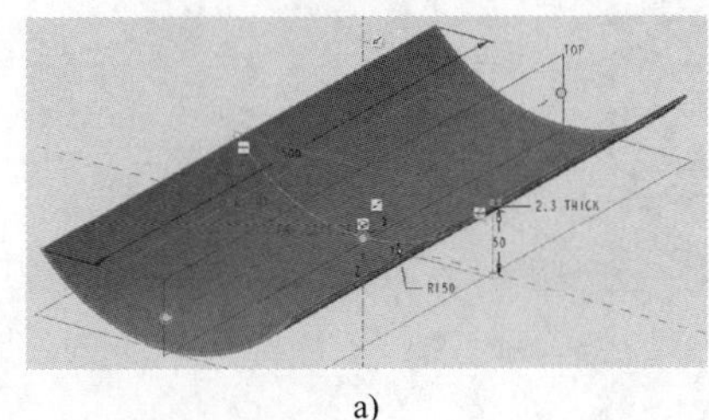

a)

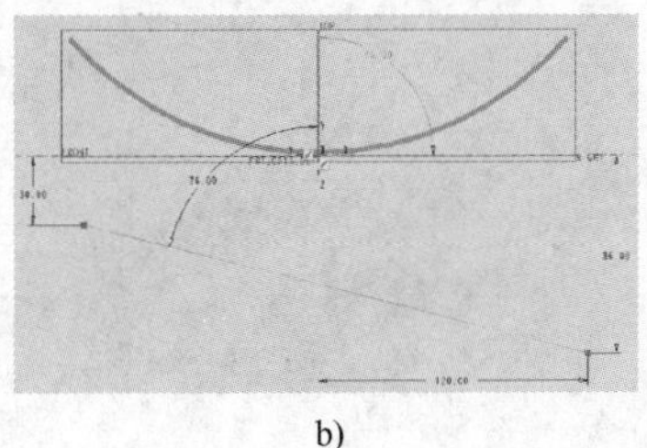

b)

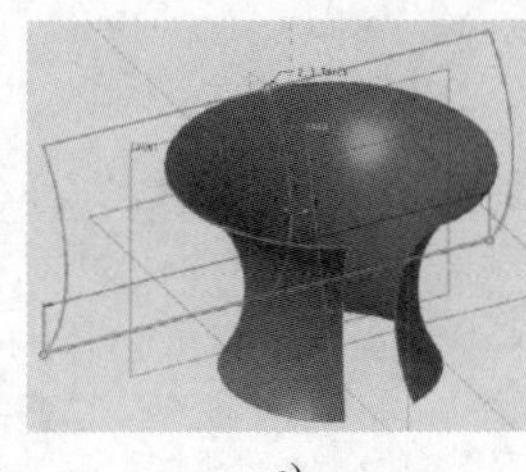

c)

图 9-4　实体环形折弯

（2）曲面环形折弯　使用环形折弯工具创建图 9-5 所示曲面模型。

创建曲面环形折弯时，单击“环形折弯”按钮，单击“参考”按钮，弹出“参考”对话框，选择折弯曲面到“面组”选项区域，点选曲面单击“定义（定义内部草绘）”按钮，进入草绘环境，选择草绘平面和草绘方向，单击“草绘”按钮，创建几何坐标系，绘制折弯轮廓截面。单击“基准”按钮，创建基准面 DTM1 和 DTM2，退出暂停模式。在“折弯半径”溢出菜单中选择“360 度折弯”选项，选择 DTM1 和 DTM2，单击“确定”按钮，如图 9-6 所示。

与实体环形折弯工具一样，折弯轮廓截面、几何坐标系的位置决定折弯曲面的形状。

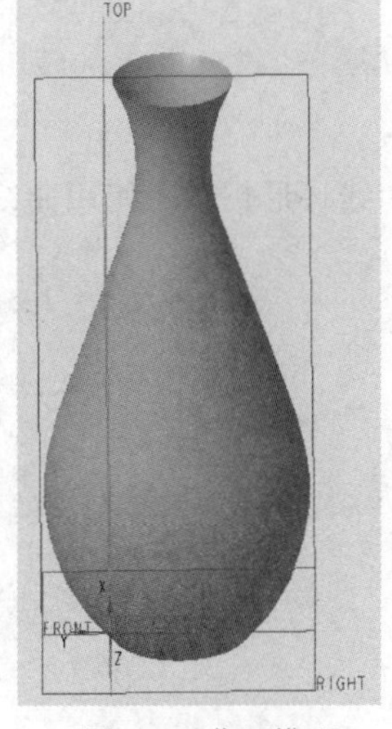

图 9-5　曲面模型

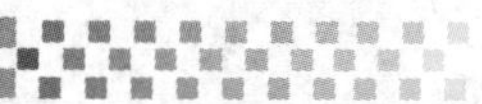

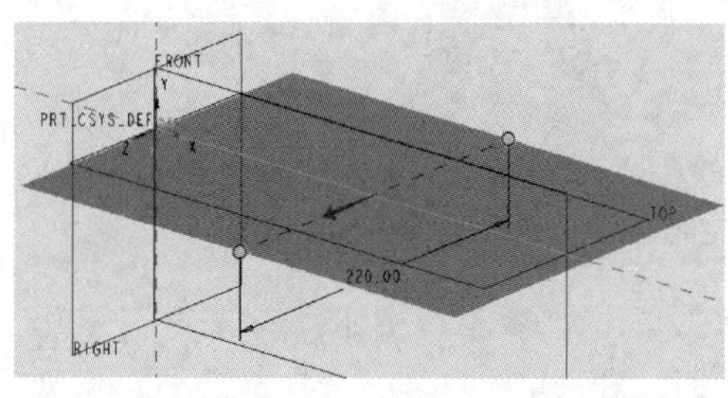

a)

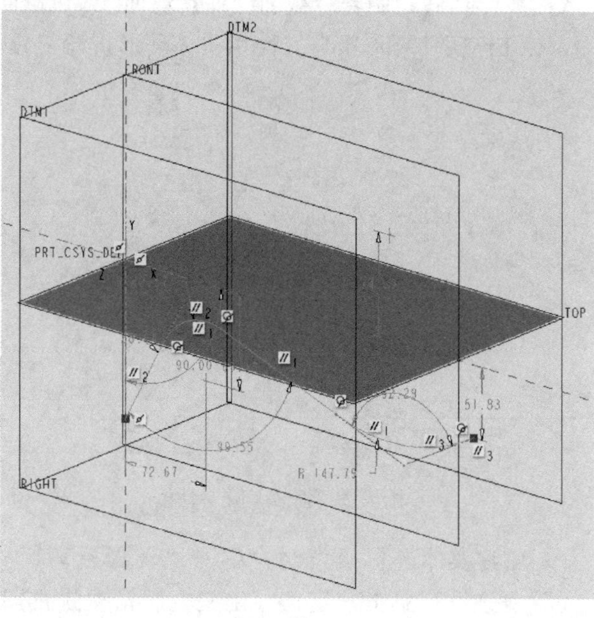

b)

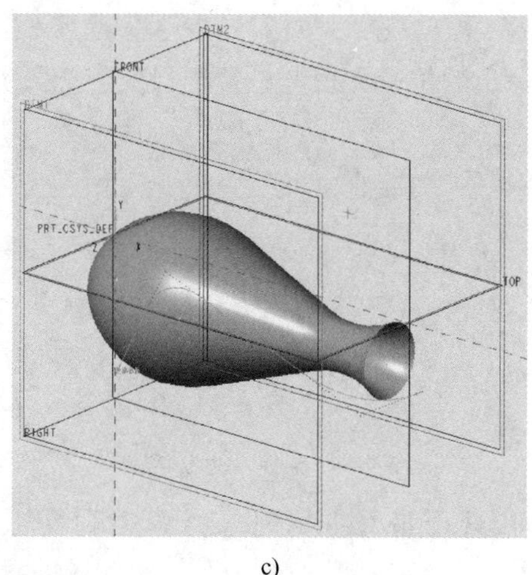

c)

图 9-6　曲面环形折弯

（3）曲线环形折弯　使用曲线环形折弯工具创建图 9-7 所示折弯曲线。

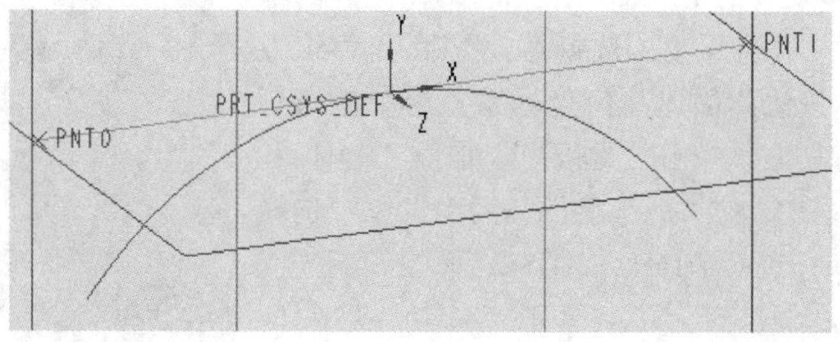

图 9-7　折弯曲线

创建曲线环形折弯时，单击“环形折弯”按钮，单击“参考”按钮，弹出“参考”对话框，单击“曲线”选项区域，点选曲线，单击“定义（定义内部草绘）”按钮，进入草绘环境，选择草绘平面和草绘方向，单击“草绘”按钮，绘制折弯轮廓截面，即折弯曲线，创建几何坐标系单击“确定”按钮，退出草绘环境，单击“确定”按钮，完成曲线折弯，如图9-8所示。

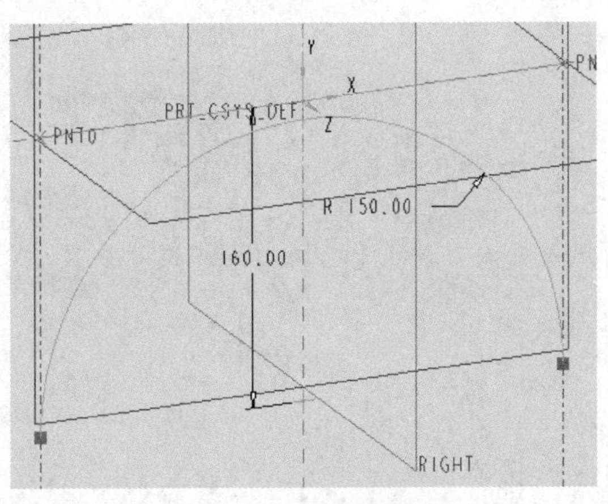

图9-8　曲线环形折弯

（4）法向参考截面　使用环形折弯工具将曲面模型1创建为法向参考截面的曲面模型2，如图9-9所示。

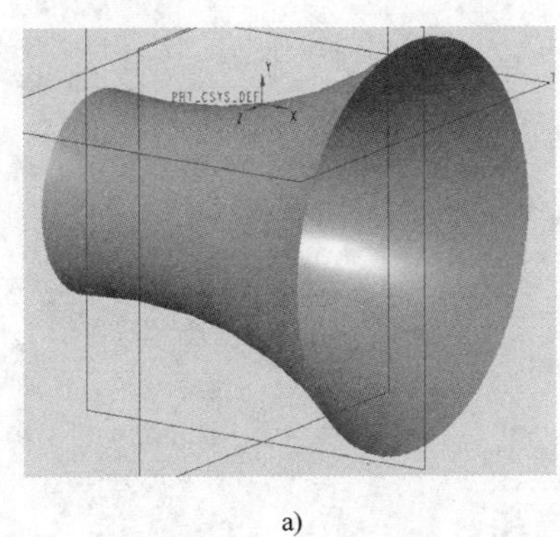

a)

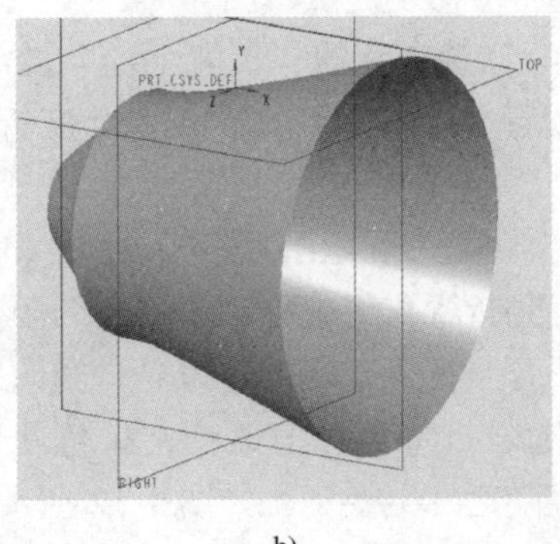

b)

图9-9　曲面模型1和2

先将拉伸曲面环形折弯成图9-9a所示的模型，再勾选“参考”对话框中的“法向参考截面”复选框，即可创建法向参考截面的曲面模型2。

法向参考截面是环形折弯矢量方向的参考，折弯变形会随参考截面的改变而发生变化。法向参考截面尽可能放置在靠近轮廓截面处，避开轮廓截面不相切或轮廓截面曲率较高的区域。法向参考截面必须足够长，从而使轮廓截面上的所有点都能在其上进行投影。最好是两个截面在曲率较低的位置处重合，或者其中一个截面是另一个截面的偏移截面，如图9-10所示。

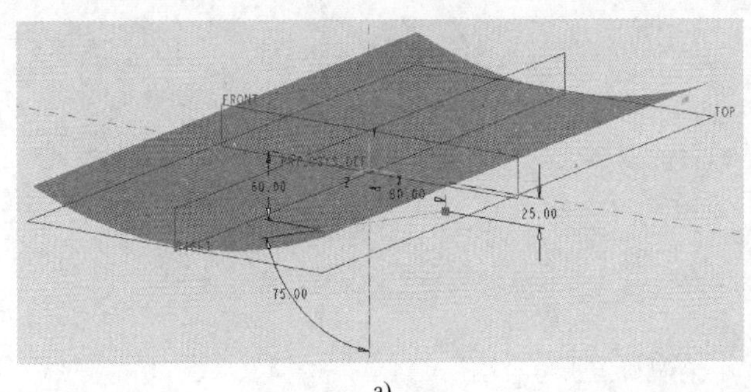

a)

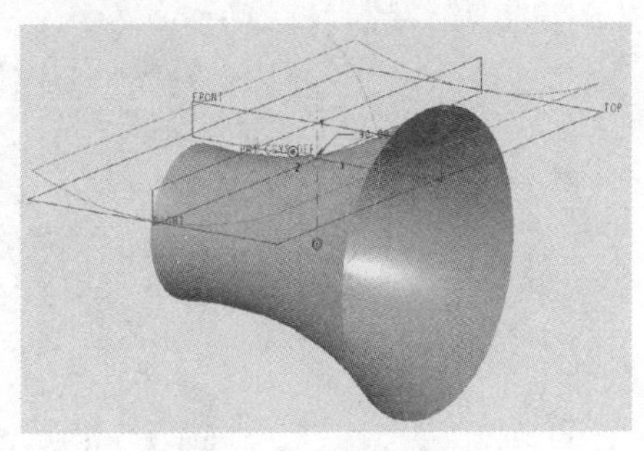

b)

图9-10　法向参考截面

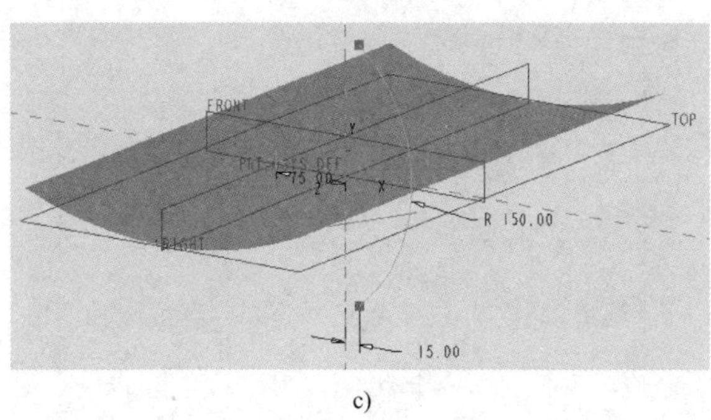

c)

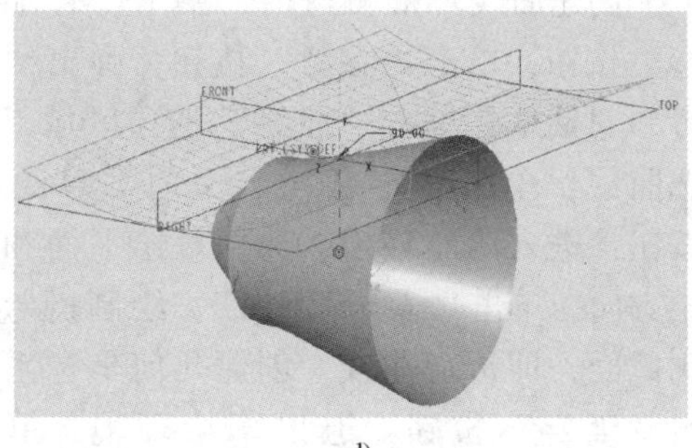

d)

图 9-10　法向参考截面（续）

2. 选项

创建环形折弯时，根据所创建模型的形状要求，用户可通过“选项”对话框对曲线的长度和径向位置进行选择，如图 9-11 所示。

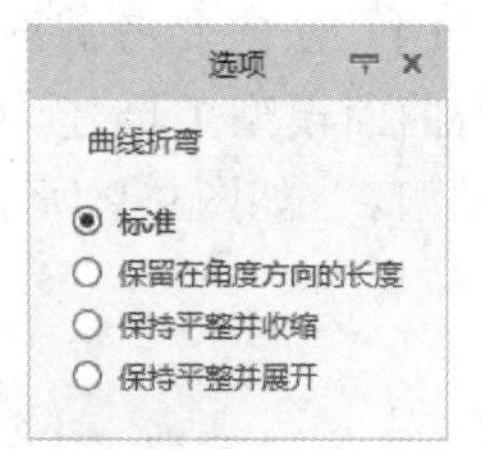

图 9-11　“选项”对话框

3. 折弯半径

“环形折弯”选项卡的“折弯半径”溢出菜单中列出了三个选项，即“折弯半径”“折弯轴”“360 度折弯”。选择不同的选项创建的模型不同。

（1）折弯半径　折弯半径是通过输入几何坐标系原点到折弯几何中心轴线之间的距离来确定的。折弯半径等于两折弯边界之间的距离除以 2π。随着折弯半径值改变，折弯几何的折弯大小也随之发生变化，如图 9-12 所示。

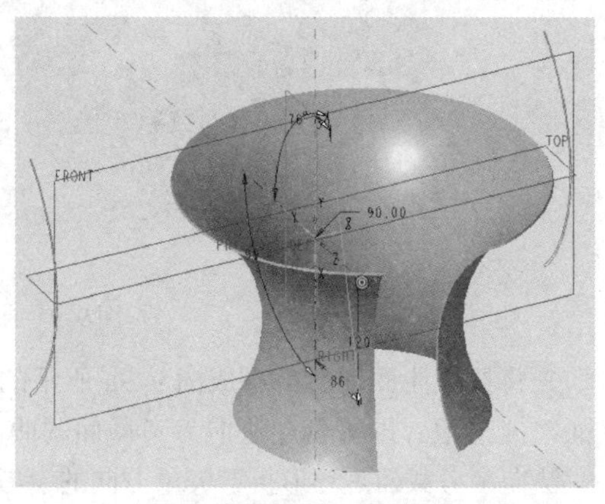

图 9-12　折弯半径为坐标系原点到折弯几何中心轴线之间的距离

（2）折弯轴　折弯轴通过几何坐标系原点到折弯轴之间的距离确定折弯半径，并且折弯轴要位于轮廓截平面上，折弯轴位置（折弯轴到折弯几何之间的距离）要保证折弯几何两边界之间的夹角大于 0°。随着折弯轴与坐标系原点之间的距离改变，折弯几何的折弯变形也随之发生变化，如图 9-13 所示。

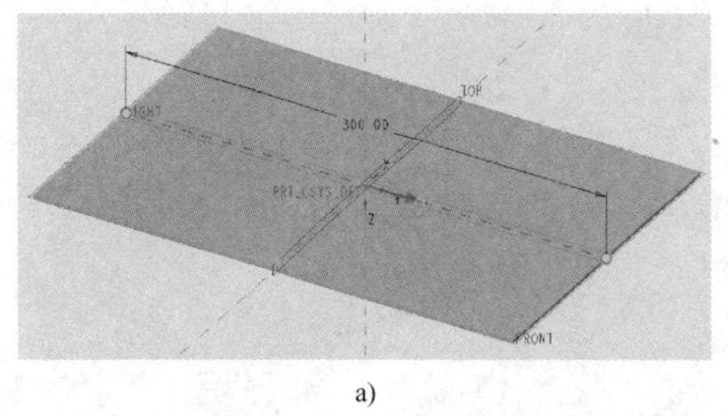

a)

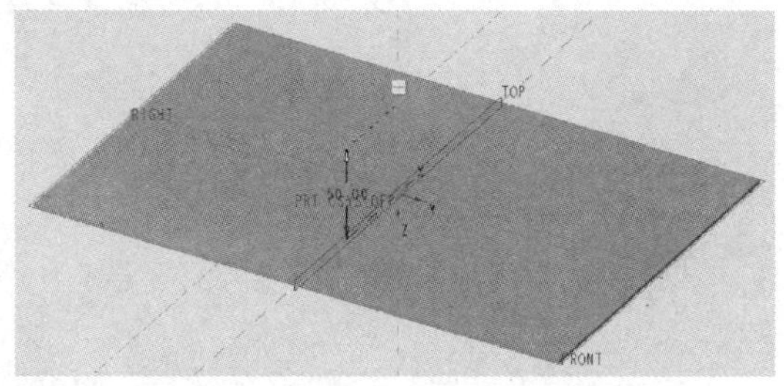

b)

图 9-13　折弯轴确定折弯半径

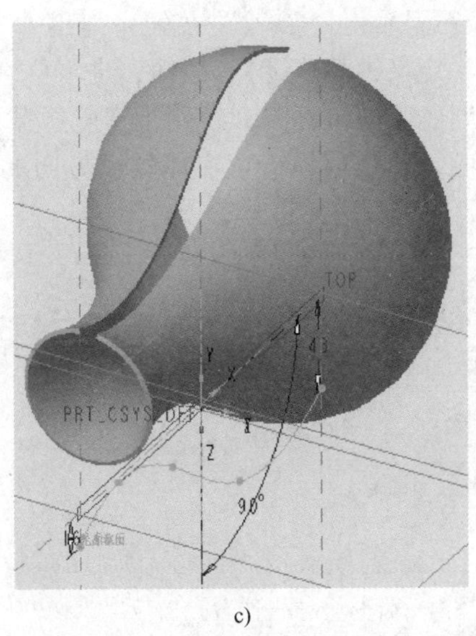

c)

图 9-13 折弯轴确定折弯半径（续）

（3）360 度折弯 折弯几何为实体，并且选择“360 度折弯”选项，即完全折弯时，分别选择折弯实体长度方向的两平行端面，模型成为圆筒状，如图 9-14 所示。

9.1.2 创建环形折弯方法

利用环形折弯工具创建图 9-15 的钟形模型。

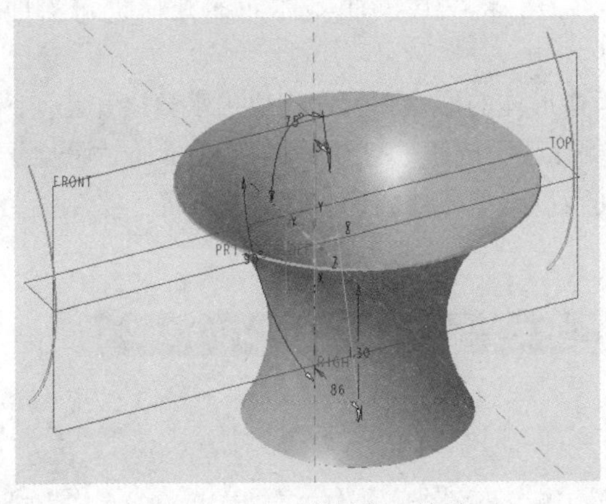

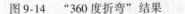

图 9-14 “360 度折弯”结果

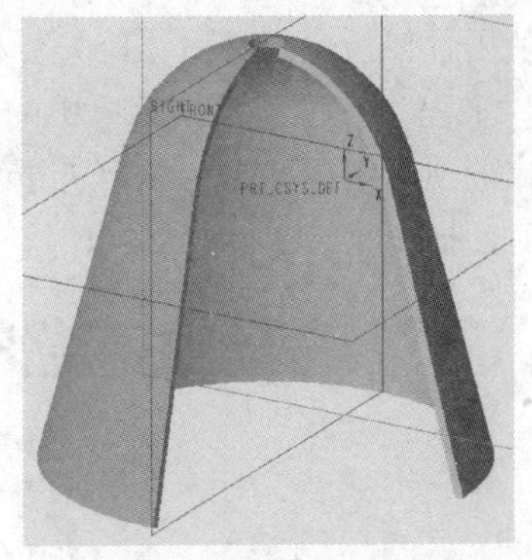

图 9-15 钟形模型

01 新建文件，选择“mmns_part_solid”模板，进入零件模式下的绘图环境。

02 单击“拉伸”按钮，打开“拉伸”选项卡，单击“放置”按钮，单击“定义”按钮，弹出“草绘”对话框，选择草绘平面，设置草绘视图方向，单击“草绘”按钮，进入草绘环境。单击“草绘”选项组中的“矩形”按钮，在溢出菜单中选择“中心矩形”选项，以坐标原点中心，绘制矩形（200mm × 100mm）。返回选项卡，输入侧 1 深度值（2），单击“应用”按钮。

03 单击“环形折弯”按钮，单击“参考”按钮，弹出“参考”对话框，勾选“实体几何”复选框，单击“定义（定义内部草绘）”按钮，进入草绘环境，选择草绘平面和草绘方向，单击“草绘”按钮，创建几何坐标系，绘制折弯轮廓截面。在“折弯半径”溢出菜单中选择“360 度折弯”选项，分别选择折弯实体长度方向的两平行端面，单击“确定”按钮，如图 9-16 所示。

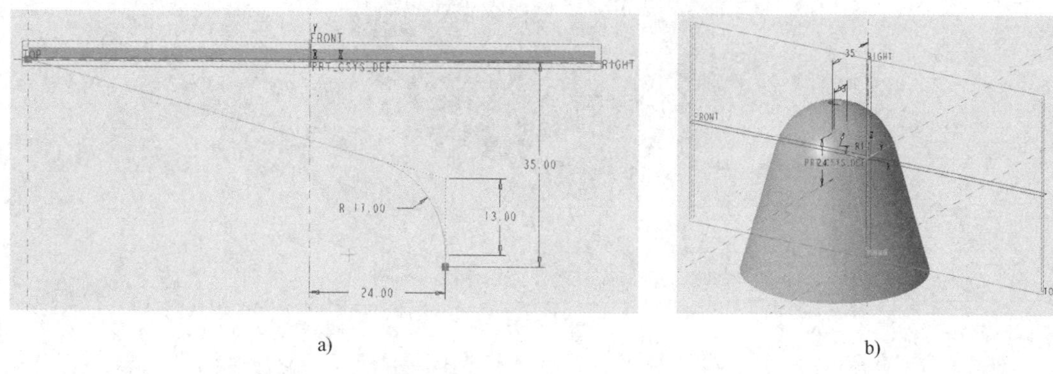

a)　　b)

图 9-16　环形折弯

9.2　骨架折弯

9.2.1　骨架折弯简介

骨架折弯是以一定形状的曲线作为参照，将实体、非实体曲面几何进行沿曲线折弯操作。

使用骨架折弯工具时，首先要根据折弯形体的形状和尺寸构建出平整展开几何图，然后单击“工程”选项组下拉菜单中的“骨架折弯”按钮，打开图 9-17 所示的“骨架折弯”选项卡。选项卡中包括折弯几何、折弯几何范围选项等建模命令，其中参考、选项等为操作和设置对话框。

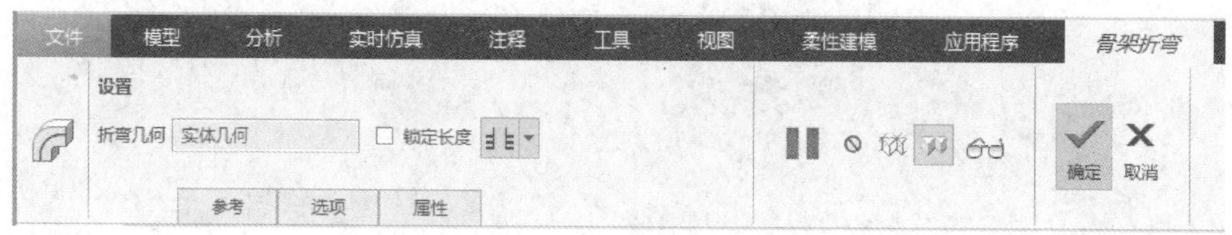

图 9-17　“骨架折弯”选项卡

1. 参考

“参考”对话框用于添加骨架，即收集边链或曲线（平面曲线或边链的副本）。如果要对骨架进行审阅并编辑链属性，可单击“细节”按钮，在弹出的“链”对话框的“参考”和“选项”选项卡中进行更深入的设置和编辑，如图 9-18 所示。

2. 选项

在“选项”对话框中，用户可进行横截面属性控制和控制类型的设置和选择，勾选

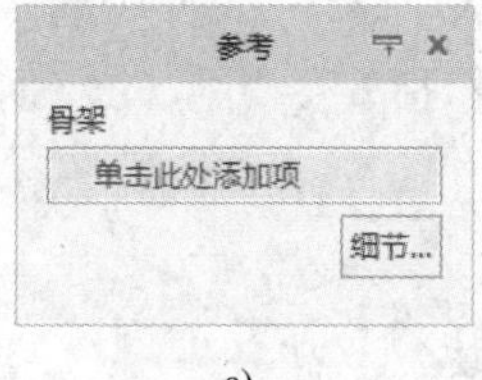

a)

b)

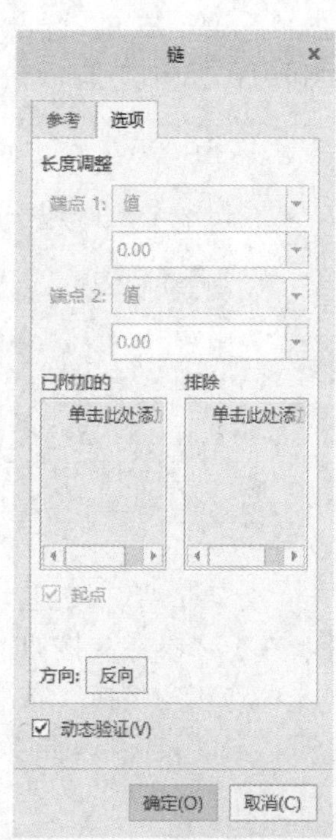

c)

图 9-18　骨架链选择及设置和编辑对话框

“移除展平的几何”复选框可隐藏折弯几何，如图 9-19 所示。

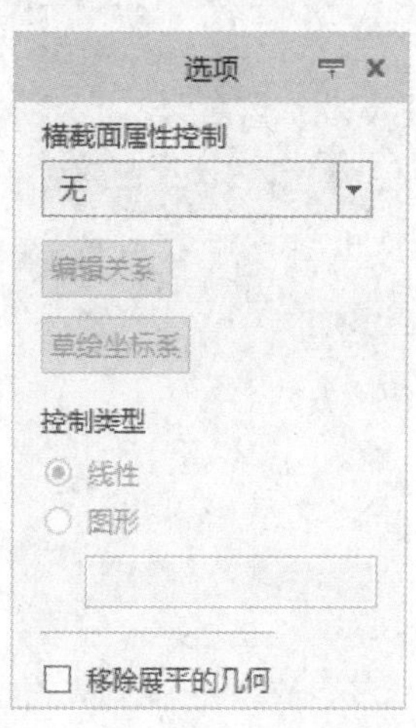

图 9-19　“选项”对话框

9.2.2　创建骨架折弯方法

使用骨架折弯工具创建图 9-20 所示内六角圆柱头螺钉扳手。

01 新建文件，进入零件模式下的绘图环境。

02 单击“拉伸”按钮，打开“拉伸”选项卡，选择草绘平面，进入草绘环境。单击“草绘”选项组中的“选项板”按钮，在弹出的对话框中双击六边形，并将六边形设置在绘图区，打开“导入截面”选项卡，关闭“草绘器选项板”对话框，调整六边形的位置，返回草绘环境，标注尺寸（六边形边长为 5），输入侧 1 深度值（200），单击“确定”按钮，如图 9-21 所示。

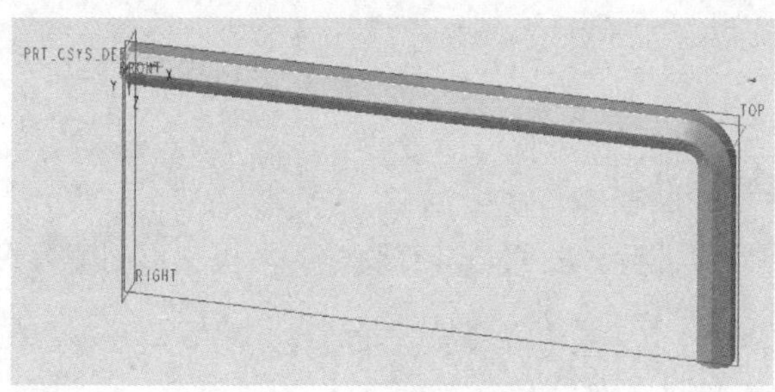

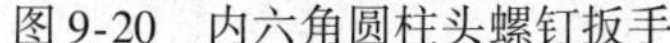

图 9-20　内六角圆柱头螺钉扳手

03 单击“草绘”按钮，弹出“草绘”对话框，选择草绘平面，设置草绘视图方向，单击“草绘”按钮，进入草绘环境，绘制骨架，标注尺寸，单击“确定”按钮，如图9-21所示。

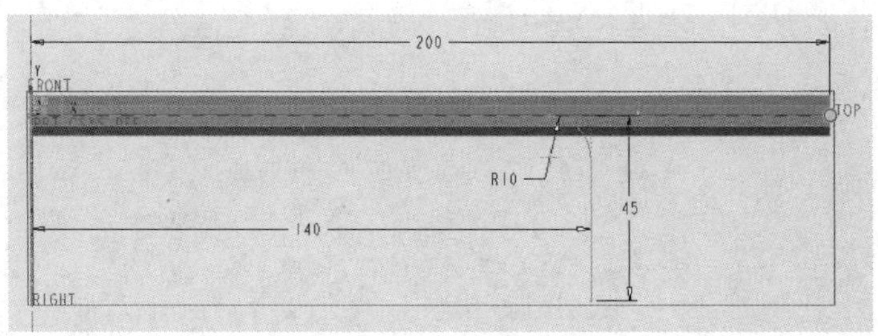

图9-21　拉伸实体与骨架

04 单击“骨架折弯”按钮，打开“骨架折弯”选项卡，单击“折弯几何”按钮，点选折弯实体，单击“参考”按钮，弹出“参考”对话框，选择骨架，将折弯起点调整到坐标原点，单击“应用”按钮。通过勾选“锁定长度”复选框和指定要折弯的几何范围可控制折弯的起点、深度和折弯段的角度，如图9-22所示。

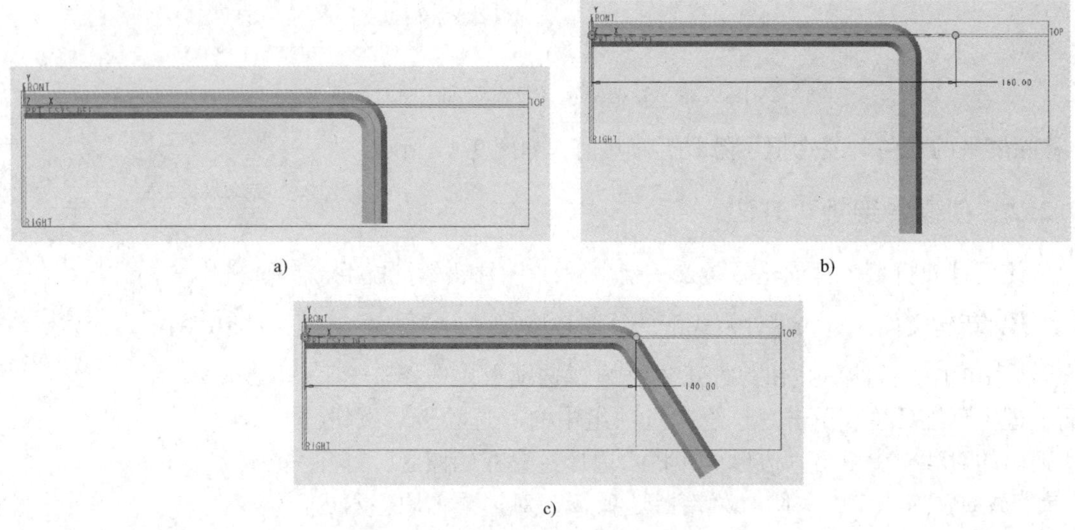

图9-22　骨架折弯和折弯长度及角度

面组的骨架折弯与实体折弯步骤基本相同，不同之处在于折弯前的面组仍然保留，如图9-23所示。

9.2.3　范例

1. 创建图9-24所示轮胎模型

轮胎建模过程分为两步进行，先创建带有纹样的平板，再创建环形折弯。

01 新建文件，进入零件模式下的绘图环境。

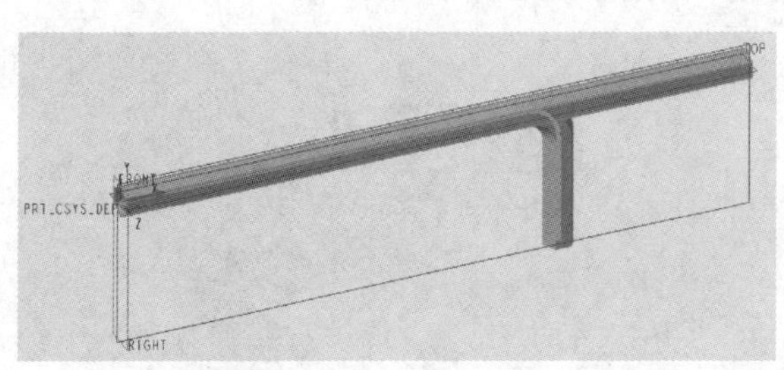

图9-23　面组骨架折弯

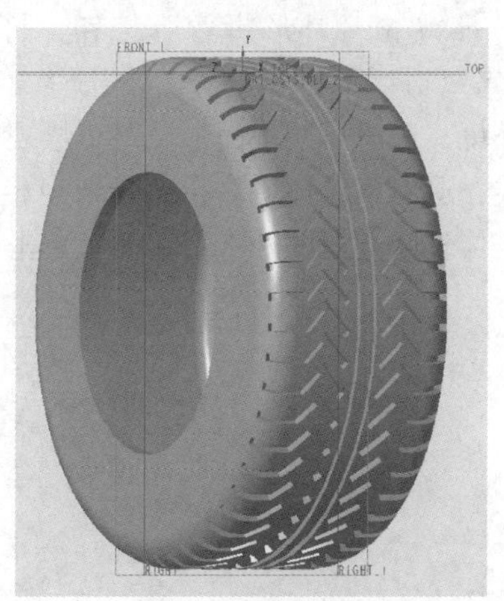

图9-24　轮胎模型

02 单击“拉伸”按钮，打开“拉伸”选项卡，选择草绘平面RIGHT，进入草绘环境，绘制截面图形，标注尺寸，单击“确定”按钮，输入侧1深度值（280），单击“确定”按钮，如图9-25所示。

03 单击“拉伸”按钮，打开“拉伸”选项卡，选择草绘平面，进入草绘环境，绘制截面图形，标注尺寸，单击“确定”按钮，输入侧1深度值（2），单击“确定”按钮，如图9-26所示。

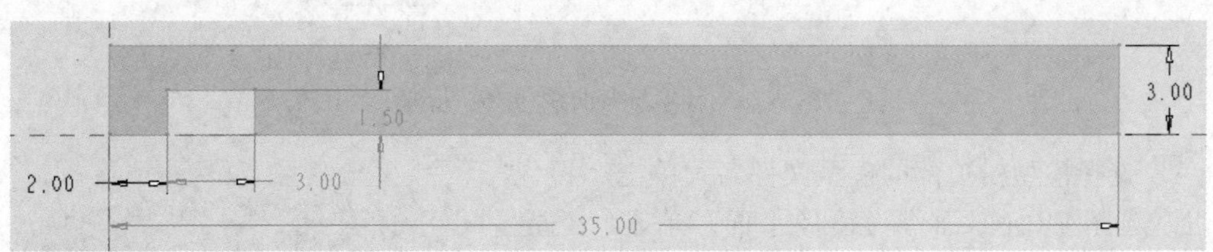

图9-25　拉伸截面

04 单击“阵列”按钮，打开“阵列”选项卡，设置阵列类型为方向阵列，选择X方向的边，输入阵列成员数（50）和间距（5.58），单击“确定”按钮，如图9-27所示。

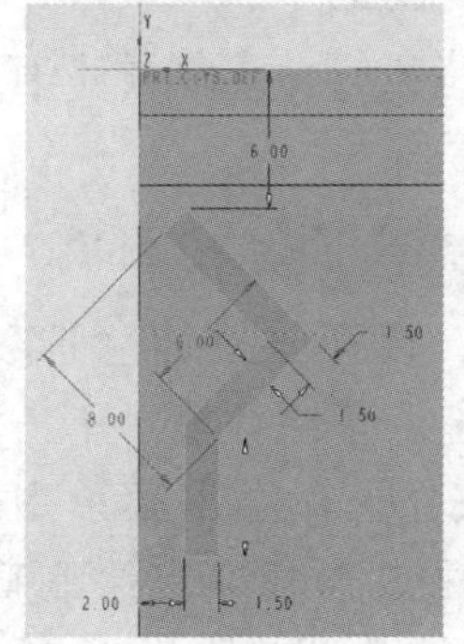

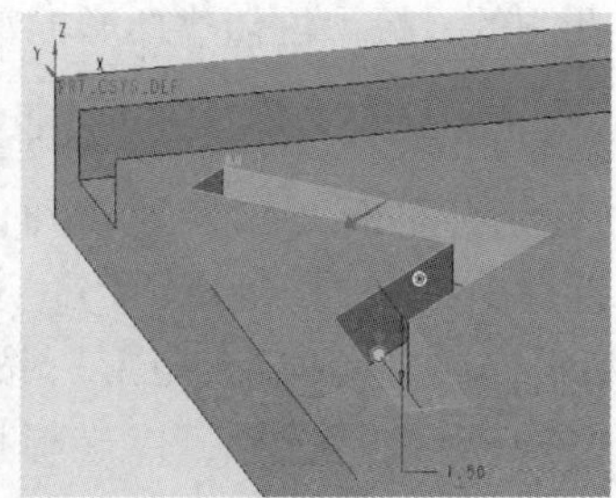

图9-26　纹样槽截面图形与拉伸

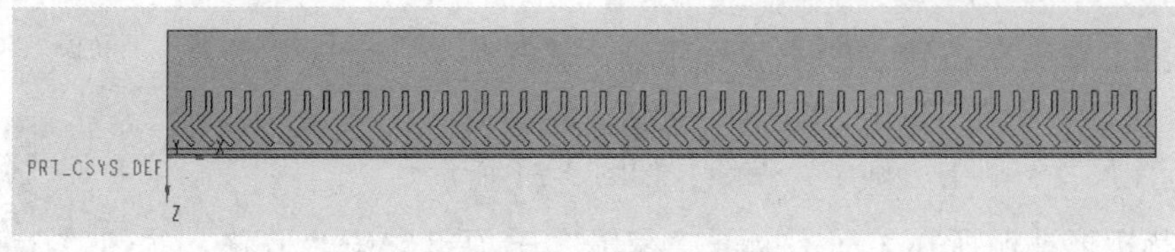

图9-27　阵列纹样槽

05 单击“环形折弯”按钮，打开“环形折弯”选项卡，单击“参考”按钮，弹出“参考”对话框，勾选“实体几何”复选框，单击“定义（定义内部草绘）”按钮，进入草绘环境，选择草绘平面，设置草绘视图方向，创建几何坐标系，绘制折弯轮廓截面，即折弯曲线，退出草绘环境。在“折弯半径”溢出菜单中选择“360 度折弯”选项，分别选择折弯实体长度方向的两平行端面，单击“确定”按钮，如图 9-28 所示。

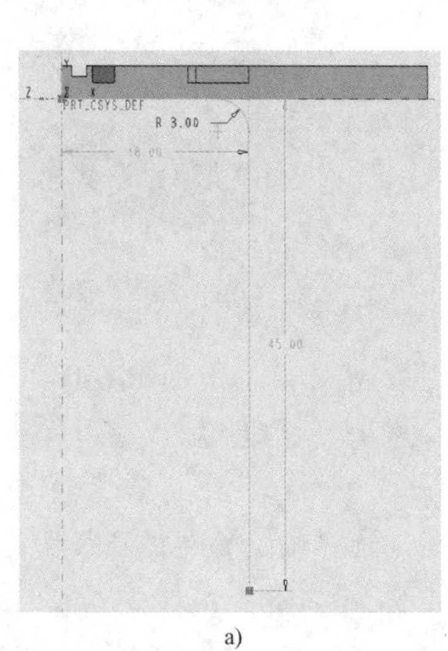

a)

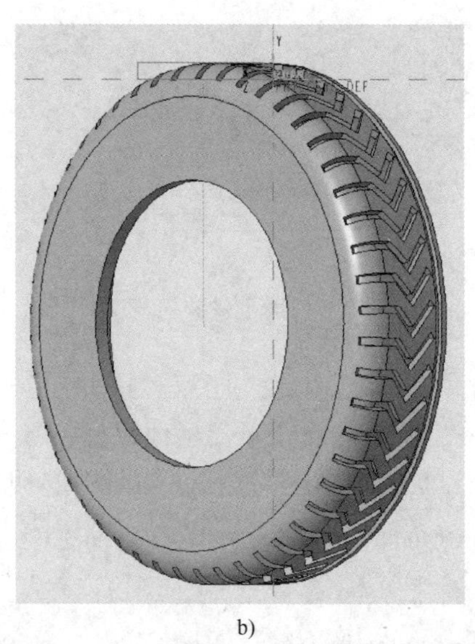

b)

图 9-28　环形折弯曲线和 360°折弯

06 选择模型树顶部的模型文件名，单击“镜像”按钮，选择 FRONT 面作为镜像平面，单击“确定”按钮。

图 9-29　纸篓模型

2. 创建图 9-29 所示纸篓模型

纸篓的建模过程分为两步进行，先创建带有矩形孔洞的平板，再创建环形折弯。

01 新建文件，进入零件模式下的绘图环境。

02 单击“拉伸”按钮，打开“拉伸”选项卡，选择草绘平面（FRONT），进入草绘环境。单击“草绘”选项组中的“矩形”按钮，在溢出菜单中选择“中心矩形”选项，以坐标原点为基准点绘制截面，标注尺寸，单击“确定”按钮，输入侧 1 深度值（2.5），单击“确定”按钮，如图 9-30 所示。

03 单击“草绘”按钮，进入草绘环境，选择草绘平面，进入草绘环境，单击“矩形”按钮，绘制截面图形，标注尺寸，单击“确定”按钮，如图 9-31 所示。

04 选择矩形孔洞所在表面，单击“编辑”选项组中的“偏移”按钮，

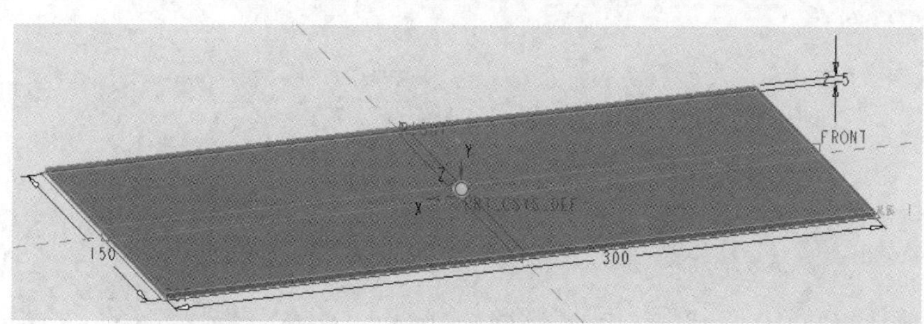

图 9-30　拉伸薄板

打开“偏移”选项卡，选择偏移类型为拔模，选择矩形孔洞轮廓线，输入偏移值（2.5），将偏移方向更改为其他侧（凹向），输入拔模角度值（30°），单击“确定”按钮，如图 9-32 所示。

05 单击“阵列”按钮，打开“阵列”选项卡，设置阵列类型为方向阵列选择 X 方向的边，输入阵列成员数（20）和间距（15），选择 Y 方向的边，输入阵列成员数（3）和间距（40），单击“确定”按钮，如图 9-33 所示。

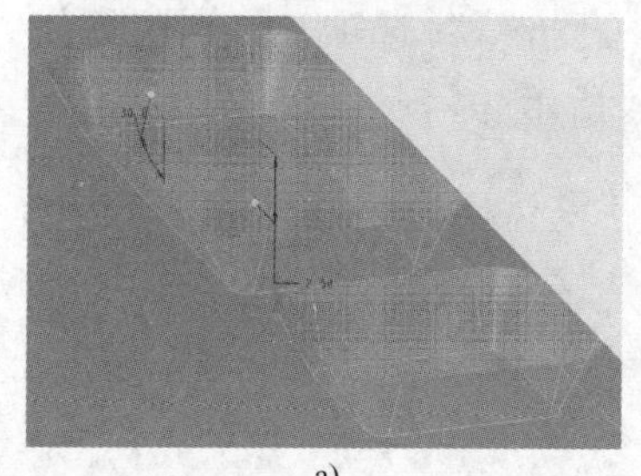

a)

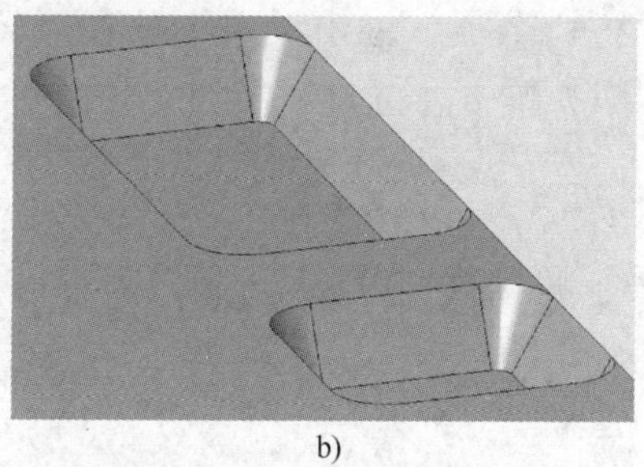

b)

图 9-32　偏移矩形孔洞轮廓线

图 9-31　绘制矩形孔洞轮廓线

a)

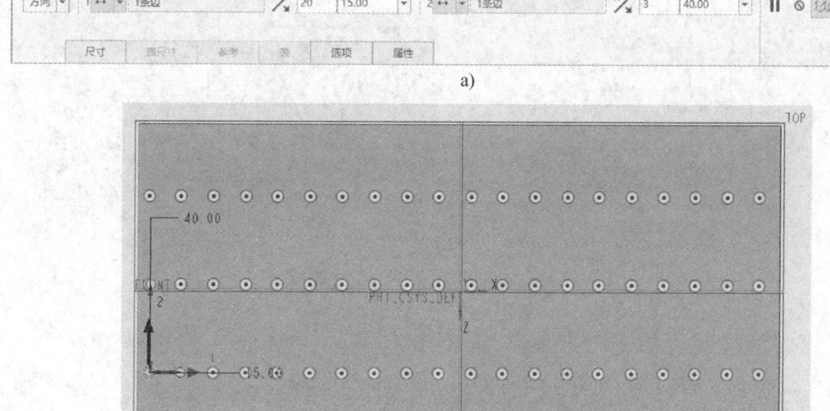

b)

图 9-33　阵列矩形孔洞

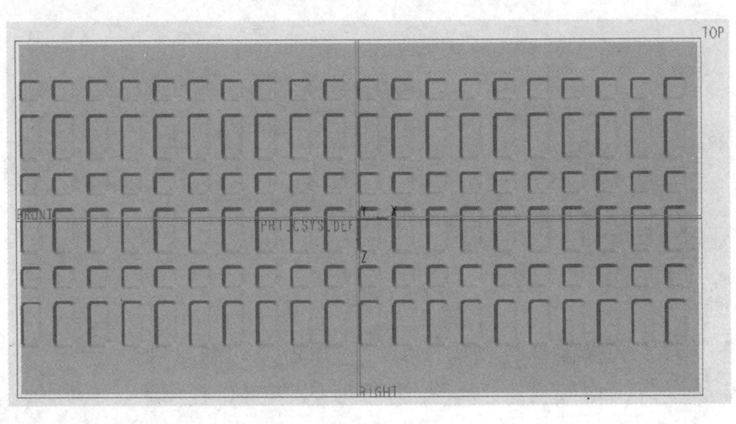

c)

图 9-33　阵列矩形孔洞（续）

06 单击“环形折弯”按钮，打开“环形折弯”选项卡，单击“参考”按钮，弹出“参考”对话框，勾选“实体几何”复选框，单击“定义（定义内部草绘）”按钮，进入草绘环境，选择草绘平面，设置草绘视图方向，创建几何坐标系，绘制折弯轮廓截面，即折弯曲线，退出草绘环境。在“折弯半径”溢出菜单中选择“360 度折弯”选项，分别选择折弯实体长度方向的两平行端面，单击“确定”按钮，如图 9-34 所示。

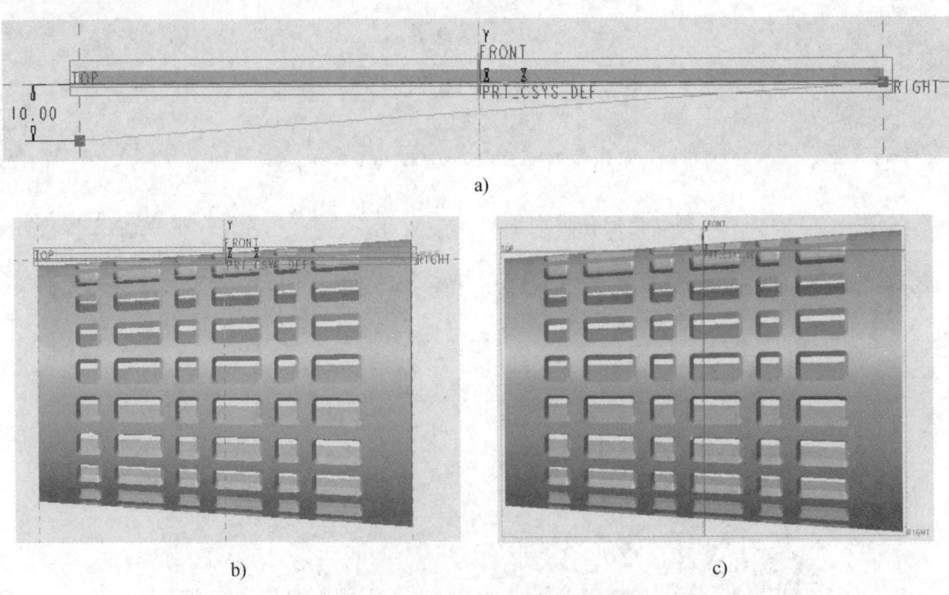

a)

b)　　　　c)

图 9-34　环形折弯曲线和 360°折弯

07 单击“扫描”按钮，单击“扫描”选项卡右侧的“基准”创建基准面，弹出“基准平面”对话框，选择圆筒口部内侧的轮廓线，单击“草绘”按钮，选择草绘平面，设置草绘视图方向，单“草绘”按钮，单击“投影”按钮，弹出“投影曲线”对话框，按 <Ctrl> 键的同时，选择圆筒口部内侧的轮廓线，退出草绘环境，创建或编辑草绘截面，绘制扫描截面，标注尺寸。创建薄板，输入厚度值，单击“确定”按钮，如图 9-35 所示。

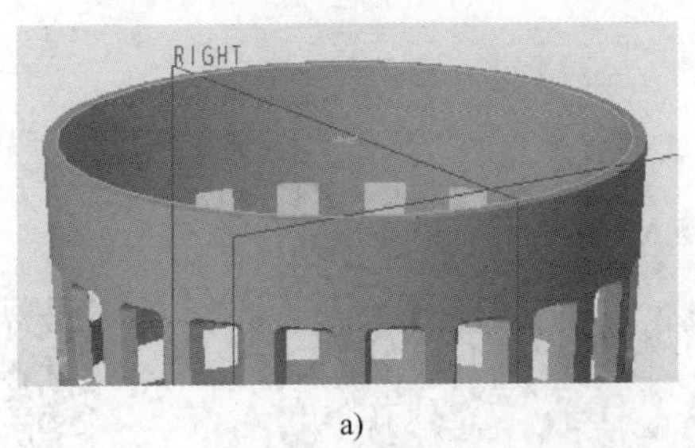

a)

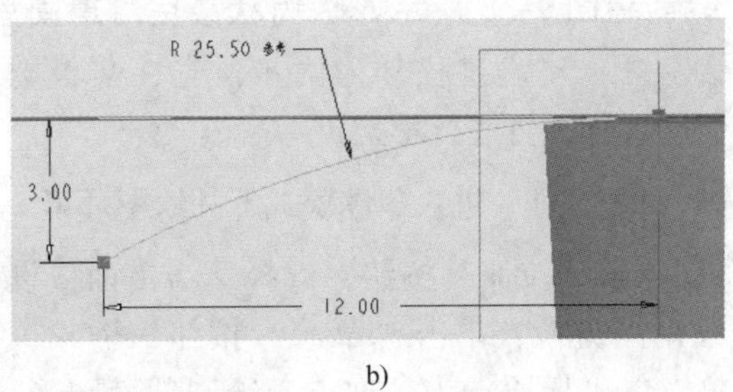

b)

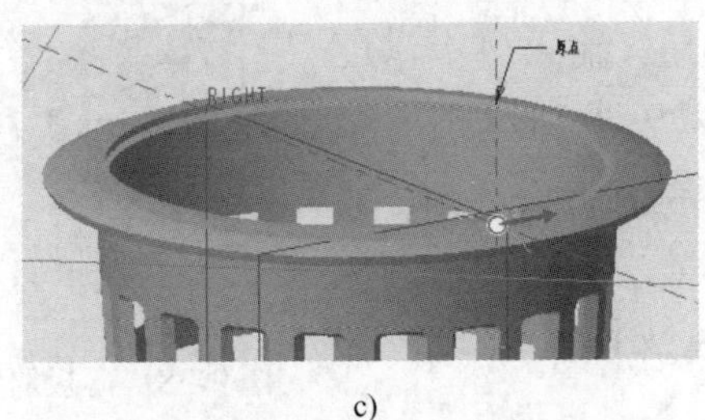

c)

图9-35　扫描轨迹、扫描截面和扫描

08 单击“拉伸”按钮，打开“拉伸”选项卡，单击“基准”创建基准面，弹出“基准平面”对话框，选择圆筒底部外侧的轮廓线，进入草绘环境，右击，选择“截面方向”溢出菜单中的“反向草绘平面”选项“投影”按钮，弹出“投影曲线”对话框，按 <Ctrl> 键的同时，选择圆筒底部外侧的轮廓线，退出草绘环境，输入侧 1 深度值（2.5），将拉伸的深度方向更改为草绘的另一侧，单击“确定”按钮，如图9-36所示。

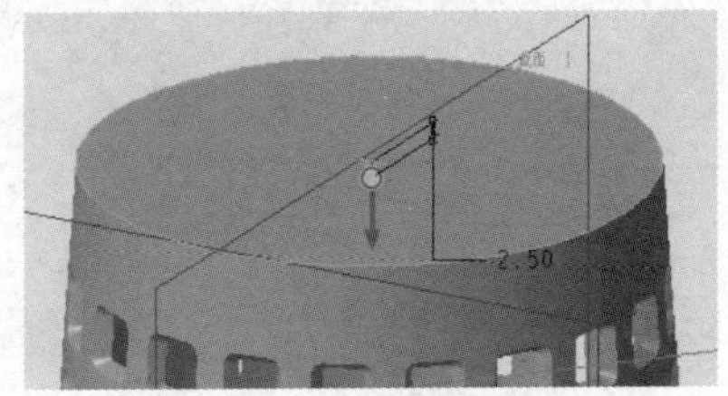

图9-36　扫描截面，加厚

09 选择底部表面单击“偏移”按钮，打开“偏移”选项卡，选择偏移类型为拔模。单击“参考”按钮，弹出“参考”对话框，设置数值，单击“草绘”按钮，选择草绘平面，设置草绘视图方向。单击“偏移”按钮，选择环，选择底面，弹出偏移值输入对话框，在箭头反方向输入偏移值 -8，输入偏移值5，将偏移方向更改为其他侧（凹向），输入拔模角度值（30°），单击“确定”按钮，如图9-37所示。

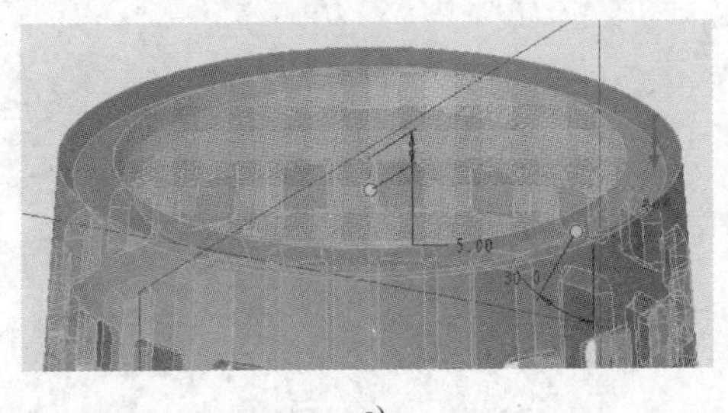

a)

b)

图9-37　拔模偏移底部表面

10 口部和底部锐边倒圆角。

3. 创建图9-38所示薄板筒状镂空灯罩模型

镂空灯罩建模过程分为两步，先在薄板上做出镂空纹样，再进行骨架折弯。

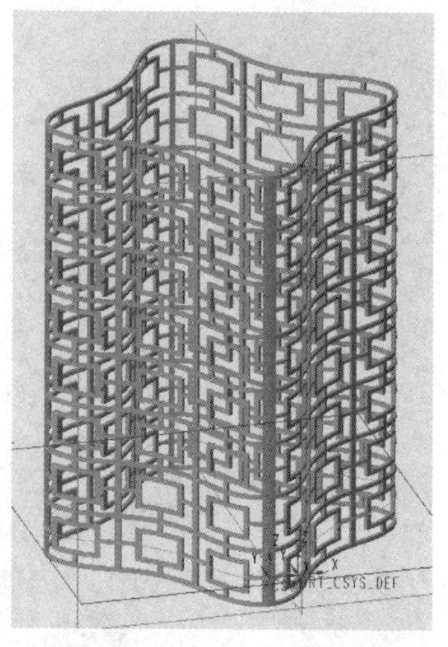

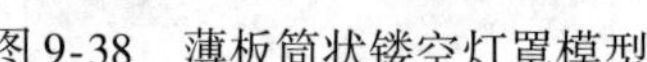
图9-38　薄板筒状镂空灯罩模型

01 新建文件，进入零件模式下的绘图环境。

02 单击“拉伸”按钮，选择草绘平面，设置草绘视图方向，单击“草绘”按钮，进入草绘环境，以坐标原点为基准点，绘制截面图形，标注尺寸，单击“确定”按钮，输入侧1深度值，单击“应用”按钮，如图9-39所示。

03 单击“阵列”按钮，选择方向阵列，输入X轴和Z轴，输入第一和第二方向的阵列成员数和间距，单击“确定”按钮，如图9-40所示。

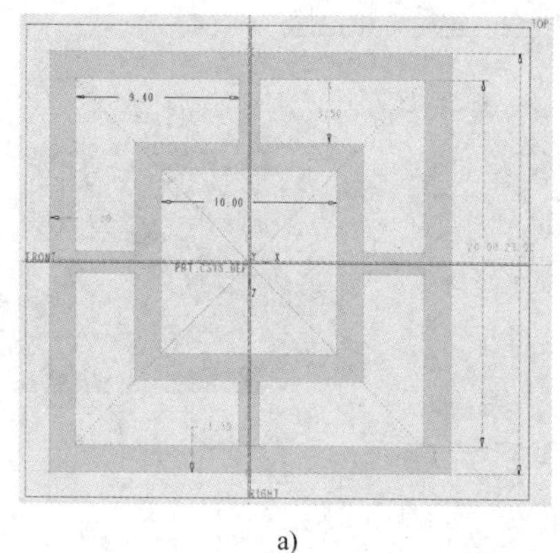

a)

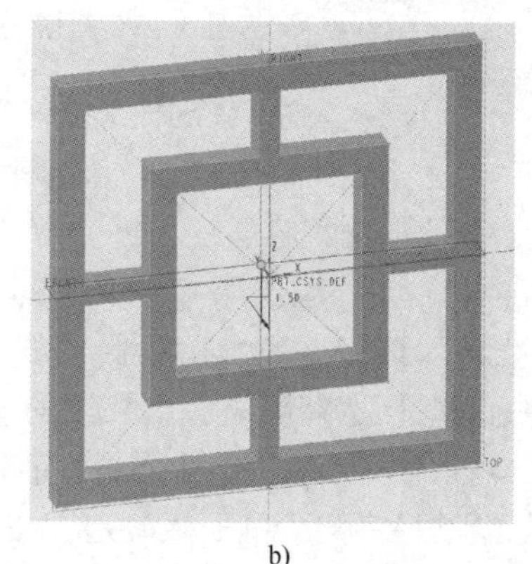

b)

图9-39　拉伸

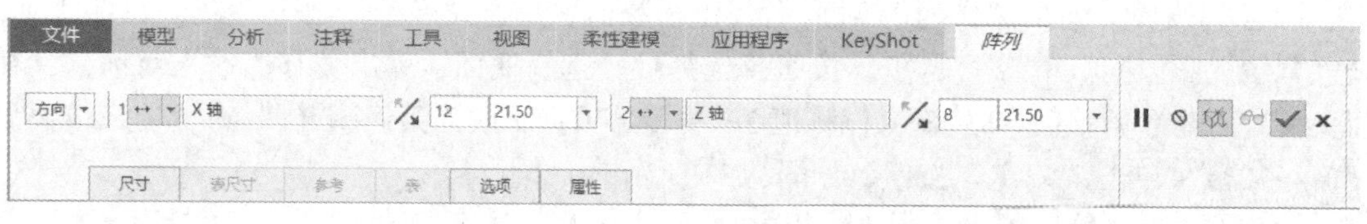

a)

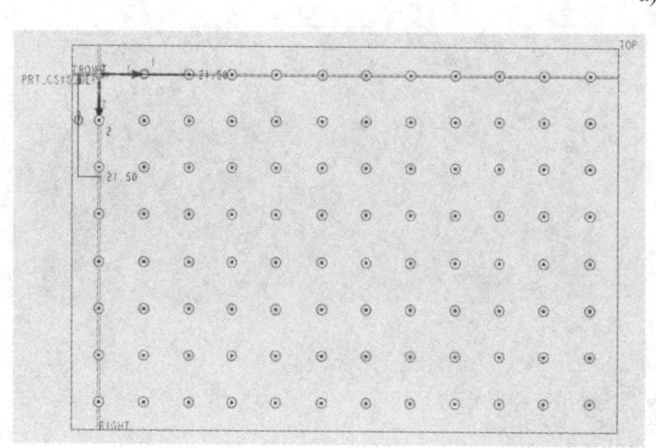

b)

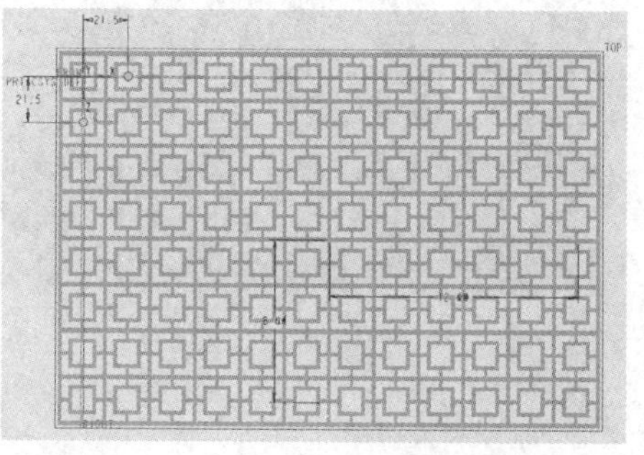

c)

图9-40　阵列纹样

04 单击“草绘”按钮，选择草绘平面，设置草绘视图方向，单击“草绘”按钮，进入草绘环境，绘制折弯骨架链，标注尺寸，单击“确定”按钮，如图 9-41 所示。骨架链的弯曲程度和位置尺寸决定折弯几何的弯曲变形。折弯骨架链为相交直线段时，相交处要倒圆角，否则不能弯折。

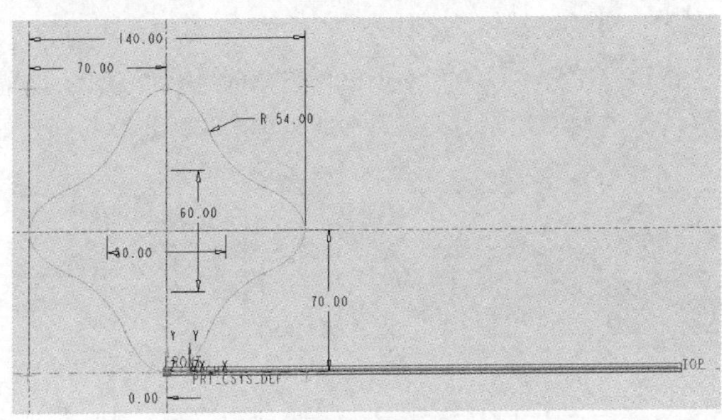

图 9-41　折弯骨架链

05 单击“骨架折弯”按钮，单击“折弯几何”按钮，点选折弯实体，单击“参考”按钮，弹出“参考”对话框，添加骨架，将折弯起点调整到坐标原点，单击“确定”按钮，如图 9-42 所示。

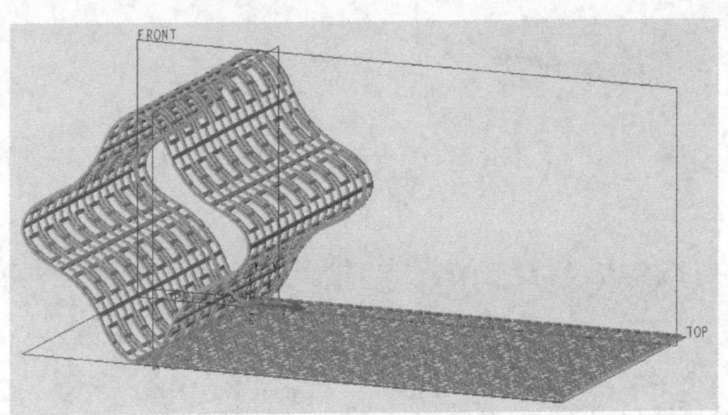

图 9-42　骨架折弯

4. 创建图 9-43 所示座椅模型

座椅建模过程分为两步，先在薄板上做出镂空纹样，再进行骨架折弯。

01 新建文件，进入零件模式下的绘图环境。

02 单击“拉伸”按钮，选择草绘平面 TOP，进入草绘环境，绘制与 Z 轴重合的结构中心线，单击“弧”按钮，选择“3 点/相切端”选项，绘制对称于中心线的弧线，标注尺寸，单击“确定”按钮，弹出“实体曲面切换选项”对话框，单击“确定”按钮，退出草绘环境，选择拉伸为实体，输入厚度值（10），单击“确定”按

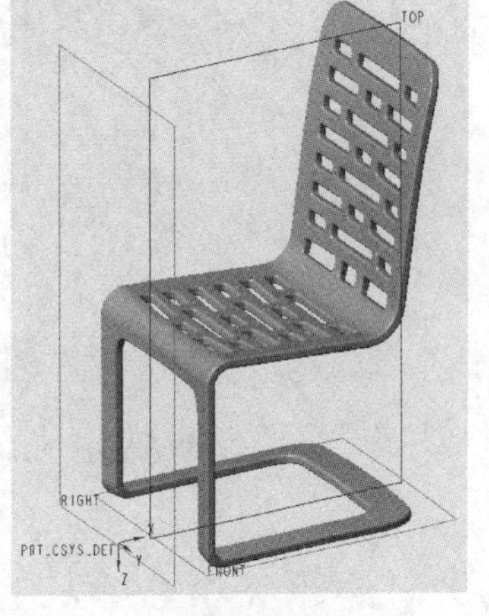

图 9-43　座椅模型

钮，如图 9-44所示。

03 单击“拉伸”按钮，选择草绘平面 FRONT，进入草绘环境，绘制草绘截面，标注尺寸，单击“确定”按钮，退出草绘环境，设置拉伸方向为拉伸至下一曲面，移除材料，单击“确定”按钮，如图 9-45 所示。

04 单击“草绘”按钮，弹出“草绘”对话框，选择草绘平面 TOP，设置草绘视图方向，单击“草绘”按钮，进入草绘环境，绘制骨架折弯曲线，单击“确定”按钮，如图 9-46 所示。

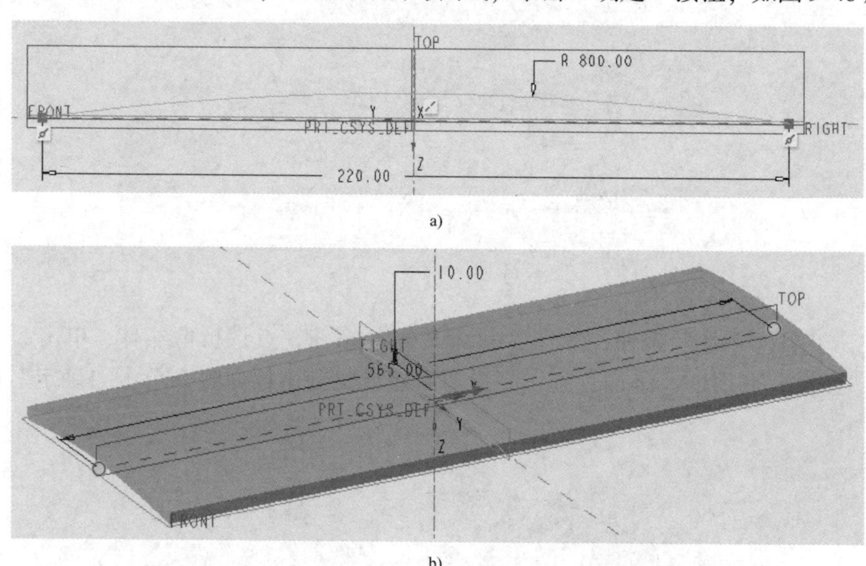

a)

b)

图 9-44　拉伸薄板

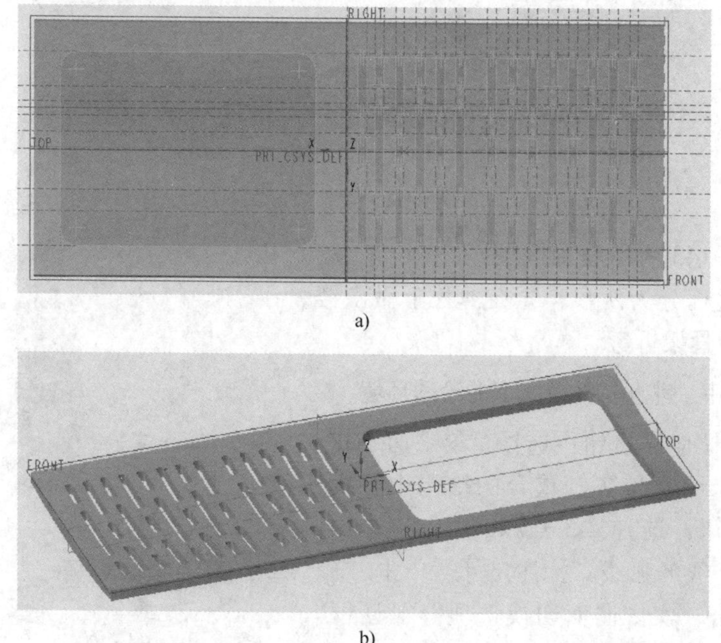

a)

b)

图 9-45　拉伸

05 单击“骨架折弯”按钮，单击“折弯几何”按钮，点选折弯实体，单击“参考”按钮，弹出“参考”对话框，添加骨架，调整骨架折弯起点，单击“确定”按钮，如图9-47所示。

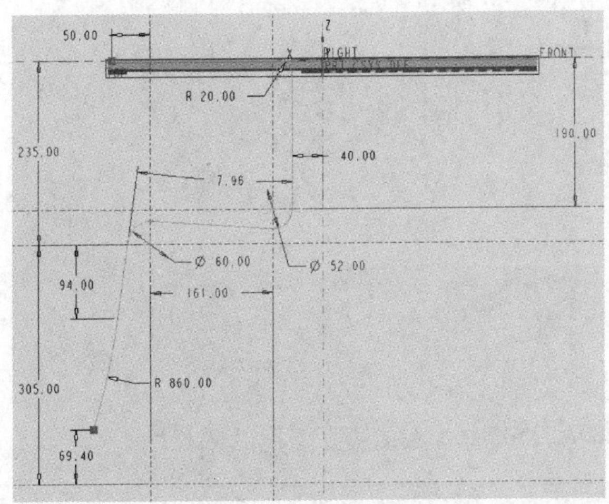

图9-46　骨架折弯曲线

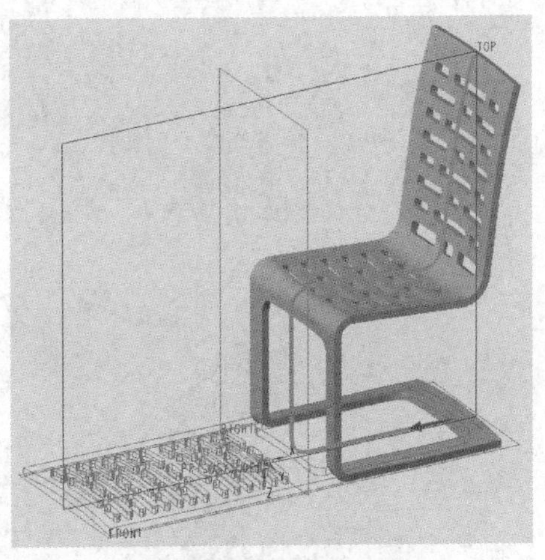

图9-47　椅子板面折弯

06 倒圆角（R20）。

07 自动倒圆角（R2）。

5. 创建图9-48所示台灯模型

台灯建模过程分为两步，先用旋转工具创建出实体模型，再进行骨架折弯。

01 新建文件，进入草绘模式下的绘图环境。

02 单击“中心线”按钮，绘制水平和竖直中心线，绘制曲线，标注尺寸，单击“保存”按钮，如图9-49所示。

03 新建文件，进入零件模式下的绘图环境。

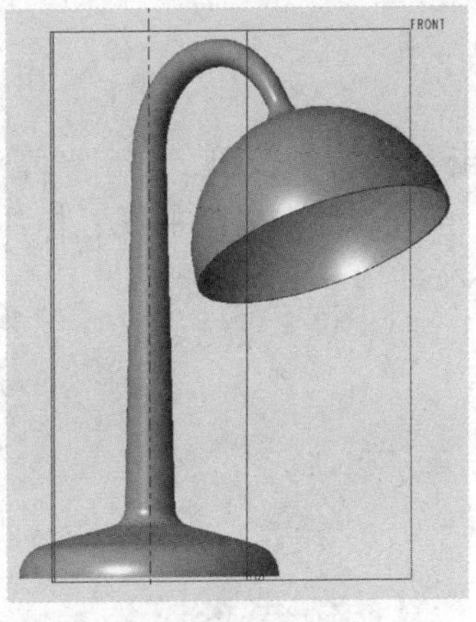

图9-48　台灯模型

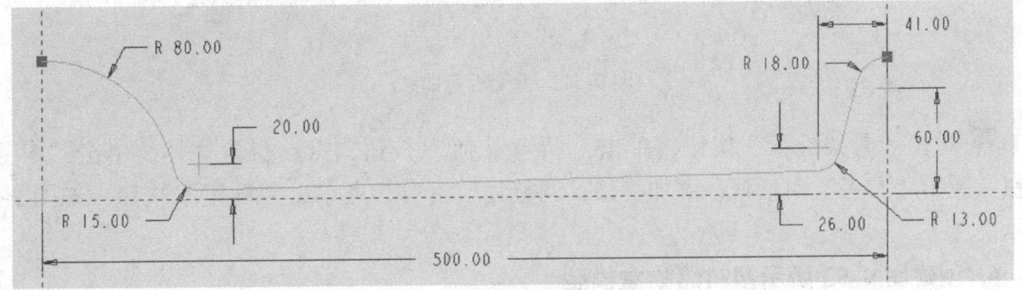

图9-49　造型曲线

04 单击“旋转”按钮，选择草绘平面FRONT，进入草绘环境。单击“中心线”按钮，创建与X轴重合的构造中心线。单击“文件系统”打开“造型曲线”文件，并将其放置到绘图区，输入缩放比例因子（1），将图形移动标识放置到半圆圆心，单击“确定”按钮，弹出实体曲面切换选项对话框，单击“确定”按钮，选择作为实体旋转，加厚草绘，输入厚度值（2），单击“确定”按钮，如图9-50所示。

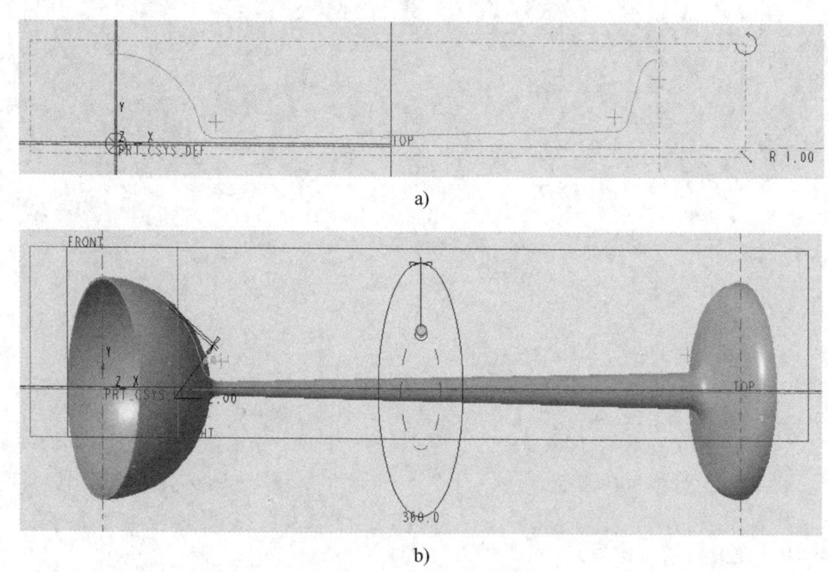

a)

b)

图9-50　旋转（薄板）

05 单击“草绘”按钮，弹出“草绘”对话框，选择草绘平面，设置草绘视图方向，单击“草绘”按钮，绘制骨架曲线，标注尺寸，单击“确定”按钮，如图9-51所示。

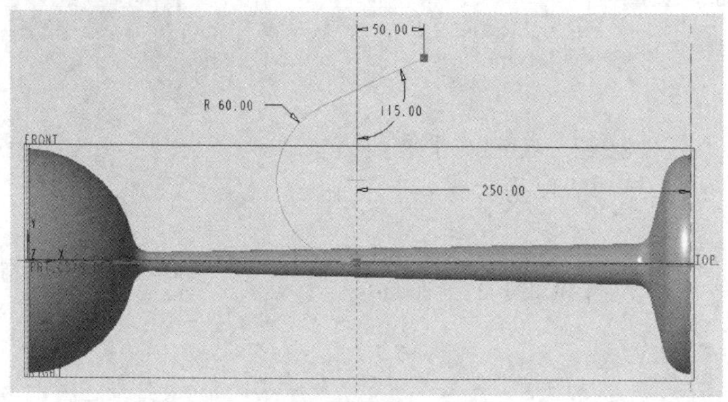

图9-51　骨架折弯曲线

06 单击“骨架折弯”按钮，单击“折弯几何”按钮，点选折弯实体。单击“参考”按钮，弹出“参考”对话框，添加骨架，调整骨架折弯起点单击“确定”按钮，如图9-52所示。

6. 创建图9-53所示塑料储物盒模型

塑料储物盒采用注射工艺一次加工成型，盖和体之间为塑料铰链。其建模过程分为两步，先创建储物盒模型，再利用骨架折弯创建塑料铰链。

01 创建储物盒初始模型，如图9-54所示。

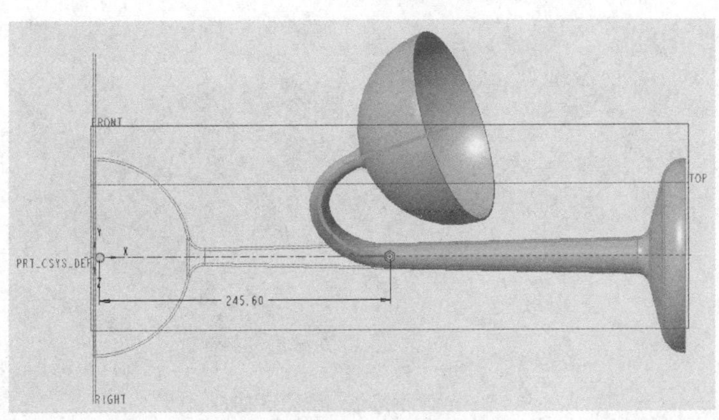

图 9-52　骨架折弯

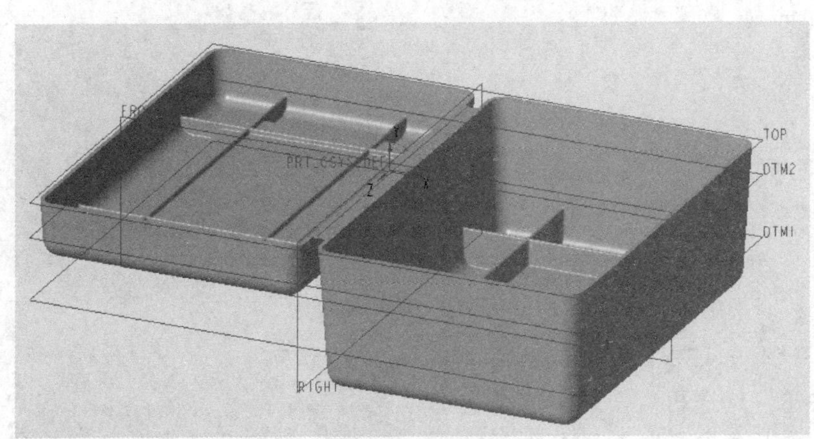

图 9-53　塑料储物盒

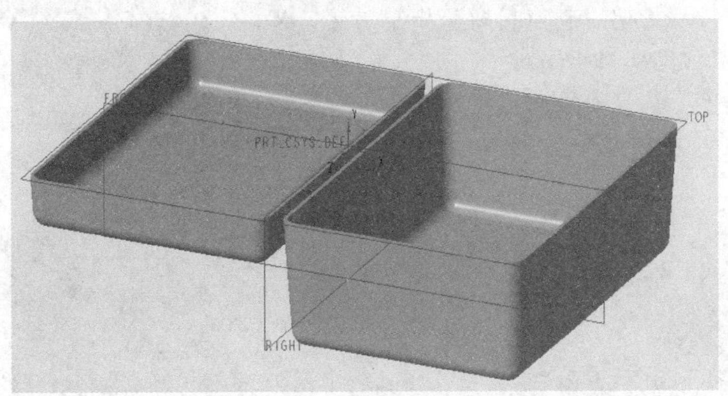

图 9-54　储物盒初始模型

02 创建轨迹筋（隔板和加强筋），如图 9-55 所示。

03 创建铰链，如图 9-56 所示。

04 单击“草绘”按钮，弹出“草绘”对话框，选择草绘平面（TOP），设置草绘视图方向，单击“草绘”按钮，绘制骨架曲线，标注尺寸，单击“确定”按钮，如图 9-57 所示。

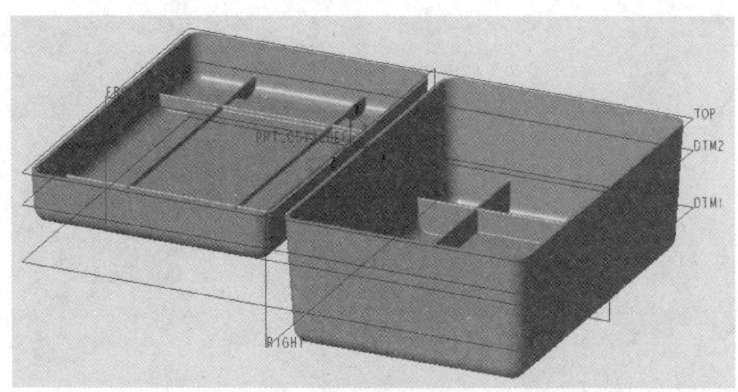

图 9-55　创建轨迹筋（隔板和加强筋）

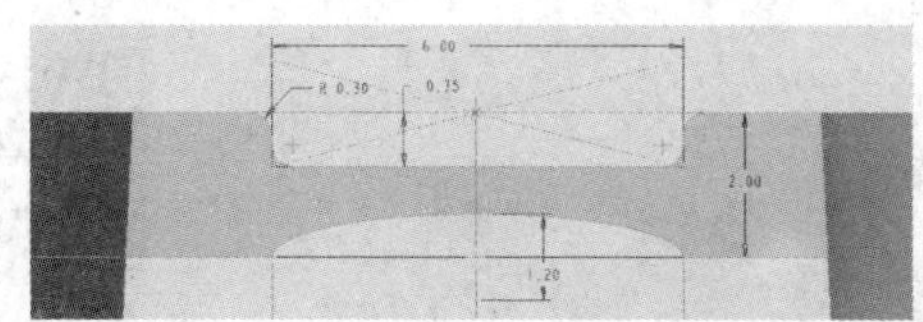

图 9-56　创建铰链

05 单击“骨架折弯”按钮，单击“折弯几何”按钮，点选折弯实体，单击“参考”按钮，弹出“参考”对话框，添加骨架，调整骨架折弯起点，单击“确定”按钮，当锁定长度，从骨架线起点折弯至指定深度（205）时，如图 9-58 所示。

当不锁定长度，从骨架线起点折弯整个选定几何时，如图 9-59 所示。

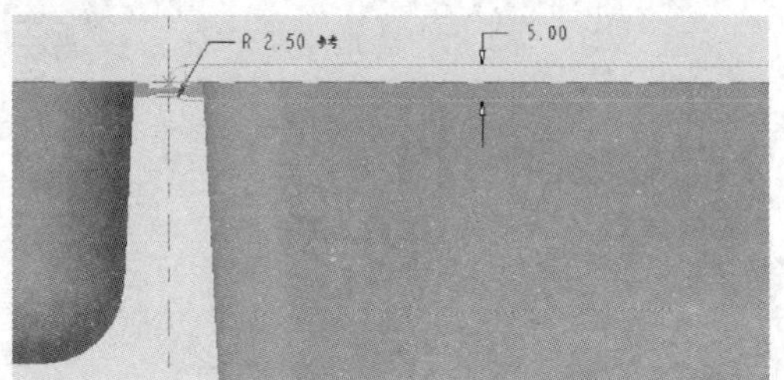

图 9-57　骨架折弯曲线

图 9-58　锁定折弯长度

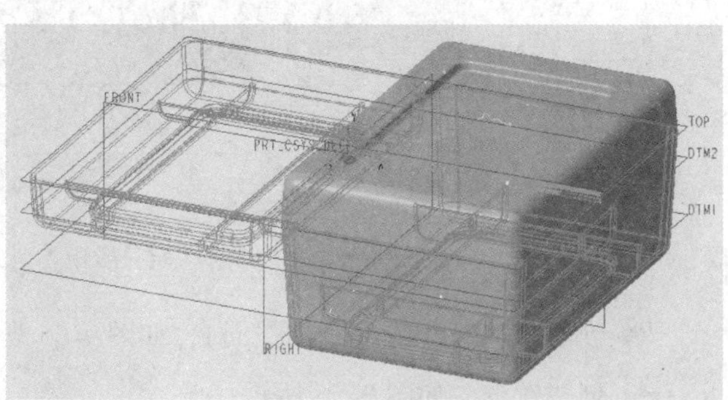

图 9-59　不锁定折弯长度